U0107832

生理学在小麦育种中的应用

〔英国〕M. P. 雷诺兹 〔墨西哥〕J. I. 奥尔蒂斯-莫纳斯特里奥
〔洪都拉斯〕A. 麦克纳布 著

景蕊莲 等 译

科学出版社

北 京

图字:01-2011-5265 号

内 容 简 介

本书系统介绍植物生理学在小麦育种中的应用。全书分为三个部分,第一部分是生理育种总论,概括介绍育种实践中的生理学研究方向,探寻具增产潜力相关生理性状遗传资源的方法、生理性状的遗传基础、产量相关生理性状的筛选方法及小麦生理学经济效益的评估方法等;第二部分是抗逆育种,讲述抗旱、耐盐、耐寒、耐热、耐涝及耐穗发芽育种的相关生理理论和技术;第三部分是营养高效育种,阐述作物的耐酸性、锌、氮、磷和微量营养元素高效利用的遗传改良理论和技术,及其相关的根系遗传多样性检测理论与技术。指出了植物生理学应用于小麦育种的潜力,以及实际工作中应注意的问题。

本书具有很强的理论性和实用性,适合作物种质资源、作物遗传育种、作物生理学科技工作者,以及大专院校师生阅读和参考。

图书在版编目(CIP)数据

生理学在小麦育种中的应用/〔英〕雷诺兹(Reynolds, M. P.)等著;景蕊莲等译. —北京:科学出版社,2013

ISBN 978-7-03-035922-3

Ⅰ.①生… Ⅱ.①雷… ②景… Ⅲ.①植物生理学-应用-小麦-作物育种-研究 Ⅳ.①S512.103

中国版本图书馆 CIP 数据核字(2012)第 257841 号

责任编辑:矫天扬 孙 青 王海光 / 责任校对:包志虹
责任印制:钱玉芬 / 封面设计:耕者设计工作室

科 学 出 版 社 出版
北京东黄城根北街 16 号
邮政编码:100717
http://www.sciencep.com
新科印刷有限公司 印刷
科学出版社发行 各地新华书店经销

*

2013 年 1 月第 一 版 开本:787×1092 1/16
2013 年 1 月第一次印刷 印张:22 1/2 插页:4
字数:504 000

定价:**98.00** 元

(如有印装质量问题,我社负责调换)

译者名单

(按编写章节顺序排序)

刘　丹	中国农业科学院	序、第 3 章
史慎奎	中国农业科学院	导论
孙黛珍	山西农业大学	第 1、第 17 章
肖永贵	中国农业科学院	第 2 章
史雨刚	山西农业大学	第 4 章
李　昂	中国农业科学院	第 5、第 6 章
张跃强	新疆农业科学院	第 7、第 8、第 10 章
王　重	新疆农业科学院	第 8 章
李　强	河北农业科学院	第 9、第 13 章
张宏芝	新疆农业科学院	第 10 章
杨红梅	新疆农业科学院	第 10 章
乔文臣	河北农业科学院	第 11、第 12 章
逯腊虎	山西农业科学院	第 14、第 18 章
毛新国	中国农业科学院	第 15、第 16、第 19 章

译 者 的 话

　　将植物生理学研究成果应用于作物育种,提高育种工作效率,这是育种家和生理学家的共同愿望。本书汇聚了植物光合、抗逆和营养高效生理学领域众多专家的工作经验和研究成果,指出了植物生理学在小麦育种上的应用潜力和应用途径。原书自 2001 年出版以来,受到相关研究领域广大专家学者的高度关注,2009～2010 年原书是国际玉米小麦改良中心(CIMMYT)点击和下载次数最高的刊物,曾被译成俄文出版发行。我们在实际工作中体会到原书的内容理论联系实际,同时指出在将生理学理论与技术应用于育种实践中需要规避的问题,为高效利用生理学知识进行小麦研究和育种工作提供了良好的指导。因此,我们决定翻译这本书,与我国的同行们共享。

　　我们翻译该书的愿望得到了原书主编 M. P. Reynolds 博士和 CIMMYT 信息部主任 M. Listman 博士的大力支持。本书的出版得到科学出版社的大力帮助,受国际农业磋商组织挑战计划项目(CGIAR GCP)、国家"863"计划、"973"计划项目资助。我们对此表示诚挚的谢意。

　　本书的前言、第 3 章由刘丹译,导论由史慎奎译,第 1、17 章由孙黛珍译,第 2 章由肖永贵译,第 4 章由史雨刚译,第 5、6 章由李昂译,第 7 章由张跃强译,第 8 章由王重、张跃强译,第 9、13 章由李强译,第 10 章由张宏芝、杨红梅、张跃强译,第 11、12 章由乔文臣译,第 14、18 章由逯腊虎译,第 15、16、19 章由毛新国译。景蕊莲、祁葆滋对全书进行审校。李昂、昌小平对修改稿进行了文字整理。

　　由于我们水平有限,书中不妥和疏漏之处,敬请读者批评指正。

译校者

2012 年 2 月于北京

序

　　我们很欣赏《生理学在小麦育种中的应用》对实践的指导,本书把盐害、干旱、冷害、涝害、微量营养元素以及其他主要领域众多专家的工作经验汇聚在一个体系中。

　　植物育种家对植物的生理进程了解得越透彻,就越能够高效地利用相关的生理机制来提高作物的性能。当小麦育种工作者的生理知识得以拓展时,他们就可以从生理过程中鉴定出目标性状并作为指标进行直接选择,这将比单独选择产量更快、更高效。

　　然而,我们对于植物如何适应环境方面的认识依然存在缺陷,这要求我们进一步开展生理研究。确实地,对作物生理更完全地了解将是高效应用新技术的先决条件,如遗传转化、功能基因组学以及分子标记辅助选择育种。

　　育成品种是大田水平下提高作物产量的重要催化剂,但诸多的生物与非生物胁迫严重影响作物产量。然而,为了使育成品种的产量遗传潜力得以充分表达,科学家还必须注意对作物的栽培管理。如果没有充足的土壤肥力、合适的种植方法、有效的杂草和害虫防治以及高效的水分管理,那么就不可能获得遗传改良的全部经济效益。

　　本书提供了简要的理论上的解释,但是主要焦点是实际的程序能否被育种家方便地应用。关于生理学用于小麦育种的经济效益问题,以及发掘遗传多样性提高产量的研究,都将使育种工作者得益于充分利用现有的方法和资源,进一步提高工作效率。在生理性状的遗传学基础章节中提出这样的观点,即虽然田间试验必不可少,但是与分子数据的适当结合可以更有效地利用有限的资源。

　　本书是全体作者集体智慧的结晶,在此我们感谢他们的慷慨贡献,感谢他们与我们分享丰富的研究成果。通过本书,他们的专业知识技能将被世界各地的育种工作者获得,尤其是在这个新兴领域信息匮乏的发展中国家的育种工作者。

　　桑杰雅 拉加拉姆　　　　　　　　　诺尔曼 布劳格
国际玉米小麦改良中心小麦项目主任　　国际玉米小麦改良中心高级顾问

目　　录

抗 逆 育 种

营养高效育种

彩图

生理育种总论

导论　生理学在小麦育种中的应用

M. P. Reynolds, R. M. Trethowan, M. van Ginkel, and S. Rajaram[①]

生理学研究如何能够辅助小麦育种？导论中试图为育种项目提供一个总的指导原则：①评估在育种策略中是否应该包含生理指标；②评价具体生理性状及其在育种中的实用价值。本书的其他章节则提供详细信息，说明在育种工作中如何应用生理方法选育适应各种环境条件的品种。

在育种工作中，生理指标虽未被普遍直接应用，但有一个很好的应用例子，即对株高的选择：降低株高不仅提高了小麦的抗倒伏性和总生物量向籽粒产量的分配比例，而且使小麦易于栽培管理。另一个例子就是在光周期和春化低温敏感性上的差异，这使品种具有对纬度范围和冬季、春季播种的广泛适应性。尽管对于光周期和春化敏感性彼此之间及其与环境的互作还缺乏足够的了解，但是光周期基因（Ppd）和春化敏感基因（Vrn）相对简单的遗传，以及它们显著的表型性状（即早熟对晚熟），使它们能够在育种过程中被改良。对于降低株高的基因（height reduction，Rht）也是如此。未来加强对这些性状遗传机理的认识将有助于它们在育种中的进一步利用。

对矮秆与适应环境性状的选择已经在现代植物育种工作中产生了深远的影响，而且自绿色革命以来，对春小麦产量潜力的改良已经证明其与许多其他生理因子有关（Reynolds et al.，1999）。然而，很多育种计划并未过多强调对生理性状本身的选择（Rajaram and van Ginkel，1996）。当然，也有一些例外，包括：①持绿性。在对 Veery 小麦，如 Seri82 的抗病性改良中选择了持绿性，该性状还与高叶绿素含量和高光合速率有关（Fischer et al.，1998）。②直立叶型。较直立的叶倾角是许多高产面包小麦和硬粒小麦株型的共同特点，该性状在 20 世纪 70 年代早期被导入 CIMMYT 种质池中（Fischer，1996）。

最近，植物育种家与生理学家的一项调查提出了如何让生理学方法在育种工作中发挥更大作用的问题（Jackson et al.，1996）。根据这份调查，虽然过去生理学研究在育种中的作用有限，但未来其影响力会通过以下途径得以提高：

- 在恰当的种质范围内关注生理学研究（取决于特定的育种目标）；
- 运用更大的群体进行研究，使研究成果的推论能够成为育种方法；
- 除了已用于核心育种项目的性状之外，鉴定用作间接选择指标的性状；
- 鉴定在基因导入项目中用作选择指标的性状；
- 在更多的代表性环境中进行选择试验；
- 开发能够简单快速测验大量分离品系的工具。

在本章和后续章节中，这些建议被整合为一个研究框架以评估各生理选择性状在育

---

① CIMMYT 小麦项目组，墨西哥。

种中的价值。

0.1　评估生理指标在辅助育种策略上的应用潜力

0.1.1　育种的艺术、科学与经验

育种经常被认为是科学、艺术与经验的混合。科学层面的育种涉及既定事实的常规应用,如文献记载的抗病或环境适应性的特定基因的作用。艺术层面的育种涉及长期从事种质资源工作过程中产生的直觉以及经验与已有知识的整合。换句话说,直觉能够使人们基于尚不完备的植物生物学和生态学知识做出良好的育种决策。经验是指运用多重杂交和选择策略实现单一的育种目标,有时被不严格地称为"数字游戏"。生理学科学知识以及直观认知的补充完善是有效实施育种工作所需要的。生理选择指标的运用能够使经验选择更为有效,从而提高成功的概率。

0.1.2　应用生理性状的理论基础

假使某个性状显著的遗传多样性已经建立,那么接下来的问题就是如何用它作为选择指标以提高育种效率。如果没有实验,就不会有任何确定性的预测,就不能预测比一个育种家事先能知道的更多的东西,他知道众多杂交组合中哪些组合将产生期望的品种。问题的关键在于,作为综合性育种方法的一部分,对于一个特定生理性状的选择是否比单一的亲本和(或)后代选择能够更快速有效地得到结果。

似乎许多性状都有提高产量的潜力。为了评价哪个(些)性状应处于优先地位,可根据整合的当前制约性状表现的生理生化概念模型,对交替假设进行经验性的验证(图0.1)。例如,如果主要的产量限制因素是水分胁迫,假使较深层的土壤中有可以利用的水分,那么生理学上会认为扎根较深的基因型具有产量优势。然而,单独对产量进行选择并不能保证好的株系具有最深的根系,因为作物的耐旱性可能源自于其他遗传机制,如渗透调节、茎秆储藏物的积累与活化、主穗的光合作用、耐热性代谢以及在水分胁迫下良好的出苗和群体建成(图0.1)。

多数育种项目对干旱环境下的作物遗传改良非常有限。与灌溉环境相比,在水分胁迫环境下的遗传改良进展较慢,这通常是由于干旱条件下选种圃的不均匀性所致,这也指出了基于产量选择的不可靠性。在较好的控制条件下对于特定性状的选择可能会更有效。另外,如果耐旱机制不止一种,那么基于结合协同性状的周密选择可能比基于亲本与后代单一产量性状的选择能更快获得成果(参见 Richards 等所著章节)。

0.1.3　建立生理性状的遗传基础

一旦确立了某项生理性状的应用价值,其遗传基础就值得进一步研究,如涉及该性状表达的基因数目与定位(包括鉴定分子标记的遗传研究可以运用于表型性状选择遗传增益的同类群体)。理论上来讲,这种投入能够对世界范围内任何育种项目中特定品系的抗逆性或其他目标性状进行指纹识别。这些信息可使战略性的杂交项目提高聚合耐旱性状

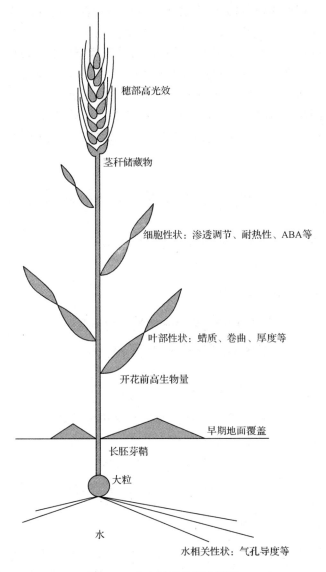

穗部高光效

茎秆储藏物

细胞性状：渗透调节、耐热性、ABA等

叶部性状：蜡质、卷曲、厚度等

开花前高生物量

早期地面覆盖

长胚芽鞘

大粒

水

水相关性状：气孔导度等

图 0.1　小麦耐旱的概念模型

理论上，小麦的理想株型应该突出表现如下性状(不是全部性状在所有干旱环境中都是有益的)：籽粒大小与胚芽鞘长度(改善作物群体早期建成)；早期地面覆盖与开花前生物量(降低土壤水分蒸发)；茎秆储藏物/再转移与穗部光合作用(促进开花后严重胁迫期间的籽粒灌浆)；气孔导度(指示根部吸收土壤深层水分的能力)；渗透调节(维持低水势条件下细胞的功能)；脱落酸积累(细胞对胁迫的预适应)；耐热性(热胁迫可能是由干旱条件下叶片的低蒸腾速率引起的)；叶片的解剖学性状，如蜡质、表皮毛、卷曲、厚度(降低光抑制的风险)；高分蘖存活率和持绿性(易观测的良好耐旱性的综合性状指标)

的概率，而无需测定亲本或后代表型。如果一个性状在遗传上很复杂，基因间存在上位性或其他相互作用时，就需要在几种不同的遗传背景中鉴定遗传标记，以获得目标基因位点的综合信息。

虽然鉴定可靠的生理机制及其遗传标记费时费力，然而一旦启动早期投入，所得信息便可长期应用。根据可用资源的情况,这些信息可用于育种过程的各个阶段。在投入较低的情况下,可以收集潜在亲本系的重要生理性状信息。例如,通过筛选常用亲本的全部杂交群体或部分群体产生一个有用生理性状的目录或者它们的遗传标记。这些信息可以策略地用于设计杂交组合,从而提高获得聚合目标性状的超亲分离事件概率。在有更多资源可用于生理性状筛选的情况下,相同的选择指标可用于不同的分离世代,如在产量试验或任何一个中间阶段,这取决于哪个阶段选择的遗传增益最大。

本章的其余部分将介绍育种过程中评价生理指标的一般程序,以及如何应用这些生理指标。

0.2　将生理指标整合进育种策略的标准程序

将生理指标整合进育种计划的程序分为两个阶段,每个阶段都包含很多实验步骤(参见以下内容)。

0.2.1　阶段1:鉴定产量相关性状

生理指标整合进育种策略的步骤
阶段 1: 鉴定产量相关性状
- 明确小麦生长的目标环境
- 鉴定生理性状/选择指标
- 选择适宜评估性状表现的基因型
- 设计实验条件
- 建立优化性状表达的方案
- 测定性状的表达及其与产量之间的关系

0.2.1.1　明确小麦生长的目标环境

众多理由可以说明,在设计一个研究计划之前,确定目标环境的物理与农业特征至关重要(表 0.1)。第一,根据这些信息,我们能够选出那些与限制产量的环境因子密切相关的性状。例如,以提高干旱条件下的产量为目的,如果目标环境土壤深层缺水就无需筛选深扎根能力的性状。类似地,如果农民保留了作物残茬或进行了土壤覆盖,那么以保存土壤水分为目的的早期地面覆盖性状的选择就没有意义。第二,目标环境的准确描述对于辅助实验设计非常重要,应确定适当的研究地点(基于温度曲线、纬度、土壤类型等),选择实验的处理(如播种日期、农作物管理等)。尽可能匹配与目标环境一致的实验条件,这样的结果才可能从总体上具有对目标环境的代表性。许多实例表明,在目标环境条件下进行多点重复试验是明智的。在任何地点都不可能完全精确模拟目标环境条件,从全局考虑,这些地点可以进行不同处理。尽管如此,对于实验类型的判断需要基于目标环境条件的尽可能完备的知识基础(参见 Hobbs 和 Sayre 所著章节)。

表 0.1　定义目标环境与实验环境的关键参数

参　数	单　位
气候	
日最高温度	℃（月均）
日最低温度	℃（月均）
光照时间或入射辐射	h/d 或 joules/(m^2 · d)
年降水量	mm/月 *
相对湿度	%（max/min）
作物环境	
平均产量	t/hm^2
前茬作物	如夏播作物种类
生物逆境	减产%
土壤	
土壤类型	如黏土/壤土/沙土
土壤 pH	pH
物理性质	如压实带
有机质	%
扎根深度	近似至厘米
管理	
基本肥料施用量	N、P、K 等 kg/hm^2
基本灌溉计划	次数/灌溉量 mm（如果可灌溉的话）
病虫草防控	次数

注：* 此处应为年，译者注。

0.2.1.2　鉴定生理性状/选择指标

当考虑将生理指标整合进育种策略时，之前发表的有关性状和方法的著作可供参考。此类文献多数已被综述引用，如 Blum(1988)对非生物胁迫，Evans(1993)对产量潜力以及 Loss 和 Siddique(1994)对小麦抗旱研究的综述。此外，在本书的后续章节中也引用了许多性状及其参考文献，包括产量潜力、热胁迫、旱胁迫等。一种能在育种上应用的性状需要满足两个条件：①必须具有性状显著遗传变异的证据；②对该性状的选择，在相对成本和效益上必须具有经济有效的优势（参见 Brennan 和 Morris 所著章节）。

在选择性状过程中，从植株整体水平上考虑性状的整合可能更有益。性状可以分为两大类：一类是与形态生理特性相关的简单性状，如叶片蜡质；一类是复合性状，通过许多简单性状产生网络效应，如冠层温度。作为由若干简单性状形成的一项功能，复合性状是评估小麦育种后代的潜在而强有力的选择指标,然而,这些性状的遗传力(由遗传方差 σ_g^2 与表型方差 σ_p^2 的比例计算)一般比简单性状低。很明显,目标性状的遗传力会影响其在育种过程中测量和利用的难易程度。

0.2.1.3 选择适合评估性状表达的基因型

种质的初级筛选至关重要,因为结论会随之改变,它代表着当前的育种目标。杂交圃的材料与高代育种品系是很好的资源。种质收集可以提供有用的遗传多样性资源,尤其是如果收集的材料原产地环境具有与目标环境相似的产量制约因子。理想的种质应该有许多共同特性,能够有助于实验工作与结果阐释(表0.2)。株高、熟性、适应性、病害敏感性等性状的差别都是影响所研究的目标性状的潜在因素,而且其变异会增加实验的误差。不可能每个材料都能满足所有指标,然而如果其中大部分指标得以满足,就会大幅度地推进研究成果的取得。

表 0.2　用于生理育种试验种质的理想特点

- 基本适应于目标环境
- 可接受的熟期范围
- 可接受的农艺类型
- 抗流行病虫害
- 宽广的遗传背景
- 株高无显著差异†
- 光周期与春化反应相似†

注:†表示除非是要调查的特点。

如果在可接受的农艺背景材料中目标性状的遗传多样性不高,那么就有必要在性状评估开始之前将其导入常用亲本。由于育种需要大量的资源,因此需要证明目标性状具有经济上的优势。例如,对相关物种或品系的初步研究表明,具有中等遗传多样性的性状与产量高度相关。

此外,很重要的一点是在工作开始之前,首先检查用于现行育种选择项目的种质情况。如果这些材料的目标性状已经高度纯合,那么所用方法就有助于获得目标性状的遗传增益。如果能够取得比现有方法更高的效率,那么建立生理选择方法就是值得做的。否则,生理选择的唯一作用或许就是鉴定新的、更好的具有目标性状的遗传资源。

研究的品系必须有足够的数量,确保目标性状的一系列遗传多样性,最好具有几个不同的,但适应当地环境的遗传背景。以大量品系开始初步观察可能是明智的。其材料数量可能上百,这取决于目标性状的复杂性。准确的材料数量取决于目标性状遗传多样性的程度。一旦在可控实验周期中初步观测确认了遗传多样性,就可以减少材料的数量(如20~50),这些最优种质中包含了全部遗传多样性,可供后续研究中更详细的观察。

0.2.1.4 设计实验环境

实验需要在最佳的栽培管理条件下进行,因为病害胁迫和灌溉不均等都会造成生理性状表现的误差。除选择具有目标环境代表性的合适实验地点外,许多栽培管理因素也需要考虑在内(表0.3)。一些因素,如模拟温度和光周期状态下的播种日期,应该尽可能代表目标环境,从而避免与实验目的不相关的生理性状的表现。其他因素,如整地和害虫防治等,都应该管理至最佳,以降低实验误差。种子质量是另一个影响因素,必须选用高质量的种子以确保其良好的出苗和群体建成。另外,种子应该来自同一种植环境。不同来源的种子可能会造成很多干扰因素,如当研究种子对微量元素的反应时,种子自身储藏的元素成分和含量可能因产地条件不同表现出差异(参见 Ascher-Ellis 等所著章节)。试验操作上的详细信息参见 Hobbs 和 Sayre 所著章节。

表 0.3　性状评价中的管理因素

应代表目标环境的因素	应最佳管理的因素
轮作	种子质量与来源
播种期(用以模拟目标光周期和温度范围)	整地
栽培方法	病虫防控
播种量	杂草防控
肥料制度	恰当的统计设计
灌溉制度	

0.2.1.5　建立优化性状表现的方案

生理性状选择效率与性状表现和测验质量有关。因此,对于任何性状,必须通过实验确定如何测量、何时测量才能够得到性状表现的最大遗传分辨率。三类因素与性状表现存在互作:①大环境,如温度、光照、灌溉状况、营养状况及土壤类型;②微环境,如每天的温度与光照波动等,还有如土壤异质性、杂草、害虫等导致的不同小区或不同植株之间的小环境差异;③生理因素,如植株或其器官的年龄,作物的昼夜节律以及存在于所谓稳定品系中的少量的遗传多样性。

例如,叶绿素的表现就相对简单,不受昼夜节律变化影响,然而其表现在不同的营养状况下会发生变化。叶绿素也是叶片年龄的函数,需考虑其测量上的一些标准化。可在播种后定期选择测定开花期旗叶或最幼嫩的完全展开叶中的叶绿素。另外,像叶片气孔导度或冠层温差(CTD)受温度和相对湿度(如空气水汽压亏缺)的强烈影响,而且具有昼夜节律性。CIMMYT 的研究表明,在温暖、晴朗无云的午后测验良好灌溉小区的 CTD,效果最佳(Amani et al.,1996)。这一性状也受物候影响,抽穗前的读数较高,灌浆期读数与产量潜力的关系最密切。

避免干扰因素与实验设计的应用　当大田试验无法完全避免干扰因素时,可通过规划良好的作物栽培管理和实验设计,最大限度地减小干扰因素的影响。例如,上述提及的通过选择种质避免成熟期和株高上的悬殊差异(表 0.2)。此外,如果对实验地点进行仔细选择与最佳管理,可以降低小区间的变异。对于受天气条件影响的性状,调查者可在数据调查时间上灵活掌握,只在相对适宜的条件下采集数据。

值得庆幸的是,合理的统计方法能够减弱其中一些干扰因素的影响。重复与合理区组设计相结合的方法非常有效,有助于控制所有田间试验地点内在的异质性效应。倘若目标性状与熟性之间没有遗传连锁,协方差分析有助于减少植株年龄和物候上的干扰效应。多重取样可以降低测量误差(人为和设备误差)。这些策略与先进的数据分析规程(如空间分析)相结合,可降低环境变异导致的误差。

基因型与环境互作　影响性状表现的因素(即大环境、微环境与生理因素)可能表现出与基因型的互作,解释为统称的基因型与环境互作(G×E)。有些性状表现出很小的G×E,即无论这些性状的绝对表现如何,基于这些性状的基因型排序在很大程度上能够在不同环境中保持一致。这些性状高度遗传,因而环境对其性状表达影响很小。因此,对这些性状进行多年、多点选择是有效的。总之,性状的遗传越复杂,基因型与环境显著互作的概率就越大。

0.2.1.6　测量性状表现及其与产量之间的关联度

一旦确定实验方案,至少要收集两个或三个环境的数据(可以是不同的地点或不同的年份),评价:①目标性状的一致有效表达;②基因型性状与产量之间的关联度。对于后者,性状与产量之间的相关性应使用两者在各个环境内重复之间的平均值进行测验(相关性不应该用来自单一重复的数据解释,因为这些数据可能受重复间的环境差异干扰;应该计算理想的遗传相关性)。

由于性状与产量之间的关系可能受其他遗传因素的干扰,如物候及株型差异,对来自不相关稳定株系数据的解释存在风险。由于这个原因,假设上述指标符合要求,那么实验的第二阶段就需要在亲缘关系更近的材料,如纯合姊妹系中,论证性状与产量之间明确的遗传连锁关系。随后可以估算选择产生的遗传增益,以及产量改良效果。

0.2.2　阶段 2:评价性状的遗传力及选择响应

生理指标整合进育种策略的步骤
阶段 2: 评价性状的遗传力及选择响应
- 用性状差异大的亲本进行杂交实验
- 建立随机衍生纯合姊妹系
- 测验数量性状与产量之间的遗传连锁关系
- 评价遗传力与选择的遗传增益
- 应用生理性状辅助育种

0.2.2.1　用性状差异大的亲本进行杂交实验

创新实验种质资源的初期目标是产生纯合姊妹系,即重组自交系,可以是衍生的 F_4(或更高)代,以便达到系内相当程度的纯合与同质。

理论上,实验种质可以衍生自任意杂交组合。而实际上,亲本应充分地适应目标环境以允许进行大田试验,而且能够表现出遗传多样性以供研究中选育性状;最好也能满足表 0.2 中的附加标准。经初步研究的品系是优良的资源,因为在阶段 1 已很好地描述了它们的特性。由于不同遗传背景内的目标性状可能存在相互作用,因此至少需要两个或三个杂交组合。

0.2.2.2　建立随机衍生纯合姊妹系

为了阐明纯合品系性状间的遗传连锁,最理想的是其构建过程中不施加选择压力,因而确保全部品系都为随机衍生系。达到此目的的方法就是用单粒传（SSD）。然而单粒传是一种占用大量资源的创造种质的方法。最节省的方式是进行不加选择的混合群体加代。不过，该方法的缺点是自然选择与基因型竞争（如分蘖能力、株高）会影响基因频率。一个合理的折中方法是从 F_2 代种子开始低密度种植群体，以便识别单株。为将株间的竞争效应降到最低，应保证从每个单株上采单个穗子而不是全株收获。

另一种方法是创造加倍单倍体群体。这种策略能使研究者在相对短的时间内创造出大量完全未经选择的稳定遗传株系；然而，该技术费用高且具有资源依赖性（Snape，1989）。

"未经选择"种质与育种目标的相关性 存在许多与"未经选择"材料工作相关的实际问题。最明显的就是与育种项目的相关性，不适宜的材料一般要尽早放弃。因此基于未经选择材料的研究结果就与育种项目无关。

第二个问题是"未经选择"材料在生理性状测定时潜在的内在干扰因素。例如，许多生理性状的表现会受到成熟期或株高表型变异的严重干扰。除非实验种质的选择已经避免了所有潜在的干扰因素（表 0.2，表 0.4），否则分离的株系很可能会在这些性状上表现出相当大的变异。

作为一个折中的方法，在保持最大遗传多样性的同时，获得与育种目标相符的结果，并且仍具试验的有效性，可通过对试验种质的负向选择将其中不合适的材料全部剔除。

表 0.4 育种实验中干扰结果的不良农艺性状

- 极端株高
- 不适宜的物候发育
- 严重倒伏
- 分蘖能力很弱
- 秕粒
- 产量潜力极低
- 褪绿和坏死症状
- 易感广泛流行和难以防控的流行病

尽管这些性状的特点会随着目标环境发生变化，但是有一些共同的性状（表 0.4）。请记住，具非目标性状的品系如果与研究的目标性状以任何方式相关联或连锁，就绝不应将其丢弃。在育种过程中不良性状通常会被抛弃。

0.2.2.3 测验数量性状与产量之间的遗传连锁关系

关于测验某性状与产量之间遗传连锁关系的相关世代问题取决于该性状的复杂性。由于遗传分离的特点，一个基因型中杂合位点的数量每自交一代后就减少一半。因此，根据概率，F_2 代的每个基因型约有 50% 的纯合位点，F_3 代有 75%，F_4 代有 87.5% 等，随着世代的增加，遗传稳定的概率也增加。其结果是少数基因控制的性状比复杂性状更可能在早代稳定。此外，与性状表达相关的基因越多，不同基因型的数量可能就越多。

除了最简单的性状之外，由于在实践中很难确定控制一个性状的相关基因数量，我们必须根据质量（孟德尔）性状的分离比，或者性状的数量遗传特点及其所表达的基因型与环境互作（$G \times E$）程度，推测某个性状是相对复杂还是相对简单。性状在早期世代的遗传力也能显示其遗传复杂性。对于简单遗传的性状，如有芒或无芒，其表达的遗传力为100%；然而，数量遗传性状，如籽粒产量的表达，很大程度上受 $G \times E$ 的影响。

基于上述考虑，可在 $F_4 \sim F_8$ 代群体中随意收获若干（相对地）随机衍生系的单株种子，进行繁殖并测产。在稳定株系中测验某性状与产量的关系时，其程序与阶段 1 描述的相同。在足够多的环境中测试之后，才能够确定其遗传连锁关系。

排除生物逆境的影响评估生理性状　生理性状评价的主要干扰因素是发病率。一般来讲要对病害进行化学防治，如果不是遗传病害，则不会干扰结论。考虑各类性状非常不同的遗传机制本质是合理的。例如，在对比生物与非生物抗性时，很显然改良了非生物胁迫耐性的种质在稳定的自然环境下长久地保持其优异的表现。另外，对病虫害的抗性则可能迅速丧失。因此，至少在实验种质方面，对基于陈旧抗病性指标的生理性状，限定其遗传变异是毫无意义的。

上述情况的一个例外是特别顽固的病害问题，这在育种代价高的目标地区具有重要的经济意义。在那种情况下，不仅有必要从至少一个抗性亲本中衍生种质，而且还要有计划地剔除敏感后代。尽管在实验工作中应控制病害，但在育种过程中应该创造发病条件，以便能在考察生理指标之前剔除感病株系。

0.2.2.4　评估遗传力与选择的遗传增益

如果某性状是高度遗传的，那么从育种的角度上考虑在育种过程中尽可能早地选择株系更为有效。如果应用穿梭育种，那么最适于特定性状表现的环境可与一个特定世代或几个世代一致。无论哪种情况，都必须确定在那个世代性状的遗传力，以便利用式(0.1)考察其遗传增益。

$$R = ih^2 \sigma_p \tag{0.1}$$

式中，i 为选择强度或包含在入选集团中的群体的比例；σ_p 为表型标准差。

在此情况下，实际遗传力(以 σ_g^2/σ_p^2 评估)可能是要计算的最重要的参数。通过测量株系内群体或来自杂交组合的整个群体的性状表现，并用一定的选择强度将群体分为高、低两组。每加一代测量一次该性状。在后续世代中高、低两组的差异越小，遗传力越低。

这可以用式(0.2)表示：

$$h_r = (F_{n+1} \text{高} - F_{n+1} \text{低})/(F_n \text{高} - F_n \text{低}) \tag{0.2}$$

式中，F_n 高为性状高表达的入选株系在第 n 代的性状平均值；F_n 低为性状低表达的入选株系在第 n 代的性状平均值；F_{n+1} 高为来自 F_n 代的相同高表达株系在 F_{n+1} 代的平均值；F_{n+1} 低为来自 F_n 代的相同低表达株系在 F_{n+1} 代的平均值(Falconer, 1990)。

0.2.2.5　应用生理性状辅助育种

当在不相关的稳定系内(阶段 1)及纯合姊妹系中(阶段 2)性状与产量高度关联时，很有必要在初试中对目标性状施加选择压力。然而，也应该考查关联的特点，即与株系产量相关性状值的分布。例如，初始的分布曲线是线性的，而在高生物量时变平坦(图 0.2)，对目标性状的选择只有剔除最差材料才是有效的。

如果在姊妹系中某性状表现高遗传力而且与产量高度关联，该性状适宜于早代选择，而不是在初试中选择(表 0.5)。可以对 F_3 或 $F_{3:4}$ 小区等施加选择压力，这取决于性状表达对栽培方法的敏感性。即使与产量关联相对较弱但高度遗传的性状，早代选择也是剔除最差材料的有效方法(表 0.5)。假定这些数据能很有说服力地指出育种中生理性状的运用，那么必须在育种项目的整体框架内选择。一个新品种成功的要素表现在具备了重

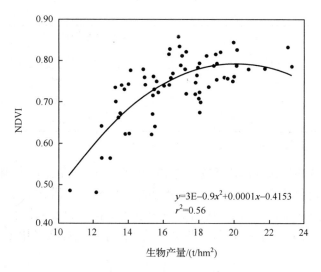

图 0.2　水地春小麦高代品系灌浆期反射光谱指数(NDVI,归一化差异植被指数)
与生物量之间的关系,1996～1997 年墨西哥西北部奥布雷贡(Reynolds et al. , 1999)

要的经济性状,如抗病性、农艺类型和产业化品质。下面提出将生理性状整合进常规育种
计划的理论框架(表 0.6)。

表 0.5　育种计划中应用的生理性状指标

性状遗传力	性状与产量的关联度	
	强	弱
低	在产量初试中选择	不使用
高	早和(或)晚代选择	早代负向选择

表 0.6　将某些生理性状指标整合进常规育种的理论框架,当测量这些
性状时,在可用资源中表现出不同的替代选择

	进行选择的育种世代			
	所有世代	F_3	F_4～F_6	产量初试/高代品系
简单性状				
病害	可观测			
株高	可观测			
成熟期	可观测			
冠层类型		可观测	†	
复杂性状				
产量			可观测	产比小区
工业品质			籽粒	籽粒
倒伏性		小区	小区	产比小区
冠层温度差			小区	产比小区

	进行选择的育种世代		
	所有世代	F₃	F₄～F₆	产量初试/高代品系

	所有世代	F₃	F₄～F₆	产量初试/高代品系
气孔导度		植株	小区	产比小区
叶片叶绿素含量		植株	小区	†
光谱反射率			小区	产比小区

注：† 表示由于 G×E 较低，早期世代/中间世代选择可能有效。

总之，生理性状的早代选择优于晚代选择，其优点是：①在育种中剔除生理性状较差的材料，可以节约资源；②降低丢失有益遗传多样性的概率。潜在的缺点是：①缺少学科间的密切协作，甚至加剧这种情况，在测量一些不适宜材料的农艺性状上浪费时间；②在早期世代需要测验大量的植株，目前一些可用的生理学方法要么费用太高，要么不够快。

0.3　结　论

本章试图为育种工作中生理选择性状的应用提供基本的指导原则。即使被采纳，生理指标也仅代表着更为完美的育种计划而不能取代常规的选择方法。尽管如此，如果将生理学知识用于辅助常规技术，那么应对育种挑战的各种努力，如打破提高产量的屏障和提高非生物逆境下的产量，才更有可能取得成功。

（史慎奎　译）

参 考 文 献

Amani, I., R. A. Fischer, and M. P. Reynolds. 1996. Canopy temperature depression association with yield of irrigated spring wheat cultivars in hot climates. Journal of Agronomy and Crop Science 176:119-129.

Blum, A. 1988. Plant Breeding for Stress Environments. CRC Press, Inc., Boca Raton, Florida. Evans, L. T. 1993. Crop Evolution, Adaptation and Yield. Cambridge University Press, Cambridge. 500 pp.

Falconer, D. S. 1990. Introduction to Quantitative Genetics. Third edition. Longman Scientific and Technical, New York. pp. 313-335.

Jackson, P., M. Robertson, M. Cooper, and G. Hammer. 1996. The role of physiological understanding in plant breeding: from a breeding perspective. Field Crops Research 49:11-37.

Loss, S. P., and K. H. M. Siddique. 1994. Morphological and physiological traits associated with wheat yield increases in Mediterranean environments. Advances in Agronomy 52:229-276.

Rajaram, S., and M. van Ginkel. 1996. Yield potential debate: Germplasm vs. methodology, or both. In: M. P. Reynolds, S. Rajaram, A. McNab (eds.). Increasing Yield Potential in Wheat: Breaking the Barriers. Mexico, D. F.: CIMMYT.

Reynolds, M. P., S. Rajaram, and K. D. Sayre. 1999. Physiological and genetic changes of irrigated wheat in the post green revolution period and approaches for meeting projected global demand. Crop Science 39:1611-1621.

Snape, J. W. 1989. Double haploid breeding: theoretical basis and practical applications. In: A. Mujeeb-Kazi and L. A. Sitch (eds.). Review of Advances in Plant Biotechnology, 1985-88: 2nd International Symposium on Genetic Manipulation in Crops. Mexico, D. F., Mexico, and Manila, Philippines: CIMMYT and IRRI.

1 从育种前景看生理学研究方向

P. A. Jackson[①]

传统植物育种一直采用试验修正法,该方法需要用不同来源的种质配置大量杂交组合,然后鉴定杂交后代在目标环境中与经济性状直接相关的表型(如籽粒产量与品质等),再从中选择优良的种质、杂交组合和杂种后代进一步选择和鉴定。在许多突破性的改良项目程序中,只是对种质资源进行大规模鉴定,以发现优异的亲本材料,这种简单的方法已经在许多作物新品种培育方面取得成功。

该方法常常在对优良性状的生理学基础缺乏深入认识的情况下取得成功。在一些作物中,通过追溯系谱可获得一些生理学方面的信息,但育种家很大程度上并没有利用这些信息进行进一步改良,而是在对产量和经济性状进行直接选择时,恰巧实现了对育种材料的改良。

如果这些育种方法是成功的,那么在育种项目中有多大程度受益于生理学研究? 最近的调查结果表明,育种家和生理学家一致认为,生理学研究在未来植物育种中的作用将越来越大(Jackson et al.,1996)。然而,同一调查还表明,迄今为止,生理学研究结果并未如大家所期望的那样在育种实践中得到应用。

对于生理学研究在植物育种中的潜在作用,文献中仍有很大的争议。大多数的讨论是关于生理学的应用前景,即测验植物的不同性状在不同环境条件下提高产量的潜在优势。本章将从育种的角度,探讨生理学研究在传统育种实践中的应用。如果植物育种继续依赖于对亲本和杂交后代的大规模鉴定,那么生理学的研究将在强化和完善这种育种方法方面发挥作用。

1.1 应用生理学于植物育种

图 1.1 展示了生理学应用于植物育种的可能途径,它将为后续讨论奠定基础。图 1.1 也说明了可能强化育种过程的方法,这些方法都建立在对生理学的研究或理解基础之上。

1.1.1 对产量限制因素的理解

了解目标环境中限制基因型表现的生物学因素对生理育种至关重要。限制因素包括不同物候期的水分胁迫(Fischer,1979;Woodruffe et al.,1983)、土壤肥力(Carve et al.,1995)、库容的形成(粒数)、干物质向籽粒的分配(Gallagher et al.,1975)、生殖生长阶段

---

① CSIRO 热带农业,Davies 实验室,昆士兰州,澳大利亚。

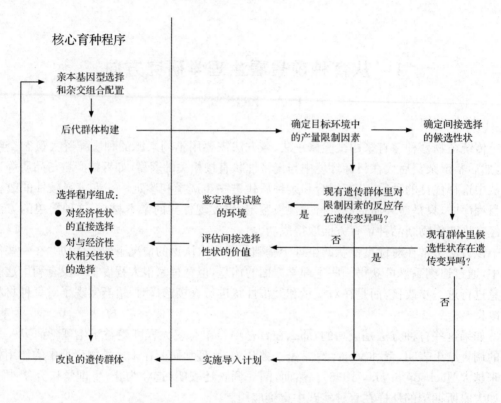

图 1.1　综合育种程序的关键步骤(左)和生理学研究或知识的潜在作用

冠层的光截获(Lawn et al.，1974)以及植物病害等。本书中限制因素是指改善特定因素的遗传反应以获得高产。在所有针对作物改良的生理学研究中,对于某一特定作物与目标环境互作的情况,限制因素的认知或来自先前的经验或研究,或建立于最初的研究目标。

　　了解目标育种区域的主要限制因素,能使作物改良工作事半功倍,这将在后面讨论。这方面最经典的范例是抗病筛选在育种中的应用。这种情况下,育种家先前已经知道某种病害至少在某些目标环境中是主要限制因素,在育种过程中有意识地对不同基因型进行抗病性鉴定,并且对鉴定结果进行中肯的评价。此外,还可能额外获得一些抗病性比较好的亲本材料。因此,当这样一个限制因素尚不清楚时,育种工作则更为集中和有效。

　　有时育种家对目标环境中限制高产的主要因素了解得不深或不全面,生理学研究则有助于填补这方面的空白。在育种实践中已有成功的例证,其中包括在农艺试验中模拟可能发生的限制因素,并对其影响效果进行验证和量化(Nix，1980);在更为复杂的水平上,建立简单但内容更为丰富的产量积累模型(Fischer，1979);建立量化估计限制因子的作物生长模型(Muchow et al.，1993),在多变的季节条件下有特殊的应用价值。然而需要注意的是,建立作物生长模型代价高,并且在许多情况下可能达不到足够的知识水平。

　　对限制高产的环境或生理因素的鉴定并不能自动产生更有效的育种和选择方法,但可以作为下文所讨论方法的一个起点。

1.1.2 选择试验所需环境条件的确定

在大育种项目中,大多数品种资源用于完成后代家系的选择,其目的是选择优良的家系,在后续试验中再对其进行精准鉴定,最后得到有价值的品系。选择试验通常是在能代表目标生产区域的环境中完成的。

如果限制因素:①在经济上很重要,即在目标区域对产量有着广泛和重大的影响;②存在对其响应的遗传变异,即在被鉴定的遗传材料中可以区分它们,那么,限制因素就可以作为选择试验的目标。对限制因素的深入了解有助于育种家确定选择试验的地点,以及如何管理。通过对遗传材料的鉴定,育种家能够观察到实验材料对限制因素的遗传反应,并且结合观察结果选出表型良好的基因型。

在目标区域内,如果限制因素的发生及其强度是变化的,那么就可能存在基因型与环境互作(G×E)。针对产生互作的限制因素,如果在特定的选择阶段取样不充分,那么较大的基因型与环境互作会导致选择效果不佳;如果在选择试验中能针对限制因素充分取样,那么选择效果可能会比较好。

如果对目标区域的环境限制因素不了解,一般进行分层随机取样。该方法基于地理位置、土壤类型、管理制度(如灌溉和雨养)或其他可能影响基因型差异反应的因素。这种方法在某种程度上是可行的,但采用这种碰运气的方法对某些因素取样存在一定的缺陷,也不知道选择期间应用于不同试验的相对权重。

在这种情况下,生理学研究显然可以发挥作用,帮助确定在特异群体里提高产量的关键限制因素,以及针对这些限制因素的遗传变异水平。使用前一部分概述的方法对一个或几个不同基因型所进行的生理研究,有助于鉴定限制经济性状的主要因素(如前所述)。然而,比较代表所评价基因型的足够样本的反应对于确定各种因素产生遗传变异的程度是必要的。有时还可以与育种程序中已经建立的选择试验相结合同时进行(Jackson et al.,1994)。深入了解鉴定材料对限制因素的遗传变异水平,将会不断地促进更为集中和有效的选择策略。

要在育种过程中利用这些信息,方法之一是给选择试验设置不同的环境条件。在澳大利亚昆士兰州发现,正常生长条件下的一些小麦(Cooper et al.,1995)和大麦(Jackson et al.,1994)品系,在开花期前后的粒数和籽粒产量变异很大(受环境水分和氮肥的影响)。在开花前后,不同品系对正常环境条件的反应说明在生产环境的样本中育种群体表现出很大程度的基因型与环境互作,因此建议对小麦和大麦的评价应该在一个或多个高水、高氮肥条件下的早期选择中进行(Jackson et al.,1994),这样可以有效区分品系对目标环境的适应性。

Cooper 等(1995)测验了在小麦中用少量高投入环境进行选择试验的效果,在 3 种高投入环境条件下小麦品系的平均产量与很多(16 个)随机生产环境下的平均产量表现高度遗传相关,因此他们认为早期在高水肥条件下进行产量试验有利于品系的选择,利用这种方法进行选择比大范围随机选择得到的数据更可靠,成本也更低。

1.1.3　把生理性状作为产量选择的间接标准

产量限制因素鉴定表明,一些生理性状可以作为育种家对产量进行选择的间接标准。虽然在生理学研究及文献中该观点受到高度关注,但在育种实践中却鲜被成功应用,下面将探讨其不太成功的原因及在育种中如何加强应用。

影响产量限制因素的生理学性状一旦被鉴定,就可通过两种途径应用:①在关键育种过程中作为后代群体选择的间接标准;②确定导入性状的育种目标(图1.1)。

应用任何一个生理性状作为选择的间接标准,对产量的遗传反应可用式(1.1)预测(Falconer et al. , 1996):

$$CR = i h_x \cdot r_g \cdot \sigma_{gy} \tag{1.1}$$

式中,CR表示根据性状 x 进行选择的产量相关反应;i 表示标准选择偏差(与选择的遗传群体比例有关);h_x表示性状 x 遗传力的平方根;r_g表示性状 y 与 x 的遗传相关;σ_{gy}表示性状 y 的遗传标准偏差。

遗传相关是选择性状与产量遗传效应间的相关,可通过协方差分析来估算,文献中许多研究仅集中在生理学与表型相关性方面(即平均数之间的相关),由于误差或相关的环境效应常导致相关性出现明显偏斜(偏上或偏下),因而遗传相关比表型相关更适合测验用作选择标准的性状值。

式(1.1)指出,把一个性状作为间接选择标准仅在很少的情况下有效。首先,该性状的遗传力(与误差和G×E互作相比,来自遗传方差的方差比率)必须足够高;其次,性状与产量(或其他主要性状)之间的遗传相关性也必须高。进一步应考虑鉴定该性状的费用,如果成本很高(假定有固定的预算),那么筛选的基因型数目就要相应减少,这样可以减少选择强度和式(1.1)中的 i。尽管这些确定选择标准性状的参数很重要,但在文献讨论中却常被忽视。

在一个具有代表性的遗传群体中,计算与育种项目相关性状的遗传力及遗传相关性很重要,因为不同的遗传群体中这些参数是不同的(Falconer et al. , 1996),如果所用的群体不具有代表性,很可能会得到不相关或误导性结果。例如,估计差异很大的基因型的遗传变异和遗传力,可能的话,包括遗传相关性,很可能都比高世代育种材料中更纯合的遗传群体的遗传相关大。同样,在育种试验中经过高度选择的高世代材料,包括品种和品系,这些遗传参数将显著不同于很少经选择的低世代材料。

计算遗传参数时,从有代表性的遗传群体中选取足够多的样品也很重要。育种家通常认为在计算方差和其他统计参数时,最少取30~40种基因型才足够。建立测定遗传统计参数标准误差的方法(Falconer et al. , 1996),对估计取样和试验设计是否合理很有帮助。

在实践中,几乎没有对产量进行间接选择比直接选择更有效的例子,尤其是在劳动效益特别高,而费用特别低时进行大规模的产量试验,情况通常如此。但是,有时也有可能鉴定到一些性状具有期望的特性——遗传力高、与经济性状的遗传相关性高、测验成本很低。将产量和这些性状一起作为选择指标比单独选择产量性状收获要大得多。关于选择指标的应用另有评述(Baker, 1986)。

Fischer 等(1989)与 Bolanos 和 Edmeades(1993a，1993b)已报道了间接选择成功的例子。在不同水分条件下，后者选择玉米群体，以籽粒产量和叶片相对长度、开花抽丝间隔天数、叶片死亡指数等作为选择指标，而 Fischer 等(1989)比较了以选择指数选择籽粒产量的轮回选择效果。结果表明，在严重水分胁迫条件下，选择指数比籽粒产量本身的选择效果更好(表 1.1)。他们认为，以其他性状作为选择指标比直接对产量进行选择更为有用，因为在严重的水分胁迫下，这些性状比产量的遗传力更大。可能是因为这些性状较少受到小区竞争效应和土壤变化的影响，而有时水分不足引起的土壤变化和竞争对试验结果影响很大。

表 1.1　经不同选择标准轮回选择后玉米群体的表现

群体	不同土壤水分胁迫下的籽粒产量			性状		
	轻度	中等	严重	开花抽丝间隔天数(ASI)	叶片伸长百分数(RLE)	叶片死亡指数(LDS)
原始群体(Original)	5240	2780	1520	6.5	75	4.2
在轻度水分胁迫下根据籽粒产量选择的群体(Yield-mild)	6170	2580	1330	6.3	69	4.0
在严重水分胁迫下根据籽粒产量选择的群体(Yield-severe)	5420	3160	1680	4.7	77	3.8
根据选择指数选择的群体(Index)	5950	3670	2300	3.7	81	3.1
SE	496	399	297	0.6	4	0.3

数据来源：Fisher 等(1989)的表 3。

推而广之，作为选择指标的单个性状的鉴定倾向于理想株型的选择，该理想株型可用来预测目标环境中的理想基因型。这种方法的缺点是其本身不说明遗传群体中遗传变异的水平以及性状之间的遗传相关。因此，某种情况下这些性状不存在期望的遗传变异，那么根据这种性状进行选择既浪费资金，也无实际效果。

许多生理性状和一些有用的性状间可能存在负遗传相关(Misken et al.，1970)，这种现象可能导致与重要经济性状间的遗传不相关或遗传相关性很低。例如，许多产量构成因素之间存在负相关(Adams，1967)，所以对其中一个产量构成因素的选择将不可避免地导致对其他产量构成因素选择效果的降低。连锁遗传和一因多效也可能引起负遗传相关。如果存在连锁，将会降低基因导入的频率，如果存在一因多效，将会降低导入的性状值。Rasmusson(1991)发现在应用理想株型途径的大麦育种项目中，一因多效和性状互补是限制外源基因导入的主要因素。

因此，对简单基于生理学知识和可能有用的筛选指标的性状选择，将导致对目标性状，如产量的选择效果不大或没有效果。此外，这种方法也不可能鉴定与产量正相关的性状，通过育种的收益这些性状极容易被获得。如果以产量性状本身(或其他经济性状)作为主要的选择指标，那么存在遗传变异的影响产量的生理性状将自动被改变。

总之，当把生理性状作为间接选择指标时，应该将其收益与以产量为指标选择而预期的收益进行比较。对于可用作筛选指标性状的寻找和评价,应该基于该性状遗传力和测验费用的估算,以及该性状与产量的遗传(而非表型)相关性等。如果能将生理性状和产量性状相结合作为一种联合选择指标将会更好。

1.1.4　应用生理学理解确定基因导入目标

核心育种程序(图1.1)的首要目标一般就是直接选育新品种,而对亲本和后代材料的选择常常基于其经济表现的总估算。然而,在遗传改良的战略阶段中,育种家可能基于某一特定性状,如对某种病害的抗性或者对某一非生物胁迫的耐性,选择亲本资源。目的是将某一特定性状导入或引进对当地环境适应性很强的育种群体中(Simmonds,1993)。外源种质的导入已在作物遗传改良上取得很大的成功,如 Borlaug 将矮秆基因引入解决了小麦的倒伏问题,Berding 和 Roach(1987)将 *Saccharum spontaneum* 用于甘蔗育种,显著提高了甘蔗的抗逆性和再生能力。

供体种质可以从所选择的适应当地条件的外源种质材料中鉴定获取。例如,从其他育种项目中获得的中间材料,它们虽然不具有对当地环境条件的适应性,但可能携带有育种所需要的一些重要特性;也可来自同种或近缘种质资源。在选择供体材料时,生理学的知识非常有用,甚至是必需的,其作用是确定在核心育种群体中几乎不存在遗传变异、特定性状或特殊值的反应(参见 Skovmand 等所著章节)。

需要指出的是,优异基因的导入非常困难,而且过程很长,常常失败,因此需要仔细考虑和周密计划。从全面的农学观点看,引入某性状的供体种质几乎永远是劣质的。正是由于这个原因,必须用当地适应性较好的品种进行多次回交,并且在每一回交后代中进行选择,使被导入性状能在适当的农艺背景中充分表达。

将来,基因工程能不断应用并提供"新"基因,并有效地把这些基因整合到合适的种质资源中,控制它们的表达。基因工程和传统的育种目的一致,都是将目标基因导入受体材料中。但相比较而言,基因工程的前景更为广阔,它能够提供更多的基因用于改善植物性状。这就需要植物生理学家和生物化学家进行大量的和互补的共同努力,确定并提出明确的遗传操作,以便克服目标环境中更高生产率的限制因子或改善在目标环境中的品质。

1.2　结　　论

本章概括了生理学研究在作物育种中应用的3种方法:
- 改善选择试验的环境取样;
- 鉴定可用作间接选择指标的性状,通常是将某一指标与直接测量的经济性状表现结合使用;
- 确定导入项目的目标,以及未来将不断增加的遗传工程的目标。

生理学研究需要与育种项目紧密结合,促进产量的实际增长。这样生理学研究将在相关的遗传群体上实施,其研究的产出和建议可被快速地在现有育种途径范围内评估、比较和再发展。植物育种研究的前景及其潜在的应用价值,最好使用简单的数量遗传学模型[式(1.1)]予以测定。生理学家与育种家需要不断地解决将生理研究应用于育种的各种问题,这将有助于将焦点集中在产生实际的育种成果上。

(孙黛珍 译)

参 考 文 献

Adams, M. W. 1967. Basis of yield component compensation in crop plants with special reference to the field bean, *Phaseolus vulgaris*. Crop Sci. 7:505-510.

Baker, R. J. 1986. Selection indices in plant breeding. CRC Press, Boca Raton, FL.

Berding, N., and Roach, B. T. 1987. Germplasm, collection, maintenance and use. In: Sugarcane improvement through breeding. D. J. Heinz (ed.). Elsevier. pp. 143-211.

Bolanos, J., and Edmeades, G. O. 1993a. Eight cycles of selection for drought tolerance in lowland tropical maize. I. Responses in grain yield, biomass and radiation utilization. Field Crops Res. 31:233-252.

Bolanos, J., and Edmeades, G. O. 1993b. Eight cycles of selection for drought tolerance in lowland tropical maize. II. Responses in reproductive behaviour. Field Crops Res. 31:253-268.

Carver, B. F., and Ownby, J. D. 1995. Acid soil tolerance in wheat. Adv. Agron. 54:117-173.

Cooper, M., Woodruffe, D. R., Eisemann, R. L., Brennan, P. S., and DeLacy, I. H. 1995. A selection strategy to accommodate genotype-by-environment interaction for grain yield of wheat: managed environments for selection among genotypes. Theor. Appl. Genet. 90:492-502.

Falconer, D. S., and Mackay, T. F. C. 1996. Introduction to quantitative genetics. Fourth Ed. Longman. Fischer, K. S., Edmeades, G. O., and Johnson, E. C. 1989. Selection for the improvement of maize yield under moisture deficits. Field Crops Res. 22:227-243.

Fischer, R. A. 1979. Growth and water limitation to dryland wheat yield in Australia: A physiological framework. J. Agric. Inst. Agric. Sci. 45:83-94.

Gallagher, J. N., Biscoe, P. V., and Scott, R. K. 1975. Barley and its environment. V. Stability of grain weight. J. Appl. Ecol. 12:319-336.

Jackson, P. A., Byth, D. E., Fischer, K. S., and Johnston, R. P. 1994. Genotype x environment interactions in progeny from a barley cross. II. Variation in grain yield, yield components and dry matter production among lines with similar times to anthesis. Field Crops Res. 37:11-23.

Jackson, P. A., Robertson, M., Cooper, M., and Hammer, G. 1996. The role of physiological understanding in plant breeding: from a breeding perspective. Field Crops Res. 49:11-37.

Lawn, R. J., and Byth, D. E. 1974. Response of soybeans to planting date in S. E. Queensland. II. Vegetative and reproductive responses of cultivars. Aust. J. Agric. Res. 25:723-737.

Misken, K. E., and Rasmusson, D. C. 1970. Frequency and distribution of stomata in barley. Crop Sci. 10:575-578.

Muchow, R. C., and Carberry, P. S. 1993. Designing improved plant types for semiarid tropics: Agronomist's viewpoints. In: Systems Approaches for Agricultural Development. F. W. T. Penning de Vries et al. (eds.). Kluwer Academic Publishers, Dordecht, The Netherlands. Nix, H. A. 1980. Strategies for crop research. Proc. Agron. Soc. NZ. 10:107-110.

Rasmusson, D. C. 1991. A plant breeder's experience with ideotype breeding. Field Crops Res. 26:191-200.

Simmonds, N. W. 1993. Introgression and incorporation strategies for use of crop genetic resources. Biol. Rev. 68: 539-562.

Woodruffe, D. R., and Tonks, J. 1983. Relationship between time of anthesis and grain yield of wheat genotypes with differing developmental patterns. Aust. J. Agric. Res. 34:1-11.

2 探寻具增产潜力相关生理性状的遗传资源

B. Skovmand[①], **M. P. Reynolds**[①], **and I. H. Delacy**[②]

全世界小麦需求量以每年2%的速度递增(Rosegrant et al.，1995)，而灌溉区小麦产量潜力的年遗传增益还不及1%(Sayre et al.，1997)。由此可见，当前全球对小麦的需求量正以约2倍于产量潜力遗传增益的速度增长，在雨养型环境条件下产量潜力的遗传增益更低。继续扩大农业生产去满足产量需求的增加，会加剧对自然生态系统的破坏。虽然我们可以通过农业集约化生产提高产量，但这样又会增加农业经济投入成本。因此，要满足全球对小麦不断增长的需求量，最有效且环保的方法是对小麦进行遗传改良。

迄今为止，小麦产量潜力的提高主要来自对几个重要基因的操作，如降低株高的 Rht、适应光周期的 Ppd 以及与生长习性相关的 Vrn。未来产量潜力的增长，特别是在逆境条件下，毋庸置疑地需要发掘大量遗传多样性丰富的地方品种及野生近缘种。虽然这些具遗传多样性的资源在小麦抗病性改良方面已经得到应用(Villareal et al.，1995)，但在生理性状的遗传改良方面利用很少。然而，已发现许多生理性状具有提高产量的潜力，并发现这些生理性状在现有的遗传资源中能够高效表达。繁种圃可用于鉴定和评价种质资源非病害和非破坏性的性状(DeLacy et al.，2000)。由于种子具有再生能力，因此可作为一种经济有效的数据搜集方式。最近的研究已证明(Hede et al.，1999；DeLacy et al.，2000)遗传资源材料的农艺性状数据(包括低遗传力性状)可在种子扩繁穴播小区或微型小区测得。

2.1 遗 传 资 源

在几个小麦族基因库中发现对植物生理学家和育种家有价值的遗传资源，这些基因资源被 Von Botmer 等(1992)命名为同心圆(图2.1)。基因库概念最早由 Harlan 和 deWet 于1971年提出(Harlan，1992)，并建议用同心圆说明基因库之间的关系。初级基因库由特定的生物物种组成，作物中包括栽培种、野生种和杂草类型。初级基因库中物种内的基因转移并不困难。表2.1列出了二倍体、四倍体及六倍体类型栽培小麦的初级基因库，并列出它们的普通名称及其基因组。二级基因库包括一些可进行基因转移但转化相对困难的小麦族群型种。表2.2列出了小麦族第二基因库的大部分种及其别名和基因组构成。三级基因库由一年生或多年生小麦相关属的草本植物构成，其彼此间基因转移可通过特殊技术手段来完成。由于三级基因库中属、种群基因组构成繁多，在此不再一一

---

① CIMMYT，墨西哥。

② 土地与食品科学学院，昆士兰大学，澳大利亚。

列举，详见 Dewey 在 1984 年的报道。

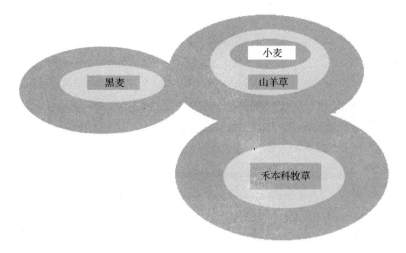

图 2.1　小麦族基因库同心圆示意图（Botmer et al.，1992）

表 2.1　栽培小麦第一和第二基因库的分类汇总

Ⅰ. 一粒小麦；倍性水平：二倍体；基因型（母本×父本）：AA（'A'）

  1. 栽培一粒小麦（*Triticum monococcum* L. ）

  　a. 一粒小麦亚种，栽培型

  　b. 野生一粒小麦亚种，野生型

  2. 乌拉尔图小麦（*Triticum urartu* Tumanian ex Gandilyan）野生型

Ⅱ. 二粒小麦；倍性水平：四倍体；基因型（母本[B]×父本[A]）：BBAA（'BA'）

  3. 圆锥小麦（*Triticum turgidum* L. ）；栽培和野生型

  　a.　圆锥小麦亚种

  　b.　波斯小麦亚种

  　c.　栽培二粒小麦亚种

  　d.　硬粒小麦亚种

  　e.　科尔希二粒小麦亚种

  　f.　波兰小麦亚种

  　g.　东方小麦亚种

  　h.　野生二粒小麦亚种

  4. 提莫菲维小麦[*Triticum timopheevii*（Zhuk.）Zhuk.]

  　a.　提莫菲维小麦亚种

  　b.　阿拉拉特小麦亚种

Ⅲ. 普通小麦；倍性水平：六倍体；基因型（母本[BA]×父本[D]）：BBAADD（**'BAD'**）

  5. 普通小麦（*Triticum aestivum* L. ）

  　a.　普通小麦亚种

b. 密穗小麦亚种

c. 马卡小麦亚种

d. 斯卑尔脱小麦亚种

e. 印度圆粒小麦亚种

6. **茹科夫斯基小麦**(*Triticum zhukovskyi* Menabde & Ericz.);倍性水平:六倍体;基因型(母本[GA]×父本[A]):GGAAAA('GAA')

资料来源:van Slagern(1994)。

表 2.2　山羊草属的种及其染色体组式和别名(若有时),
Aegilops 和 *Amblyopyrum* 归在 *Triticum emend* 中

	山羊草属的种	基因组	小麦属的种
1	双角山羊草 *Aegilops bicornis* (Forssk.) Jaub. & Spach	Sb	*Triticum bicorne* Forssk.
2	两芒山羊草 *Aegilops biunciales* Vis.	UM	*Triticum macrochaetum* (Shuttlew. & A. Huet ex Duval-Jouve) K. Richt.
3	尾状山羊草 *Aegilops caudata* L.	C	*Triticum dichasians* Bowden
4	小亚山羊草 *Aegilops columnaris* Zhuk.	UM	*Triticum*-none
5	顶芒山羊草 *Aegilops comosa* Sm. in Sibth. & Sm.	M	*Triticum comosum* (Sm. in Sibth. & Sm.) K. Richt.
6	肥山羊草 *Aegilops crassa* Boiss.	DM	
		DDM	*Triticum crassum* (Boiss.) Aitch. & Hemsl.
7	柱穗山羊草 *Aegilops cylindrica* Host	**DC**	*Triticum cylindricum* (Host) Ces., Pass. & Gibelli
8	卵穗山羊草 *Aegilops geniculata* Roth (*Ae. ovata*)	MU	*Triticum*-none
9	牧山羊草 *Aegilops juvenalis* (Thell.) Eig	DMU	*Triticum juvenale* Thell.
10	黏果山羊草 *Aegilops kotschyi* Boiss.	SU	*Triticum kotschyi* (Boiss.) Bowden
11	高大山羊草 *Aegilops longissima* Schweinf. & Muschl.	Sl	*Triticum longissimum* (Schweinf. & Muschl.) Bowden
12	三芒山羊草 *Aegilops neglecta* Req. ex Bertol.	UM	
		UMN	*Triticum neclectum* (Req. ex Bertol.) Greuter *Triticum recta* (Zhuk.) Chennav.
13	易变山羊草 *Aegilops peregrina* (Hack. in J. Fraser) Maire & Weille	SU	*Triticum peregrinum* Hack. in J. Fraser
14	西尔斯山羊草 *Aegilops searsii* Feldman & Kislev ex Hammer	S^s	*Triticum*-none

续表

	山羊草属的种	基因组	小麦属的种
15	沙融山羊草 *Aegilops sharonensis* Eig	S^l	*Triticum longissimum* (Schweinf. & Muschl.) Bowden spp. Sharonense (Eig) Chennav.
16	拟斯卑尔脱山羊草 *Aegilops speltoides* Tausch	S	*Triticum speltoides* (Tausch) Gren. ex K. Richt.
17	节节麦 *Aegilops tauschii* Coss.	D	*Triticum aegilops* P. Beauv. ex Roem. Ex Schult.
18	钩刺山羊草 *Aegilops triuncialis* L.	UC CU	*Triticum triunciale* (L.) Rasp. (var. *triunciale*) (*T. triunciale* spp. Persicum)
19	伞穗山羊草 *Aegilops umbellulata* Zhuk.	U	*Triticum umbellulatum* (Zhuk.) Bowden
20	单芒山羊草 *Aegilops uniaristata* Vis.	N	*Triticum uniaristatum* (Vis.) K. Richt.
21	瓦维洛夫山羊草 *Aegilops vavilovii* (Zhuk.) Chennav.	DMS	*Triticum syriacum* Bowden
22	偏凸山羊草 *Aegilops ventricosa* Tausch	DN	*Triticum ventricosum* (Tausch) Ces. Pass. & Gibelli
	无芒山羊草组的种 Species of *Amblyopyrum*		
1	无芒山羊草 *Amblyopyrum muticum* (Boiss.) Eig	**T**	*Triticum tripsacoides* (Jaub. & Spach) Bowden

资料来源：van Slagern(1994)。

　　Frankel(1977)和联合国粮食及农业组织(Food and Agriculture Organization of the United Nations,FAO)植物遗传资源委员会(FAO,1983)曾经对栽培植物的遗传资源进行了分类,然而该分类未被所有种质资源中心遵循。该分类包括如下内容：
- 当前正在使用的栽培品种；
- 已经过时的品种,过去曾是主栽品种,大多数是当前主栽品种的亲本来源；
- 地方品种；
- 野生近缘种；
- 遗传和细胞资源材料；
- 育种品系。

　　最近,国际植物遗传资源研究所(International Plant Genetic Resources Institute,IP-GRI)和FAO联合开发了一套用于不同作物的复合编码保障描述系统(multi-coding passport descriptor)。此系统可与IPGRI后来研发的作物描述系统相匹配,并得到FAO的全球信息和预警系统(World Information and Early Warning System,WIEWS)在植物遗传资源(plant genetic resource,PGR)上的认可和使用(Hazekamp et al.,1997)。这些描述系统包括：①未知；②野生；③杂草；④传统栽培品种/地方品种；⑤育种材料/研究材料;⑥先进的品种;⑦其他。由于这些描述系统是一般性的(适合多作物分级),因此很少用于单一作物的分类。

国际玉米小麦改良中心(CIMMYT)的小麦资源中心所使用的分类系统是基于Frankel 和 FAO 植物遗传资源委员会提出的作物类别纲要上形成的一种分类方法(Skovmand et al.,1992)。然而,最近在遗传资源信息汇总中心(Genetic Resource Information Package,GRIP)规划方案中重新定义了一个由 21 个类别组成的分类标准,用来描述CIMMYT 搜集的材料及其他遗传资源的生物学特征。利用该分类标准对这些搜集的遗传资源材料进行详尽的分类后,材料的利用效率会相应提高,也使应用者更容易了解他们使用的是什么材料。

Harlan 和 deWet(Harlan,1992)提出的同心圆理论很有用,能行之有效地描述不同作物的基因库,并为比较分类法提供了一个理论基础。虽然 Harlan(1992)认为这种描述在基因库间的界线可能是模糊的,但给人的印象是基因库之间分离明确、划界清晰。此外,同心圆不能反映基因库之间彼此利用的难易程度,更不能反映在一个基因库内或一个物种内的遗传资源相互利用时所需要消耗的成本。

图 2.2 给出了遗传资源的优良性状转化到农民种植所需全部付出的示意图。同一初级基因库内的转化成本随着遗传距离的提高而提高。同一物种内,遗传资源的水平(从当前主栽的高产品种到地方品种)可能决定着种质的使用成本。

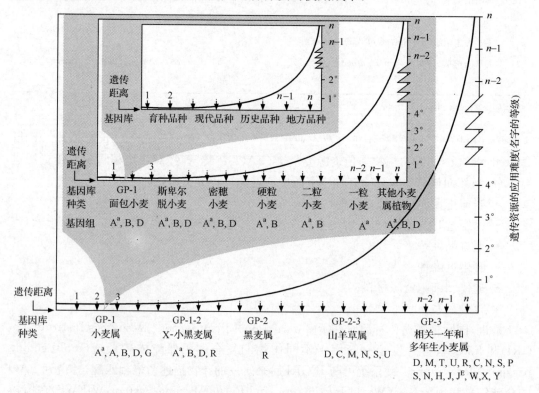

图 2.2　小麦优良性状从基因库转化到农民的田中所需付出示意图

抛开初级基因库而言,在二级和三级基因库利用遗传资源,所需要的努力呈几何级数倍增。一个新品种如果其系谱中没有以往审定的品种作为它的亲本来源,很难成为商业上可接受的品种(Rajaram,个人通信)。由于二级和三级基因库中的物种之间杂交时,往往使有利基因复合体分离,这些物种间杂交产生的基因复合体会影响新品种的整体基因型性能,影响其表现。如今,蓬勃发展的生物技术正逐渐扩大基因库,降低技术成本,如最近的胚拯救技术及将来的基因工程技术。此外,当前二级基因库的物种,如节节麦(*Aegilops tauschii*)也能够像初级基因库中的物种一样很快被利用,通过胚拯救和秋水仙碱染色体加倍技术能够创制出六倍体人工合成小麦(Mujeeb-Kazi,1995)。

全球小麦遗传资源及其利用

全世界已经登记入库的小麦属(*Triticum* spp.)、山羊属(*Aegilops* spp.)和小黑麦属(X-*Triticosecale*;小麦与黑麦杂交,人工合成的作物)的资源材料有 640 000 多份(表 2.3)。如果没有全球小麦遗传资源数据库,这些搜集材料的重复程度很难确定。鉴于这种情况,除其对本地物种遗传侵蚀的威胁外,搜集更多材料的优先水平尚不确定。

世界范围内搜集登记的资源可能会或可能不会得到正确的保存,甚至一些种质没有得到正确的编目。因此,将这些搜集的材料有效放置在种质资源挽救库中,可能比从野外搜集更多种质资源材料更费成本。大多数主要小麦生产国具有异地搜集(*ex-situ* collection)的资源,使用者可以写信给资源库负责人索取这些遗传资源材料。

种质资源可原地保存或异地保存,但大多数小麦遗传资源材料是异地保存的。仅在过去的几年里,原地保存资源被重新考虑;最近世界

表 2.3 全世界搜集的遗传资源材料数量

小麦类型	资源入库数量
六倍体	266 589
四倍体	78 726
二倍体	11 314
未定种的小麦属	252 530
山羊草属	17 748
黑小麦	23 659
总计	640 603

资料来源:IBPGR 的搜集信息(1990)。

银行资助土耳其进行了这一计划。唯一例外的是,20 世纪 80 年代在以色列东部加利利(Eastern Galilee)的自然栖息地进行的 Ammiad 野生小麦的研究。Shands(1991)和 Hawkes(1991)汇编的会议集里讨论了原地保存实验室的成果。由于小麦遗传资源适应长期储存条件,采用异地保存方式比较容易而且成本较低(Pardey et al.,1998)。

使用小麦遗传资源的关键是建立数据库或数据库连接系统,该系统具有管理和累积全部小麦信息的能力,包括入库资料保障、特征描述和评价数据等相关信息。在 20 世纪 90 年代初期,CIMMYT 小麦项目就建立了一个有关种质的数据整合和管理系统,该系统数据适合于各地搜集上来的资源材料(Skovmand et al.,1998)。其目的是便于鉴定含糊不清的小麦遗传资源,消除处理和访问数据的障碍。国际小麦信息系统(International Wheat Information System,IWIS)所产生的数据库实现了与遗传物质的保护、利用和交流的完美对接。该系统速度快、界面友好,并可利用每年更新的 CD-ROM 升级。

IWIS 有两个主要元件,即小麦系谱管理系统(wheat pedigree management system)和小麦数据管理系统(wheat data management system)。前者用来分配和保持小麦独特的标识符和系谱来源;后者主要管理已知基因的性能信息和数据。另外一个信息工具是

遗传资源信息包(genetic resource information package,GRIP),是用 IWIS 开发的数据库。遗传资源信息包的功能之一是核对各基因库的入库资料,用来识别重复和独特的种质资源(表 2.4)(Skovmand et al.,2000b)。

表 2.4　在 GRIP Ⅱ 中应用的生物学特征分类

GRIP 编码	特　征
BL	育种品系 Breeding Line
CV	品种 Cultivar
LV	地方品种 Landrace
X	无数据 No data
AL	附加系 Addition Line
BL	无融合生殖系 Apomixis Line
BL	育种群体 Breeding Population
BL	杂交 Cross
BL	遗传群体 Genetic Population
GS	遗传资源 Genetic Stock
ML	混合系 Multi Line
MTL	突变系 Mutation Line
NIL	近等基因系 Near Isogenic Line
RCMS	CMS 恢复系 CMS Restorer
RF	非特异性育性恢复系 Fertility Restorer, non specific
SL	代换系 Substitution Line
TL	易位系 Translocation Line
CMS	细胞质雄性不育 Cytoplasmic Male Sterile
GMS	细胞核雄性不育 Genetic Male Sterile
RG	遗传恢复系 Genetic Restorer
MS	非特异性雄性不育 Male Sterile, non specific

资料来源:Skovmand 等(2000b)。

遗传资源信息网(genetic resources information network,GRIN)和遗传资源全系统信息网(system-wide information network for genetic resource,SINGER)是另外公开的小麦和麦类遗传资源数据库。GRIN 包括存储在美国爱达荷州阿伯丁市(Aberdeen)的美国农业部小谷物资源的信息,并且能够通过互联网进行访问(http://www.arsgrin.gov/)。SINGER(http://siger.cgiar.org/)在全系统遗传资源计划项目(system wide genetic resources program,SGRP)领导下开发完成,可以通过所有 FAO/CGIAR 中心网站注册进入,并可查询到包括小麦及其他谷物的相关信息。

20 世纪 60 年代和 70 年代种质资源的交流呈普及趋势,与此相反,80 年代随着知识产权保护(intellectual property protection,IPP)的应用呈增加趋势,在国际植物改良进程中,IPP 似乎阻碍了遗传改良的发展。从那时起,强大的 IPP 可以帮助一些国家保持技术上领先地位的观点得到了尊重,尤其是在美国(Siebeck,1994)。最终,IPP 导致了一些国际性的倡议,如加强了 1991 年的 UPOV 公约,限制了育种家利用受保护品种作为育种亲本的特权。然而,根据 Siebeck(1994)报道,最重要的倡议是推动了在 1993 年结束的"关税和贸易总协定的多边贸易谈判"中的一部分内容。在发达国家的坚决主张下,加强 IPP 被列为一个重要的谈判点。在 UPOV 和 GATT 努力下扩展了 IPP 在植物新材料的创新和育种技术上的规范,同时协调了遗传资源的国际交流。

1983 年 FAO 建立了《植物基因资源的国际承诺》协议,主要目的是阻止遗传侵蚀和保护植物遗传资源。最初签订了种质资源免费交流的规定,并承认植物遗传资源是"人类遗产"。然而,后来在遗传资源的所有权上出现了分歧。1989 年推出补偿的想法,并于 1991 年修订,FAO 采用"共同遗产的原则",但服从于"国家主权"。

1992 年公布的《生物多样性公约》(Convention on Biological Diversity,CBD)不同于出于自愿的 FAO 承诺书,而是国际性的批准条约。《生物多样性公约》(以下简称《公约》)正式承认个别国家在其领土内对生物多样性和遗传资源的控制主权。该《公约》不包括其生效日 1993 年 12 月 29 日以前搜集的资源,但已签署《公约》的国家在该日期后搜集的种质资源必须遵循该《公约》的规定。作为遗传资源所有权的讨论结果,签署了 FAO 和 CGIAR 间的共同协议。该协议规定种质资源要在 FAO 主持下由 CGIAR 系统集中信托保管。

因此,植物遗传资源在将来可能不再免费提供,而可能会在某些类型的知识产权协议(intellectual property right,IPR)下提供。例如,根据 FAO/CIMMYT 的信托协议,CIMMYT 搜集并入库材料的遗传资源可以在"材料转让协议"下共享,这些种质资源可被利用但不受知识产权保护。然而,科学家或育种家利用此类材料研究和培育的新品种被认为是不同的,属于科学家或育种家所有,所以能受到保护。

2.2 新遗传变异的探索

确定新遗传变异的一个经典方法是由经验丰富的科学家和科研人员对可能有价值的性状进行鉴别,包括日常观察、特殊研究或前育种和育种实践的一部分。这一点不应被低估,已知当今栽培作物中许多有价值的新变异就是用这种鉴别方法鉴别的。

2.2.1 加强繁种圃的使用

种子繁殖圃可以用来鉴定和评价种质资源的非病和非破坏性性状。由于常规种子必须扩繁,在繁种过程中就可以顺便收集数据。最近的研究表明,可以应用种子扩繁的点播小区鉴定传统的农艺性状(包括低遗传力的性状)(Hede et al.,1999;DeLacy et al.,2000)。种质库负责人习惯性地排除传统农艺性状,而这些性状对植物改良项目是有用的。基于"有用"属性的种质资源的性状说明,由于指明种质中的有用变异,便于直接用于植物遗传改良项目。基于有用属性的说明,比源自传统性状特性描述和高遗传力的随机 DNA 标记具有更直接的探寻策略。倘若随机标记覆盖了整个基因组,就能够给出位点间的遗传变异信息,说明是否收集到足够的种质资源。然而,直到与已知基因功能确立足够的遗传连锁之前,随机标记仍然像传统性状一样,在遗传变异上仅提供了微不足道的信息。

　　当使用遗传力低(或较低)的数据时,不同季节、年份和地区的平均值和总方差均变化。这限制了种质资源说明书的使用,如果不是最多,至少许多对植物改良项目有用的属性为这种类型。在整合这些不同时间采集的数据集时,遇到的大部分困难可通过适当的数据分析而避免。通过诸多数据中范围和标准差的标准化,可使每个属性的均值和方差相同。

　　例如,DeLacy 等(2000)报道了一个由 465 份地方品种组成的种子繁殖圃的数据分析,这些地方品种是 1992 年从墨西哥 3[①] 个州的 24 个地点搜集来的面包小麦。他们将这些材料种植在温室未设置重复的点播小区中,作为 CIMMYT 小麦遗传资源项目常规繁种程序中的一部分,研究了 15 个与形态、农艺和籽粒品质特征相关的性状。一种数据的模式分析(结合使用分类和样品定位方法)为材料及搜集地点提供了明确的描述(图 2.3)。由于应用了经济有用的性状,这种分析能够为种质资源管理人员和潜在的使用者提供相关信息,使他们得到一个可供选择育种材料的说明书。

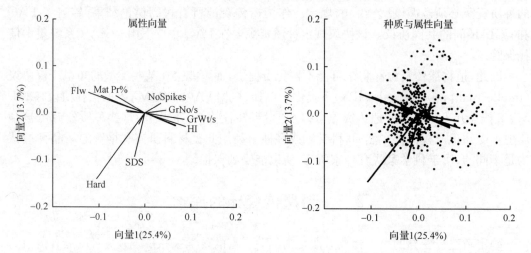

图 2.3　特征向量和种质材料在双标图上的点,向量 1 和 2 是基于 15 个形态、农艺和籽粒
品质性状的坐标,种质材料是在墨西哥 4 个州 24 个地点单穗搜集的 465 份小麦地方品种

　　利用标准化欧式距离平方范围(range standardized squared Euclidean distance, rsSED)分析数据的差异性。通过估算性状间标准化范围(Williams,1976)并确保每个性状在分析过程中等同贡献,从而计算欧式距离平方(SED)。坐标表现为对 rsSED 的 Gower 互补相似性(Gower,1967;DeLacy et al.,1996)度量的单值分解(singular value decomposition)(Eckart and Young,1936)。种质资源与来自样品定位性状的关系表示在双标图上(Gabriel,1971)。

　　入库材料和性状标绘点在双标图上均视为向量,由于是通过性状研究入库材料的,这里性状被表示为向量,入库材料被表示为点数。当数据居中时(即所有性状值减去性状的平均值,总均值为零),双标图的原点代表所有性状的平均值。每个轴上的百分比表示总变异的比例以总均方(total sum of square,TotSS)度量。这种处理的目的是利用双标图

---

① 原书中正文与图 2.3 和表 2.5 中州数目不一致,译者注。

代表原来的 15 维空间,这 15 维空间由低维空间(双标图为二维空间)的 15 个性状限制。由于不是所有变化都符合模型,当在双标图上描绘时,性状和材料之间的关系会失真。

性状向量显示在正坐标方向,即在性状值增加的方向上。每个向量的长度与其模拟的性状成正比,如果每个向量均得到很好的模拟,这些向量应该是等长的。双标图向量彼此间的夹角代表登记材料各性状间的表型相关性。0°夹角表示相关系数为+1,90°夹角意味着相关系数为 0,180°的夹角表示相关系数为−1。性状向量与基因型绘标点至向量垂足间的长度与基因型性状的模拟值(预测值)成正比。

籽粒硬度得到了很好的模拟,开花期、成熟期、蛋白质含量、SDS 沉降值、穗粒重、收获指数、籽粒大小和小区粒重等 8 个性状得到合理的模拟(表 2.5);而穗大小、颖壳大小、旗叶面积、株高、小穗数和穗粒数等 6 个性状被向量 1 和 2 模拟得较差(图 2.3)。当 15 个性状在二维空间平面图上解释 39%的表型变异时,将产生某些失真。产量及其构成因子(小穗数、穗粒数、穗粒重和籽粒大小)和收获指数呈正相关,与熟期(开花期和成熟期)、籽粒蛋白质含量、旗叶面积及株高呈高度负相关,这两组性状彼此的向量接近 180°。相反,两个品质性状(硬度和 SDS 沉降值)分别与颖壳和穗的大小呈显著的正相关(平行向量),但另外两组性状彼此相互独立(向量角呈 90°)。绘标点在图 2.3 右侧的种质材料具有高产量、高产量构成因子值、早熟和低籽粒蛋白质含量的特征。靠近图 2.3 左侧的是晚熟、高蛋白质含量、低产量类型材料。在向量 2 底部是硬质和高 SDS 沉降值类型材料,顶部是软质且低 SDS 沉降值的类型(图 2.3)。向量 3 的底部是大籽粒、高穗粒重、高 SDS 沉降值、大颖壳和大旗叶类型材料,相对而言,顶部对应的是这些性状较小且硬粒和多穗类型的材料。因此,种质材料在双标图上的位置不同就意味着材料的性状特征组合不同,也就是说这些性状特征能够直接从双标图中读出,但始终值得提醒的是,失真的事实依然存在,这样的低维空间不可能呈现出所有变异。双标图上处于不同位置的种质材料在"描述空间"中具有不同的性状组分。

表 2.5　墨西哥 4 个州利用单穗搜集的 465 份小麦地方品种的 15 个形态、农艺和籽粒品质性状

性状名称	缩写	性状描述
旗叶面积 Flag leaf size	FlagS	旗叶长度 Flag leaf length (cm)
穗大小 Spike size	SpikeS	穗长度 Spike length (cm)
颖壳大小 Glume size	GlumeS	颖壳长度 Glume length (cm)
成熟期 Days to maturity	Mat	从播种到成熟 Days from sowing
开花期 Days to anthesis	Flw	从播种到开花 Days from sowing
株高 Height of plant	Ht	地表到顶部颖壳的距离 Height to tip of glume (cm)
小穗数 Number of spikelets	No/S	每穗小穗数 Number of spikelets per spike
穗粒数 Grain number per spike	GrNo/S	每穗粒数 Number of grains per spike
穗粒重 Grain weight per spike	GrWt/S	克 Grams
籽粒大小 Grain size	GrSize	千粒重 1000 kernel weight (g)
小区粒重 Grain weight per plot	GrY	克 Grams
收获指数 Harvest index	HI	总粒重占总生物学产量的比值 Grain weight as a proportion of total biomass

续表

性状名称	缩写	性状描述
籽粒硬度 Grain hardness	Hard	硬度比值(近红外分析法,利用 0.5 mm 磨粉筛对粒度指数进行校准)Percent hardness (NIR analysis, calibrated with particle size index using 0.5 mm sieve in grinder)
籽粒蛋白质含量 Grain protein percentage	Pr%	蛋白质含量(近红外分析法,按 $N \times 5.7$ 校准)Percent protein (NIR analysis, calibrated against Kjeldahl $N \times 5.7$)
SDS 沉降值 SDS sedimentation	SDS	十二烷基硫酸钠沉淀量 Sodium dodecyl sulfate (SDS) sedimentation volume (ml/g 面粉)

2.2.2　增强抗病圃或"特殊性状"圃的使用

在常规种植的用于其他目的的遗传资源项目试验中,也能够鉴定出有利用价值的低遗传力性状,同样也能够在具增值特性的繁种圃中鉴定同等重要的附加性状。甚至病害鉴定圃同样能够用于测定其他性状,但因病害严重使植株感病致死的例外。

2.2.3　利用分子技术手段鉴定有用的遗传变异

利用远缘杂交技术已经将小麦野生近缘种的遗传多样性转入普通小麦中,用于改良普通小麦的抗病能力(如 Villareal et al.,1995)。在 CIMMYT 基因库中存有超过 66 000份的原始品种或地方品种,它们具有"有用"的特性。在田间试验中,若全面评估这些地方品种、远缘杂交和野生近缘种材料携带的有价值的产量性状,工作量很大且非常耗时(图 2.2)。利用延迟回交世代(delayed backcross generation)的 QTL 定位,存在鉴定编码产量的数量性状遗传位点的潜力(Tanksley et al., 1996)。当鉴定出与目标性状紧密连锁的标记时,可用这些标记扫描未进行特性鉴定的种质资源的相同标记和连锁的等位基因。然后,借助对照试验,评估这些品系,观察这些标记与有用性状的表型连锁是否良好。如果这些标记与目标性状具备合适的关联,说明这些标记能用于扫描未鉴定的基因资源库,同时能够将有潜在价值的等位基因应用于育种。

2.2.4　如何使用已鉴定的性状

具有理想性状的小麦资源材料在用于遗传改良之前,往往需要进行测定和改进(图 2.2)。大多数种质材料除了具备育种所需的性状外,通常携带有很多不可取的特征,如容易感染极端病害、产量低和非常特殊环境的适应性。

因此,种质资源在用于遗传改良时需要进行前育种(prebreeding)工作。图 2.4 给出两种前育种方案:第一种为开放亲本的循环杂交方案,第二种为回交方案,主要用于构建近等基因系。这两种方案具有不同的目的和不同的最终研究结果;此外,第一种方案采用的是逐步进行式,而第二种方案主要用于提高产量潜力,采用的是非逐步式。

Rasmusson(2001)提出了开放亲本的循环杂交方案,主要通过基因渐渗方式将已知

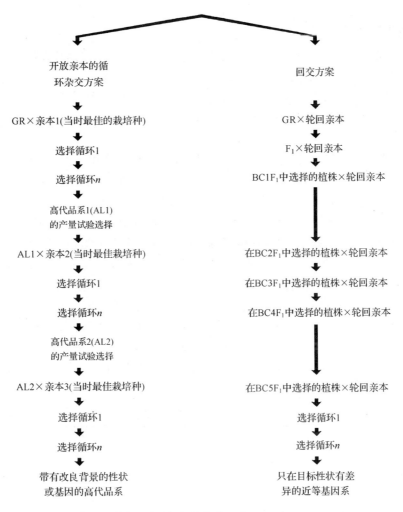

图 2.4 遗传资源的利用:前育种方案(Rasmusson,2001)

有价值的性状逐步转育到育种材料中。Rasmusson 努力将二棱大麦的性状逐步转育到六棱大麦中,并发现在最初的杂交产生的种质中并不具备供审定的推荐品种,其最优品系比改良亲本减产 20%。第二轮杂交过程,选用当前最好的品种作为改良亲本,其衍生后代产量约为改良亲本的 98%。第三轮杂交继续选用最优品种作亲本,产量能够达到对照品种的 112%~119%。这个方案能使携带理想性状的种质资源得到显著改良,产生的优良品系可进入品种审定。

在尚未证明种质携带的性状具有实际应用价值时,育种家可以选择回交方案构建近等基因系。轮回亲本反复与携带目标性状的资源材料杂交。每回交一代都要在后代群体中选择群体的两尾,即有目标性状的品系和没有目标性状的品系。从遗传角度考虑,这种回交方案的最终结果是能够选择出上述性状存在差异的后代品系。附加实验可用来评估目标性状的价值,但请记住,种质资源轮回选择的后代产量不可能超过轮回亲本。

2.2.5　未来遗传资源的利用

以上事实证明,遗传资源在小麦遗传改良过程中已发挥并将继续发挥重要的作用,始终为育种家提供着优异的遗传变异。这些遗传变异必须:①进一步提高小麦产量潜力;②提供新的抗病和抗虫基因并保持当前的产量水平;③提高种质资源对逆境的适应性;④改良品质。迄今为止,遗传资源的主要贡献是作为新抗病虫基因的输入源,所幸仍能维持当前产量水平。

除了提高病虫抗性之外,还有几个遗传资源用在提高产量、适应性和品质方面的例子。一个例子是矮秆基因,特别是 *Rht1* 和 *Rht2* 基因,它们通过日本小麦洛夫林 10 号而被利用,并依次遗传自一个日本地方品种 Shiro Daruma(Kihara,1983)。将这些矮秆基因转移到一个有价值的基因型上,需要育种家坚持不懈的努力(Borlaug,1988;Krull et al.,1970)。这也说明使用不适宜的材料携带的基因是困难的,同时也表明理想的性状但不是明显的性状来自这些种质。事实证明,矮秆基因的导入不仅提高茎秆强度,增强品种的抗倒伏能力,而且显著增强育性和分蘖能力(Krull et al.,1970)。很显然,目前矮秆基因 *Rht1* 和 *Rht2* 除了能提高茎秆抗倒伏能力之外,还对产量有直接的影响(Gale et al.,1986)。

Cox(1991)的调查结果显示,大多数引进美国的资源材料被用来提高当地材料的抗病和抗虫能力(表 2.6)。表 2.6 中列举的几个产量相关性状主要作用是降低株高、增强茎秆强度、增大籽粒和提高自身产量水平。表 2.6 中没有列出在逆境中提高产量潜力的实例,仅有高蛋白和高面筋强度两个品质指标得到改良。

表 2.6　导入遗传资源对种质改良的贡献

产量潜力	案例	抗性	案例	边际环境	案例	品质	案例
降秆	15	纹枯病 Strawbreaker	2	无		高蛋白	2
产量	6	白粉病 Powdery mildew	9			面筋强度	1
大籽粒	1	条锈病 Stripe rust	4				
坚硬茎秆	1	叶锈病 Leaf rust	12				
		秆锈病 Stem rust	12				
		叶斑枯病 Septoria leaf blotch	3				
		腥黑穗病 Bunt	3				
		土传黄花叶病毒 Soilborne mosaic virus	1				
		橙足负泥虫 Cereal leaf beetle	1				
		黑森瘿蚊 Hessian fly	3				
		雪霉病 Snow mold	1				
		麦二叉蚜 Greenbug	1				
		郁金香瘿螨 Wheat curl mite	1				

资料来源:Cox(1991)。

　　另有研究报道指出,改良产量的性状由遗传资源导入(Fischer,1996)。直立型叶片是来自印度圆粒小麦(*Triticum sphaerococcum*)的性状,被导入 CIMMYT 资源,从而通过前育种手段培育了一批品系。育种家继续将该类型种质用于面包和硬粒小麦的培育项目中,并审定了一个面包小麦品种(Bacanora 88)和两个硬粒小麦品种(Altar 84 和 Acon-chi 89)。

　　当一些种质被开发以后,通常会评价其生理性状对产量潜力的贡献,但这种研究往往属于追溯性的。我们需要的是更前瞻性的研究,并需要鉴定出潜在有实用价值的性状,然后将其引入遗传改良项目。

2.2.6　提高灌溉区小麦产量潜力的相关性状

　　为了提高灌溉环境下的作物产量,人们普遍相信必须通过遗传改良技术来提高光合产物同化能力和同化物分配能力,进而提高粒数和生长率(Richards,1996)。然而,提高品种穗部结实率同样能够达到提高粒数的目的。

　　CIMMYT 小麦种质资源库正在对多子房小穗性状进行研究。具这一性状的穗子每小穗能结 6 个籽粒(Chen et al.,1998),但单粒重较低。目前,这个性状正被导入高产且农艺性状优良的品系。F_1 代数据结果显示,在某些遗传背景下该性状比其他性状表现更好。然而,在任何情况下 F_1 代的平均粒重均高于多子房的供体亲本,多数情况下高于双亲。每穗总粒重通常高于双亲(表 2.7)。

表 2.7　F_1 代株系在网室内测定的多子房性状和产量构成性状(墨西哥,1999)

产量构成	穗粒数	小穗粒数	粒重/mg	穗粒重/g
品系/杂交				
多子房系	124	2.17	37.5	4.65
Pastor	**69.3**	**1.00**	**51.5**	**3.57**
多子房系/Pastor	125.9	1.81	42.1	5.30
Pastor/多子房系	108.5	1.65	45.0	4.88
Baviacora M 92	**72.7**	**1.00**	**57.5**	**4.18**
多子房系/Baviacora M 92	84.6	1.04	62.8	5.31
Baviacora M 92/多子房系	73.5	1.03	60.0	4.41
Esmeralda M 86	**95.3**	**1.00**	**53.0**	**5.05**
多子房系/Esmeralda M 86	91.8	1.13	59.1	5.43
Esmeralda M 86/Yanglin	96.3	1.20	53.8	5.18

　　对搜集的地方品种进行高叶绿素含量鉴定,最好的基因型实质性地具有高于对照品种 Seri-M82 的叶绿素含量。尽管在所有遗传背景下高叶绿素含量种质并不能确保具有高光合速率,但在灌溉条件下改良的硬粒小麦品种表现出较高的叶片光合速率和产量水平(Pfeiffer,个人通信)。以上研究结果指出,结合高叶绿素含量和高穗部结实率(如多子房小穗)创造的种质,将会对光合作用有更高的要求,这可能有助于提高灌溉条件下的小麦产量潜力。

2.2.7　提高逆境条件下小麦产量潜力的相关性状

在发展中国家中至少有 6000 万 hm² 土地受干旱胁迫,相对于灌溉条件,小麦可减产 50%～90%。CIMMYT 正在尝试将适应逆境的性状导入凭经验选育的抗旱种质中以改良抗旱性。目前,我们的抗旱型品种概念模型包括以下高表达的性状:籽粒大小、胚芽鞘长度、苗期地面覆盖、开花前生物量、茎秆储存物和转运、穗部光合作用、气孔导度、渗透调节、脱落酸积累量、耐热性、叶片解剖特征(如淡灰绿色、茸毛、卷曲、厚度)、高分蘖成活率和叶片持绿性(Reynolds et al.,1999)。当前已从 CIMMYT 搜集的遗传资源中筛选出许多这些性状高表达的材料。高气孔导度通过蒸腾作用带走部分热量使叶片温度降低,它连同高叶绿素含量和叶片持绿性一起与耐热性相联系(Reynolds et al.,1994)。近年来的研究已经从种质材料中鉴定出高表达这些性状的材料,而且高叶绿素含量和叶片持绿性在热胁迫环境下均具有较高的遗传力(Villhelmsen et al.,2001)。目前,这些抗旱的资源材料已用于杂交育种,正逐步导入好的耐热性遗传背景中。

胁迫条件下,叶片茸毛和淡灰绿色可保护植株器官免受过度辐射造成的伤害(Loss et al.,1994)。针对叶片茸毛和淡灰绿色及其他小性状,如叶片卷曲、厚度、直立性等进行探究,也能够对抗旱性起到相同作用。

植物的渗透调节(Blum et al.,1999)和茎秆存储的果聚糖(Blum,1998)都具有耐逆境胁迫的作用。虽然在实验室中鉴定种质资源库材料是必需的,但发掘这些材料的高表达性状仍势在必行。穗部高光合效率同样有助于提高逆境条件下的小麦产量,但测定起来非常耗时。由于抗逆性状测验难度大(或者这些性状显著受基因型与环境的互作影响),开发遗传标记是合乎逻辑的。应用分子标记较之抗逆表型鉴定,能更明确地鉴定出种质抗逆性状的存在。

2.3　结　　论

过去 30 年中,国际小麦种质的交流已经达到前所未有的水平,全世界成功品种间的遗传关联也被提至更高水平,广适性的概念已被很好地证明。然而,更密切的遗传关系被一些人认为容易造成病原菌的侵染,增加遗传脆弱性。事实上,这些遗传脆弱性主要来自于相似的抗性基因,当前品种的遗传多样性应该比以往品种更高。各种新因素(包括发展中国家育种规划的增长优势和育种家特权的出现)会引起品种间遗传多样性的提高,有可能导致至今高估的小麦特殊适应性的发掘。

如果全球气候变化速度加快,发掘特殊适应性的性状显得尤为重要。正像近 50 年来氮肥使用量的增加、除草措施的改善是推动小麦栽培最普遍的两个方面,大气 CO_2 浓度升高和全球变暖将导致空气温度上升,将显著影响未来 50 年的育种目标。

提高灌溉条件下产量潜力的同时,穗部结实率和光合能力必须得到改良。CIMMYT 种质资源库中已经鉴定到小穗多实的材料,每小穗能够结 6 个籽粒。在搜集的地方品种中,有些品系具有非常高的叶绿素含量,这将有利于提高光合能力。高叶绿素含量和高气孔导度(使叶温降低)与品种的耐热性相联系。最近的研究表明,这两个性状在种质资源中高表达,而且在热胁迫环境下也能够遗传。目前正在寻找与耐旱相关的性状,包括茎秆果聚糖再转运、芒的光合作用、渗透调节和叶片柔毛等。

繁种圃能够用于特性鉴定和评估种质资源的生理性状。可以运用图形分析充分描述入库材料的特性。繁种圃的优点是能从高产品系中鉴定出直接应用的或被测验的"新"性状。小麦野生近缘种的遗传多样性已被开发利用,主要是通过远缘杂交手段提高了育成品种的抗病能力。在未来的研究中,利用延迟回交群体对鉴定的数量性状进行 QTL 分析将逐步得到加强。一旦鉴定到与目标性状紧密连锁的标记,种质资源材料所携带的特有等位基因将很快被筛选出来。

遗传资源是世界粮食安全的保障,也是努力减缓贫困的重要枢纽。它们有利于促进可持续生产系统的发展,补充着自然资源基础。保存种质资源,尤其是丰富野生作物近缘种、传统农家种和历史品系,将代表庞大的遗传多样性储备。异地和原地保存的材料防范了遗传侵蚀,是今后用于作物遗传改良、提高生物和非生物抗性、提高品质和产量性状的重要资源。正如 Rasmusson 近来所言(个人通信,2000),"获得些许的遗传多样性都需要艰辛的努力"。

(肖永贵 译)

参 考 文 献

Blum, A. 1998. Improving wheat grain filling under stress by stem reserve mobilization. Euphytica 100:77-83.

Blum, A., J. Zhang, and H. T. Nguyen. 1999. Consistent differences among wheat cultivars in osmotic adjustment and their relationship to plant production. Field Crops research 64:287-291.

Borlaug, N. E. 1988. Challenges for global food and fiber production. Journal of the Royal Swedish Academy of Agriculture and Forestry (Supplement) 21:15-55.

Chen, T. Y. , B. Skovmand, S. Rajaram, and M. P. Reynolds. 1998. Novel source of increased spike fertility in wheat multi-seeded flowers. Agronomy Abstracts p. 161.

Cox, T. S. 1991. The contribution of introduced germplasm to the development of U. S. wheat cultivars. In: Use of Plant Introductions in Cultivar Development. Part 1. H. L. Shands and L. E. Wiesner (eds.). CSSA Special Publication No. 17. pp. 25-47.

DeLacy, I. H. , K. E. Bassford, M. Cooper, J. K. Bull, and C. G. McLaren. 1996. Analysis of multi-environment trials - an historical perspective. In: Plant adaptation and crop improvement. M. Cooper and G. L. Hammer (eds.). Wallingford, UK: CAB International, IRRI and ICRISAT. pp. 39-124.

DeLacy, I. H. , B. Skovmand, and J. Huerta. 2000. Characterization of Mexican landraces using agronomically useful attributes. Accepted for publication in Genetic Resources and Crop Evolution. Dewey, D. R. 1984. The genomic system of classification as a guide to intergeneric hybridization with the perennial Triticeae. In: Gene manipulation in plant improvement. J. P. Gustafson (ed.). New York: Plenum Press. pp. 209-279.

Eckart, C. , and G. Young. 1936. The approximation of one matrix by another of lower rank. Psychometrika 1:211-218.

FAO. 1983. Commission on plant genetic resources. Resolution 8/83 of the 22nd Session of the FAO Conference, Rome.

Fischer, R. A. 1996. Wheat physiology at CIMMYT and raising the yield plateau. In: Increasing yield potential in wheat:Breaking the barrier. M. P. Reynolds, S. Rajaram, and A. McNab (eds.). Mexico, D. F. : CIMMYT. pp. 195-202.

Frankel, O. H. 1977. Natural variation and its conservation. In: Genetic Diversity of Plants. A. Muhammed and R. C. von Botstel (eds.). New York: Plenum Press. pp. 21-24.

Gabriel, K. R. 1971. The biplot-graphical display of matrices with application to principal component analysis. Biometrika 58:453-467.

Gale, M. D., and S. Youssefian. 1986. Dwarfing genes in wheat. In: Progress in Plant Breeding. G. E. Russell (ed.). London, UK:

Butterworths. Gower, J. C. 1966. Some distance properties of latent root and vector methods used in multivariate analysis. Biometrika 53:325-338.

Harlan, J. R. 1992. Crops and Man. American Society of Agronomy, Madison, WI, USA. pp. 106-113.

Hawkes, J. G. 1991. International workshop on dynamic in-situ conservation of wild relatives of major cultivated plants: summary and final discussion and recommendations. Israel Journal of Botany 40:529-536.

Hazekamp, T., J. Serwinski, and A. Alercia. 1997. Multi-crop Passport Descriptors. In: Central Crop Databases: Tools for Plant Genetic Resources Management. Lipman, E., M. W. M. Jongen, T. J. L. van Hintum, T. Gass, and L. Maggioni (compilers). IPGRI/CGN. pp. 35-39.

Hede, A., B. Skovmand, M. P. Reynolds, J. Crossa, A. L. Vilhelmsen, and O. Stoelen. 1999. Evaluating genetic diversity for heat tolerance traits in Mexican wheat landraces. Genetic Resources and Crop Evolution 46:37-45.

IBPGR. 1990. Directory of crop germplasm collections. 3. Cereals: *Avena*, *Hordeum*, Millets, *Oryza*, *Secale*, Sorghum, *Triticum*, *Zea* and Pseudocereals. E. Bettencourt and J. Konopka. International Board for Plant Genetic Resources, Rome.

Kihara, H. 1983. Origin and history of "Daruma," a parental variety of Norin 10. In: Proceedings of the 6th International Wheat Genetics Symposium. S. Sakamoto, (ed.). Plant Germplasm Institute, University of Kyoto. Kyoto, Japan.

Krull, C. F., and N. E. Borlaug. 1970. The utilization of collections in plant breeding and production. In: Genetic Resources in Plants: Their Exploration and Conservation. O. H. Frankel, and E. Bennett (eds.). Oxford, UK: Blackwell Scientific Publications.

Loss, S. P., and K. H. M Siddique. 1994. Morphological and physiological traits associated with wheat yield increases in Mediterranean environments. Adv. Agron. 52:229-276.

Maes, B., Trethowan, R. M., Reynolds, M. P., van Ginkel, M., and Skovmand, B. 2001. The influence of glume pubescence on spikelet temperature of wheat under freezing conditions. Aust. J. Plant Physiol. 28:141-148.

Mujeeb-Kazi, A. 1995. Interspecific crosses: hybrid production and utilization. In: A. Mujeeb-Kazi, and G. P. Hettel, eds. 1995. Utilizing wild grass biodiversity in wheat improvement: 15 years of wide cross research at CIMMYT. CIMMYT Research Report No. 2. Mexico, D. F.: CIMMYT.

Pardey, P. G., B. Skovmand, S. Taba, M. E. Van Dusen, and B. D. Wright. 1998. The cost of conserving maize and wheat genetic resources *ex situ*. In: M. Smale (ed.). Farmers, gene banks, and crop breeding: Economic analysis of diversity in rice, wheat, and maize. Dordecht, The Netherlands: Kluwer Academic Press. pp. 35-55.

Pardey, P. G., B. Koo, B. D. Wright, M. E. Van Dusen, B. Skovmand, and S. Taba. 2000. Costing the Conservation of Genetic Resources: CIMMYT's *Ex Situ* Maize and Wheat Collection. Crop Sci. (in press).

Rasmusson, D. C. 2001. Learning about barley breeding. In: Breeding Barley in the New Millenium. H. E. Vivar and A. McNab (eds.). Mexico, D. F.: CIMMYT. pp. 1-6.

Reynolds, M. P., M. Balota, M. I. B. Delgado, I. Amani, and R. A. Fischer. 1994. Physiological and morphological traits associated with spring wheat yield under hot, irrigated conditions. Aust. J. Plant Physiol. 21:717-730.

Reynolds, M. P., B. Skovmand, R. Trethowan, and W. H. Pfeiffer. 1999. Evaluating a Conceptual Model for Drought Tolerance. In: Using Molecular Markers to Improve Drought Tolerance. J. M. Ribaut (ed.). Mexico, D. F.: CIMMYT.

Richards, R. A. 1996. Increasing the yield potential of wheat: Manipulating sources and sinks. In: Increasing Yield

Potential in Wheat: Breaking the Barriers. M. P. Reynolds, S. Rajaram, and A. McNab (eds.). Mexico, D. F.: CIMMYT. pp. 134-149.

Rosegrant, M. W., M. Agcaoili-Sombilla, and N. D. Perez. 1995. Global Food Projections to 2020: Implications for Investment. Washington, D. C.: IFPRI.

Sayre, K. D., S. Rajaram, and R. A. Fischer. 1997. Yield potential progress in short bread wheats in northwest Mexico. Crop Sci. 37:36-42.

Shands, H. L. 1991. Complementarity of *in-situ* and *ex-situ* germplasm conservation from the standpoint of the future user. Israel Journal of Botany 40:521-528.

Siebeck, W. E. 1994. Intellectual Property Rights and CGIAR Research: Predicament or Challenge. CGIAR Annual Report 1993-1994. pp. 17-20.

Skovmand, B., P. N. Fox, and J. W. White. 1998. Integrating research on genetic resources with the international wheat information system. In: Wheat Prospects for global improvement. H. -J. Braun, F. Altay, W. E. Kronstad, S. P. S. Beniwal, and A. McNab (eds.). Dordecht, The Netherlands: Kluwer Academic Publishers. pp. 387-391.

Skovmand, B., M. C. Mackay, H. Sanchez, H. van Niekerk, Zonghu He, M. Flores, R. Herrera, A. Clavel, C. G. Lopez, J. C. Alarcon, G. Grimes, and P. N. Fox. 2000a. GRIP II: Genetic resources package for *Triticum* and related species. In: Tools for the New Millenium. B. Skovmand, M. C. Mackay, C. Lopez, and A. McNab (eds.). On compact disk. Mexico, D. F.: CIMMYT.

Skovmand, B., Lopez, C., Sanchez, H., Herrera, R., Vicarte, V., Fox. P. N., Trethowan, R., Gomez, M. L., Magana, R. I., Gonzalez, S., van Ginkel, M., Pfeiffer, W., and Mackay, M. C. 2000b. The International Wheat Information System (IWIS). Version 3. In: Tools for the New Millenium. B. Skovmand, M. C. Mackay, C. Lopez, and A. McNab (eds.). On compact disk. Mexico, D. F.:CIMMYT.

Skovmand, B., G. Varughese, and G. P. Hettel. 1992. Wheat Genetic Resources at CIMMYT: Their Preservation, Documentation, Enrichment, and Distribution. Mexico, D. F.: CIMMYT.

Tanksley, S. D., and J. C. Nelson. 1996. Advanced back-cross QTL analysis: A method for the simultaneous discovery and transfer of valuable QTLs from unadapted germplasm into elite breeding lines. Theor. Appl. Genet. 92: 191-203.

Trethowan, R. M., M. P. Reynolds, B. Skovmand, and M. van Ginkel. 1998. The effect of glume pubescence on floret temperature in wheat. Agronomy Abstracts p. 161.

van Slageren, M. W. 1994. Wild wheats: a monograph of *Aegilops* L. and *Amblyopyrum* (Jaub. & Spach) Eig (Poaceae). Wageningen Agric. Univ. Papers 94-97.

Vilhelmsen, A. L., Reynolds, M. P., Skovmand, B., Mohan, D., Ruwali, K. N., Nagarajan, S., and O. Stoelen. 2001. Genetic diversity and heritability of heat tolerance traits in wheat. Wheat Special Report No. 50. Mexico, D. F. :CIMMYT. (In preparation.)

Villareal, R. L., G. Fuentes Davila, and A. Mujeeb Kazi. 1995. Synthetic hexaploid x *Triticum aestivum* advanced derivatives resistant to Karnal bunt (*Tilletia indica* Mitra). Cer. Res. Commun. 23:127-132.

Von Botmer, R., O. Seberg, and N. Jacobsen. 1992. Genetic resources in the Triticeae. Hereditas 116:141-150.

Williams, W. T. 1976. Pattern analysis in agricultural science. Amsterdam, The Netherlands: Elsevier Scientific Publishing Company.

3 生理性状的遗传基础

J. -M. Ribaut, H. M. William, M. Khairallah,
A. J. Worland[1], and D. Hoisington[2]

在过去的 20 年中,分子工具快速地应用于大量作物的物种鉴定、作图和基因分离。大量的应用分子标记知识的建立,使得科学家可以分析植物基因组,并且更好地洞悉基因对重要生化和生理参数控制途径的调控。生物技术的三个领域已经因此产生了重大的影响,即分子标记的应用、组织培养和转基因植物。

分子标记已经使人们能够识别基因或者基因组区段,这些基因或基因组区段与质量和数量性状表达相关联,也使得通过标记辅助更容易选择操纵基因组区段。分子标记的应用也帮助我们了解植物应答生物与非生物胁迫的生理学指标,或者更广泛地说,了解与植物发育相关的参数。这一章讨论分子标记的类型及其在改良植物中应用的基本原理和实际考虑,以及这些方法对小麦分子遗传方面的已有贡献。

3.1 染 色 体 组

虽然基因的表达可以被环境因素改变,但是植物细胞核基因组以 DNA 的形式为植物构建了遗传蓝图,DNA 中有细胞修复和复制的信息。细胞核基因组包含大量 DNA 和最高数目的编码基因,但是植物细胞中的线粒体和叶绿体中也包含 DNA。作物核基因组估计含有数千计的基因,一些是单拷贝的,另一些是多拷贝的。然而,核基因组中可转录的基因所代表的 DNA 数量只占基因组中很少的一部分。

核 DNA 与组蛋白和非组蛋白一起被包裹并组成染色体。DNA 和蛋白质的相互作用在基因表达中起重要的作用。当 DNA 以信使 RNA 的形式编码遗传信息时,蛋白质参与 DNA 的包装和调控转录的有效性,被转录的基因产物穿过核膜经细胞器翻译成蛋白质。

基因分布在染色体上,不同作物的细胞中染色体数目不同。不同有机物中基因组的组成和组织形式有很大的多样性(表 3.1)。有了分子技术的帮助,便有可能研究和了解一些植物种中核基因组的组织结构。植物基因组分析包含基因组作图、基因标签、数量性状(QTL)分析和同线性作图。

---

① John Innes Center,英国。

② CIMMYT 应用生物技术实验室,墨西哥。

表 3.1　不同生物单倍体基因组中的 DNA 含量

生物	$2n$	皮克†	百万碱基对 10^6 bp/1C	长度/cM
大肠杆菌	(1)	0.0047	4.2	0.14
玉米叶绿体	(c)	0.0002	0.160	0.006
玉米线粒体	(m)	0.0007	0.570	0.02
拟南芥	10	0.15	150	4.4
水稻	24	0.45	430	13.1
小麦	42	5.96	5700	173
玉米	20	2.6	2500	75
人类	46	3.2	3900	102

注：†1 皮克(1 pg)＝0.965×10^9 bp＝29 cM。

3.1.1　DNA 分子

在高等生物中，一个 DNA 分子由化学键连接的核苷酸序列组成。每个核苷酸包含一个由碳和氮原子组成的杂环物(含氮碱基)、一个五碳糖(戊糖)环还有一个磷酸基团。有两种含氮碱基，即嘌呤和嘧啶。每种核酸碱基由 4 种碱基组成，即腺嘌呤(A)和鸟嘌呤(G)两种嘌呤，以及胞嘧啶(C)和胸腺嘧啶(T)两种嘧啶。

含氮碱基通过糖苷键与戊糖环连接。磷酸基团添加到戊糖环上，这个含氮碱基-糖-磷酸基团组成的复合物就叫做核苷酸。核苷酸由糖苷键以及与糖相连的磷酸残基连在一起组成链。在高等生物中，DNA 有两条核苷酸链，它们相互缠绕组成反式双螺旋结构。糖和磷酸基团在两股链的外侧，碱基位于双螺旋的内部。两条链通过一条链的嘌呤碱基和另一条反式链的嘧啶碱基之间的氢键连在一起。腺嘌呤和胸腺嘧啶总是以两个氢键连接成对，而鸟嘌呤和胞嘧啶总是以三个氢键连接成对。DNA 一条链的碱基与配对的另一条链的碱基严格互补，使得两条链携带相同的遗传信息。这些结构确保了 DNA 的自我复制能力。

磷酸核糖骨架上的碱基特异顺序叫做 DNA 序列，这个序列为特异的生物构建自身独特的性状提供了精确的遗传基础。基因组的大小通常用单倍体基因组中碱基对的总数来衡量(表 3.1)。

3.1.2　基因和染色体

基因是遗传的基本物质和功能单位。每个基因都是一段携带可编码特异性多肽信息的核苷酸序列。多肽为细胞和组织的构建提供零件，同时也为细胞提供基本的生化反应所必需的酶。植物基因组含有 20 000～100 000 个基因。

基因长度变化很大，通常有数千个碱基，但是只知道有 10% 的基因组包含编码蛋白质的基因序列(外显子)。基因内部散布着内含子序列，它们没有编码功能。剩余的基因组被认为包含其他的非编码区域(如操纵序列和基因间区域)，它们的功能目前还不清楚。

由于表达区域通常有高水平的甲基化特征,DNA 分子的构型和甲基化水平对基因的表达起重要作用。一些基因几乎没有拷贝,其他的可能在单倍体上有大量的拷贝。这种重复序列可能在染色体上串联出现或者分散在整个基因组的不同染色体上。

每个植物细胞中有大量的 DNA,在核中的组蛋白和非组蛋白的协助下被紧密地包裹在染色体微结构中。基因分布于染色体上,不同物种的染色体数目不同。在配子形成的过程中,体细胞染色体数目随着减数分裂减半,确保合子(卵子与精子融合后)染色体数目与亲代相同。

在细胞分裂过程中,核基因组中染色体的形态发生了明显的变化。在细胞分裂间期,染色体中的染色质呈散状,因此在显微镜下几乎看不到,通过细胞遗传学操作在减数分裂和有丝分裂时可清楚看到其浓缩。通过染色体显带技术对分裂中期的单个染色体进行细胞学研究可以帮助描绘和识别独特的小麦染色体组核型。此外,传统的细胞学研究和现代分子细胞遗传学技术可以帮助识别染色体结构异常和微小的交换。

3.1.3　小麦基因组

小麦属的大量物种可分为三种倍型,即二倍体($2n=2X=14$)、四倍体($2n=4X=28$)和六倍体($2n=6X=42$)。在小麦属物种中,栽培的普通小麦是面包小麦,是重要的商用类型,而圆锥小麦(硬粒小麦)主要用来做意大利面条。面包小麦是异源六倍体($2n=6X=42$),包含三种不同的基因组——A、B 和 D。目前有证据表明它们是来源于中东地区的三种二倍体野生祖先的自然杂种。乌拉尔图小麦是 A 基因组的供体。尽管拟斯卑尔脱山羊草被认为是 B 基因组的供体,但是目前的证据表明其供体已经灭绝或者属于山羊草属拟斯卑尔脱山羊草组中未被发现的物种(Pathak, 1940; Kimber et al., 1972; Miller et al., 1982)。节节麦,又名粗山羊草,被大众认为是 D 基因组的供体(Kimber et al., 1987)。

在作物中,小麦是拥有最大量(一个单倍体上大约 160 亿个碱基对)和最复杂基因组(六倍体)的物种之一,加之高比例的重复序列(占 90%),使其研究和分子水平的操纵更具挑战性。然而,多倍体忍受染色体缺失和增多的能力较强,适于形成非整倍体。由于小麦六倍体的性质和作为食物资源的经济重要性,在作物中面包小麦有重要的细胞遗传学研究价值。完整的非整倍体范围(缺体、单体、三体和四体;Sears, 1953, 1954)和染色体缺失群体的多态性(Endo et al., 1996)在小麦中可被利用。这些细胞遗传学原始材料已被应用于许多基因的染色体和染色体臂定位,以及基于起源和功能确定六倍体小麦染色体的研究。

3.2　DNA 标 记

标记是对形态学(如花的颜色)、生理化学(如蛋白质和酶)或者分子水平(DNA 标记)遗传模式"特性"的描述。它们虽不直接,但能够提供一个特定物种中的其他有用性状的遗传信息,因此被称为"标记"。形态学标记的最大缺陷是容易受到环境因素的影响。相比之下,分子标记以基因组 DNA 序列变异为基础,由于标记是中性的,对植物表型没有影响。分子标记的主要优点是其数量多,不受环境因素的影响,并可在植物发育的任何阶段标记。

DNA标记可基于限制性片段长度多态性(RFLP)或者聚合酶链反应(PCR)技术。

3.2.1 RFLP

RFLP是第一个被广泛用于植物基因组分析的技术。小麦和玉米等多个物种的RFLP连锁图已被构建。在这种技术中,来自一种植物的一个DNA样品被多种限制性酶处理。限制酶识别双链DNA的特异序列,并切开两股DNA,产生大量的长度不同的DNA片段。这些DNA片段在琼脂糖凝胶电泳上依据大小不同而被分开,通过变性使得DNA成单链,用瑟恩印记技术在尼龙膜或者硝化纤维膜上得到DNA印记。然后,将膜上的DNA与相同或另一植物已知DNA在染色体上位置的探针杂交。探针用放射性或者化学发光物标记后,与DNA样品中的互补链杂交。由于所研究植物的分子差异,标记或杂交片段的长度不同,使得样品可以用分子多态性来特异地描述。由于已知探针的染色体定位或基因图上的位置,研究人员可以根据长度多态性来追踪染色体区段。这些分子多态性或者分子标记可以当做与对照样品间的遗传差异。

虽然RFLP技术与最新的标记技术相比费时和稍显繁琐,但仍在作物品种中被广泛应用。

3.2.2 以聚合酶链反应为基础的标记

20世纪80年代初期提出以聚合酶链反应(PCR)为基础的测验改革了分子标记测验系统。基于PCR的技术是强大的,适于自动化装置测验和广泛应用于大规模的标记开发和实施程序。

PCR试验基于DNA酶促合成的体外程序,两条寡聚核苷酸引物与目标DNA特异区段两侧的对应链杂交(图3.1)。PCR程序可以使小量特异的DNA(它们可能与大量被污染的DNA混合)呈指数增加。在典型的PCR分析中,合成新DNA链的原料要与包含目标DNA的模板和引物混合在一个有热稳定DNA聚合酶的管子中。该反应经历不同温度的循环,包括模板变性、引物退火和在DNA聚合酶作用下退火引物的延伸。最终的结果是目的序列呈指数倍数积累。反应结果可经琼脂糖或聚丙烯酰胺基质分离后通过染色观察分离的谱带。

一些用于植物基因组分析的以PCR为基础的标记:

- 随机扩增多态性DNA(RAPD);
- 序列标记位点(STS);
- 简单序列重复(SSR)或微卫星;
- 扩增片段长度多态性(AFLP)。

3.2.2.1 随机扩增多态性DNA

就像这个名称的含义,随机扩增多态性DNA(RAPD)技术(Williams et al.,1990;Welshand McClelland,1990)用来随机扩增某些序列。引物通常含有随机合成的寡聚核

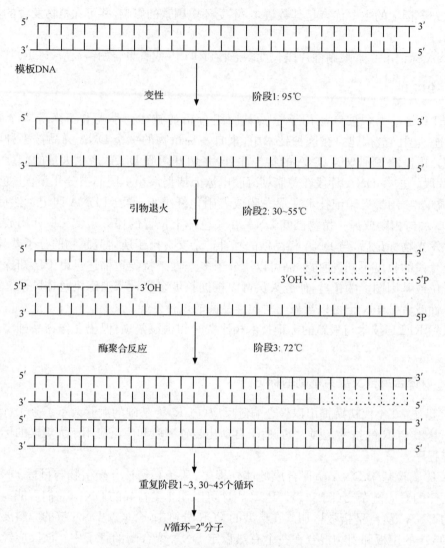

图 3.1　聚合酶链反应:DNA 扩增

苷酸且一般较短(10 个碱基对左右)。RAPD 多态性既是核苷酸碱基改变引起引物结合位点改变,也是被扩增区域内插入或缺失造成的结果。RAPD 技术的主要优点是其随机合成的引物(被广泛利用)不具有种间特异性而适用于任何物种。主要缺点包括 RAPD 标记的显性本质(只存在或缺失于结合点,意味着杂合的基因无法识别),由于随机性和没有特异扩增产物而缺乏重复性,特别是在基因组巨大的小麦中。

3.2.2.2　序列标志位点

序列标记位点(STS)的全部或部分相应 DNA 序列的轨迹图已经被确定(Olson et al.，1989；Talbert et al.，1994)。这些信息可以被用来合成扩增全部或部分原始序列的 PCR 引物。由于设计的引物是扩增一段特殊的位点且比 RAPD 分析中的要长,与 RAPD 分析相比,STS 分析更健全,有较大的重复性和可信度。来自不同个体的扩增序列在长度上的不同可以为定位提供遗传学标记。

在 PCR 中如果没有发现多态性,可以用限制性酶切扩增片段,观察样品长度的差异,之后它们就可以被作为标记。有些时候这种技术被称为酶切扩增多态性序列(CAPS)。

STS 技术在标记辅助选择计划上获得很大的赞赏,因为其大规模的应用,以及可在传统育种程序上连续繁殖的植物后代中跟踪特异的位点。

3.2.2.3 简单重复序列

简单重复序列(SSR),也被称为微卫星,由分布在真核基因组上的 $2\sim5$ 个串联重复的核苷酸核心序列组成,如$(AT)_n$、$(GT)_n$、$(ATT)_n$ 或者$(GACA)_n$(Tautz et al.,1984)。DNA 序列两侧的微卫星通常在给定的物种个体内很保守,使得设计的 PCR 引物在所有基因型中都可以扩增插入其间的 SSR(Weber et al.,1989;Litt et al.,1989)。串联重复的多样性导致产生不同长度的 PCR 产物(图 3.2)。在关系很近的栽培种中,变异引起的重复单元的多样性使这种重复具有高度的多样性。SSR 主要的优点在于可看到共显性的多态性(这意味着纯合的 A 和 B 基因以及杂合的 AB 都可以被鉴定),以及试验的稳健性和大量的可被观测的多态性。其主要缺点是开发 SSR 标记时对基因组文库测序的花费较高。

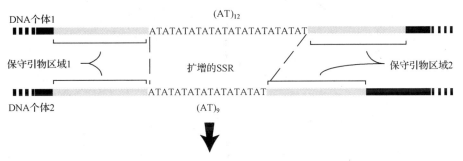

图 3.2 微卫星标记的示例,表明在两个不同个体中的双核苷酸重复的多态性

3.2.2.4 扩增片段长度多态性

扩增片段长度多态性(AFLP)把特异的 RFLP 和健全的 PCR 技术结合起来,可以扩增一小段被切割过的 DNA(Vos et al.,1995)。通常采用两种限制酶,一种用不频繁的切割方式,另一种用频繁的切割方式,它们结合起来切割基因组 DNA(图 3.3)。这样产生的 DNA 片段与双螺旋接头的序列绑在一起。结合好的片段经过两轮 PCR 扩增。在第一轮循环中,用与接头互补的序列引物,在 3′端增加一个核苷酸。第二轮 PCR 用与前面扩增用的相同序列的引物经修饰而成的片段,增加 $1\sim3$ 个核苷酸,将前一次扩增的 DNA 产物进一步扩增。大量的扩增片段通过高分辨率电泳来分类。扩增片段的长度和两个给定个体的 DNA 组成有关。AFLP 主要的优点是在每一个分析中有大量可比较的片段。

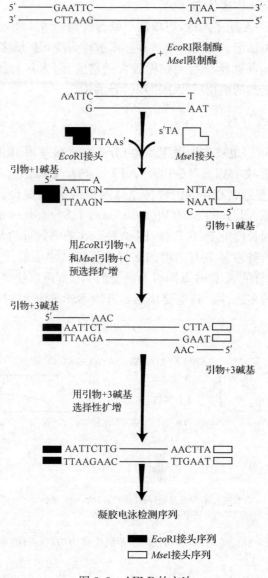

图 3.3　AFLP 的方法

3.2.3　DNA 标记的用途

　　RFLP 标记已经用于构建各种作物,如玉米、土豆和水稻的连锁图。已经确定,在各种作物中许多 RFLP 标记与控制经济性状的基因高度连锁。一旦知道我们感兴趣的 RFLP 标记序列,就可开发一个以 PCR 为基础的标记(STS)用于大规模筛选(Ribaut et al.，1997)。RFLP 是可信的标记,相同的探针通常可以与不同的作物基因组杂交,因此对比较作图研究很有用。然而,RFLP 分析需要大量高质量的 DNA,并且以印记杂交法测验 RFLP 需要较大的工作量和时间,这使该方法并不受要求高产出率的育种项目的欢迎。

如上所述,PCR 技术的出现为在个体中识别 DNA 多态性提供了大量的创新方法的基础。在作图和大规模筛选中,SSR 是最令人满意的以 PCR 为基础的标记。一旦获得可很好覆盖作物基因组的大量 SSR,就可在植物发育的早期阶段进行大规模可靠的 SSR 分析。其原因是该方法:①需要少量的组织;②少量的 DNA 模板,即可更快速的制备 DNA;③可更高效处理大量样品。此外,SSR 具有可靠性、共显性、数量大和均匀地分布在植物基因组中的特性。2000 年 7 月,在小麦中已收集到了 500 个可用的 SSR,但是构建一个完整的 QTL 定位连锁图需要 1000～1500 个 SSR 标记。

目前,遗传学家有强大的工具进行作物品种基因组分析和性状剖析。最合适的标记将主要取决于研究的目的和可用于特异作物的标记类型(表 3.2 中关于标记系统的比较)。

表 3.2 小麦分子遗传学中不同类型分子标记的特征和用途

	RFLP	RAPD	SSR	STS	AFLP
指纹	++	−/+	+++	+	+++
遗传多样性	++	+	++	+	++
质量基因标签	++	++	++	++	++
QTL 定位	++	−/+	++	++	++
MAS	+	−	+++	++	+/++
比较作图	+++	−	−	+	−
探针/引物类型	基因组 DNA,cDNA	10 碱基随机寡聚核苷酸链	16～30 碱基特异寡聚核苷酸链	20～25 碱基特异寡聚核苷酸链	特异性接头和选择性引物
多态性水平	中	中	高	中	高
遗传	共显性	共显性	共显性	共显性	显性/共显性
技术难点	中	低	低	中	中/高
可靠性	高	低	高	高	中/高

资料来源:Rafalski 和 Tingey(1993)。

3.2.4 基因组学

了解植物基因组的一个新领域是围绕着全染色体组的研究。功能基因组学可被定义为开发和应用全基因组范围的实验方法来评价基因功能(Heiter et al.,1997)。基因组学的最终目的是描述一个给定基因组所有基因的特性。表达序列标签(EST)的大规模序列分析、植物基因(可在显微镜载片上分析的成千上万的 DNA 或 RNA 序列)大规模的功能分析以及插入诱变或者反向遗传学方法可用来实现基因组学的研究目的。这些技术具有高的产出量且需要自动化。

DNA 芯片和微阵列芯片等创新工具已被开发用于这些新方法。DNA 芯片技术为利用小型化高密度排列的核苷酸探针研究遗传信息提供了高效的方法。一系列被限定的、人工合成的和固定在硅晶片或芯片上的寡聚核苷酸构建了一个高密度的序列;每个探针在序列上都有早已明确的位置。将植物样品中标记（荧光）的核苷酸在阵列上杂交，杂交强度可以被一个扫描仪识别以表明阵列上每一个基因在样品中的 RNA 数量水平（Lemieux et al.，1998）。微阵列芯片和 DNA 芯片相似，除了它们使用 cDNA（如表达序列分析标签克隆的插入）。我们期望用这些新的方法洞察植物基因组的功能和识别更多与应答胁迫环境不同路径的相关基因。

3.3　分子标记在植物育种中的应用

传统植物育种是以从有性杂交后代分离群体中选择优异个体为基础的。为改良植物进行的选择主要是在植物整体和一些受到基因和环境影响的表型层面上完成的。传统育种虽然在许多作物物种中有巨大的进展，但常被重要农艺性状选择中的困难而限制，尤其是在环境影响的情况下。而且，由于目标性状和目标环境（如生物胁迫）的特性，测试程序可能很困难、不可靠或花费大。因此，分子标记选择可以成为高效的辅助育种工具，尤其是在不利环境下。如果可以识别控制目标性状的基因并将其与分子标记连锁，那么将该基因导入植物育成新品种的效率就会提高。

3.3.1　指纹图谱

指纹图谱可特异、准确地鉴别生物。鉴定工作基于通过分子标记测定的多态性。在作物物种中，指纹图谱是确定品种纯度的一个有效工具，品种纯度对品种保护很重要，这是目前商业种子产业和公共育种企业关心的问题。指纹图谱也可用于估计一系列栽培品种和地方品种的遗传多样性和构建进化研究的系统发育关系。其他分子指纹图谱的应用有：

- 适当论题的基因组特性描述和鉴定；
- 识别基因库中优异的等位基因（如地方品种）；
- 鉴定基因库中种质副本以确保充分利用可用资源；
- 遗传多样性与杂种优势类型的相关性。

在特定小麦的种质资源中运用 RFLP、微卫星和 AFLP 等 DNA 标记进行的指纹图谱研究已有报道（Barrett et al.，1998；Bohn et al.，1999；Fahima et al.，1998）。基于指纹图谱可以估计基因的遗传距离。这种信息可以更好地描述种质间的遗传关系（如建立基因库），也可用于识别具有良好的等位基因互补性的亲本系。

3.3.2　目标性状的基因作图

目标性状的遗传剖析可被定义为识别和描述与表型表达相关的基因或基因组片段。在用分子标记进行遗传学操作之前，对基因或者数量性状位点必须通过两个阶段来进行鉴定和特性描述：①通过具有相对目标性状的两个亲本间杂交构建适当的分离世代；②识别与有用基因紧密连锁的标记来进行等位基因的后续操控（简要过程见图 3.4）。这一过程提供了如下有用信息：

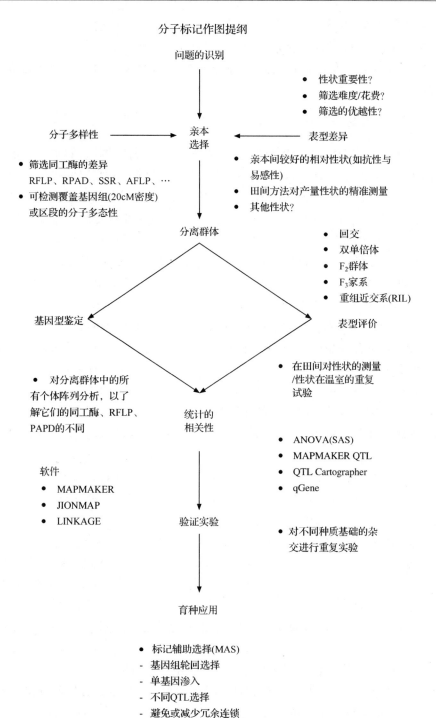

图 3.4 分子标记如何用于遗传连锁作图

- 显著涉及目的性状表达的大量基因和数量性状位点;
- 识别基因组区域的作用(加性、显性)及其对性状表达的影响;

- 在各种环境影响下基因表达的稳定性；
- 在一些目标基因组区域存在多效性效应。

遗憾的是，对于遗传上位作用的评价依然困难，主要原因是用于这种遗传分析的基因型数目的减少。

3.3.2.1　种质的分子分析

分离群体　遗传剖析和性状作图最常用的材料是分离群体，它们来自表现目标性状差异的两个不同品种。在目标性状的分离世代中，有效的标记鉴定取决于均匀分布于基因组内部分子标记的等位基因构成的实验室数据和田间性状的评估。基于这两种实验数据，可用统计学程序发掘标记与性状之间的关联。当目标性状受到多个遗传因子控制和影响的时候，必须构建全基因组的遗传连锁图和以数量性状位点分析来构建性状与整个基因组标记的关联性。如果目标性状受一个或几个基因的影响，品系可按性状分类并用集团分离分析法（BSA）来研究性状等位基因和分子标记的关联性。

研究者为构建一个完整的连锁图，提出经几次自花授粉以得到遗传上稳定的群体。在小麦中，重组自交系（RIL）最适合于这种分析，但是在标记分析和田间评估时加倍单倍体是稳定和完全纯合的品系。两种情况下应仔细考虑群体的大小，因为群体太小时不能进行精确的基因特性描述，尤其是在数量性状作图时，大群体将消耗不必要的资源。在遗传学上剖析一个多基因控制的性状，用一个 200～300 个家系的重组自交系比较合适，但如果性状被主基因控制就可以减少群体数目。

遗传资源　面包小麦的异源六倍体本性是显著的缺点，但是在遗传分析中也有一些优点。例如，具一套以上的基因使小麦能够忍受整个染色体或染色体臂的缺失（非整倍体）。小麦忍受非整倍体的能力产生大量以染色体上定位基因为目的的遗传学研究。一旦基因定位在染色体上，就可能做出单个染色体详细的连锁图并将基因和标记关联在一起。通常小麦非整倍体的染色体构造见图 3.5。

近年来，缺少完整的染色体或者染色体臂的非整倍体对生化或分子标记定位于染色体有着极其重要的意义。最初在小麦系中筛选新标记，每一个不同的染色体缺少，由于其带走的基因使标记性状不表达，将可确定标记所在的染色体。对于这种分析，虽然缺体（$2n=6x=40=20''$）植物是理想的，但是它们的育性低而难于保存；因此，应用了能够补偿缺体的四体系，其一条染色体的缺失可以被两倍相关同源染色体弥补（Sears，1953）。

遗传上稳定的资源应被用来将复杂的性状定位于单个染色体。最合适的资源是用单染色体品种间替换系从供体品种到受体品种引进单个染色体。

为构建品种间替换系，需要一系列植物受体品种，其单独染色体的计量从 2 减少到 1。已知单体是最常见的非整倍体，即植物丢失一条染色体（$2n=6x=41=20\sim ix1\sim$）而成。全世界不同品种中大约有 70 个单体系列是可用的（Worland，1988）。对于简单遗传的性状，单体系列可以通过测交程序定位基因，如单体分析（Sears，1953）、正反单体分析（McKewan et al.，1970）、正反回交单体分析（Snape et al.，1980）。对于更复杂的性状，通过供体品种提供个别染色体到受体单体的回交过程〔图 3.6（a）〕（Law et al.，1973），单

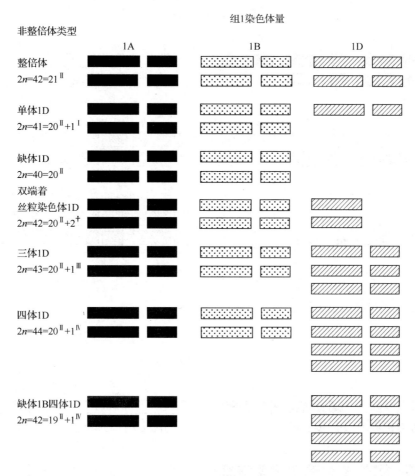

图 3.5 小麦的遗传资源

假设染色体组成为 2～7 组全套染色体

体可用来作为构建品种间替换系的基础。一旦建成,品种间替换系将稳定和不分离,且适用于遗传学分析。应用全部 21 条染色体的替换系进行筛选,任何基因和性状都可定位在单个染色体上(Law et al.,1996)。

一旦某基因或性状用品种间替换系定位在染色体上,它们即可用于非常精确地构建以单染色体重组自交系而著称的遗传资源(Law,1966;Law et al.,1973)。该自交系来自最初的鉴定置换系及其受体种杂交的 F_1 代。在这个 F_1 代中,重组被限定于其他遗传纯合背景中的单个鉴定染色体。鉴定染色体的重组产物通过杂交重组 F_1 代被固定在受体植物鉴定染色体的单体。通过回交和自交得到单体后代,进而允许进行对携带纯合重组染色体的二体植物的选择[图 3.6(b)]。

固定重组产物的可选方法是用受体亲本和代换系的 F_1 授以玉米花粉产生单倍体子代,后用秋水仙素加倍。通常,对于鉴定染色体,可产生 100 个单染色体重组系。随后,

单体系列的构建

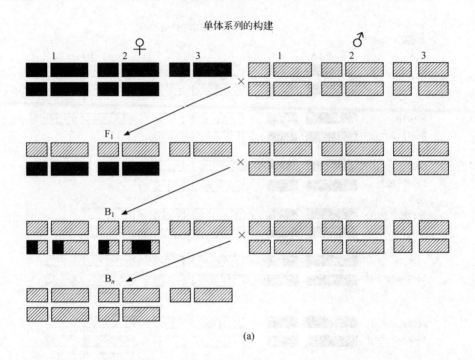

(a)

品种间染色体替换

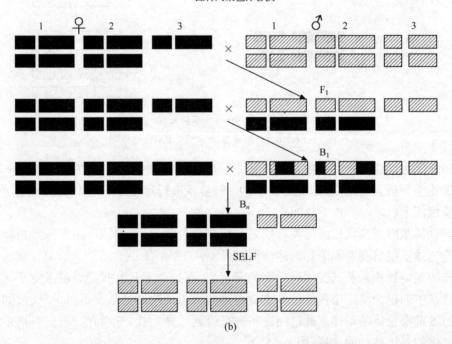

(b)

图 3.6　(a)小麦 21 对同源染色体中 3 对的简图:通过供体和单体受体的连续回交和在每次回交后选择单体后代,染色体 3 的单体系在供体种中建成;(b)供体种中的染色体 3 通过回交引入受体种:最初供体种与受体种的染色体 3 单体系杂交在单体受体中每次杂交和回交后选择单体后代来重建其遗传学背景

在田间或生长室内重复试验的研究中可将这些品系按该性状分类。通过筛选重组系可以使性状的等位基因和分子标记关联在一起,该重组系携带着已知在两个亲代中具多态性而且位于鉴定染色体上的分子标记。

3.3.2.2 连锁图

连锁图的构建 在连锁图的构建过程中,有多态性的分子标记被用来进行分离群体的基因型分型。通过对以前研究中分离的和连锁的不同等位基因标记的统计学估计,标记可放置在"连锁群"中。当知道标记在基因组上的位置后(如 RFLP 或者 SSR),连锁群就可分配在染色体上。当一个作物的基因组被标记充分覆盖时,连锁群的数目应与染色体组中的单倍体染色体数目相匹配(如玉米有 10 个连锁群,小麦应该有 21 个)。虽然构建连锁图需鉴定控制数量性状的基因,但目标性状受主基因控制时,完整的连锁图并不总需要鉴定基因及其与标记之间的关联。

构建连锁图的原则 为构建连锁图,首先要用分子标记(前面提及的单一或联合分子标记)筛选潜在亲本系来识别两个亲代的 DNA 多态性。一旦适当的标记被识别,它们就可以被用来测验分离群体中所有基因型的等位基因构成。在给定的群体中,标记的分离取决于群体的类型。分离率基于孟德尔独立分配的第一条法则。在 F_2 代群体中,显性标记的分离比是 3:1,然而允许杂合子鉴定的共显性标记分离率为 1:2:1。如果应用一个重组自交系(RIL)或加倍单倍体群体(DH),不论标记是显性还是共显性,其分离比都是 1:1。通过卡方测验就可以确定标记分离特点。

在群体中许多标记经基因型分类后,它们的连锁关系取决于孟德尔的第二遗传定律——自由组合定律(图 3.7)。表 3.3 列出了不同群体中两个不连锁位点的预期分离比。如果两个位点连锁,预期分离比将与结果出现明显的差异,且被统计学的卡方测验确定。如果确信连锁,可计算两个标记位点的重组频率以建立其间距离。当在一个群体中筛选出大量的标记时,就不宜用传统的统计参数,如卡方测验或计算重组频率来确定标记间的连锁。而且,两个相邻位点中一个重组事件的出现将减少另一个重组事件在邻近位点出现的概率。所有统计参数的计算机程序可用于构建连锁图。

表 3.3 在不同群体中两个不连锁位点的等位基因分离的预期值

群体	显性标记	共显性标记
BC_1F_1	1:1:1:1	1:1:1:1
F_2	9:3:3:1	1:2:1:2:4:2:1:2:1
RIL	1:1:1:1	1:1:1:1
DH	1:1:1:1	1:1:1:1

3.3.2.3 基因/数量性状位点的鉴定

一旦遗传图构建完成,下一步就是找出群体的标记分离是否与目标性状的分离相关联。以识别分子标记与目标性状的关联性为目标的高效图谱研究依靠两种数据,即标记分离的实验室数据和性状分离的田间数据。例如,一个重组自交系中抗病性的分离,如果

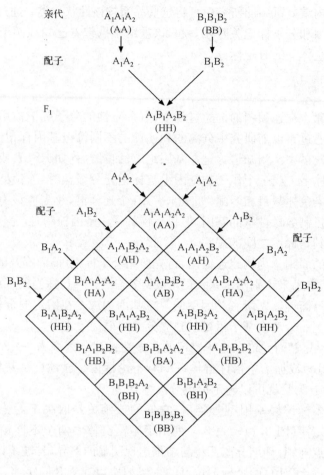

AA : AH : AB : HA : HH : HB : BA : BH : BB
1 : 2 : 1 : 2 : 4 : 2 : 1 : 2 : 1

图 3.7　在 F_2 代中两个共显性独立位点预期的基因型分类

标记这样分离,当特异的等位基因标记在系内出现时,该系表现抗病性,则可给出等位基因标记和性状连锁性很强的结论。换句话说,在抗性表达的过程中分子标记是抗性基因的标签。

表型评价　不管被评价的数据是什么类型,表型数据的质量对基因或数量性状位点的成功分析十分重要,因为群体内标记分离的实验室数据必须与田间鉴定 QTL 的数据相关。因此,无论在田间、温室、植物生长箱或者实验室,表型评价必须仔细计划和实施,同时进行多次重复来减少误差。至于田间的群体分离评价,我们极力推荐的田间设计包括一些重复和最常用于生成 QTL 分析的表型数据的阿尔法(0,1)格式。在数据收集中应用准确的方案也是很重要的。

　　除了单基因的性状,表型评估不应基于单株,而应基于代表给定基因型家系中的多个单株,无论是用 F_3 家系代表 F_2 的基因型,或者是用重组自交系家族中一个株系的多个植株,按照定义,它们都具有同样的基因型。例如,在一个抗旱性的分离群体中鉴定一个与

渗透势表达相关的基因,必须确定以下情况:

- 应在植物营养生长的哪个阶段收获叶片;
- 如何在相同营养生长阶段采集可能早熟分离的基因型样品;
- 在一天中的什么时间采集样品,由于温度变化可能引起植物体含水量的变化;
- 植物的哪种组织最适合用于分析;
- 如何在短时间内收获多个样品;
- 如何在采集组织样品到提取细胞液期间避免组织样品含水量的变化;
- 如何用可重复的方式在不同组织样品中提取细胞液;
- 为获得可重复的测量值需多长时间校对一次渗透压仪;
- 为了确保提高准确性需重复几次。

适用于分析的样品数量可能有限,这取决于生理测验类型(如激素定量)。在这种情况下,必须谨慎考虑分离群体的大小。在小的群体中(如少于 200 个 F_2 植株或少于 60 个重组自交系),只有表达大比例表型变异的基因组区域能被可靠鉴定。对大多数生理性状,精密测量的复杂性使鉴定标记与生理反应相关基因的连锁更引人关注。

集团分离分析法(BSA) 当性状被一个主基因控制时,集团分离分析法(BSA)可能对目标基因区段的定位有用(Michelmore et al.,1991)。在一些作物中 BSA 已被用于识别与目标区域连锁的 DNA 序列(Michelmore et al.,1991;Eastwood et al.,1994)。任何源于单交的分离群体都可以用 BSA。一旦建成分离群体,集团分离可以完全适用于任何位点或者基因区域。

在分离群体中表型分布应表明一个性状是否与一个或几个主效基因连锁(如 1:3 分离)或与几个微效基因连锁(正态分布)。当目标性状被主基因控制时,通过仔细的表型选择可安全鉴定这两个分布的试验,这种材料将会适用于 BSA(图 3.8)。

BSA 方法包括筛选源于单交分离群体中含差异性状个体的两个 DNA 样品池。每一个样品池,或集团,不仅包括经选择在特定基因组区域(目标位点或区域)具假定相同基因型的个体,也包括其位点不同于被选择区域的随机基因型。所以,两个样品池的 DNA 样品只在选择区域上存在遗传学差异,对于其他位点表现随机等位基因分离。例如,如果标记被鉴定为具抗病性,则 5~10 个最抗病个体的等量 DNA 被混合作为一个“抗性”池。同样,同一个群体中 5~10 个最感病个体的等量 DNA 被混合作为“感病”池。然后分析性状相对的两个池,鉴定区分它们的标记。两个池中具多态性的标记最可能与构建两个池的性状位点遗传上连锁。

一旦识别了两个池中的多态性标记,再应用到产生集团的分离群体就可以使目标位点与标记间的连锁被证实和量化。在此常需要找到标记的基因组位置,它也建立了目标性状控制因子的基因组位置。如果在 BSA 中应用 RFLP 或 SSR,它们的基因组位置通常是已知的。然而,如果应用 RAPD 和 AFLP 标记,需要用一些方法来建立标记的基因组位置。如果这些标记在早已建好连锁图的另一个群体中分离,可以用这个第二群体建立图谱位点。用单染色体种间替换系是另一个选择。

最后也是最冗长的选择是构建一个杂交组合的完整连锁图,集团产生自该组合。如果确定了这个群体的有益的标记和目的基因之间的连锁,这个标记可以用于标记辅助选

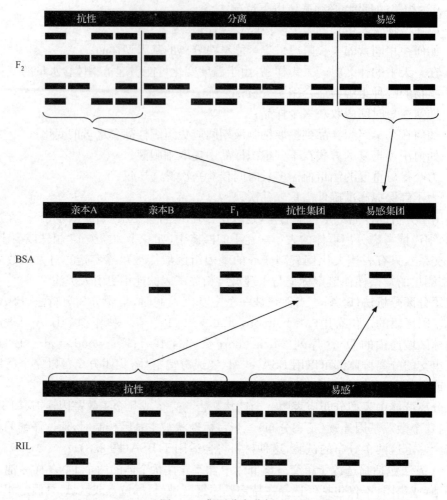

图 3.8　集团分离分析法

择。这种方法的成功依靠：①亲本目标片段的遗传分离；②准确的表型观察；③涉及目标性状表达的主要基因数目。

QTL 的鉴别　对于多基因性状，分离群体中的表型分布通常是正常的，这暗示着一些基因与目标性状的表达有关，每个基因表达着总表型变异的一部分。当目标性状由多基因控制时，集团分离分析通常不适用。在这种情况下，构建一个完整的连锁图是可取的。如果用 F_2 代的植株提取 DNA 构建连锁图，可用 F_2 代个体自交得到 F_3 代家系做田间评估。一旦构建好基因连锁图并进行表型评价，通常用表型相关性分析标记和性状的关联性，并从遗传学角度将复杂性状解析为孟德尔因子。计算机程序用来评价分离群体中不同基因型表型值的相关性，每个位点的等位基因构成被用于产生连锁图。如果该相关性在给定位点上具有统计学意义的显著性，这个基因组区域就可被假定涉及表型性状表达（图 3.9）。用于这个程序的统计程序包可以像 F 测验那样简单或像复合区间作图那样复杂。

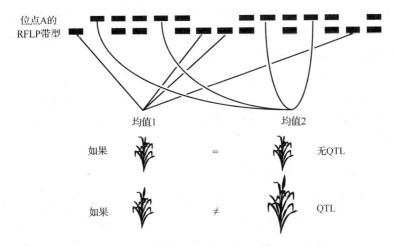

图 3.9　用 RFLP 标记测验 QTL 时的 t 测验图解

本章的目的不是详细描述用于 QTL 识别的不同数学方法。然而，常用的方法可分成 3 种类型，即简单相关测验、简单区间作图（SIM，Lander et al.，1989）和复合区间作图（CIM，Zeng，1994），这里将做简要介绍。

以简单测验为例，鉴定标记和表型数据之间是否存在统计学意义的显著关联，则可用 t 测验（2 个变量：纯合亲本 1 和纯合亲本 2），或者方差分析（F 测验，3 个变量：纯合亲本 1、纯合亲本 2 和杂合子）。统计学测验用于每个分子标记独立鉴别与性状相关的标记。

简单区间作图应用计算机程序，如采用混合模型和极大似然技术的 Mapmaker/QTL 软件（Lander et al.，1989），一个评估值可被认为是连锁图上的每个厘摩。因此，一个 QTL 峰值（也就是统计学上显著水平最高的点）可在图上任何点，而不是在特异的标记位点被识别，如前面的方法。简单区间作图程序与前面的方法不同，前法同时考虑一个以上的标记。尽管与简单相关测验相比简单区间作图是更"综合"的方法，其主要的不足是当 QTL 连锁在一起时不能被识别。对于两个在耦合阶段（相同亲本系的两个 QTL 的优良遗传贡献）连锁的 QTL，简单区间作图只能识别覆盖于大的染色体片段上的一个 QTL 并且过高地估计它对性状表达的影响。当两个连锁的 QTL 在相斥阶段时（不同亲本系两个 QTL 的优良遗传贡献），简单区间作图可能无法识别 QTL。

复合区间作图，是第三种方法，它考虑了简单区间作图的不足（前文已提及）。它把标记作为辅因子，有以下 3 个阶段：

• 用 SIM 分析识别靠近 QTL 峰值不连锁的标记（每个 QTL 一个标记）；

• 再次分析，但是用已经识别的标记作为辅因子来减少整个基因组中的剩余变异，从而消除错误的阳性 QTL 以及识别新的微效 QTL；

• 在基因组的全部区间中，被测区间两旁的标记作为辅因子来阻止可能与有益区间连锁的 QTL 的效应，被选定的区间和辅因子之间的距离称作测试 QTL 存在的"窗口"。

当绘制精细连锁图时，CIM 可以在基因组中更精细地识别一个 QTL，以及更好地识别耦合的 QTL。此外，可以分析整套独立的田间数据和不同环境（地点、年份、处理）下的联合表型数据，以及评价与环境的交互作用 QTL（Q×E）。然而，Q×E 交互作用的准确评价需要高品质的分子和表型数据,这是有效的分子辅助选择(MAS)实验的主要限制因素。尽管有像 CIM 这样的新方法,但在评价基因组不同区域上位作用时明显受限。

QTL 特性描述涉及在连锁图上找到它的精确位置,确定每个独立的 QTL 或几个 QTL 共同的表型变异表达的比例,以及量化每个 QTL 的遗传(显性和加性)效应。通常,当一个 QTL 可以解释 30% 的表型变异时可被定义为主效 QTL。虽然主效 QTL 可能与抗病性、籽粒品质或非生物胁迫(如铝胁迫)耐性的表达相关,但通常不控制像干旱环境下产量那样非常复杂性状的表达。

3.3.2.4　小麦分子遗传学的进展

用分子标记作图和识别基因　小麦的六倍体性质和大型基因组,令其基因识别和标记开发进展缓慢。但是,在刚刚过去的一段时间,涉及多种功能的大量基因已被定位于小麦染色体的特定区域。在小麦中控制开花的基因鉴定受益于非整倍体和分子标记的染色体操作。

用种间染色体替换系和单染色体重组系群体,已将控制春化应答的 *Vrn1* 和 *Vrn3* 基因分别定位在 5A 和 5D 染色体的长臂上(Law et al. , 1976),将 *VrnB1* 定位在 5B 染色体上(Zhuang, 1989)。相似的方法已经用于识别应答光周期的基因 *Ppd*(Worland et al. , 1986)。对小麦适应性和产量至关重要的株高,其遗传是复杂的;目前鉴定了 21 个基因与该性状相关(McIntosh et al. , 1995)。就近开发的一个微卫星标记与 *Rht8* 连锁(Korzun et al. , 1998)。

目前已开始研究与耐旱相关的复杂生理性状,如水稻脱落酸积累量和小麦、水稻控制脱落酸积累的同源位点的可能关系(Quarrie et al. , 1997)。Quarrie 等(1994)用单基因重组系和图谱,在小麦 5A 染色体长臂上定位了干旱诱导的产生脱落酸的遗传因子。分子遗传学工具已经用于研究复杂性状,如糖代谢和脱落酸浓度与气孔传导性的关系(Prioul et al. , 1997)。比较栽培和野生小麦(*Triticum dicocoides*)的 RFLP 图谱已识别了与抗绿麦隆除草剂相关的标记,该除草剂是一个选择性苯基脲除草剂(Krugman et al. , 1997)。以分子标记识别一系列控制各生理和农艺参数的基因列于表 3.4。

表 3.4　小麦中以鉴定和作图确定的农艺和生理性状相关的基因

性状	基因	物种	标记	染色体	参考文献
生理和农艺性状					
穗发芽	QTL	小麦	RFLP		Anderson et al. , 1993
春化	*Vrn1*		RFLP	5AS	Galiba et al. , 1995
					Korzun et al. , 1997
					Kato et al. , 1998
	Vrn3		RFLP	5DS	Nelson et al. , 1995a
光周期反应	*Ppd1*	小麦	RFLP	2DS	Worland et al. , 1997
	Ppd2	小麦	RFLP	2BS	Worland et al. , 1997

续表

性状	基因	物种	标记	染色体	参考文献
矮化病	Rht8		SSR	2DS	Korzun et al.，1998
	Rht12		SSR	5AL	Korzun et al.，1997
镉摄入			RAPD		Penner et al.，1995
铝耐受性	Alt2		RFLP， RFLP	4D, 4DL	Luo and Dvorak，1996 Riede and Anderson，1996
干旱诱导脱落酸			RFLP	5A	Quarrie et al.，1994
钠、钾离子辨别	Kna1	小麦	RFLP， RFLP	4D,4DL	Allen et al.，1995； Dubcovsky et al.，1996
品质					
谷粒硬度	Ha, Hn, QTL		RFLP， RFLP	5D, 5DS, 2A, 2D, 5B, 6D	Nelson et al.，1995a Sourdille et al.，1996
谷粒蛋白	QTL	二粒小麦	RFLP	4BS, 5AL, 6AS, 6BS, 7BS	Blanco et al.，1996
低分子质量麦谷蛋白		二粒小麦		1B	D'ovidio and Porceddu, 1996
高分子质量麦谷蛋白	Glu-D1-1	小麦	ASA	1DL	D'ovidio and Anderson, 1994
面粉颜色			RFLP/ AFLP	7A	Parker et al.，1998

　　大量有、无各种生物胁迫(如疾病和昆虫)抗性因子等位基因的近等基因系(NIL)促进了这些现存体系的基因作图。大量抗病虫性的基因已经被鉴定并与分子标记连锁(Hoisington et al.，1999)。当某特殊基因在以前的遗传学研究中已被染色体定位但无NIL可用时,该图谱染色体上的标记(Anderson et al.，1992)仍可用于表明亲本系的多态性,构建一个染色体图谱和确定哪个标记更靠近有益基因。这个技术来自 Dubcovsky 等(1996)为小麦 Kna1 位点加标签,这个基因应答高 K^+/Na^+ 在叶片中的积累,是一个与高耐盐性相关的性状。

　　在小麦中,集团分离分析最初主要和 RAPD 一起使用,现在可以用任何类型的标记(包括 AFLP)(Goodwin et al.，1998；Hartl et al.，1998),其优点在于可用一个引物组合扩增大量 DNA 片段。同时,用 AFLP 时高重复 DNA 的问题可以用甲基化敏感限制性内切酶(如 PstI 和 SseI)来克服。

　　在小麦中许多被分子标记的基因是从外来物种引入的(Hoisington et al.，1999)。在带有重要农艺性状的野生型亲属基因易位的情况下,由于小麦和导入基因组间的高水平的多态性和异位片段与相应小麦染色体间低水平的重组,使标记可以被成功地建立。

　　小麦 QTL 作图　利用一个来自小麦、黑麦和大麦分离群体的基础图谱和连锁数据,构建了超过 1000 个数据点的一致性图谱(Gale et al.，1995)。这张详细的连锁图已经确证 A、B、D 基因组的位点顺序是保守的(Gale et al.，1995)。

　　用 Opata85 和来自于国际玉米和小麦改良中心的人工合成六倍体构建的 RIL 图谱

群体已经在作图和基因组关系研究中广泛应用(Van Deynze et al.，1995；Nelson et al.，1995a，1995b，1995c)。国际小麦作图组织(ITMI)以此群体构建的遗传图谱中包含 1000 多个 RFLP 位点。另外两个已公布的连锁图谱(Liu et al.，1991；Cadalen et al.，1997)也适用于小麦。小麦的连锁图已经证实进化的染色体易位重组涉及染色体 2B、4A、5A、6B 和 7B，这些均基于细胞学证据，并在相关近缘草本植物种，如水稻、玉米、燕麦、小麦中建立了共线性(Ahn et al.，1993；Devos et al.，1994；Van Deynze et al.，1995；Borner et al.，1998)。

在小麦中已经剖析的 QTL 的数量性状较少，反映出前人的研究多数集中于简单遗传的性状以及构建整合连锁图的困难。已知 ITMI 图谱是一个最密集的图谱，构建它的群体具有许多分离的性状，它已被应用于一些重要性状和几个主要基因的定位。已知基因包括春化($Vrn1$ 和 $Vrn3$)、红胚芽鞘($Rc1$)、籽粒硬度(Ha)、白粉病($Pm1$ 和 $Pm2$)(Nelson et al.，1995a)以及抑制叶锈病抗性的基因(Nelson et al.，1997)。关于数量性状位点，已经鉴定的有籽粒硬度(Nelson et al.，1998)、Karnal 腥黑穗病(Nelson et al.，1998)和褐斑病的 QTL(Faris et al.，1997)。

最近，CIMMYT 开始了小麦耐旱性相关性状的分子标记开发研究。已有一个 RIL 群体用来鉴定一系列控制耐旱性生理参数的基因组区域。

3.3.3 标记辅助选择

基于一个给定性状的作图和遗传学分析提供的信息，可以评估标记辅助选择(MAS)的效率和设计合适的实验。分子标记可用于：①在世代中跟踪一个有利的等位基因(包括隐性基因)；②基于部分和全部基因组的等位基因构成，鉴定分离后代中最合适的个体。对于追踪好的等位基因，关键在于存在与目的基因邻近的分子标记。

有时可以从已测序的基因中鉴定标记。例如，玉米的 Opaque-2 变异基因已被测序(Schmidt et al.，1990)，该基因使籽粒富含赖氨酸和色氨酸。基因中的微卫星序列已经被鉴定，并已设计了扩增微卫星的引物。由于标记位于基因序列本身并与目的基因共同分离，这对跟踪优良的等位基因是理想的。

然而，在大多数情况下，特别是多基因控制的性状，目的基因没有在分子水平被描述。因此，被选定的与标记辅助选择实验相关的基因组区域是如前所述的被识别的染色体片段或者 QTL。位于 QTL 区域两侧的多态性 DNA 标记需要跟随被选择的 QTL 中出现的优良等位基因。当一个 QTL 代表一个大染色体区段(大于 20 cM)时，该 QTL 中应该有一个标记排除代表两侧标记间的双重组的基因型。

根据目标性状表达相关的基因区域(克隆的基因、主效和微效 QTL)的性质，以及需要被操作的被选 QTL 或基因组区域的数目，可以考虑几种不同的 MAS 方案。理想的策略是依据育种途径和高效用于 MAS 实验的分子标记类型，考虑除技术制约外的实验目的和可用的资源。为将一个优良等位基因导入，可用目标种质的分子标记通过回交(BC)，或者用无论什么重组水平的分离群体(如 F_2 代或更高代群体)进行选择。在一个"边缘"MAS 程序中，对异花授粉作物非常重要的是，已鉴定了通过轮回选择构建新材料的最适亲本系。

3.3.3.1　标记辅助选择策略

亲本的标记辅助选择　分子标记可以用于确定一套种质的基因型，且其数据可用于测验被评估材料的遗传距离。品系间杂种优势的程度可以根据遗传距离来预测。种质可以在与目标性状表达相关的特异位点被描述。例如，小麦叶锈病，其种质已被很好地表型鉴定，并用一套具不同叶锈病抗性表达的材料鉴定了它的分子多态性。这使得可以鉴定具不同位点上叶锈病最适等位基因组成的品系。

潜在亲本系的指纹能够为育种者提供大量信息，用以计划构建新的分离杂交。尽管这些通过分子标记所获得的信息不能鉴定最优的杂交种，但它对于减少所需杂交的数量确实有所帮助。如果结合表型和基因型的数据可减少一半杂交的数量，这将极大地提高育种效率。

回交-标记辅助选择方法　回交-标记辅助选择（BC-MAS）已经有了广泛的应用，如当研究克隆的基因或主效数量性状位点时，要进行目的等位基因的插入。在回交方案中，目标位点上优良的等位基因要从供体系转到受体系。DNA 标记的应用，可使后代在每个周期都能确定基因型，这就增加了筛选进程的速度（Tanksley et al.，1989）。一个目标基因优良等位基因导入的实例是将优良基因导入玉米自交系（Ragot et al.，1994）。

在计划和实施 BC-MAS 时，要考虑以下参量，即在选择体系中，相关的目标基因组区段数量；每个周期筛选群体的大小；每个周期中筛选基因型的数量；以及想得到的品系的转换水平。所期望的转换水平与在非选择位点上 DNA 标记的数量与分布有关，也同目标位点与其两个侧翼标记的重组频率有关。这些参数的相互作用，对回交-标记辅助选择的每个轮回的数量有影响。最近以可靠的 PCR 为基础的标记以及单核苷酸多态性（SNP；Gilles et al.，1999）的发展，在很大程度上提高了筛选大群体的能力（Ribaut et al.，1997）。

根据不同大小群体间供体基因组在非选择位点上贡献减少的非线性关系的观点，在 BC-MAS 实验中，必须先确定导入目标基因的数量，以便于计算每个轮回要筛选的群体大小，可考虑 50～100 个基因型的有效群体大小（可定义为目标基因中含合适等位基因个体的数量，由此，标记的选择可在其余基因组的非目标座位完成）。有效群体的大小及目标座位上杂合基因型的数量，对于决定筛选模型是重要的。一旦确定了有效群体的大小，就要根据研究项目的目标和抑制因素，来确定目标基因与侧翼标记的预期重组率，以及在每个轮回要筛选的基因型的数量。遵循这一策略，要达到基因导入的目的而所需的回交的数量，就能很容易地基于模拟来预测（Frish et al.，1999）。

在资源有限的情况下，或伴随向大量受体品系群体导入基因时，像在育种方案中常常必需的那样，包括高代轮回中的标记辅助选择步骤都要被考虑到。除考虑 BC-MAC 的方案外，努力鉴定出最方便的一套标记是很关键的。

3.3.3.2　新的标记辅助选择策略

标记辅助选择对于多基因性状改良的局限。尽管 BC-MAC 的应用是成功的，但如果要同时操作几个 QTL，就出现了应用上的局限性。遗传上的复杂性〔主要是涉及其表达的基因数和基因之间的相互作用(Ribaut and Hoisington,1998)〕,使数量性状不容易操作。多基因性状的表达,要涉及几个基因,这样每个基因对植物表型所起的作用就较小。这就说明必须要对几个区域或者 QTL 同时操作才能获得显著的影响,并且每个区域的表型效应是不容易被测验的。为了能准确地描述 QTL 的特性以及评价它们在各环境下的稳定性,多年重复的田间试验是必需的。基因的上位性互作会引起对 QTL 本身的评价偏斜,如果所有包含互作效应的基因组区域不全在选择方案中,就会引起标记辅助选择的偏差。总之,尽管对于 QTL 的识别有了显著的提高,现有的标记辅助选择策略有其自身的局限(尤其涉及成本效率方面),因此应考虑新的策略。

　　单一大规模标记辅助选择　在这个新方案中,合适的亲本选择和新品系的开发是育种者关注的。DNA 标记被用于重组的早期阶段以固定等位基因于所选基因组区域(Ribaut et al. , 1999)。标记辅助选择的步骤只运行一次,是基于应用大分离群体的 PCR 发展的可靠标记,该群体来自优良品系间的杂交。亲本系必须具有杰出的目标性状和(或)环境,而且要有良好的等位基因互补性。

　　新策略有两个主要的优点:①用于改良特定性状所选择到的合适的等位基因是来自互补方案中的两个或者更多优良的亲本材料,不顾及受体系或者供体系的概念;②特定基因组区段仅被固定在先前选择方案中识别到的每个受体系的区域,而没有对目标基因组区域之外的部分施加选择压力。这样就为将来在多种条件下开发品系确保了其他基因组好的等位基因变异。这个方法也与在新种质中聚合已克隆基因或主效 QTL 的有利等位基因相关。

　　系谱 MAS　该方法尤其与小麦这样的作物相关,小麦优良种质的系谱已众所周知。优良小麦材料的指纹必须在育种项目一系列活跃应用的品系中,以及随后将被审定释放的优良材料中建立。指纹数据可与在不同选择世代收集的表型数据结合用于鉴定有用性状的等位基因。例如,如果一个优良品系含有与目标环境下产量相关的等位基因,其频率应高于该优良亲代系后代中预期的随机频率。这种等位基因频率的改变反映出育种的表型选择,并可通过对比亲代和子代的指纹数据而鉴定。一旦优良等位基因被鉴定,与目的基因组区域紧密连锁的 DNA 标记就可被用于加速下一选择阶段优良等位基因的固定,即一系列新的优良材料(子代 1)产生下一系列的优良品系(子代 2)。因此,MAS 在 F_2 代或者 F_3 代分离群体中将可能是最高效的。

(刘　丹　译)

参 考 文 献

Ahn, S. , Anderson, J. E. , Sorrells, M. E. , and Tanksley, S. D. 1993. Homoeologous relationships of rice, wheat and maize chromosomes. Molec and Gen Genet 241:483-490.

Allen, G. J. , Jones, R. G. W. , and Leigh, R. A. 1995. Sodium transport measured in plasma membrane vesicles isolated from wheat genotypes with differing K^+/Na^+ discrimination traits. Plant Cell and Environment 18:105-115.

Anderson, J. A. , Ogihara, Y. , Sorrells, M. E. , and Tanksley, S. D. 1992. Development of a chromosomal arm map for wheat based on RFLP markers. Theor Appl Genet 83:1035-1043.

Anderson, J. A. , Sorrells, M. E. , and Tanksley, S. D. 1993. RFLP analysis of genomic regions associated with resistance to preharvest sprouting in wheat. Crop Sci 33：453-459.

Barrett, B. A. , and K. K. Kidwell. 1998. AFLP-based genetic diversity assessment among wheat cultivars from the Pacific Northwest. Crop Sci 38：1261-1271.

Bohn, M. , Friedrich, H. , and Melchinger, H. E. 1999. Genetic similarities among winter wheat cultivars determined on the basis of RFLPs, AFLPs and SSRs and their use for predicting progeny variance. Crop Sci 39：228-237.

Börner, A. , Korzun, V. , and Worland, A. J. 1998. Comparative genetic mapping of loci affecting plant height and development in cereals. Euphytica 100：245-248.

Blanco, A. , Degiovanni, C. , Laddomada, B. , Sciancalepore, A. , Simeone, R. , Devos, K. M. , and Gale, M. D. 1996. Quantitative trait loci influencing grain protein content in tetraploid wheats. Plant Breeding 115：310-316.

Cadalen, T. , Boeuf, C. , Bernard, S. , and Bernard, M. 1997. An intervarietal molecular marker map in *Triticum aestivum* L. Em. Thell. And comparison with a map from a wide cross. Theor Appl Genet 94：367-377.

Chao, S. , Sharp, P. J. , Worland, A. J. , Warham, E. J. , Koebner, R. M. D. , and Gale, M. D. 1989. RFLP-based genetic maps of wheat homoeologous group 7 chromosomes. Theor Appl Genet 78：495-504.

D'Ovidio, R. , and Porceddu, E. 1996. PCR-based assay for detecting 1B-genes for low molecular weight glutenin subunits related to gluten quality properties in durum wheat. Plant Breeding 115：413-415.

D'Ovidio, R. , and Anderson, O. D. 1994. PCR analysis to distinguish between alleles of a member of a multigene family correlated with wheat bread-making quality. Theor Appl Genet 88：759-763.

Devos, K. M. , Atkinson, M. D. , Chinoy, C. N. , Liu, C. , and Gale, M. D. 1992. RFLP based genetic map of the homeologous group 3 chormosomes of wheat and rye. Theor Appl Genet 83：931-939.

Devos, K. M. , Chao, S. , Li, Q. Y. , Simonetti, M. C. , and Gale, M. D. 1994. Relationships between chromosome 9 of maize and wheat homeologous group 7 chromosomes. Genetics 138：1287-1292.

Devos, K. M. , Dubcovsky, J. , Dvorák, J. , Chinoy, C. N. , and Gale, M. D. 1995. Structural evolution of wheat chromosomes 4A, 5A, and 7B and its impact on recombination. Theor Appl Genet 91：282-288.

Dubcovsky, J. , Santa María, G. , Epstein, E. , Luo, M. -C. , and Dvorák, J. 1996. Mapping of the K^+/Na^+ discrimination locus *Kna1* in wheat. Theor Appl Genet 92：448-454.

Eastwood, R. F. , Lagudah, E. S. , and Appels, R. 1994. A direct search for DNA sequences linked to cereal cyst nematode resistance genes in *Triticum tauschii*. Genome 37：311-319.

Endo, T. R. , and Gill, B. S. 1996. The deletion stocks of common wheat. J. Hered 87：295-307.

Fahima, T. , Roder, M. S. , Grama, A. , and Nevo, E. 1998. Microsatellite DNA polymorphism divergence in *Triticum dicoccoides* accessions highly resistant to yellow rust. Theor Appl Genet 96：187-195.

Faris, J. D. , Anderson, J. A. , Francl, L. J. , and Jordahl, J. G. 1997. RFLP mapping of resistance to chlorosis induction by *Pyrenophora tritici-repentis* in wheat. Theor Appl Genet 94：98-103.

Frish, M. , Bohn, M. , and Melchinger, A. E. 1999. Comparison of selection strategies for marker-assisted backcrossing of a gene. Crop Sci 39(5)：1295-1301.

Gale, M. D. , Atkinson, M. D. , Chinoy, C. N. , Harcourt, R. L. , Jia, J. , Li, Q. Y. , and Devos, K. M. 1995. Genetic maps of hexaploid wheat. In：Li, Z. S. and Xin, Z. I. (eds.). Proceeding of the 8th International Wheat Genetics Symposium. China Agricultural Scientech Press, Beijing, China. pp. 29-40.

Galiba, G. , Quarrie, S. A. , Sutka, J. , Morgounov, A. , and Snape, J. W. 1995. RFLP mapping of the vernalization (*Vrn1*) and frost resistance (*Fr1*) genes on chromosome 5A of wheat. Theor Appl Genet 90：1174-1179.

Gilles, P. N. , Wu, D. J. , Foster, C. B. , Dillon, P. J. , and Chanock, S. J. 1999. Single nucleotide polymorphic discrimination by an electronic dot blot assay on semiconductor microchips. Nature Biotech 17：365-370.

Goodwin, S. B. , Hu, X. , and Shaner, G. 1998. An AFLP marker linked to a gene for resistance to *Septoria tritici* blotch in wheat. Proceedings of the 9th International Wheat Genetics Symposium, Saskatoon, Saskatchewan, Canada, 2-7 August, 1998. Vol. 1 edited by and v. 2-4 compiled by A. E. Slinkard 3：108-110.

Hartl, L. , Mori, S. , and Schweizer, G. 1998. Identification of a diagnostic molecular marker for the powdery mildew resistance gene *Pm4b* based on fluorescently labeled AFLPs. Proceedings of the 9th International Wheat Genetics Symposium, Saskatoon, Saskatchewan, Canada, 2-7 August, 1998. Vol. 1 edited by and v. 2-4 compiled by A. E. Slinkard 3:111-113.

Hieter, P. , and Boguski, M. 1997. Functional genomics: It's all how you read it. Science 278:601-602.

Hoisington, D. , Khairallah, M. , Reeves, T. , Ribaut, J.-M. , Skovmand, B. , Taba, S. , and Warburton, M. 1999. Plant genetic resources:What can they contribute toward increasing crop productivity? Proceedings National Academia of Science 96:5937-5943.

Jia, J. , Devos, K. M. , Chao, S. , Miller, T. E. , Reader, S. M. , and Gale, M. D. 1994. RFLP-based maps of the homoeologous group-6 chromosomes of wheat and their application in the tagging of *Pm12*, a powdery mildew resistance gene transferred from *Aegilops speltoides* to wheat. Theor Appl Genet 92:559-565.

Kato, K. , Miura, H. , Akiyama, M. , Kuroshima, M. , and Sawada, S. 1998. RFLP mapping of the three major genes, *Vrn1*, Q and B1 on the long arm of chromosome 5A of wheat. Euphytica 101:91-95.

Kimber, G. , and Athwal, R. S. 1972. A reassessment of the course of evolution of wheat. Proc Natl Acad Sci (USA) 69:912-915.

Kimber, G. , and Feldman, M. 1987. Wild wheat. An introduction. Special report 353, College of Agriculture, Univ. Missouri, Columbia, USA.

Korzun, V. , Röder, M. S. , Ganal, M. W. , Worland, A. J. , and Law, C. N. 1998. Genetic analysis of the dwarfing gene (*Rht8*) in wheat. Part I. Molecular mapping of Rht8 on the short arm of chromosome 2D of bread wheat (*Triticum aestivum* L.). Theor Appl Genet 96:1104-1109.

Korzun, V. , Röder, M. , Worland, A. J. , and Börner, A. 1997. Intrachromosomal mapping of genes for dwarfing (*Rht12*) and vernalization response (*Vrn1*) in wheat by using RFLP and microsatellite markers. Plant Breeding 116: 227-232.

Krugman, T. , Levy, O. , Snape, J. W. , Rubin, B. , Korol, A. , and Nevo, E. 1997. Comparative RFLP mapping of the chlorotoluron resistance gene (*Su1*) in cultivated wheat(*Triticum aestivum*) and wild wheat (*Triticum dicoccoides*). Theor Appl Genet 94(1): 46-51.

Lander, E. S. , and D. Botstein. 1989. Mapping Mendelian factors underlying quantitative traits using RFLP linkage maps. Genetics 121:185-199.

Langridge, P. , and Chalmers, K. 1998. Techniques for marker development. Proceedings of the 9th International Wheat Genetics Symposium, Saskatoon, Saskatchewan, Canada, 2-7 August, 1998. Vol. 1 edited by and v. 2-4 compiled by A. E. Slinkard 1:107-117.

Law, C. N. 1966. The location of genetic factors affecting a quantitative character in wheat. Genetics 53:487-498.

Law, C. N. , and Worland A. J. 1996. Intervarietal chromosome substitution lines in wheat-revisited. Euphytica 89:1-10.

Law, C. N. , and A. J. Worland. 1973. Aneuploidy in wheat and its use in genetic analysis. Plant Breed. Inst. Annual Report for 1972. pp. 25-65.

Law, C. N. , Worland, A. J. , and Giorgi, B. 1976. The genetic control of ear emergence time by chromosome 5A and 5D of wheat. Heredity 36:49-58.

Lemieux, B. , Aharoni, A. , and Schene, M. 1998. Overview of DNA chip technology. Molecular Breeding 4: 277-289.

Litt, M. , and Luty, J. A. 1989. A hypervariable microsatellite revealed by *in vitro* amplification of a dinucleotide repeat within the cardiac muscle actin gene. Am J Hum Genet 44:397-401.

Liu, Y. , and Tsunewaki, K. 1991. Restriction fragment length polymorphism (RFLP) analysis in wheat. II. Linkage maps of the RFLP sites in common wheat. Japan J. Genet 66:617-633.

Luo, M. C. , and Dvorak, J. 1996. Molecular mapping of an aluminium tolerance locus on chromosome 4D of Chinese Spring wheat. Euphytica 91:31-35.

McKewan, J. M. , and Kaltsikes, P. J. 1970. Early generation testing as a means of predicting the value of specific chromosome substitutions into common wheat. Can J Genet Cytol 12:711-723.

McIntosh, R. A. , Hart, G. E. , and Gale, M. D. 1995. Catalogue of gene symbols for wheat. Proc. 8th Wheat Genetics Symposium. Beijing,China. Li, Z. S. and Xin, Z. Y. (eds.). pp. 1333-1500.

Michelmore, R. W., Paran, I., and Kesseli, R. V. 1991. Identification of markers linked to disease-resistance genes by bulked segregant analysis: A rapid method to detect markers in specific genomic regions by using segregating populations. Proc Natl Acad Sci 88:9828-9832.

Miller, T. E., Hutchinson, J., and Chapman, V. 1982. Investigation of a preferentially transmitted *Aegilops sharonensis* chromosome in wheat. Theor Appl Genet 61:27-33.

Nelson, J. C., Singh, R. P., Autrique, J. E., and Sorrells, M. E. 1997. Mapping genes conferring and suppressing leaf rust resistance in wheat. Crop Sci 37:1928-1935.

Nelson, J. C., Sorrells, M. E., Van Deynze, A. E., Lu, Y. H., Atkinson, M., Bernard, M., Leroy, P., Faris, J. D., and Anderson, J. A. 1995a. Molecular mapping of wheat: major genes and rearrangements in homoeologous groups 4, 5, and 7. Genetics 141:721-731.

Nelson, J. C., Van Deynze, A. E., Autrique, E., Sorrells, M. E., Lu, Y. H., Merlino, M., Atkinson, M., and Leroy, P. 1995b. Molecular mapping of wheat. Homoeologous group 2. Genome 38:516-524.

Nelson, J. C., Van Deynze, A. E. Autrique, E., Sorrells, M. E., Lu, Y. H., Negre, S., Bernard, M., and Leroy, P. 1995c. Molecular mapping of wheat homoeologous group 3. Genome 38:525-533.

Nelson, J. C., Autrique, J. E., Fuentes-Dávila, G., and Sorrells, M. E. 1998. Chromosomal location of genes for resistance to Karnal bunt in wheat. Crop Sci 38:231-236.

Olson, M., L. Hood, C. Cantor, and D. Botstein. 1989. A common language for physical mapping of the human genome. Science 245:1434-1435.

Parker, G. D., Chalmers, K. J., Rathjen, A. J., and Langridge, P. 1998. Mapping loci associated with flour colour in wheat (*Triticum aestivum* L.) Theor Appl Genet 97 (1-2):238-245.

Pathak, G. N. 1940. Studies in the cytology of cereals. Indian J Genet 39:437-467.

Penner, G. A., Clarke, J., Bezte, L. J., and Leisle, D. 1995. Identification of RAPD markers linked to a gene governing cadmium uptake in durum wheat. Genome 38:543-547.

Prioul, J. L., Quarrie, S., Causse, M., and Vienne, D. 1997. Dissecting complex physiological functions through the use of molecular quantitative genetics. J Exp Bot 48(311):1151-1163.

Quarrie, S. A., Laurie, D. A., Zhu, J., Lebreton, C., Semikhodskii, A., Steed, A., Witsenboer, H., Calestani, C., and Zhu, J. H. 1997. QTL analysis to study the association between leaf size and abscisic acid accumulation in droughted rice leaves and comparisons across cereals. Plant Mol Biol 35:155-165.

Quarrie, S. A., Gulli, M., Calestani, C., Steed, A., and Marmiroli, N. 1994. Location of a gene regulating drought-induced abscisic acid production on the long arm of chromosome 5A of wheat. Theor Appl Genet 89: 794-800.

Rafalski, J. A., and Tingey, S. V. 1993. Genetic diagnostics in plant breeding: RAPDs, microsatellites and machines. Trends in Genet 9:275-280.

Ragot, M., Biasiolli, M., Delbut, M. F., Dell'orco, A., Malgarini, L., Thevenin, P., Vernoy, J., Vivant, J., Zimmermann, R., and Gay, G. 1994. Marker-assisted backcrossing: a practical example. In: Techniques et Utilisations des Marqueurs. Les Colloques, Vol. 72. Berville, A. and Tersac, M. (eds.). Institut National de la Recherche Agronomique. pp. 45-56.

Ribaut, J.-M., Hu, X., Hoisington, D. A., and González-de-León, D. 1997. Use of STSs and SSRs as rapid and reliable preselection tools in a marker assisted selection backcross scheme. Plant Molecular Biology Reporter 15: 154-162.

Ribaut, J.-M., and Hoisington, D. A. 1998. Marker-assisted selection: new tools and strategies. Trends in Plant Science 3:236-239.

Ribaut, J.-M., and Betrán, F. J. 1999. Single large-scale marker-assisted selection (SLS-MAS). Mol Breeding 5:531-541.

Riede, C. R., and Anderson, J. A. 1996. Linkage of RFLP markers to an aluminium tolerance gene in wheat. Crop Sci 36:905-909.

Röder, M. S., Korzun, V., Wendehake, K., Plaschke, J., Tixier, M-H., Leroy, P., and Ganal, M. W. 1998. A microsatellite map of wheat. Genetics149:1-17.

Schmidt, R. , Burr, F. A. , Aukerman, M. J. , and Burr,B. 1990. Maize regulatory gene opaque-2 encodes a protein with a "leucine-zipper" motif that binds to zein DNA. Proc Natl Acad Sci 87:46-50.

Sears, E. R. 1953. Nullisomic analysis in common wheat. Am Nat 87:245-252.

Sears, E. R. 1954. The aneuploids of common wheat. Missouri Agric. Experimental Station Research Bulletin 572:1-58.

Snape J. W. , and Law, C. N. 1980. The detection of homologous chromosome variation in wheat using backcross reciprocal monosomic lines. Heredity 45:187-200.

Sourdille, P. , Perretant, M. R. , Charmet, G. , Leroy,P. , Gautier, M. F. , Joudrier, P. , Nelson, J. C. ,Sorrells, M. E. , and Bernard, M. 1996. Linkage between RFLP markers and genes affecting kernel hardness in wheat. Theor Appl Genet 93:580-586.

Talbert, L. E. , Blake, N. K. , Chee, P. W. , Blake,T. K. , and Magyar, G. M. 1994. Evaluation of 《sequence-tagged-site》 PCR products as molecular markers in wheat. Theor Appl Genet 87:789-794.

Tanksley, S. D. , Young, N. D. , Paterson, A. H. , and Bonierbale, M. W. 1989. RFLP mapping in plant breeding: new tools for an old science. Biotech 7:257-264.

Tautz, D. , and Renz, M. 1984. Simple sequences are ubiquitous repetitive components if eukaryotic genomes. Nucleic Acids Res 12:4127-4137.

Van Deynze, A. E. , Dubcovsky, J. , Gill, K. S. , Nelson, J. C. , Sorrells, M. E. , Dvorák, J. , Gill,B. S. , Lagudah, E. S. , McCouch, S. R. , and Appels, R. 1995. Molecular-genetic maps for group 1 chromosomes of Triticeae species and their relation to chromosomes in rice and oat. Genome 38:45-59.

Vos, P. , Hogers, R. , Bleeker, M. , Reijas, M. , Van de Lee, T. , Hornes, M. , Frijters, A. , Pot, J. ,Peleman, J. , Kuiper, M. , and Zabeau, M. 1995. AFLP: A new technique for DNA fingerprinting. Nucleic Acids Res 23:4407-4414

Weber, J. L. , and May, P. E. 1989. Abundant class of human DNA polymorphisms which can be typed using the polymerase chain reaction. Am J Hum Genet 44:388-396.

Welsh, J. , and M. McClelland. 1990. Fingerprinting genomes using PCR with arbitrary primers. Nucleic Acids Res 18:7213-7218.

Williams, J. G. K. , Kubelik, A. R. , Livak, K. J. ,Rafalski, J. A. , and Tingey. S. V. 1990. DNA polymorphism amplified by arbitrary primers are useful as genetic markers. Nucleic Acid Res 18:6531-6535.

Worland, A. J. 1998. Catalogue of monosomic series. Proc. 7th International Wheat Genetic Symposium. Cambridge. pp. 1399-1403.

Worland, A. J. , Börner, A. , Korzun, V. , Li, W. M. ,Petrovíc, S. , and Sayers, E. J. 1997. The influence of photoperiod genes on the adaptability of European winter wheats. In: Braun, H. J. et al. (eds.). Wheat: Prospects for Global Improvement. pp. 517-526.

Worland, A. J. , and Law, C. N. 1986. Genetic analysis of chromosome 2D of wheat. 1. The location of genes affecting height, daylength insensitivity, hybrid dwarfism and yellow rust resistance. Zeitschrift Pflan 96:331-345.

Zeng, Z. B. 1994. Precision mapping of quantitative trait loci. Genetics 136:1457-1468.

Zhuang, J. 1989. The control of heading date by chromosome 5B of wheat. M. Phil thesis, Cambridge University, UK.

4 育种试验的田间管理

P. R. Hobb[①]**, K. D. Sayre**[②]

大多数育种试验的目的,是在特定的耕作栽培条件下对遗传基础不同的育种材料进行评价,选出优于本地对照的品系。这就需要模拟选育材料目标种植地区的环境条件,然后进行无偏估计。如果育种家要鉴定某一生物或非生物胁迫下育种材料的表现,就必须在具有该胁迫条件的地区进行试验,这样比在不能代表目标环境的条件下进行试验获得成功的把握要大。同样重要的是,育种试验的田间管理应尽可能周到,以减少试验误差,以便能够从统计的角度评估材料之间的差异。将导致误差的因素降低到最低限度,才能保证育种家所做的选择经得起测验。本章将讨论在计划育种试验时应仔细考虑的因素。

4.1 试验地的选择

试验地的选择是试验成功的关键。如果育种家要选择耐盐性品种,就必须选择一个能代表育成品种地区盐分状况的试验地,这样成功的机会将因对试验圃场地的仔细选择而增加。选择时要考虑土壤、气候、水分状况以及在目标环境中可能遇到的生物和非生物胁迫等,需要考虑的因素有如下几个。

土壤因素包括土壤质地、pH、电导率(盐度和碱度)以及养分状况。土壤质地会影响土壤的物理性质、渗透性和排水能力。土壤的 pH 和电导率对植物的生长有较大的影响,不同作物和品种对其反应不同。土壤养分状况影响种质的产量,当育种家想筛选鉴定一些养分因素,如对磷利用效率高的家系或对微量元素缺乏具有很强耐性的家系时,土壤养分状况也是必须考虑的因素。

气候是一个需要考虑的重要因素,特别是当鉴定作物对非生物或生物胁迫的耐受性时。育种家应该选择降水量高还是降水量低的地区,在作物生长季初期或后期应具有较低还是较高的温度,灌浆期应着重考虑冷或热的影响吗?

选育的品种是种植在灌溉还是雨养条件下? 推荐的地区存在内涝或排水不畅的问题吗? 如果选择雨养地区,那么如何处理种植时土壤的水分问题呢? 是否播前浇地能使种子很好地发芽,然后使作物靠雨养来维持? 灌溉水能用吗? 具备你需要的质量吗? 或者灌溉状况与目标环境相似吗?

如果育种家要选择对某种生物胁迫抗或耐的材料,他应该选择一个能够发生这种胁迫的地区,同时还要考虑某些疾病和虫害的发生率。

---

① CIMMYT 自然资源集团,加德满都,尼泊尔。

② CIMMYT 小麦项目,墨西哥。

选择试验地时,非生物胁迫,如热、盐和涝也需要考虑。在选择的试验地上非生物胁迫(如盐和涝)是否一致? 如果不一致,它们是否可以通过试验设计从统计学角度去处理呢?

另一个问题是试验地是应该选在试验站还是农田中。传统上大多数育种试验都在试验站进行,主要是因为育种家能够控制试验条件,如整地、施肥、灌溉、病虫害防治以及试验的安全等。然而,试验站是否能够代表委托农户的状况常常是个问题。遗憾的是,许多试验站的选择并没考虑与农田的相似性,而只考虑是否方便利用,试验站用地通常代表一个或最多几个农户的土壤或环境。

因此需要权衡试验控制和试验站如何代表目标环境的问题。最好的解决方法是在两个地点都进行试验。先在试验站选出有希望的材料,然后对有关材料在农田中进行鉴定,后者让农民参与试验更好,好处是可给育种者反馈与评价意见。农民参与育种的另外好处是一些公司机构可以充分利用这个重要的反馈机制。

4.2 轮作的影响

在很多发展中国家,特别是在亚热带环境下,小麦常常在一年两作或三作的耕作条件下种植。例如,在亚洲,同一年内小麦常与水稻、棉花、大豆以及玉米轮作。在 CIMMYT 小麦品种的选育地墨西哥,小麦常与棉花、玉米或大豆轮作。因此育种试验需要在类似耕作制度的土地上进行,主要原因有如下几个。

前茬作物严重影响收获期,进而影响小麦的播种期。例如,在亚洲,生育期长的水稻品种'basmati'在一些地区常常是首选作物,因为它的品质好、市场价格高、稻草价值较高及生长期间需要的肥料较少,这导致下一季的小麦晚播。由于晚播情况下小麦品种表现出遗传变异,育种试验选择过程中,应在某些地点进行稻茬后晚播。

前茬作物会对土壤的物理性质产生影响。在南亚水稻种植区,泥泞的土壤(湿地种植)降低了土壤的透性和对水分的利用,这对下一季旱地播种作物(如小麦)需要的土壤结构产生了很大的影响。种植水稻后较差的土壤结构将影响根系生长和土壤的透性。水稻的后季作物小麦普遍存在水渍的问题,由于氧气不足而使植株变黄。因此育种家应当在这样的条件下进行品种鉴选,为稻麦轮作的农民提供适合的品种。

土壤的养分状况也会产生影响。一些作物,如水稻,耗氮量非常高,而其他作物,如马铃薯,土壤的养分状况比一般的要好,这是因为对马铃薯的高施肥率常使营养有剩余。

土壤的水分状况也有影响。根系较深的作物像甘蔗和棉花可用尽土壤中的水分。如果育种家把试验圃设在休耕地上,与在重茬地上所得的试验结果完全不同,除非通过灌溉补充水分。

前茬作物会产生一个特定的病虫害谱。如果杂草能从前茬作物转到小麦上,必须采取措施来控制。前茬作物的残余物也会影响小麦病虫害的发生。在许多国家联合收割机越来越普遍,收割后会将松散的残余物留在土壤表面,成为病虫害的寄宿场所。当然有时这些残留物也是有好处的(尤其是旱地),它可降低地表温度,使水分较好地渗入和保持,在这种条件下筛选育种材料也是很重要的。

4.3　试验圃的准备

除非在少耕或免耕的情况下选择,试验地的准备是试验圃管理的第一步,目的是使土壤变得疏松,利于小麦发芽,以下几个因素需要考虑。

对试验地进行适当的犁耙,确保良好的土壤耕层以利于小麦发芽。这可能涉及从深翻到耙磨到镇压一系列过程,以确保种子与土壤的良好接触。

试验地应尽量平整以减少土壤水分的差异,特别是水浇地。如果在雨养条件下选择种质资源,而试验地是坡地,则必须进行适当的区组设计,以减少试验变异和误差。

如果试验圃设在农民的地里,试验小区应该选取最有代表性的地块(远离地边、建筑物、树木等),按照农民整地的方式进行准备。

应该注意防除前茬作物带来的杂草,以免对麦田造成麻烦。

必须在播前浇地,以确保小麦种子萌发时具有充足的土壤水分。

如果农民在目标地块开始使用或已经使用免耕栽培,更应当考虑用同样的方式管理试验圃。

4.4　播　种　方　法

如果可能的话,播种育种试验材料时最好用专门设计的播种机(如 Hege,Wintersteiger,Almaco 等)。这种播种机可以在一个小区内同时播种多个品种,而且播完一个小区后不需要清理机器,还能够确保播种深度一致,甚至能使种子在行内均匀分布,尽可能提供好的发芽机会,减少试验误差。如果无条件使用播种机,也可人工播种,但发芽的整齐性将降低,误差可能较大。

试验应该有足够数量的保护行来消除边界效应,即收获中间的三行或四行小麦,四周至少有一行种小麦作为边界行,以减少试验误差(图 4.1)。边界行的产量高于内部行,因为其水、光及营养物质的竞争较少。由于不同品种植株高度不同,边界行的高度变化也

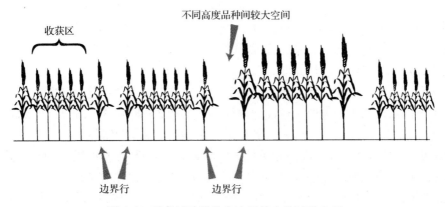

图 4.1　避免试验误差和边界效应的试验布局

大,所以品种之间要有足够的空间以消除试验偏差,通常可以通过种植较多的边界行或在小区之间留出一定空间来实现。

4.5　统计的方法与考虑

试验田产量估计误差会因为试验地空间分布的变异而增大。引起试验地空间分布变异的因素包括水肥不均匀、土壤地力及持水力的差异、土壤物理性质差异等。这些变异会使估计处理效应的准确性降低。因此重要的是尽可能减少剩余变异,品种效应并不包括剩余变异。通过适当的试验设计(先验方法,*a priori* approach)和空间分析方法(后验方法,*a posteriori* approach,也称最近邻分析,nearest neighbor analysis),可以减少剩余变异。

4.5.1　格子设计

大多数品种试验采用完全或不完全区组设计,且用传统的方差分析法分析。区组设计试图用先验的方法来估计区组间的空间差异以减少试验误差。如果在一个完全区组试验(即重复)内存在环境差异,如试验处理多,这时格子设计可用来调整平均数。这种设计把参试品种的随机性限制在亚区内,以至于平均数能够根据亚区内的变异来调整(Yates,1938)。

利用不完全区组设计(如阿尔法格子设计)对产量进行估计比完全随机区组设计好,并且耗费的资源较少。这种有效的设计必须同时具有优良的田间小区设计技术以进行准确的产量估计。分析格子设计的设计和程序都在统计软件包内,如 MSTATC。因为格子设计提高了准确性,因此强烈地推荐用于田间试验。格子设计准确性的增加是由于它可以利用格子对数据进行调整,从而减少重复,而不像其他设计那样必须确定差异的显著性。以当今的分析能力,用格子设计进行产量试验时很少采用两个以上的重复,我们相信无重复试验(仅对照有重复)将越来越有用。

4.5.2　空间设计

由于格子设计没有考虑亚区内的空间变异,研究人员在不知道亚区最合适的形状、尺寸和方向的情况下,必须在田间找到同质的亚区。当田间品种试验被放在一个具有重复连续分配的行和列的矩形阵列时,可以应用后验的方法来减少剩余变异。空间分析可以提高对品种及其对照估计的精确度。

调整小区空间变异的一种方法是利用邻近周边地块的一些信息。衡量土壤异质性的一个有用的模式是测验周边地块行或列内的空间自相关(即不同距离分割的剩余误差间的相关性)。如果没有空间模式,所有的相关性将很低。如果有剩余误差模式,邻近的剩余误差将更加相似,因此有较高的相关性。Gleeson 和 Cullis(1987)建议按顺序进行自回归,按一个方向(行或列)集成移动平均值于地块误差,这就是完全随机区组试验。他们发现了区组间的差异,对剩余误差拟合了一个移动平均相关结构,从而使试验效率大幅提高。Cullis 和 Gleeson(1991)把原先的模型扩展到两个方向(行和列),并且假定田间的行列距离是有规律的。

4.6　施　　肥

　　为了充分发挥品种的潜力,试验田必须具有充分的养分,所以必须测定土壤成分以确定施肥量。应为土壤提供充足的氮、磷、钾(可以是无机的或有机的,这取决于可利用性),以确保这些元素不会缺失。还应注意提供充足的其他营养元素,包括已知缺乏的微量元素。如果品种所需的营养元素受限制,将不能充分发挥其遗传潜能,因此很难筛选到好的品系,因为这种条件下所有品系的产量都较差。

　　为防止造成田间差异,施肥时应当尽量均匀一致,最好用撒肥机。没有撒肥机时,最好把肥料分成等量的小袋或重复,每一小区施一小袋。当施基肥时这样做很容易,但如果是土表追肥,可按重复或小区把肥料等量分开,然后每一小区均匀撒一小袋。如果小麦是种在苗床上而有犁沟的话,最好采用机械施肥。

　　农田中应使用评估建议的施肥量,但在某些情况下,可采用超过建议量 50% 的量,这样科学家可以在农田中对品种的潜力进行评估。其例外是,育种家要筛选耐某一特定营养物质的材料,如硼是已知的引起小麦不孕的元素,如果育种家想要筛选耐低硼的小麦品系,应该设两个小区,一个施硼肥,一个不施硼肥。

4.7　灌　　溉

　　在雨养试验中,试验地应分成区组,以确保重复内水分的均匀分布。在灌溉区,浇水量应一致,以避免试验误差,应保证为每个重复提供的蓄水池使每个小区获得相同的水量。在对苗床和犁沟灌溉时,应反复浇水以确保重复内水分的均匀分布。苗床和犁沟结构的优点在于水分分布更均匀而且能节约用水、节约用地,否则将需要兴建蓄水池和配水系统。

4.8　作物保护

　　除非育种试验是鉴定品种资源对生物胁迫的抗性,否则应采取保护措施以确保品种产量潜力能充分发挥。这意味着要根据胁迫因素采用相应的除草剂、杀虫剂及杀菌剂。应谨慎选择除草剂,因为有些株系可能对除草剂很敏感。使用时,应仔细阅读标签上的说明,有疑问时,可使用其他除草剂或人工除草。期间农艺师们可同时筛选耐各种除草剂的种质资源以供育种家利用。

　　因为育种家常常希望看到不同品系对各种病害和虫害的反应,因此育种期间几乎不需要通过喷洒农药来防治病虫害。

4.9　倒　伏

　　在绿色革命早期,抗倒伏性是使植物产量突破的屏障。当肥力提高时高秆的传统品种易倒伏,从而限制了其产量潜力的发挥。在引进茎秆坚硬的矮秆品种后,肥力水平提高但不引起倒伏,从而获得了较高的产量。但是这些新的矮秆品种在生育后期高水肥条件下也会倒伏。因此倒伏仍然是限制作物产量潜力发挥的一个主要因素,应该引起人们更多的关注。

　　几种管理方法可用于减少倒伏,并能使品种的产量潜力充分发挥。下面是一些建议。

　　倒伏的一个重要原因是围绕茎秆根颈处的土壤湿润不能支持植株的重量,特别是刮风时。当小麦种植在平坦地区并且在花后或灌浆期进行灌溉时,往往容易倒伏。对于种植在平坦地区的小麦,除了在傍晚当风势趋于平息时进行灌溉外,没有什么更好的办法。但这会引起水分胁迫,导致产量降低,特别是千粒重降低。

　　种在苗床上的小麦,特别是结实率较低而且每 70 cm 宽的苗床种植两行时,往往不易倒伏。这种栽培模式的后期灌溉并不像种在平地上的小麦那样使根基部周围的土壤水分达到饱和,因而植株得到土壤更好的支撑,并能接受更多的阳光,就像边界行那样直立,这使植株更强壮,具有更强的抗倒能力。事实上,种在苗床上的小麦比种在平地上的小麦更容易发挥其产量潜力,因为当施加更多的氮肥或在灌浆期浇水时,它具有更强的抗倒优性。

　　控制施肥时期也可以减少倒伏。如果所有的氮肥都用作基肥,对植株来说太奢侈并且对光的竞争性很强,使植株生长较弱更容易倒伏。如果种植时减少氮肥,而在拔节期(DC31, Zadoks'scale)再施,那么籽粒对氮肥的利用将超过茎叶,而且也能减少倒伏。试验还表明,后期施氮不会影响产量潜力,相反因为倒伏少可获得更高的产量,籽粒蛋白质含量也较高。

　　控制播种量也有助于减少倒伏。如果种植密度过大,单个植株将与其邻近植株竞争光照,从而削弱茎秆,容易倒伏。降低播种量可相应地减少倒伏。

　　如果倒伏是一个试验中的因素,那么很好地测量倒伏是很重要的。需注意以下几点。

　　测算样本区倒伏面积。茎秆与垂直方向的角度也很重要,这些数据可以用来作为分析的协变量。

　　虽然记录倒伏发生的生育阶段更好,但倒伏发生的日期很重要,倒伏的时间和原因,通常可以参照风暴或灌溉的发生来确定。倒伏一旦发生,应尽快收集相关数据,因为倒伏的角度和程度随时间而变化。

　　如果育种家要分析倒伏的重要性,他们可以在有支撑条件下种植材料(如使用网)并与没有支撑的作比较。喷施生长激素以减少节间长度,也可以减少倒伏,并有助于评估倒伏造成的损失。

4.10　收获和取样

作物收获和采集可靠的样本是育种试验的关键。如果这一点没做好,使作物长好的一切努力都是徒劳的。取样时应尽可能准确,这对减少试验误差是必要的,这也使品种均值间的差异更小,这些差异是以统计学计算区分的。

育种试验中,常用取样区而不是整个试验小区来估计产量。如前所述,为了减少试验偏差,要去掉边界行而只用内部行来估产。最好去掉外部数行和距小区四周各边 0.5 m 的植株,可将剩余部分收割,测定产量及产量构成因素。收获时留茬要低些,以获得准确的收获指数和秸秆产量。

4.11　计算产量和产量构成因素

产量构成因素可单独计算或测量。计算产量构成因素时建议使用 3 种收获方式(表 4.1)。收获后,可按照表 4.2 中的公式计算产量构成因素。

表 4.1　3 种不同收获方式下估算试验小区产量、生物量及产量构成因素的样本

方法	测试的样本						
	小区生物量鲜重/g	子样本茎秆鲜重/g	子样本茎秆干重/g	子样本籽粒干重/g	小区籽粒鲜重/g	200 粒鲜重/g	200 粒干重/g
1 收获总生物量	×	×	×		×	×	×
2 收获子样本茎秆	×	×	×	×	×	×	
3 减少脱粒	×		×			×	×

表 4.2　用 3 种不同收获方法计算产量构成因素的公式[①]

产量构成因素	收获方法		
	方法 1	方法 2	方法 3
收获指数(HI)	$P-GW\times(200dw/200fw)/P-fw\times(SSdw/SSfw)$	$SS-GW/SSdw$	$SS-GW/SSdw$
产量/(g/m²)	$[(P-GW\times200dw/200fw)+(SSdw\times HI)]/A$	$[(P-GW\times200dw/200fw)+SS-GW]/A$	生物量×HI
生物量/(g/m²)	$[(Pfw+SSfw)\times(SSdw/SSfw)]/A$	产量/HI	$[(Pfw+SSfw)\times(SSdw/SSfw)]/A$
千粒重(TGW)/g	$200dw\times5$	$200dw\times5$	$200dw\times5$
籽粒数/m²	产量/TGW×1000	产量/TGW×1000	产量/TGW×1000
茎秆干重/g	SSdw/茎秆采样	SSdw/茎秆采样	SSdw/茎秆采样
穗数/m²	生物量/茎秆 dw	生物量/茎秆 dw	生物量/茎秆 dw
粒数/穗	籽粒数 m⁻²/穗子 m⁻²	籽粒数 m⁻²/穗子 m⁻²	籽粒数 m⁻²/穗子 m⁻²

① A=收获的小区面积(m⁻²);SS=子样本;fw=鲜重;dw=干重;P=小区;GW=籽粒重。

注:公式中假定籽粒在 70℃ 下干燥后含水量为 0%。x% 含水量的籽粒产量=产量×$[100/(100-x)]$ (g/m²)。

3 种方法的收获步骤相似(表 4.1);程序见方法 1。

方法 1:利用收获的总生物量计算产量构成因素。

收割预测面积(A)上的所有地上部生物量。远离小区边界取样,避免边界效应。

从小区样本中随机取一定数目(如 50 个或 100 个)的穗茎(即包括穗、叶和茎秆)作为子样本,然后测其鲜重(子样本鲜重,或 SSfw)。

测量小区剩余样本的鲜重(小区样本鲜重,或 Pfw)。

70℃下烘干子样本的茎秆(把茎秆放在一个密闭的袋子中,以避免籽粒等的损失),然后称重(子样本干重,或 SSdw)。

将小区样本脱粒,得到籽粒鲜重(小区籽粒质量,或 $P-GW$)。

数 200 个有代表性的籽粒,称其鲜重和干重(200 个籽粒的鲜重和干重,或 200 fw/dw)。

方法 2:通过收获一个随机子样本的穗茎计算产量构成因素。

在作物生理成熟时随机收获穗茎来决定产量构成因素。

从数行(或小区)中随机选取一定数目的子样本,收获其地上部分,然后从中取大约 50 株。所有收获行均应具样本代表性。

70℃下干燥收获的子样本。

测子样本的干重(SS-dw),脱粒后再测其籽粒干重(子样本籽粒重,或 SS-GW)。

这种方法的优点是人工收获时间短(<5 min/小区),样本容易储藏和被用于加工。注意使用此法时,收获指数的测量与籽粒产量的测量在统计学上是独立的,而生物量的测量则与产量的测量不独立。

方法 3:以减少脱粒计算产量构成因素。

采用这种方法测定产量和产量构成因素只需要将一个子样本脱粒。当不能利用大型脱粒机或遇到一些很难脱粒的品种,如 *Triticum dicoccum* 或人工合成的六倍体小麦时,这种程序是有用的。测量样本见表 4.1 的方法 3,有关取样程序同方法 1 和方法 2。

4.12   倒伏作物生物量的取样

作物倒伏后很难收割,尤其是通过撒播种植的作物。以下处理较方便,即将穗、茎折回建立一个原初位置的参考线,再插入一个样方;然后小心地收集那些根颈落入随机样方的植株。如果样方的一边与其他三边分开,很容易把样方插进作物间。在这种情况下,被分开的第四边可用来确保框架是方形的,将其摆放在三个边框架的两个自由端间可实现这一操作。

4.13   在田间测量单个产量构成因素

4.13.1 植株群体

在苗出齐后,分蘖之前,就应当计数植株群体大小(通常水分充足时播种 10~14 天后即可发芽)。

　　如果是条播,每个小区至少应计数行长 0.5 m 的 6 行区。如果撒播,每个小区至少取 0.5～1.0 m 长的样本。取样数取决于小区内的变异程度,但每个小区至少应取 2 个样本。

　　平均种植密度往往掩盖了植株分布上的变异性(即缺苗使产量降低),这一点应引起注意,可根据小区缺失株的百分比来估算。

　　植株群体可以用来评价种子发芽、种子活力和播种后的出苗率和(或)在有利分蘖条件下分蘖的补偿程度。有必要连续测量每个植株的生长状况以便监测单位面积上的早期生长状况。植株群体的变化范围一般为 50～300 株/m²。每平方米植株数有一个最佳范围,随品种、气候及管理而变化。不过在较好的雨养条件下,100 株/m² 被认为是获得最大产量的最小值,除非作物生长在残存水分情况下,其最适密度可能较低。

4.13.2　穗数/m²

　　可以计数给定面积的或一定行长的有效穗数,或者按上述方法计算样本的有效穗数[①]。在生理成熟之前很容易测定每平方米的穗数,这时可减少因在小区中走动而使籽粒散落造成的产量损失。对于撒播种植的作物,直接测定(穗数)较难,尤其是发生倒伏时。

　　穗数/m² 可以用来估计最终每平方米的有效穗数,可与植株群体数量相结合分析分蘖程度。分蘖一般为每株 1～10 个,穗数/m² 是由播种到开花期间发生的一系列事件决定的,随品种、管理和环境不同而不同。

4.13.3　每穗小穗数

　　最小样本是每小区随机取 10 穗(30～40 穗/处理);从茎基部选单株计数小穗数。按样本大小取平均值,通常需要计算发育完全的或有效小穗数(或者至少有一籽粒的小穗)。潜在每穗小穗数可通过计算花轴上的所有节点得到,常常大于有效小穗数,因为穗轴基部或顶部的小穗常常不育。但是,在良好的环境条件下,所有潜在小穗都可发育成有籽粒。

　　潜在每穗小穗数由位于第一节的末端小穗(只在小麦和小黑麦中,而大麦并不形成末端小穗)的形成时间来决定。随后,位于穗基部的(和后生的、顶端的)原始小穗可能因环境胁迫而不育。通常情况下,每穗有 10～25 个小穗。

4.13.4　每小穗粒数

　　按照测量每穗小穗数的取样方法取样,然后计数小穗数,脱粒,计数粒数,再计算;或者根据计算得到的每穗粒数和测得的小穗数计算,这样得到的结果不太准确。当样本或小区的抽样量较大时,可以随机数取穗子一边的小穗数,然后再乘以 2,这样可以节省时间。

　　每小穗粒数是由每个小穗上的有效小花数和有效小花上的籽粒(或结实)数共同决定的。每小穗的有效小花数通常为 1.5～5.0,每个有效小花上的籽粒数通常为 0.6～

---

　　① 如果直接测量,其程序和子样本数量与测量植株群体时相同。

0.99 粒。

4.13.5　结实率

结实率是指能够结实的(即可孕的)有效小花(小花发育完全,开花时浓绿色/黄色花药)的百分数(相对的是不孕率),反映了开花前后的环境条件(如花粉育性、早期籽粒存活状态)。与此相反,每小穗粒数还可能受早期条件的影响。然而,在成熟期,很难知道哪些小花是有效的。一般认为每个小穗通常有 6～10 朵小花,其中基部两朵小花总是可育的,因此结实率可以通过观察可结实小花的百分数来得到。可以按照观察小穗数/穗取样的方法取样,也可以在小区中随机取 5 个穗子,再计数 10 个小穗。无效小花占总数的百分比即不育率(不育率＝100%－结实率)。

另外,可以选取两个相同的穗子(即具有同样大小和发育状况的穗子),一个穗子在开花期抽样调查,而另一个在成熟期调查。开花期计数(破坏性地)一个穗子的有效小花数(即小花的花药发育正常;无效小花会变白,花药扁平,花粉不育,雄蕊从不伸长);在成熟期调查另一个穗子的籽粒数。每个处理至少选取 20 对这样的穗子数据才准确。选择这样的穗子和开花期观察记载有效小花数是非常耗时的。

结实率是一个反映开花期环境胁迫(如干旱、极端高温或低温、土壤缺硼,或与环境互作产生的遗传不育)的标志。因此,它比每小穗粒数或每穗粒数更加准确和有用。

4.13.6　成熟期和灌浆期的千粒重

要测千粒重(TGW),可以随机数出两个含 100 粒完整籽粒(即含胚的籽粒)的样本,然后 70℃下干燥(48 h 足够)后称重。这样做准确率通常很高。如果两个样本质量相差超过 10%,应取第三个 100 粒的样本重新测验,或再核对计数结果。

为了研究籽粒在灌浆期间的生长状况,最准确的方法是选取足够数量的几组穗子,要求穗子的开花期和大小一致,然后在每个采样日随机从每组中取样。每个处理取 4～8 组(每个采样日采 4～8 穗),应足以精确地用直线或曲线回归计算籽粒生长率。该研究可基于穗子或穗子特定位置(如中央小穗的基部小花)的所有籽粒。

灌浆期间的气候或生物(如病菌)胁迫可以导致千粒重下降。粒重(以 TGW/1000 计算)通常是 20～50 mg。然而,籽粒质量较低可能并不意味着灌浆期间一定遭受了胁迫,而是由于产量构成因素的可塑性。例如,若植株群体密度较大(可导致每平方米的籽粒数较多),千粒重可能会降低,但不会严重影响产量。千粒重倾向于是一个品种的特征,即使在良好的条件下品种间也有较大的差别。对一个品种来说,千粒重通常与灌浆期的平均温度呈线性负相关。缺钾也能使千粒重降低。

4.13.7　籽粒数(m²)

每平方米籽粒数(KNO)常通过籽粒产量(GY, g/m²)除以籽粒重(KW, mg)来得到[①]:

---

① 使用这种计算方法,KNO 在统计上与 GY 相关,而如果不能准确确定 GY,GY 和 KNO 之间的相关将是错误的。

$$KNO = GY \times (1000/KW)$$

籽粒数也可以通过测定穗数（SNO/m²）和每穗籽粒数（KPS）而获得，后者至少从每个小区随机抽取 20 穗（总共为 60～100 穗）算得：

$$KNO = SNO \times KPS$$

每平方米籽粒数是开花期之前甚至稍微超过开花期发生的所有事件的综合结果。在此期间的田间管理和气候对植株数/m²、穗数/株、小穗数/穗及每小穗粒数的效应都综合体现于籽粒数。有效小花数（决定籽粒数）与开花期穗子（仅仅是花序）的干重显著相关，其关系一般是 100 个小花/1.0 g 穗子（10 mg/小花），不同品种籽粒数的范围为每克开花期穗干重 70～140 粒。

多数情况下，产量是 KNO 的函数，主要由穗子快速生长期间（第 2 叶至最后叶出现或者春小麦开花前 1 个月左右直到开花刚刚结束）的作物生长率决定。

4.14 估产与测产

4.14.1 目测估产

产量可以通过视觉估计（这需要对品种和面积具有一定的经验和知识）或者基于灌浆中期以后的产量构成因素估计。

4.14.2 根据产量构成因素估产

根据产量构成因素估产，首先现场（上述概括的）计数穗数，然后随机取样，计数粒数/穗；再根据品种本身的特点和在灌浆期间的条件（在合理的灌浆条件和温度，即 30～40℃下的典型千粒重）来假定一个 TGW 值。按下列公式计算产量：

$$产量(g/m^2) = 穗数 /m^2 \times 籽粒数 / 穗 \times (TGW/1000)$$
$$产量(kg/hm^2) = 产量(g/m^2) \times 10$$

田间或处理的可变性及希望达到的准确度将决定需要计数的穗数。要达到最好的准确度，最好的办法是非破坏性地取较多的小样本。例如，对于 1 hm² 条播田，随机选 20 个分散的 2 行×50 cm 的样点，然后计数穗数，同时在每个样点随机选 50 个穗子计算穗粒数，这样可以对穗数/m² 进行合理估计（但要小心地选择样点和随机选穗）。计数每穗粒数可以数一边的粒数×2，这样在样方间行走可节省时间，应不超过 30 min。要确保准确知道行距和（或）实地测量和确认间距；为了准确可以重复测量。

例如：
• 平均行距：15 cm
• 平均穗数（2 行，50 cm 长）：40 穗
• 测穗数时的取样面积：2 行×15 cm 行距×50 cm＝0.15 m²
• 40 穗/0.15 m²＝266.7 穗/ m²
• 平均籽粒数/穗＝21.5
• 穗数/m²＝266.7×21.5＝5734

- 假定 TGW＝40（根据经验）
- 产量＝5734×40/1000＝229.4 g/m² ＝ 2294 kg/hm²

4.14.3 利用样本估产

可利用产量构成因素估产,还可去除试验小区的边界行,收获其余部分进行估产。在某些情况下(尤其在农场进行的试验),不可能将整个试验小区收获和脱粒,这时可以按照上述方案或者在田间取 5 个 1 m² 的样本,或如果有 3 个重复,每个小区取 2 个 1 m² 样本进行估产。

4.14.4 产量中的含水量

对粮食贸易和农民来说,粮食产量通常是在给定的水分含量下(如澳大利亚为 10%,欧洲为 12%或 14%)的产量。因此,有必要利用转换因子调整含水量。含水量可以通过计算鲜重里的水分含量来得到,即水分/(水分＋干重)。

下面的公式概括了粮食产量和水分计算的不同方法。

田间收获籽粒的质量＝FW(kg)

收获面积＝A(m²)

子样本鲜重＝WS

子样本的烘干重＝DS

籽粒含水量的转换:

籽粒含水量(M%)

M%＝[(WS−DS)×100] /WS

产量(含水量未知,GYm)

GYm (t/hm²)＝(FW×10)/A

产量[含水量为 0,GY(0%)]

GY(0%)＝[GYm×(100−M)]/100

产量[含水量为 X%, GY(X%)]

GY(X%)＝[GY(0%)×100]/(100−X)

在前面的讨论中,植物部分(包括籽粒)的质量都是 70℃下烘干后的恒重。然而,美国谷物化学家协会(AACC)定义的 0%的含水量是籽粒在 103℃下烘干后的水分含量。因此,除了上述得到 0%含水量数值之外,还需要一些其他的转换因子。要把 70℃下烘干 20 h 的谷物干重转化为 AACC 定义的含水量,需要用其质量除以 1.025(因为 70℃下烘干后的谷物干重含有大约 2.5%的水分)。当在 70℃下干燥 48 h 时该系数可降为 1.012。这意味着要表示 10%的含水量,烘干质量(70℃,24 h)需要乘以 1.084(即 1.00/1.025)。

4.15　估计收获后的作物残留物

4.15.1 直接测量

采收 5 个至少 1.0 m² 随机样本(或每重复 2 个)的秸秆,70℃下烘干后称重。通过除以 100 克/平方米转化为吨/公顷。

虽然地表面残留物分布空间变化较大,但使用下面的方法进行目测估产(由经验丰富的研究人员)往往足够准确。

4.15.2 用线样法估算收获后作物残留物百分率

线样法是用来确定土壤表面残留物百分率的一个容易操作的方法。要确定是否存在足够的覆盖以符合保护计划,准确的测量是必要的。

下面是一个分步使用线样法测量残留物覆盖率的程序。

第一步 用一个 100 m 或 50 m 长的卷尺来测量秸秆残留物。其他测量长度的工具,甚至打结的绳子也可以使用,但必须要有适合的乘法系数可用于计算百分数。

第二步 选择一个能代表整个田间或试验小区的地块,避免选择边行或那些受到不利的洪水、干旱、杂草、虫害或可能引起大幅减产的其他因素影响的地块。

秸秆残留物覆盖最准确的数据是把至少从田间 3 个不同代表地点获得的数值进行平均。

第三步 固定卷尺的一端,沿对角线方向拉直卷尺使其覆盖几个农具收获道,卷尺跨道斜拉所测数据要比沿着联合收割机留下的空白处或在残留量很少的地方测量准确。

第四步 通过计数完全落在残留物上的"m"标记数来计算残留物覆盖率,如图所示。

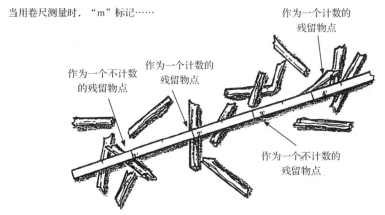

一个1/4 cm直径的小棍可用于决定哪个残留物碎片被计数

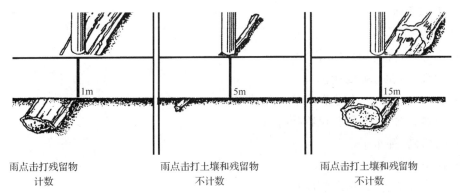

只计数下面有残留物碎片的"m"标记

为了得到一个准确的读数:

- 测量时不能移动卷尺;
- 在卷尺的同一边观察每个"m"标记;
- 垂直向下观察卷尺和"m"标记,然后记录完全落在残留物上的"m"标记。

为了有效地减少水土流失,单个残留物的面积必须足够大,以消散暴风雨中雨滴的能量。计数时,残留物直径必须大于 2 mm。

确定残留物是否大到足以计数,一个简便的方法是使用一个 1/4 cm 直径的铜焊杆或木制的销子。把杆垂直放到"m"标记上,如果残留物的四周完全超过了杆边,则计数。如果杆恰好完全覆盖残留物或部分杆边在任何点上超出残留物边缘,则不计数,因为在这一点上落下的雨点会打击一些未受保护的土壤。

如果利用 100 m 长的卷尺,残留物四周超过杆直径的"m"标记数就是田间残留物覆盖百分数。如果利用 50 m 长的卷尺,"m"标记的数量必须乘以 2。如果用其他长度测量尺,必须用适当的乘法系数,特别是测量小区时。

秸秆残留量可以用来估计土壤覆盖率,从而减少蒸发,但更重要的是控制水土流失。假设秸秆残留是均匀分布的,要达到 100% 的土壤覆盖,大约需要 4 t 平铺的秸秆残留物。秸秆残留物还是后茬作物疾病感染的潜在来源,并能在分解过程中固氮。

4.15.3　辅助数据

收集其他方面的相关数据总是有用的,尤其是在解释实验结果时。以下数据集可供参考。

气候数据。任何作物都在一定的气候环境条件下生长。通常附近的气象站可以为你提供宝贵的信息支持,下面的数据是有价值的:

- 每天的最高、最低及平均温度;
- 降水;
- 辐射数据或日照时数;
- 相对湿度(最大—最小,如果可能的话)。

土壤数据。以下土壤数据对结果的解释是有用的:

- 土壤质地;
- 土壤 pH;
- 电导率(含盐量指标);
- 透性(物理孔隙度指标);
- 土壤持水力(永久萎蔫点和田间持水量);
- 土壤碳含量(一种有机物指标);
- 有效磷、钾水平;
- 微量营养状况;
- 透度计测验,评估犁底层;

- 地下水位深度；
- 灌溉用水应用，灌水次数，灌水量（如果可能的话）。

（史雨刚 译）

参 考 文 献

Anderson，W. P. 1983. Weed Science: Principles. Second Edition. West Publishing Co. St. Paul.

Bell，M. ，and R. A. Fischer. 1994. Guide to Plant and Crop Sampling: Measurements and Observations for Agronomic and Physiological Research in Small Grain Cereals. Wheat Special Report No. 32. Mexico, D. F. : CIMMYT.

Brady，N. C. 1974. The Nature and Properties of Soils. Eighth Edition. Macmillan Publishing Co. , Inc. NY.

Cooke，G. W. 1982. Fertilizing for Maximum Yield. Third Edition. Macmillan Publishing Co. , Inc. NY.

Cullis，B. R. ，and A. C. Gleeson. 1991. Spatial analysis of field experiments-an extension to two dimensions. Biometrics 47:1449-1460.

Dregne，H. E. ，and W. O. Willis (eds.). 1983. Dryland Agriculture. Agronomy Series No. 23. American Society of Agronomy，Inc. Madison，WI.

Gleeson，A. C. ，and B. R. Cullis. 1987. Residual maximum likelihood (REML) estimation of a neighbour model for field experiments. Biometrics 43:277-288.

Leonard，W. H. ，and J. H. Martin. 1963. Cereal Crops. The Macmillan Company，NY.

Martin，J. H. ，W. H. Leonard，and D. L. Stamp. 1976. Principles of Field Crop Production. Third Edition. Macmillar Publishing Co. ,Inc. NY.

Mortvedt，J. J. ，P. M. Giordano，and W. L. Lindsay (eds.). 1972. Micronutrients in Agriculture. Soil Science Society of America，Inc. Madison，WI.

Phillips，R. E. ，and S. H. Phillips (eds.). 1984. No Tillage Agriculture. Van Nostrand Reinhold Co. NY.

Russell，E. W. ，and S. E. J. Russell (eds.). 1973. Soil Conditions and Plant Growth. Tenth Edition. Longman, London.

Sanchez，P. A. 1976. Properties and Management of Soil in the Tropics. A Wiley-Interscience Publication. John Wiley and Sons，NY.

Sayre，K. D. 1998. Ensuring the Use of Sustainable Crop Management Strategies by Small Wheat Farmers in the 21st Century. Wheat Special Report No. 48. Mexico，D. F. :CIMMYT.

Sayre，K. D. ，and O. H. Moreno-Ramos. 1997. Applications of Raised-Bed Planting Systems to Wheat. Wheat Special Report No. 31. Mexico，D. F. : CIMMYT.

Stewart，B. A. ，and D. R. Nielsen (eds.). 1990. Irrigation of Agricultural Crops. Agronomy Series No. 30. American Society of Agronomy，Inc. Madison，WI .

Tisdale，S. L. ，W. L. Nelson，and J. D. Beaton (eds.).1985. Soil Fertility and Fertilizers. Fourth Edition. Macmillan Publishing Company，NY.

Walsh，L. M. ，and J. D. Beaton (eds.). 1973. Soil Testing and Plant Analysis. Revised Edition. Soil Science Society of America，Inc. Madison，WI.

Yates，F. 1938. The comparative advantages of systematic and randomized arrangements in the design of agricultural and biological experiments Biometrika 30:444-446.

5 决定产量的生理性状的新近筛选方法

J. L. Araus[1], J. Casadesus[2], J. Bort[1]

本章内容为有兴趣在作物改良中采用生理学研究方法的小麦(和其他谷类作物)育种家提供实用性的指导。我们将从生态生理角度来讨论一些最具应用前景的,能够快速、可靠地描述决定产量性状的方法,集中研究相关筛选方法或筛选标准的实用性及其在使用上的局限性。生理学研究对植物育种的潜在贡献及其固有的局限性,已从育种展望角度进行了广泛评述(如 Jackson et al. ,1996)。一个识别产量决定因素的理论框架(见下文),虽未应用于育种实际但已经建立。

由于不同的原因,将生理性状作为筛选工具应用于育种在很大程度上仍然是实验性的。在某些情况下,这些性状与产量没有非常直接的关系(Araus,1996;Richards,1996),或者说我们对作物,尤其是胁迫条件下产量育种的生态生理学理解还十分有限。尽管如此,作物的逃避育种十分成功,并且在地中海环境下,物候变化已经成为提高小麦产量的最重要的间接因素(Slafe et al. ,1993;Loss et al. ,1994)。然而,在作物抗性育种方面,这些评价性状和筛选方法常常与耐逆性相关,而不是与避逆性相关(Larcher,1995)。

间接的(即以生理学为基础的)育种策略可能无法形成产量收益,甚至可能导致产量下降。虽然植物耐受性的提高可以对作物起到保护作用,但却会限制产量潜力。用于进行筛选的目标环境必须具有先验性,同时也不能忽略育种可能产生的负面效应。实际上,在筛选时耐受性越强的植物,在产量损失方面可能也会越敏感,因为它们无法在细胞水平上延迟胁迫效应。

最具应用前景的方法是考虑了"综合的"生理性状的快速筛选(Araus,1996),这样说是因为它们不论在时间(即植物周期)或者组织水平(如完整的植株、冠层)上均综合了生理过程。研究者们还提出了其他一些用于评估的快速筛选方法,如胁迫条件下植物的光合作用,其中需要进行单个叶片的叶绿素荧光测量。然而,在大田条件下,荧光值只反映了基因型间的物候差异。不过,冠层水平荧光光谱的遥感监测可以成为育种策略中很有前景的方法(Lichtenthaler,1996)。

5.1 鉴定作为筛选标准的生理性状

寻找可用于育种项目性状的一种途径是识别决定生产力的生理过程。作物在一定时

---

① Unitat de Fisiologia Vegetal,巴塞罗那,西班牙。

② Servei de Camps Experimentals,巴塞罗那,西班牙。

间内的产量潜力(或者可收获的部分,Y)可以分为三个主要部分(Hay et al. ,1989)。第一是冠层对入射太阳辐射的拦截;第二是拦截的辐射能转换为潜在的化学能(即植物干物质);第三是干物质在植物收获部分和剩余部分的分配。然而,第一部分取决于冠层的总光合面积,第二部分依赖于作物整体的光合效率(即每单位拦截辐射能产生的总干物质),第三部分是收获指数。总生物量,即前两个主要过程的作用效果,从生理学角度可以定义为随时间变化的冠层光合作用的结果。

可根据农业生态条件采用其他的方法。例如,在水分限制(如地中海区域)条件下,Passioura(1977)提出了使用最为广泛的体系促进单位降水量的产量最大化指数的研究。因此,经济产量依赖于作物总体水分蒸腾、水分利用效率和收获指数。尽管上述三个部分不是完全独立存在的,但 Passioura 的体系对于寻找干旱条件下提高作物产量的重要性状还是很实用的。

产量可分成多个综合性的构成因子或性状。产量本身就是一个最为综合的性状,因为它受所有决定生产力因子(已知的和未知的)的影响。然而,在只基于产量的纯经验育种中有许多已知的限制因素。因此,任何建立在生理学(即分析的)方法基础上的育种策略,都应使用筛选方法或标准去评估综合生理参数,以这些参数单一的测量确定产量。虽然当以改良提高产量时,收获指数一直是最成功的性状,但上述方程中对作物总生物量有影响的另外两个构成因子(基本)保持不变。在随后的篇幅中,我们将集中评价决定总生物产量的生理性状的方法。我们将讨论两种不同的筛选综合生理性状的方法,即碳同位素分辨率(△)法和以冠层光谱反射为基础的指数法。

△ 不仅能够评价水分利用效率的基因型差别,同时也受作物水分蒸腾总量(Passioura等式的第一成分)或光合活性(产量潜力等式的第二成分)的影响。发展中国家的育种工作者请注意,我们以"替代品"的名义引入了其他筛选标准,如不同植物部位的灰分积累或与叶片结构相关的标准。虽然这些特性不是严格意义上的 △ 替代品,但它们总是与产量相关,而且比 △ 测定更加快捷和廉价。此外,使用这些方法无需大型设备或优良的技术支持。

冠层光谱反射是最有前景的遥感技术之一(Araus,1996)。尽管目前仪器十分昂贵,但几年后其价格会大幅降低。另一项遥感技术,即冠层温度,在冠层水平提供了作物气孔导度的综合信息(见 Reynolds 编写章节)(Reynolds et al. ,1994),而且具有成本低的优点。然而,严重的胁迫环境限制了其使用,物候现象和冠层结构的基因型差异进一步限制了它的有效性。

5.2　碳同位素分辨率

对 C_3 植物而言,检测其在光合作用固定 CO_2 过程中,从大量(99%)轻的(^{12}C)形式中识别出重的(^{13}C)稳定碳同位素的能力,是对影响光合气体交换的植物内在生理性能和外部环境条件的综合测量(Farquhar et al. ,1989)。在 C_3 谷类植物,如小麦中,△ 与细胞间 CO_2 水平呈正相关(图 5.1)(Farquhar et al. ,1982;Farquhar et al. ,1984;Ehdaie et al. ,1991),给出一个恒定叶-气蒸腾压力差异,△ 与水分利用效率呈负相关(WUE,净光合作用/蒸腾作用,也称为蒸腾效率,或者植物生产的生物量/蒸发水分)(Farquhar et al.,1984；Hubick et al.,1989)。具有高水分利用效率的植物对^{13}C 的分辨率较低,因此与水分利用率较低的植物相比,其组织中会积累更多的重碳同位素。

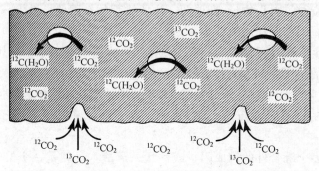

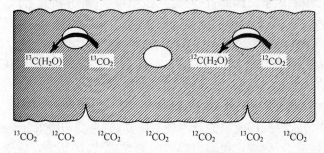

图 5.1　灌溉和干旱条件下的碳同位素分辨率

当测量植物干物质(D)时,D 值提供了植物生长过程中的 WUE(综合)指标(Farquhar et al.,1982,1989)。作为一个可能的 WUE 筛选方法,D 值已应用于小麦(Farquhar et al.,1984；Ehdaie et al.,1991；Condon et al.,1993)和大麦(Hubick et al.,1989)品种 WUE 的鉴定。事实上,在处理过程中 WUE 和 D 值之间的永久性关系以及小麦中 D 值的高度广义遗传力,加之其他参考因素,表明 D 值对于修正 WUE 和有限水分条件下的小麦产量是有效用的(Condon et al.,1987；Condon et al.,1992,1993)。

5.2.1　Δ 和水分利用效率的关系

在 Farquhar 等提出的模型(1982)中,C$_3$ 植物的可定义为下列最简单的形式:

$$\Delta = a + (b - a)(p_i/p_a)$$

式中,a 是空气中扩散的 ^{13}C 分辨率(4.4‰)；b 是 RuBP 羧化酶引起的羧化作用(27‰)；(p_i/p_a)是细胞间和大气 CO$_2$ 的分压比。经转化,p_i/p_a 可定义为碳同位素分辨率 Δ 的函数:

$$p_i/p_a = (\Delta - 4.4)/2.6$$

如果我们假定叶片(或其他光合器官)温度接近空气温度,若日间相对湿度已知,则 WUE(净同化蒸腾比)可定义为 p_i/p_a 的函数:

$$WUE = p_a(1 - p_i/p_a)/V(1-RH)1.6$$

式中，V 是给定温度下的局部饱和水汽压；RH 是相对湿度；1.6 是湿度计常数（Farquhar et al.，1982）。因此，可以利用下列等式由 △ 值估算 WUE：

$$WUE = p_a[1-(△-4.4)/22.6]/V(1-RH)1.6$$

WUE 的农艺学评估（认为是干物质积累与总蒸发水分的比值）也可以通过不同的等式由 △ 推算得出（Hubick et al.，1986；Hubick et al.，1989；Craufurd et al.，1991；Araus et al.，1993）。

5.2.2　方法学方面的考虑

碳同位素由质谱分析完成。虽然此类测试仪器较为昂贵，通常超过了许多实验室和研究站的承受能力，但是一些商业公司可以进行可靠的分析，价格也较为合理。在将材料送去进行分析之前，必须进行非常细致的研磨。

$^{13}C/^{12}C$ 的值表示为碳同位素组成（$\delta^{13}C$）值，即

$$\delta^{13}C\ (‰) = [(R_{样品}/R_{标准})-1] \times 1000$$

式中，R 是 $^{13}C/^{12}C$ 的值。比较标准是用 PeeDee 箭石（PDB）碳酸盐校准的二级标准。测验精度通常低于 0.10‰。相对于 ^{13}C 的分辨率（△）可由 δ_a 和 δ_p 计算得到，a 表示空气，p 表示植物：

$$△ = (\delta_a - \delta_p)/(1+\delta_p)$$

在 PDB 的尺度上，自由大气层中的 CO_2 有电流偏差，δ_a 近似为 $-8.0‰$（Farquhar et al.，1989）。

5.2.3　在植物育种中的含义

采集何种类型的样本以及何时采集样本？在面包小麦（Condon et al.，1992）、大麦（Romagosa et al.，1991；Acevedo，1993）和硬粒小麦（Araus et al.，1993a）中已发现 △ 的重要基因型差异，但是环境因子可能引起 △ 值更大的变化，损害了 △ 在育种项目中的有效利用。经过对小麦的研究，Condon 和 Richards（1992）总结得出，在良好水分条件下评价 △ 的基因型差异是最有效的。在这方面，Richards 和 Condon 指出，适当条件下 △ 是高度可遗传的，并且表现出丰富的遗传多样性和少数的基因型×环境互作。

在雨养环境下，Condon 和 Richards（1992）建议还可以采用另一种措施：当后期胁迫缺乏时，在作物早期阶段取样测验 △。然而，雨养环境得到的信息常常不支持这些期望值。虽然在分析幼苗干材料时，△ 和产量间的关系通常很微弱或者根本不存在（Bort et al.，1998），但当植物上部部分用于 △ 分析时，这种关系则有所增强（图 5.2）。△ 与产量的最佳遗传相关性，连同 △ 高度广义遗传力已在硬粒小麦中有所报道（Araus et al.，1998b）。

产量和 △ 的相关性随着植物年龄的增加而增加，这可能是由渐进胁迫（尤其开花期后）对产量的影响引起的。实际上，△ 通常从植物最老的部位向最年轻的部位递减，即使在正常水分条件下也是如此（Hubick et al.，1989；Acevedo，1993；参见图 5.2）。这种递减可能归结于响应土壤水分下降而产生的气孔关闭和（或）在作物生长最后时期日益增

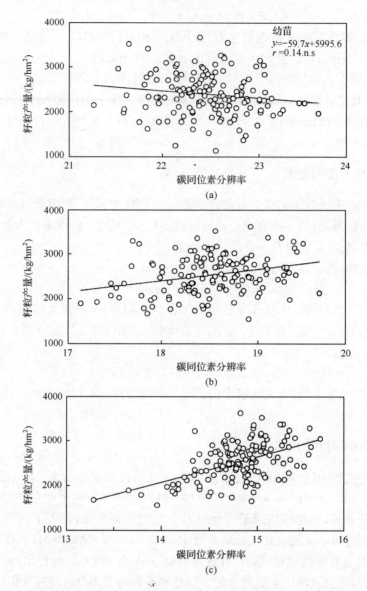

图 5.2　籽粒产量和以幼苗干物质（a）、抽穗期倒二叶（b）、成熟籽粒（c）测定的碳同位素分辨率（△）的相关性。测试地点为叙利亚西北部 Tel Hadya，测试条件为雨养条件，测试样本来自 144 份硬粒小麦基因型。更多信息参见 Araus 等（1997b）

加的蒸腾压力亏缺（Condon and Richards，1992；Condon et al.，1992；Araus et al.，1993b）。因此，成熟的籽粒是取样的最适部位。例如，在地中海气候下，籽粒的 △ 值而非植物下部的 △ 值能提供更多的信息，在灌浆期基因型籽粒受胁迫的影响较小。

　　碳同位素分辨率是高还是低？在有限水分环境条件下，假设所有基因型均消耗相同数量的水分用于蒸腾作用，低 △ 的基因型具有较大的生物量和高产潜力（Richards，1996）。事实上，已有人提出在有限水分条件下制定植物育种策略时，可将筛选出的高 WUE（Passioura，1977）或者低 △（Craufurd et al.，1991）作为另外一种重要方法。然而，在良好灌溉或者雨养条件下，小麦（Condon et al.，1987；Kirda et al.，1992；Araus et al.，1993c，1997b；Morgan et al.，1993；Sayre et al.，1995）和大麦（Romagosa et al.，1991；Richards，1996）的 Δ 值经常与籽粒产量和（或）总生物量呈正相关（图 5.1）。

从农艺学的角度看，如果植物没有使用全部土壤有效水，那么 Δ 和产量间的正相关性可能存在。我们假设相同的物候期，Δ 值高的基因型能够维持高水平的蒸腾。因此，Δ 可以表征 WUE，不过仍然依赖于作物蒸发的水分（事实上这是 Passioura 等式的第一个参数）。Δ 和产量的正向关联暗示在决定 Δ 时起主要作用的是气孔导度的变化，而不是固有光合能力（Romagosa et al.，1991；Condon et al.，1992）。高 Δ 与细胞间隙高 CO_2 浓度相关，这是由较高的气孔导度引起的（Farquhar et al.，1984）。较高的气孔导度会产生高光合速率，因此即使没有胁迫也会有较高的产量。在这种情况下，由于气孔限制对蒸腾作用的减弱效果大于对光合作用的减弱效果，导致 WUE 降低（Δ 增加），即使当光合速率受到较弱的气孔限制而对产量产生有利影响时也是如此。

相对高的蒸腾水平可能意味着水分受限的环境。例如，当干旱胁迫下可以向作物提供水分补给时（如通过吸取深层土壤水分），高产量（即高蒸腾）基因型就会表现出最大的优势（Blum，1993，1996）。事实上，由高气孔导度和蒸腾作用引起的相对低的冠层温度是更加抗旱的基因型的典型特征（Garrity et al.，1995；Blum，1996）。此外，当生长在最佳温度以上时，如最高日间温度（特别是灌浆期），气孔导度和产量间的正相关性可能也与避热相关（Reynolds et al.，1994）。

另外，防止水分散失的机制，如固有的较低的气孔导度，可能限制产量潜力，其原因是胞间 CO_2 水平低减弱了光合作用。这些基因型将始终表现出低 Δ 值（Morgan et al.，1993）。实际上，就产量而言，只在应答严重水分胁迫时才关闭的气孔比那些持久表现低导度值的气孔更有用（Jones，1987）。此外，在干旱条件下，选择低 Δ（即高 WUE）值可能有利于干旱条件下的低产基因型（即干旱敏感的基因型）。因此，低 Δ 可能并不是一个在干旱环境下提高产量的良好筛选标准。植物在干旱条件下的产量不仅依赖于 WUE，而且很大程度上依赖于维持蒸腾作用的能力（Blum，1993）。

Blum（1996）指出，当土壤含水量十分有限时，高产基因型会因其具有高气孔导度而处于劣势。事实上，这一点在小麦和大麦中已有报道，若产量下降到 2～3 t/hm² 以下时，这种（交叉）情况便会出现（Ceccarelli et al.，1991；Blum，1993）。其他在硬粒小麦和大麦方面的报道并不支持当平均籽粒产量为 1.5 t/hm² 或者更低时这种交叉环境的存在（Romagosa et al.，1991；Araus et al.，1998b）。在这些环境下，仍然值得筛选产量潜力，特别是深层土壤水分可被吸取，使其产量超过交叉环境下基因型的产量时（Richards，1996）。总之，上述结果支持如下假设，即在地中海气候下，高产基因型在灌浆期维持了高气孔导度和蒸腾散失，因此在遭遇不同程度干旱胁迫的大环境下它们能够提供较高的产量。

最佳的产量条件。碳同位素分辨率也作为有用的性状用于筛选产量潜力（Araus et al.，1993c；Sayre et al.，1995；Araus，1996）。Δ 和产量的正相关性在上文中同样是存在的。在水分充足的条件下，幼苗的 Δ 和生长之间的这种正向关系已有报道（Febrero et al.，1992；Lopez-Castañeda et al.，1995），虽然在大田条件下冷胁迫（通常在早期）可能会使这种关系变得不那么明确(Bort et al. , 1998)。不过,早期生长的加速和叶面积的增加可能与 WUE 的减少和高 Δ 值有着内在的联系(Turner, 1993)。Blum(1996)指出,碳同位素分辨率和产量方面积累的数据支持小麦和其他作物的各种遗传材料在作物产量和光合能力间始终存在的一致的正相关性(Hall et al. , 1994)。如果筛选高光合能力或者高生产力会使气孔导度增加,那么伴随而来的是 Δ 的增加(或者作物 WUE 的降低)(Blum, 1996)。

物候学在 Δ 基因型差异中的作用。在没有胁迫时,小麦的 Δ 与物候差异是不相关的(Sayre et al. , 1995)。然而,在非最佳条件下,必须考虑物候在 Δ 和产量关系中的作用。因此,正如之前指出的,在地中海环境下物候是解释小麦产量增加的一个最重要的因素,因为它影响同化物分配、水分利用模式以及其他的性状(Slafer et al. , 1993;Loss et al. , 1994)。此外,一些 Δ 的基因型差异,以及它们与产量间的正向关联也取决于物候。因此,由于低蒸腾需求,早花株系比晚花株系更有可能具有较高的 Δ,使前者仍然保持较高的气孔导度(Ehdaie, 1991;Acevedo, 1993)。综上所述,在地中海条件下,小麦和其他谷类的早花与高产相关,这与早花基因型的高 Δ 一致。另外,不能以物候学解释 Δ 的遗传型变异(Condon et al. , 1993;Richards et al. , 1993;Araus et al. , 1998b),这种变异归因于累计的蒸腾差异。

5.2.4　Δ替代品

鉴于碳同位素分析的费用和专业技能,已经研究出了不同的 Δ 替代品,如植物营养体中的矿质积累(图 5.3 和图 5.4)和叶片结构。取代 Δ 的替代物或替代品的这些筛选标准,可以评价 WUE 以外的能够决定产量的性状。关于第一个标准,如果蒸腾驱动的被动运输是(至少部分地)营养体矿质积累的机制,那么矿质含量将能表征 Passioura 等式中的第一个参数,即总的水分蒸腾。第二个性状与结构上的标准相对应,表明单位叶面积光合组织的数量,因此与光合能力相关。此外,Δ 和矿质积累(Walker et al. , 1991;Masle et al. , 1992)或光合组织数量(Araus et al. , 1997a, 1997b)之间的生理关系机制还没有完全阐明。然而,这些选择标准与 Δ 和产量的经验上的关联可以证明它们在一些常规标准中的作用。这些手段可以在育种项目的早期阶段使用,该育种项目通常包含大量群体。如果设备或资金允许,那么后期的筛选将基于更加精确的 Δ 分析,当然其花费也更多(Mayland et al. , 1993)。这两个选择标准将在随后的段落中讨论。有趣的是,这些替代品可以用在 C_4 作物中(如玉米或高粱),在这里 Δ 并不能像在 C_3 植物中那样有效评价 WUE 和产量本身(Farquhar et al. , 1989;Henderson et al. , 1998)。

5.2.5　营养体中的矿物质含量

营养体积累的钾、硅、总矿物质或灰分含量可作为谷类、饲料作物和大豆中 Δ 的替代物(Walker et al. , 1991;Masle et al. , 1992;Mayland et al. , 1993;Mian et al. , 1996)。Masle 等(1992)报道,他们对所有草本 C_3 物种进行分析发现,营养器官的总矿物质含量和 WUE 或 Δ 的倒数之间存在正比例线性关系。因此,植物在温室或大田中所积累的矿物质是 Δ 和 WUE 的潜在有效指标(Walker et al. , 1991;Masle et al. , 1992;Mayland

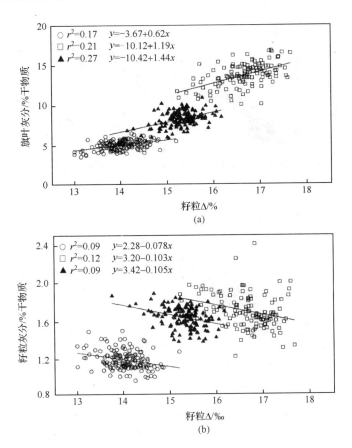

图 5.3 成熟籽粒碳同位素分辨率($\triangle$)和灰分的关系。灰分基于开花三周后旗叶叶片(a)和
相同成熟籽粒(b)的干物质的测定。在如下 3 种不同的水分状况实验条件下培养植株,即
Breda、Tel Hadya 雨养及 Tel Hadya 补充灌溉

et al.,1993)。

理论上,比起任何单一矿质含量,如硅或钾,总矿质和灰分含量似乎是更好的替代品
(Masle et al.,1992;Mayland et al.,1993)。因此,估算植物矿质含量,尤其是灰分(其
测验中只需一台马福炉),可以作为有吸引力的 $\triangle$ 替代物用来初步筛选大量的遗传多样
性群体(Masle et al.,1992;Araus et al.,1998b)。

关于灰分含量的方法学考虑。样品必须适当烘干并研磨。将 $1 \sim 1.5 \, g$ 干物质置于
预称重的陶瓷坩埚(空的坩埚)中,将坩埚和样品一起称重(装满样品的坩埚),样品在坩埚
炉中 450℃燃烧 12 h。然后将盛有矿质残留的坩埚(燃烧的坩埚)再次称重。灰分含量以
样品干重的百分比表示如下(以浓度形式):

$$灰分含量(\%) = \frac{(燃烧后的坩埚质量 - 空坩埚质量)}{(装满样品的坩埚质量 - 空坩埚质量)} \times 100\%$$

植物育种中的含义:环境和样本类型的选择。灰分和 $\triangle$ 间的正相关性表明植物能够
维持高的气孔导度,蒸腾作用将使蒸腾器官中积累更多的灰分,通过蒸腾流使矿质成分进
入和积累于(至少部分地)植物体。

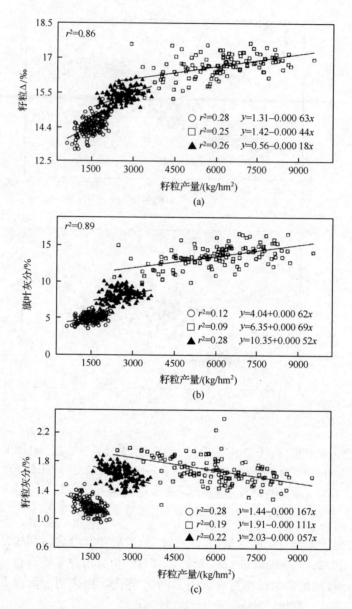

图 5.4　籽粒产量与成熟籽粒(a)中碳同位素分辨率(Δ)、开花三周后旗
叶干物质的灰分含量(b)和相同成熟籽粒灰分含量(c)之间的关系

　　哪些是使用这种替代物的最佳生长环境? 在正常水分条件下,矿质积累似乎与 Δ 甚
至和产量有着更多的联系(Masle et al.,1992;Mayland et al.,1993),尽管这些性状在
干旱条件下也有效(图 5.3a;Araus et al.,1998b)。对温室中生长的植物所进行的测验
却给出了相反的结果(Walker et al.,1991)。另一个问题是所用样品的类型。发育后期
的叶片(旗叶或者倒二叶)是最佳的。旗叶中积累的灰分可能与籽粒的 Δ 呈正相关
(Araus et al.,1998b)。叶片必须足够成熟(但并非衰老)才能使矿物质得以积累,因为
衰老时矿物质会再次转运到植物的其他部分。因此,成熟茎秆灰分含量既不与成熟籽粒

的 Δ 相关,也不与产量相关(Voltas et al. ,1998)。

5.2.6 成熟籽粒的矿物质含量可作为 Δ 的补充标准

在最适及非最适(即雨养)条件下,成熟籽粒灰分的干基含量(在干物质基础上)和产量间的负相关性已在大麦和硬粒小麦中有所报道(Febrero et al. ,1994;Araus et al. ,1998b;Voltas et al. ,1998)。这可以通过如下事实加以解释,即籽粒干物质的灰分含量可能是成熟期每个茎秆的总产出库的间接指标(Araus et al. ,1998b)。事实上,每穗的总粒重是作物生命周期中每穗籽粒数与粒重之积。因此,在地中海条件下,籽粒灰分可以作为籽粒 Δ 的补充标准用来评价谷物产量的基因型差异(Febrero et al. ,1994;Voltas et al. ,1998)。理论上(图 5.5),籽粒灰分的积累模式与营养组织相异,这是因为与营养组织的灰分积累不同,籽粒灌浆不是通过木质部(由蒸腾作用驱动)(Slafer et al. ,1993)。矿物质积累的这些差异可以解释籽粒灰分含量和 Δ 作为预测籽粒产量的综合性状的互补性(Febrero et al. ,1994;Voltas et al. ,1998)。

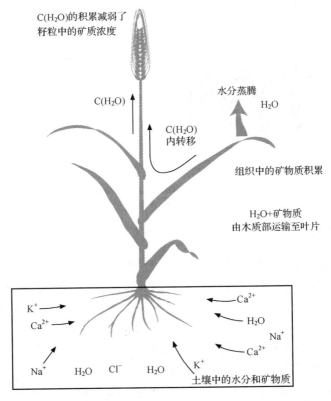

图 5.5 植物中灰分的积累

总体而言,当评价籽粒产量差异时,籽粒灰分含量这一参数或者与籽粒 Δ 结合,或者与叶片灰分相结合,均可部分地作为补充性的(即独立的)参数(Febrero et al. ,1994;Araus et al. ,1998b;Voltas et al. ,1998)。将筛选籽粒低灰分含量与籽粒的高 Δ 结合,或者与旗叶的高灰分含量结合,应在小麦育种中给予更多的关注(图 5.6)。如果再加上新的分析技术,这一方法会格外引人注意,如近红外反射光谱(NIRS),该技术可以快速可靠地估算完整籽粒的灰分含量和 Δ(Araus,1996)。

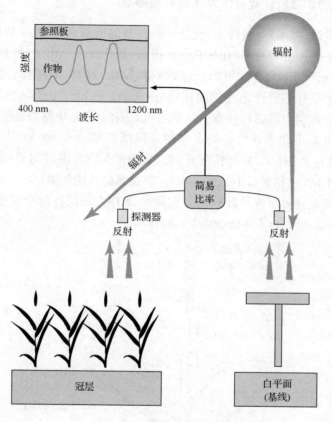

图 5.6　作物表面的光谱反射

5.2.7　叶片结构标准

　　Δ 的变化来自叶片气孔导度和光合能力间平衡的改变。在小麦中,Δ 的基因型差异似乎来自气孔导度和光合能力两个方面,且两者的贡献相同(Condon et al.,1990;Condon et al.,1993;Morgan et al.,1993)。如果叶片固有的光合能力增强,那么 Δ 值就会降低,WUE 会在不影响产量潜力(参见上文)的情况下有所改善。因此,即使在没有胁迫的情况下,Δ 和产量之间的负相关性也是可预期的。

　　光合能力的基因型差异可能依赖于单位叶面积光合组织的数量。因此,单一的结构参数,如单位叶面积干物质(LDM,比叶面积的倒数,也称比叶重,或 SLDW),或者单位叶面积总氮量,或者单位叶面积叶绿素含量均可作为光合组织活力的有效指标(Araus et al.,1989;Nageswara et al.,1994)。例如,手提式叶绿素计 SPAD-502 可以快速、专一且无损地测定单位叶面积总叶绿素含量(日本美能达照相机有限公司,土壤-植物分析开发部)。通常,与 Δ 负相关性最大的叶片指数是 LDM,其次是 SPAD,这两个参数表明具有较厚和(或)较紧密叶片的基因型具有较低的 Δ 值。研究结果暗示,在最佳的生长条件下,LDM 和 SPAD 可以作为专一快速的 Δ 指标在大麦(Araus et al.,1997a)和硬粒小麦

（Araus et al.，1997b）中使用（Lopez-Castañeda et al.，1995）。

部分相关性在干旱条件下是存在且可用于育种的，但是在本质上可能是错误的。事实上，生长条件不仅对 Δ，而且对叶片结构也具有强大的直接影响，这反过来可能形成了虚假的相关性（Araus et al.，1997b）。Δ 和叶片结构间的相关性并非由光合组织数量和 Δ 之间的生理关系所支撑，在某种情况下可能是间接的，这种关联性是由水分状况和物候学对叶片结构、籽粒 Δ 和产量的平行效应引起的（Araus et al.，1997a，1997b）。综上所述，LDM 仅在非干旱条件下基于固有光合能力确定分离群体的叶片 Δ 差异时适用。在雨养试验中，基于高 LDM 筛选高籽粒 Δ 值和籽粒产量是有价值的，虽然在这些关联背后可能并没有直接的生理学基础（Araus et al.，1997b）。

5.3　光谱反射法

叶片在电磁波谱的各种波长——从光合有效辐射波段（PAR，400～700 nm）到近红外辐射波段（NIR，700～1200 nm）——下的光反射模式与土壤和其他材料的完全不同（图 5.7）。叶片色素能够大量吸收 PAR 波段而非 NIR 波段的光，因此降低了 PAR 波段而非 NIR 波段的光反射。这类色素吸收模式决定了叶片特有的反射信号（图 5.8）。同样的，冠层反射的光谱与裸露土壤所反射的不同（无论自然的或农业状况下的），它因冠层的总叶面积和其他光合器官，以及它们的色素组成和其他生理因素而变（图 5.8）。因此，植被冠层反射光谱的测验能够为估算大量参数提供信息。其中一些参数与冠层的绿色生物量、光合面积（即叶片总面积和其他光合器官）、冠层吸收的 PAR 总量以及光合潜力有关。另一部分参数与测量时冠层的生理状态有更大的相关性，可以用来评价某些营养缺乏和环境胁迫的程度。可用光谱反射技术估算的生理学参数包括叶绿素和类胡萝卜素浓度，光合辐射利用效率（PRUE）以及含水量。

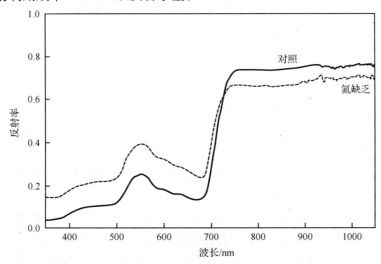

图 5.7　氮素状况不同的两种小麦叶片的反射信号

需要注意，由于较低叶绿素含量而缺氮的叶片其光合有效辐射区具有较高的反射率

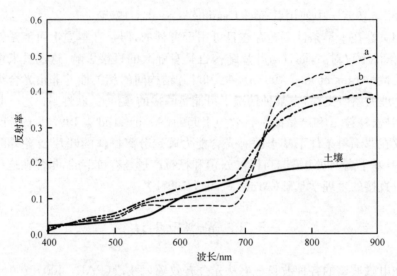

图 5.8　硬粒小麦冠层反射模式的变化

在灌浆的最后一周每三天进行一次测量（a，b，c），与作物的快速衰老过程相重合。应关注衰老期红光-近红外光谱（约 700 nm）边缘反射率振幅变化的降低。同时还应注意由于衰老期叶绿素比类胡萝卜素相对降低得更快，相对于蓝光波段，红光波段的 PAR 区反射增加。在对比时也包括了土壤的反射率

5.3.1　光谱反射指数

　　光谱反射指数是一些公式化的值，如比值、差值等，基于各给定波长下反射值间的简单运算，它们被广泛应用于定量分析反射光谱变化与生理学变量变化之间的相互关系。这些指数具有如下优点，即仅通过几个数字就能反映出具窄波段带分辨率的大量反射光谱信息。

　　最早应用于航空和卫星遥感的地面接收反射率现在也可用于评估农学生理学性状。这些性状可以同时对每个样品，以每天达 1000 个样本的速率被评价，若用其他方法则非常繁琐费时。这使得光谱辐射量指数成为筛选产量潜力或不同胁迫抗性的理想方法。

5.3.2　应用示例

　　反射指数最广泛的应用可能是评价与冠层绿度相关的参数。这些参数与冠层光合量有关，包括绿色生物量、叶面积指数（LAI）（作物单面总叶面积相对于土地面积）、绿色叶面积指数（GLAI）（与 LAI 类似，但是仅包括绿色功能叶片）和绿色面积指数（GAI）（与 GLAI 类似，但是包括其他光合器官，如绿色茎秆）。冠层绿色面积数量决定了光合器官的 PAR 吸收值，进而决定了冠层的潜在产量。冠层吸收的入射 PAR（fPAR）可以由 LAI 相关的参数估算，或者直接由反射率测量值获得。累积的 PAR 吸收是决定总生物量和最终产量的一个参数，可以通过生长过程中阶段性测定反射率估算而得。

　　一些生理学参数也可以通过光谱指数定量。叶片色素可以根据反射光谱测验和定量，从而作为许多生理过程的指标。因此，冠层的营养状况可以通过色素浓度评价，这是因为叶片的叶绿素浓度（通常）与其氮含量紧密相关。能够很好地表征叶绿素含量的指标

(通常)也能很好地表征氮含量。此外,氮含量低的植物往往具有高的类胡萝卜素/叶绿素值,这也可以通过反射指数来估算(图 5.8)。

色素遥感还可以评价作物物候期(图 5.8)和多种胁迫因素的产生(Blackburn,1998;Peñuelas,1998)。例如,类胡萝卜素/叶绿素值与衰老过程相关联,该过程由植物天然的个体发生模式决定或者由不同的胁迫所引发。同时,物候期也与不同的类胡萝卜素/叶绿素(Car/Chl)值相关。已开发了几种与色素成分变化相关的指数,它们可被用于诸如营养缺乏、环境胁迫、虫害等的远程探测。关于这一点,定期评价叶面积和叶面积持续时间(LAD)也可将其用作抵抗某些特定环境胁迫的指标。

冠层的光合能力可以用与冠层光合量和叶绿素含量指标相关的植被指数估算。然而由于对所吸收辐射的光合利用效率的变异,实际的光合作用可能并非与光合作用能力相匹配,特别是当植物暴露在不适宜的条件下时。光化学反射指数(PRI)被用来测验与PRUE 变化有关的叶黄素循环中的色素变化(Filella et al.,1996)。现已证明 PRI 能够反映 PRUE 的变化,这些变化是由营养状况和正午降低(midday reduction)等因素诱导的,存在于不同物种和功能类型中。

反射指数的另一个潜在应用是植物相对含水量(RWC)的远程探测。不同水平的水分胁迫可以通过它们对植被指数的影响来间接测量,植被指数与叶面积、色素浓度或光合效率相关。此外,已研发出可直接测定 RWC 的指数。

5.3.3　测量技术

仪器。测量反射光谱需要的仪器有:①野外光谱辐射计——分析样本辐射光谱;②输入光学系统——捕获给定目标反射的辐射;③参考板、支架及水准仪(能够重复采集入射辐射和冠层反射出的辐射)。

现代的窄频光谱辐射计通过 PAR 和 NIR 区在 2 nm 带宽下采用不同波长测量辐照度。大量的光谱参数使用 400~900 nm 范围的特定波长;只有少数使用长波长,如水分指数使用 970 nm 波长(Peñuelas et al.,1993)。使用窄频分辨率分光辐射谱仪可以计算得到由反射光谱对波长的一阶、二阶导数表达的几个参数,这些参数可以作为反射指数的补充。

冠层在 PAR 和 NIR 区反射的辐射由输入光学系统采集,该仪器能够把视野限制在一个固定的角度范围内,通常为 10°~25°。样本辐射通过光缆传递到光谱分析仪。冠层的反射光可以通过输入光学系统测量,将该系统置于冠层上方 1~2 m 的固定或者手持支持物上,如吊杆(图 5.9),在必要的水准仪或量角器的帮助下确保所有的测量都取自输入光学系统和抽样表面间相同的角度。

为了交叉参照各个波长的反射辐射强度和相同波长的入射强度,所有取样的光谱必须转换为反射单位,即冠层反射光谱的绝对值与冠层入射光谱的绝对值的比值。然后进行冠层入射光谱的定期测量。测量入射光谱时,用输入光学系统对准白色的参照板,使其与太阳的角度和与仪器的角度均和冠层与它们的角度相同。参照板的市售名称为 Spectralon(Labsphere,PO Box 70,North Sutton,NH 03260),或以硫酸钡制作(Jackson et al.,1992)。

图 5.9　测定小麦冠层反射的辐射时如何放置输入光学系统

　　以分光辐射谱仪法估算冠层参数的影响因素。除用分光辐射谱仪法估算冠层变量外,其他与冠层或者冠层外部相关的因子也会影响反射光谱的测量。冠层结构的变化(如叶片直立程度的变化或生殖器官的出现)以及阳光、感受器与靶面间的角度的变化,均会影响视野中阴影和(或)土壤背景的数量,引起不希望看到的对测试结果的干扰。

　　目前还没有标准的方法用来处理由干扰引起的变化。大多数使用分光辐射理论的研究人员会对他们实验方案的细节进行调整,以适应其实验的特殊性和目标。至关重要的是确保获取光谱的测量条件的一致性。当设计实验时,必须确定测量视角和观察高度,栽植行向以及一天中的测量时间。在解释结果时要考虑某些超出研究者控制范围的因子的干扰。并不是所有的指数都受到这些因子的同等影响,这些指数对测量参数的敏感性也有差异。有些指数可能比其他的更适合,这依赖于研究目的、冠层结构和测量条件。

　　为了将太阳位置导致的可变性最小化,最好在中午进行所有的测量。然而,太阳的角度对于低 LAI 的冠层是非常重要的(Kollenkark et al.,1982；Ranson et al.,1985)。就视角而言,最低点(传感器垂直向下)可能是最常用的设置。因为这时它与太阳位置以及栽植行向的相互作用不大,并延迟了光谱因 LAI 而饱和的时间。另外,最低点观测更多地受到土壤背景的影响。当使用非最低点观测角度时,如果传感器方位和太阳方位间的角度为 0°～90°(Wardley,1984),则由太阳仰角或传感器仰角改变造成的变化可达到最小化。

　　一行中,对于低土壤覆盖植株的冠层,其冠层内阴影量在日间是变化的,且依赖于太阳方位和行向间的角度。这种角度变化产生的反射率变化在红光波段高达 100%,在NIR 波段略低(Kollenkark et al.,1982)。当太阳光(方位角与行向一致)照到土壤表面使反射率读数较高时,出现变化的峰值。鉴于这个原因,如果在中午测量反射率,那么东西向的栽植行要比南北向的更适宜,特别是当植株对土壤的覆盖较少时。

比值指数通常对观察几何形状的变化不敏感,并且倾向于没有角度变化的影响(Wardley,1984)。然而,它们也会发生改变,因为反射率在某些波长(如红光)下(通常)会产生比其他波长(如 NIR)更强烈的改变。被荫蔽的叶片上入射光线很少,因为该波长的光大部分已被上部叶片吸收,它们反射的光谱就更少了。出于这个原因,视场中出现的被荫蔽的叶片数量越多,则由光合色素吸收辐射的区域和非光合色素吸收区域间冠层反射光谱的差异就越大。如果由于外部因素使视场中被荫蔽的叶的数量增加,如视角、太阳角度或者风,那么这将导致绿色生物量相关指数的增加。

影响作物结构,如玉米开花(Andrieu et al.,1993)或小麦抽穗(Shibayama et al.,1986)的物候变化扰乱了指标与估算的冠层参数的相关关系。叶片直立程度同样会影响冠层的反射系数。模型计算以及实验结果表明,从倾向于平坦的冠层垂直反射出的辐射显著大于从倾向于直立的冠层垂直反射出的辐射(Jackson et al.,1986)。倾向于直立的冠层的竖向构造将反射出的辐射限制在冠层内,而对于相对倾向于平坦的冠层,更多发生的是竖向的反射辐射。这些结构效应会以不同的方式改变用于估算同一冠层参数的指标。例如,Jackson 和 Pinter(1986)研究发现,虽然 SR 与 PVI 两个指标(详见本章后文)均可用于估算 GLAI,但是小麦倾向于直立冠层的 SR 值更高,而倾向于平坦冠层的 PVI 更高。植物器官表面的光学差异,如植物器官表面不同的绿灰色(Febrero et al.,1998),同样会影响冠层的反射光谱。

云层增加了入射冠层的间接辐射(即散射)与全部辐射的比例;这改善了光线射入冠层的穿透性。其结果是更大比例的入射辐射被光合色素吸收了;这增大了植被指数,导致对绿色生物量的过高估算。测量期间的风会瞬间改变冠层结构,扰乱反射光谱与由光谱估算出的冠层参数的相关关系(Lord et al.,1985)。

附近的物体,包括仪器以及仪器操作人员,会通过对目标表面的反射辐射改变测量光谱。因此,应使这些物体尽可能远离测试视野范围;应该给仪器漆上深色,工作人员也应穿深色衣服(Kimes et al.,1983)。

进行测量。为说明由环境条件或日照位置引起的入射光谱可能的变化,在反射辐射测量之前及在测量的过程中,必须进行入射辐射的系统测量。

参照板应该为朗伯(Lambertian)表面,也就是说,该表面能够同等地反射来自各个方向以及各种不同波长的入射光。然而,参照板并不完美,而且当参照板的方向发生变化时,反射强度会显著发生变化。因此,必须十分小心,以保证所有入射光测量时参照板相对于输入光学系统以及相对于太阳保持角度一致。输入光学系统与参照板之间距离的变化不是最重要的问题。两者之间的距离应使参照板覆盖全部视野。接下来,为了测量到所有冠层样本的反射,应确保仪器的视野覆盖无杂草的冠层和同一背景,以及植物材料的结构均一性(Bellairs et al.,1996)。

5.4　冠层反射指标的使用

5.4.1　使用植被指数评价冠层的光合作用规模

根据红光与近红外区的反射,植被指数(vegetation index,VI)可以估算冠层光合作用规模的相关参数。绿色生物量、叶面积指数(leaf area index,LAI)、绿色面积指数(green area index,GAI)、绿叶面积指数(green leaf area index,GLAI)、光合活化辐射(photosynthetically active radiation,PAR)、冠层吸收的入射光合作用激活辐射(frac-tiopn of PAR,fPAR)等,均可根据它们与植被指数的正相关关系(线性正相关或者是对数正相关)被估算(Wiegan et al.,1990a,1990b;Baret et al.,1991;Price et al.,1995)。通过在作物生长周期中定期测量植被指数,可以估算叶面积持续期(leaf area du-ration,LAD,可作为环境胁迫耐性的指标)及冠层吸收的 PAR(该参数是预测产量的最重要因素之一)总和(Wiegand et al.,1990)。

植被指数利用了植物对红光与 NIR 反射系数的显著差异。使用最广泛的植被指数为简易比率(simple ratio,SR)及归一化植被指数(normalized difference vegetation index,NDVI),其定义如下:

$$SR = R_{NIR}/R_{Red}, \text{指标范围为 } 0 \sim \infty$$

式中,R_{NIR} 为植物对 NIR 的反射系数;R_{Red} 为植物对红光的反射系数。

$$NDVI = (R_{NIR} - R_{Red})/(R_{NIR} + R_{Red}), \text{指标范围为 } -1 \sim 1。$$

SR 与 NDVI 最初应用在早先辐射计的宽波段上(如 NOAA 系列的人造卫星 AVHRR 辐射仪,其红光波长为 550~670 nm,近红外线波长为 710~980 nm)。现在的辐射仪其光谱分辨率很高,因此波段可以更窄。Hall 等(1990)使用以 770 nm 为中心的 NIR 波段,以 660 nm 为中心的红光波段;Peñuelas 等(1997b)则使用 900 nm 与 680 nm 分别作为 NIR 与红光波长。

一些研究人员发现,在改变指标中的波段后,NDVI 的形态有所改进。Carter(1998)的研究表明,改良 NDVI[分别将 R_{701}(+/−2 nm)与 R_{520}(+/−2 nm)作为 NIR 波长与红光波长]与叶片光合作用能力的相关性有所改进。

研究人员应用这些指标的变化量来补偿土壤的背景值。于是,Huete(1988)将土壤调节植被指数(soil adjusted vegetation index,SAVI)定义如下:

$$SAVI = [(R_{NIR} - R_{Red})/R_{NIR} + R_{Red} + L](1 + L)$$

式中,参数 L 值被调整至噪声最小化,该噪声是由大范围土表覆盖引起的。对大多数作物的土地状况,取 $L = 0.5$;对非常低的土表覆盖,取 $L = 1$;对非常高的土表覆盖,取 $L = 0.2$。

另外一些指标包括由土壤反射光谱计算得到的参数。其中转换型土壤调节植被指数(transformed soil adjusted vegetation index,TSAVI)被 Baret 和 Guyot(1991)定义如下:

$$TSAVI = a(R_{NIR} - aR_{Red} - b)/[R_{Red} + a(R_{Red} - b) + 0.08(1 + a^2)]$$

式中,a 为斜率;b 为线性方程 $R_{NIR\,soil} = a \times R_{Red\,soil} + b$ 的截距。

通过 VI 估算 LAI 的一个主要缺点是随 LAI 的增加 VI 会达到饱和。NDVI 饱和约始于 LAI＝1；当 LAI 大于 2 时，NDVI 值不再对 LAI 的进一步增加敏感(Gamon et al.，1995)。垂直植被指数(perpendicular vegetation index，PVI)部分克服了 NDVI 指标内在的饱和问题(Richardson et al.，1977)。

$$PVI = \{(R_{\text{Red soil}} - R_{\text{Red vegetation}})^2 + (R_{\text{NIR vegetation}} - R_{\text{NIR soil}})^2\}^{1/2}$$

虽然 PVI 对观察几何形状的变化不如 PVI 敏感，但是 PVI 不会随着 GLAI 的改变像 NDVI 那样明显地被饱和(Shibayama et al.，1986)。

在相关文献资料中可发现使用 VI 估算 LAI 相关参数的例子(Baret et al.，1991；Field et al.，1994；Price et al.，1995)。VI 的地平面测量作为成功的工具已应用于评价不同小麦基因型早期生物量及活力(Elliott et al.，1993；Bellairs et al.，1996)。Bellairs 等(1996)在小麦育种项目试验条件下报道，发育未成熟的小麦冠层，其 LAI 的决定系数小于 1.5，生物量与 NDVI 间的决定系数(r^2)为 0.90～0.05。至于估算不同植物的胁迫强度，Peñuelas 等(1997b)研究表明 NDVI 是测量大麦对盐分的农学响应的一个有用工具。

植被指数的一项实际应用为预估产量。可以在生长季节连续测量 VI 以预估产量，估算基于如下假定(Wiegand et al.，1991)：①植物群集合了所经历的各类生长条件，表达了通过冠层实现的净同化作用；②对严重到足以影响产量的胁迫，可以通过它们对作物生长的影响及冠层中光合活性组织的存留进行测验；③除非植物进入生殖生长后冠层充分利用太阳的辐射才会有高的经济产量；④使用合适波长进行远程观测计算得到的植被指数有效地反映了冠层的光合作用规模。Wiegand 等(1990b)在营养生长的 4 个时期测量了 PVI，并以此预测小麦籽粒产量，其 r^2 为 0.5。Rudorff 等(1990)报道，小麦产量与孕穗到完全衰老间 VI 积分的 r^2 为 0.66。如果根据 VI 预估产量的不确定性与种植地点相关，那么，在作物生长区域内，在不同的生长条件下(由好到差)校核产量与 VI 的关系，能对过去及未来在生长季节的结果给出可令人接受的解释。

5.4.2 对色素的遥感

估算叶绿素浓度。已开发出一些指标，可使用冠层反射法估算叶绿素浓度。最简单的指标恰好就是在 675 nm 与 550 nm 的反射系数。675 nm 的反射系数(R_{675})对叶绿素含量的变化非常敏感。然而，在叶绿素含量相对较低(约 10 μg/cm^2)时，此关系达到饱和；只有在叶绿素浓度非常低的情况下，该指标才能较好地表征叶绿素的含量。叶绿素对 550 nm 光的吸收能力低于对 675 nm 光的吸收能力；因此，该波长(R_{550})的反射系数对叶绿素的变化不太敏感，但是在这一低浓度下这种关系不被饱和，这样就涵盖了较高浓度叶绿素的范围(Thomas et al.，1977；Jacquemoud et al.，1990；Lichtenthaler et al.，1996)。

R_{675} 与 R_{550} 都是未标准化的指标，会受到外部因素的影响(Curran，1983)。其他的指标都涉及一个以上的波长。Chapelle 等(1992)分析了对生长于不同氮素水平的大豆叶片中叶绿素 a、叶绿素 b 及类胡萝卜素的变化更为敏感的波长，提出了反射光谱比率分析(ratio analysis of reflectance spectra，RARS)指标 RARSa、RARSb 及 RARSc，分别为大豆叶片中叶绿素 a、叶绿素 b 及类胡萝卜素的最优估算值。

　　RARSa＝R_{675}/R_{700}，其决定系数为 0.93，叶绿素 a 的变化范围为 0.4～27$\mu g/cm^2$；RARSb＝$R_{675}/(R_{650}\times R_{700})$，其 r^2 为 0.82，叶绿素 b 的变化范围为 1～7 $\mu g/cm^2$；RARSc ＝R_{760}/R_{500}，其 r^2 为 0.94，类胡萝卜素的变化范围为 1.5～6 $\mu g/cm^2$（Chapelle et al.，1992）。Blackburn（1998）指出，如果在 RARSa 指标中使用 R_{680} 和 R_{800} 分别代替 R_{675} 与 R_{700}，将会显著提高不同衰老程度的各类植物样本叶片叶绿素 a 的估算精度。可以用于估算色素浓度的其他反射指数汇总在表 5.1 中。

表 5.1　估算色素浓度的反射指标

色素	定义	参考文献
叶绿素	R_{675}	Jacquemoud and Baret，1990
	R_{550}	Jacquemoud and Baret，1990
	$R_{750/550}$	Lichtenthaler et al.，1996 Gitelson and Merzlyak，1997
	$R_{750/700}$	Lichtenthaler et al.，1996 Gitelson and Merzlyak，1997
	$NDVI_{green}＝(R_{NIR}-R_{540\sim570})/(R_{NIR}+R_{540\sim570})$	Gitelson and Merzlyak，1997
	λ_{re}，dR_{re}，$\sum dR_{680\sim780}$	Filella et al.，1995
叶绿素 a	RARSa＝R_{675}/R_{700}	Chapelle et al.，1992
	RARSa＝R_{680}/R_{800}	Blackburn，1998
	PSSRa＝R_{800}/R_{675}	Blackburn，1998
叶绿素 b	RARSb＝$R_{675}/(R_{650}\times R_{700})$	Chapelle et al.，1992
	PSSRb＝R_{800}/R_{650}	Blackburn，1998
类胡萝卜素	PSSRc＝R_{760}/R_{500}	Chapelle et al.，1992
类胡萝卜素/叶绿素 a	SIPI＝$(R_{800}-R_{435})/(R_{415}+R_{435})$	Peñuelas et al.，1992

　　叶片的叶绿素含量还能够通过它与由红边位置导出参数的相关关系加以评价。红边位置（red edge position，REP）指的是 680～780 nm 的波长范围，在此波长范围内，当波长由红光增加到近红外线辐射（near infrared radiation，NIR）时，反射系数变化最大。随着叶绿素 a 含量的增加，REP 移至稍大一些的波长范围内（Curran et al.，1990；Filella et al.，1995）。通过求得这一范围谱的一阶、二阶导数，可以计算如下几个能够很好地表征叶绿素含量的参数，即红边的波长（λ_{re}）、反射谱一阶导数的最大幅值（dR_{re}）及 680～780 nm 波长范围反射谱一阶导数幅值之和（$\sum dR_{680\sim780}$）。这些与 REP 有关的参数能够在一个比 R_{675} 和 R_{550} 范围更大、含量更高的浓度范围里较好地表征叶绿素的含量，而且还具有一个特别的优势，即这些参数受诸如几何形状、入射光强度以及土壤环境等外部因素的影响较小（Filella et al.，1995）。

　　除与叶绿素绝对浓度有关的各类指标外，还可以用标准化脱镁叶绿素指数（normalized phaeophytinization index，NPQI）测验叶绿素的降解。

　　NPQI＝$(R_{415}-R_{435})/(R_{415}+R_{435})$　（Peñuelas et al.，1995c）

曾经引入 NPQI 作为苹果树虫害的指标。在某种情况下,该指标也能指示小麦的不同物候状态(Casadesús et al.,数据尚未发表)。

使用反射指数估算叶绿素浓度的一种切合实际的方法是试验一个以上指标的表现,然后选择其中最合适的一个指标即可。另一种方法是汇总包含于各类指标中的全部信息。在这一意义上,Filella 等(1995)能够基于 R_{430}、R_{550}、R_{680}、λ_{re}、dR_{re} 及 NDPI 的判别分析(具体方法参见本章后文),将不同反射光谱归因于不同的氮状态类别。使用基于测量叶片吸收率的无损便携式叶绿素仪可以快速便捷地确定叶绿素含量,目前在市场上能够以较便宜的价格购得此仪器。例如,前文提到的 SPAD-502 可以计算 650 nm 波长的吸收率 λ(叶绿素吸收峰)与 940 nm 波长的吸收率(非叶绿素吸收率)之比(Monje et al.,1992)。使用冠层光谱反射方法得到的叶绿素估算值一般与单位土壤面积上叶绿素量密切相关,该叶绿素量可由便携式叶绿素仪读数乘以叶面积指数算得(Filella et al.,1995)。使用冠层光谱反射方法估算叶绿素具有可直接得到冠层中所有叶片叶绿素含量总和的优点。该方法还能够提供如冠层大小和叶绿素之外其他色素的含量等信息。

类胡萝卜素与叶绿素之比。当植物受到胁迫时,可以观察到相对于叶绿素、类胡萝卜素的浓度有所增加,因此通过反射指数估算类胡萝卜素与叶绿素之比有助于评价一些植物的胁迫程度(Young et al.,1990)。

叶绿素与类胡萝卜素均能吸收蓝光,只有叶绿素还能吸收红光。这两个光波段反射系数组合的一些指标与类胡萝卜素和叶绿素之比相关。最简单的指标是色素简易比率(pigment simple ratio,PSR)及标准化差异色素指数(normalized difference pigment index,NDPI),指数采用 SR 和 NDVI 的解析公式表达,可以用于估算色素总量与叶绿素 a 之比(Peñuelas et al.,1993)。

$$PSR = R_{430}/R_{680}, \quad NDPI = (R_{680} - R_{430})/(R_{680} + R_{430})$$

PSR 与 NDPI 均受由叶面及叶片结构引起的干扰效应的影响。由此提出一个新指标以避免这些问题。Peñuelas 等(1995a)定义了如下独立于结构的色素指数(structural independent pigment index,SIPI)。

$$SIPI = (R_{800} - R_{435})/(R_{415} + R_{435})$$

SIPI 用波长表明类胡萝卜素与叶绿素 a 之比的最好的半经验估算,其公式可以使叶片表面与叶肉结构的干扰效应最小化(Peñuelas et al.,1995a)。R_{800} 可以作为参照,类胡萝卜素、叶绿素都不吸收此波长的光,而仅受结构的影响。对于叶绿素 a 在 0.06~54 $\mu g/cm^2$ 范围、类胡萝卜素在 1~16 $\mu g/cm^2$ 范围内的许多植物而言,类胡萝卜素与叶绿素 a 之比与 SIPI 的最佳拟合关系为指数形式,类胡萝卜素∶叶绿素 a = 4.44 − 6.77$\exp^{-0.48SIPI}$,r^2 为 0.98(Peñuelas et al.,1995a)。

在作物生长周期中,和类胡萝卜素与叶绿素 a 之比有关的指标是变化的。营养生长阶段较低,开始衰老前逐渐增加(Filella et al.,1995)。这些指标可被用于评价作物的营养状态(Filella et al.,1995),当氮含量较低时,指标值较高;还可用于测验虫害(Peñuelas et al.,1995c)。

5.4.3 以 PRI 评价辐射利用效率

可基于冠层光合量或叶绿素浓度粗略估算冠层的光合作用。然而,这些参数与潜在的冠层光合作用关联,却并非总是与实际的光合作用相关,对于生长在胁迫环境下的植物尤其如此。VI 与冠层的 PAR 吸收(一个变化缓慢的性状,变化范围为数天至数周)相关,光化学反射指数(photochemical reflectance index,PRI)与 PAR 吸收的光合辐射利用效率(photosynthetic radiation use efficiency,PRUE)相关,光化学反射是一个快速变化的过程,变化过程以小时计。

由叶绿素吸收的部分 PAR 不能用于光合作用,主要通过热消耗损失掉了,这种热消耗与叶黄素降解环氧化循环关联(Demmig-Adams et al.,1996)。PRI 反映了 531 nm 左右范围的反射能力的变化,该变化与叶黄素循环中的色素改变有关(Gamon et al.,1992)。

PRI 最初被定义为生理学反射指数(Gamon et al.,1992),之后稍有修改,名称改为光化学反射指数(Peñuelas et al.,1995b)。本章中 PRI 的含义为后者。

$$PRI=(R_{531}-R_{570})/(R_{531}+R_{570})　　(Peñuelas et al.,1995b)$$

PRI 与叶黄素循环的降解阶段、玉米黄素以及辐射利用效率相关(Filella et al.,1996)。PRI 值越高,表示辐射利用效率越高。

已经证明,PRI 指数可用于追踪不同的种及功能类型的光合辐射利用效率的变化,该变化受营养状况、正午降低等不同因素诱发(Gamon et al.,1997)。然而,如果存在与胁迫有关的冠层结构性的变化,如叶片枯萎,那么该指数则不能正确地追踪到 PRUE 的变化(Gamon et al.,1992)。而且该指数仅对具有充足光照条件的冠层才有效,对于从阴暗条件到日照条件的很大跨度范围的光照条件均不适用(Gamon et al.,1997)。

5.4.4　直接评价植物水分状态

当水分辐射吸收发生在 1300～2500 nm 这一波段范围内时,由于水分在这一波段的吸收能力较强,其反射能力达到饱和(也就是说,随着 RWC 的增加,其反射系数却不能够再增加了),即使是低含水量的冠层也是如此。在 950～970 nm 这一范围,水的辐射吸收能力比较差,在较干燥的冠层情况下其反射能力未达到饱和状态。现已用 970 nm 的水反射系数定义水分指数(WI)。

$$WI=R_{900}/R_{970}　　(Peñuelas et al.,1993,1997)$$

式中,970 nm 的水反射系数被视为对含水量敏感的波长,而 900 nm 的反射系数被视作一个参照,它同样受冠层状态及叶片结构的影响,只是水的吸收率为零而已。

WI 可以用于追踪植物处于严重水分胁迫状态(RWC<0.85)时的 RWC、叶片水势、气孔导度以及叶片负空气温度差异的变化(Peñuelas et al.,1993)。Peñuelas 等(1997a)在一年的不同时段内监测地中海自然环境下的一系列物种,提出了一个用以反映 WI 与 RWC 之间关系的相关系数,约为 0.55。然而,除非是在十分干燥的状态下,否则 WI 指数非常不敏感。由于这一原因,WI 指数可以用于评价火灾风险,但是对于灌溉进度安排则用处不大。Peñuelas 等(1997b)证明,就响应盐度而言,WI 能够很好地表征水分状态。

NDVI 同样受干燥环境、植物结构及颜色改变的影响。WI 和 NDVI 的比值与 RWC 的增加相关性较好,尤其是在全年 NDVI 发生显著变化的物种中更是如此(Peñuelas et al.,1997a)。

致谢

感谢 CICYT(西班牙)项目基金(AGF95-1008-C05-03,AGF96-1137-C02-01)的部分资助。感谢 M. M. Nachit 博士慷慨地提供了目前尚未发表的有关硬粒小麦的结果。

(李 昂 译)

参 考 文 献

Acevedo, E. 1993. Potential of carbon isotope discrimination as a selection criterion in barley breeding. In: Stable Isotopes and Plant Carbon-Water Relations. J. R. Ehleringer, A. E. Hall, and G. D. Farquhar (eds.). Academic Press, New York. pp. 399-417.

Andrieu, B., and Baret, F. 1993. Indirect methods of estimating crop structure from optical measurements. In: Crop Structure and Light Microclimate. C. Varlet-Grancher, R. Bonhomme, and H. Sinoquet (eds.). INRA Editions, Paris. pp. 285-322.

Araus, J. L. 1996. Integrative physiological criteria associated with yield potential. In: Increasing Yield Potential in Wheat: Breaking the Barriers. M. P. Reynolds, S. Rajaram, and A. McNab (eds.). Mexico, D. F.: CIMMYT. pp. 150-167.

Araus, J. L., Tapia, L. and Alegre, L. 1989. The effect of changing sowing date on leaf structure and gas exchange characteristics of wheat flag leaves grown under Mediterranean conditions. J. Exp. Botany 40:639-646.

Araus, J. L., Febrero, A., Bort, J., Santiveri, P., and Romagosa, I. 1993a. Carbon isotope discrimination, water use efficiency and yield in cereals: Some case studies. In: Tolérance a la Sécheresse des Céréales en Zone Méditerranéenne. Diversité Génétique et Amélioration Variétale. Ph. Monneveux and M. Ben Salem (eds.). Les Colloques n1 64, Ed. INRA, Paris. pp. 47-60.

Araus, J. L., Brown, H. R., Febrero, A., Bort, J., and Serret, M. D. 1993b. Ear photosynthesis, carbon isotope discrimination and the contribution of respiratory CO_2 to differences in grain mass in durum wheat. Plant, Cell and Environment 16:383-392.

Araus, J. L., Reynolds, M. P., and Acevedo, E. 1993c. Leaf posture, grain yield, growth, leaf structure and carbon isotope discrimination in wheat. Crop Sci. 33:1273-1279.

Araus, J. L., Bort, J., Ceccarelli, S., and Grando, S. 1997a. Relationship between leaf structure and carbon isotope discrimination in field grown barley. Plant Physiology and Biochemistry 35:533-541.

Araus, J. L., Amaro, T., Zuhair, Y., and Nachit, M. M. 1997b. Effect of leaf structure and water status on carbon isotope discrimination in field-grown durum wheat. Plant Cell and Environment 20:1484-1494.

Araus, J. L., Amaro, T., Voltas, J., Nakkoul, H., and Nachit, M. M. 1998a. Chlorophyll fluorescence as a selection criterion for grain yield in durum wheat under Mediterranean conditions. Field Crops Res. 55:209-223.

Araus, J. L., Amaro, T., Casadesús, J., Asbati, A., and Nachit, M. M. 1998b. Relationships between ash content, carbon isotope discrimination and yield in durum wheat. Austr. J. Plant Phys. 25:835-842.

Baret, F., and Guyot, G. 1991. Potentials and limits of vegetation indices for LAI and APAR estimation. Remote Sensing of Environment 35:161-173.

Bellairs, S. M., Turner, N. C., Hick, P. T., and Smith, R. C. G. 1996. Plant and soil influences on estimating biomass of wheat in plant-breeding plots using field spectral radiometers Aust. J. Agric. Res. 47: 1017-1034.

Blackburn, G. A. 1998. Spectral indexes for estimating photosynthetic pigment concentrations - A test using senescent tree leaves. International Journal of Remote Sensing 19:657-675.

Blum, A. 1993. Selection for sustained production in water-deficit environments. In: International Crop Science. I. D. R. Buxton, R. Shibles, R. A. Forsberg, B. L. Blad, K. H. Asay, G. M. Paulsen, and R. F. Wilson (eds.). Crop Science Society of America, Madison. pp. 343-347.

Blum, A. 1996. Yield potential and drought resistance: are they mutually exclusive? In: Increasing Yield Potential in Wheat: Breaking the Barriers. M. P. Reynolds, S. Rajaram, and A. McNab (eds.). Mexico, D. F. : CIMMYT. pp. 76-89.

Bort, J. , Araus, J. L. , Hazzam, H. , Grando, S. , and Ceccarelli, S. 1998. Relationships between early vigour, grain yield, leaf structure and stable isotope composition in field grown barley. Plant Physiology and Biochemistry 36 (12):889-897.

Carter, G. A. 1998. Reflectance wavebands and indexes for remote estimation of photosynthesis and stomatal conductance in pine canopies Remote Sensing of Environment 63:61-72.

Ceccarelli, S. , and Grando, S. 1991. Selection environmentand environmental sensitivity in barley. Euphytica 57: 157-167.

Chappelle, E. W. , Kim, M. S. , and McMurtrey, J. E. 1992. Ratio analysis of reflectance spectra (RARS): an algorithm for the remote estimation of the concentrations of Chl a, b and carotenoids in soybean leaves. Remote Sensing of Environment 39:239-247.

Condon, A. G. , Richards, R. A. , and Farquhar, G. D. 1987. Carbon isotope discrimination is positively correlated with grain yield and dry matter production in field-grown wheat. Crop Sci. 27:996-1001.

Condon, A. G. , Farquhar, G. D. , and Richards, R. A. 1990. Genotypic variation in carbon isotope discrimination and transpiration efficiency in wheat. Leaf gas exchange and whole plant studies. Aust. J. Plant Phys. 17:9-22.

Condon, A. G. , and Richards, R. A. 1992. Broad sense heritability and genotype x environment interaction for carbon isotope discrimination in field-grown wheat. Aust. J. Agric. Res. 43:921-934.

Condon, A. G. , Richards, R. A. , and Farquhar, G. D. 1992. The effect of variation in soil water availability, vapour pressure deficit and nitrogen nutrition on carbon isotope discrimination in wheat. Aust. J. Agric. Res. 43:935-947.

Condon, A. G. , and Richards, R. A. 1993. Exploiting genetic variation in transpiration efficiency in wheat: an agronomic view. In: Stable Isotopes and Plant Carbon-Water Relations J. R. Ehleringer, A. E. Hall, and G. D. Farquhar (eds.). Academic Press, New York. pp. 435-450.

Craufurd, P. Q. , Austin, R. B. , Acevedo, E. , and Hall, M. A. 1991. Carbon isotope discrimination and grain yield in barley. Field Crops Res. 27:301-313.

Curran, P. J. 1983. Multispectral remote sensing for the estimation of green leaf area index. Philosophical Transactions of the Royal Society of London Series A: Physical Sciences and Engineering 309:257-270.

Curran, P. J. , Dungan, J. L. , and Gholz, H. L. 1990. Exploring the relatioonship between reflectance red edge and chlorophyll content in slash pine. Tree Physiology 7:33-48.

Demmig-Adams, B. , and Adams, W. W. 1996. Xanthophyll cycle and light stress in nature: uniform response to excess direct sunlight among higher plant species. Planta 198:460-470.

Ehdaie, B. , Hall, A. E. , Farquhar, G. D. , Nguyen, H. T. , and Waines, J. G. 1991. Water-use efficiency and carbon isotope discrimination in wheat. Crop Sci. 31:1282-1288.

Elliott, G. A. , and Regan, K. L. 1993. Use of reflectance measurements to estimate early cereal biomass production on sandplain soils. Aust. J. Exp. Agric. 33:179-183.

Farquhar, G. D. , O'Leary, M. H. , and Berry, J. A. 1982. On the relationship between carbon isotope discrimination and the intercellular carbon dioxide concentration in leaves. Aust. J. Plant Phys. 9:121-137.

Farquhar, G. D. , and Richards, R. A. 1984. Isotopic composition of plant carbon correlates with water-use-efficiency of wheat genotypes. Aust. J. Plant Phys. 11:539-552.

Farquhar, G. D. , Ehleringer, J. R. , and Hubick, K. T. 1989. Carbon isotope discrimination and photosynthesis. Annual Review of Plant Physiology and Plant Molecular Biology 40:503-537.

Febrero, A. , Blum, A. , Romagosa, I. , and Araus, J. L. 1992. Relationships between carbon isotope discrimination in field grown barley and some physiological traits of juvenile plants in growth chambers. In: Abstracts Supplement of the First International Crop Science Congress. Ames, IA. p. 26.

Febrero, A. , Bort, T. , Voltas, J. , and Araus, J. L. 1994. Grain yield, carbon isotope discrimination and mineral content in mature kernels of barley, under irrigated and rain-fed conditions. Agronomie 2:127-132.

Febrero, A. , Fernández, S, Molina-Cano, J. L. , and Araus, J. L. 1998. Yield, carbon isotope discrimination, canopy reflectance and cuticular conductance of barley isolines of differing glaucosness. J. Exp. Botany 49:1575-1581.

Field, C. B. , Gamon, J. A. , and Peñuelas, J. 1994. Remote sensing of terrestrial photosynthesis. In Ecophysiology of Photosynthesis. E. D. Schulze and MM Caldwell (eds.). Springer- Verlag. Berlin Heidelberg. pp. 511-528.

Filella, I. , and Peñuelas, J. 1994. The red edge position and shape as indicators of plant chlorophyll content, biomass and hydric status. International Journal of Remote Sensing 15:1459-1470.

Filella, I. , Serrano, L. , Serra, J. , and Peñuelas, J. 1995. Evaluating wheat nitrogen status with canopy reflectance indices and discriminant analysis. Crop Sci. 35:1400-1405.

Filella, I. , Amaro, T. , Araus, J. L. , and Peñuelas, J. 1996. Relationship between photosynthetic radiation-use efficiency of barley canopies and the photochemical reflectance index (PRI). Physiologia Plantarum 96:211-216.

Gamon, J. A. , Peñuelas, J. , and Field, C. B. 1992. A narrow-waveband spectral index that tracks diurnal changes in photosynthetic efficiency. Remote Sensing of Environment 41:35-44.

Gamon, J. A. , Field, C. B. , Goulden, M. L. , Griffin, K. L. , Hartley, A. E. , Joel, G. , Peñuelas, J. , and Valentini, R. 1995. Relationships between Ndvi, canopy structure, and photosynthesis in 3 Californian vegetation types. Ecological Applications 5:28-41.

Gamon, J. A. , Serrano, L. , and Surfus, J. 1997. The photochemical reflectance index: an optical indicator of photosynthetic radiation-use efficiency across species, functional types and nutrient levels. Oecologia 112:492-501.

Garrity, D. P. , and O'Toole, J. C. 1995. Selection for reproductive stage drought avoidance in rice, using infrared thermometry. Agron. J. 87:773-779.

Gitelson, A. A. , and Merzlyak, M. N. 1997. Remote estimation of chlorophyll content in higherplant leaves. International Journal of Remote Sensing 18:2691-2697.

Hall, F. G. , Huemmrich, K. F. , and Goward, S. N. 1990. Use of narrow-band spectra to stimate the fraction of absorved photosynthetically active radiation. Remote Sensing of Environment 34:273-288.

Hall, A. E. , Richards, R. A. , Condon, A. G. , Wright, G. C. , and Farquhar, G. D. 1994. Carbon isotope discrimination and plant breeding. Plant Breeding Rev. 12:81-113.

Hay, R. K. M. , and Walker, A. J. (eds). 1989. An introduction to the physiology of crop yield. Longman Scientific and Technical, Harlow, England. Henderson, S. , von Caemmerer, S. , Farquhar, G. D. , Wade, L. , and Hammer, G. 1998.

Correlation between carbon isotope discrimination and transpiration efficiency in lines of the C_4 species Sorghum bicolor in the glasshouse and in the field. Aust. J. Plant Phys. 25:111-123.

Hubick, K. , Farquhar, G. D. , and Shorter, R. 1986. Correlation between water use efficiency and carbon isotope discrimination in diverse peanut (Arachis) germplasm. Aust. J. Plant Phys. 13:803-816.

Hubick, K. T. , and Farquhar, G. D. 1989. Carbon isotope discrimination and the ratio of carbon gains to water lost in barley cultivars. Plant, Cell and Environment 12:795-804.

Huete, A. R. 1988. A soil adjusted vegetation index (SAVI). Remote Sensing of Environment 25:295-309.

Jackson, R. D. , and Pinter, P. J. Jr. 1986. Spectral response of architecturally different wheat canopies. Remote Sensing of Environment 20:43-56.

Jackson, R. D. , Clarke, T. R. , and Moran, M. S. 1992. Bidirectional calibration results from 11 Spectralon and 16 BaSO$_4$ reference reflectance panels Remote Sensing of Environment 49:231-239.

Jackson P. , Robertson, M. , Cooper, M. , and Hammer, G. 1996. The role of physiological understanding in plant breeding: from a breeding perspective. Field Crops Res. 49:11-39.

Jacquemoud, S. , and Baret, F. 1990. PROSPECT: a model of leaf optical properties. Remote Sensing of Environment 34:75-91.

Jones, H. G. 1987. Breeding for stomatal characters. In: Stomatal Function. E. Zeiger, G. D. Farquhar, and I. R. Cowan (eds.). Stanford University Press, Stanford. pp. 431-443.

Kimes, D. S. , Kirchner, J. A. , and Newcombe, W. W. 1983. Spectral radiance errors in remote sensing ground studies due to nearly objects. Applied Optics 22:8-10.

Kirda, C. , Mohamed, A. R. A. G. , Kumarasinghe, K. S. , Montenegro, A. , and Zapata F. 1992. Carbon isotope discrimination at vegetative stage as an indicator of yield and water use efficiency of spring wheat (*Triticum turgidum* L. var. *durum*). Plant and Soil 7:217-223.

Kollenkark, J. C. , Vanderbilt, V. C. , Daughtry, C. S. T. , and Bauer, M. E. 1982. Influence of solar illumination angle on soybean canopy reflectance. Applied Optics 21:1179-1184.

Larcher, W. (ed.). 1995. Physiological Plant Ecology. Third edition. Springer, Berlin. Lichtenthaler, H. K. (ed). 1996. Vegetation Stress. Based on the International Symposium on Vegetation Stress. Gustav Fischer, Stuttgart. Lichtenthaler, H. K. , Gitelson, A. , and Lang, M. 1996. Non-destructive determination of chlorophyll content of leaves of a green and an aurea mutant of tobacco by reflectance measurements. J. Plant Phys. 148:483-493.

López-Castañeda, C. , Richards, R. A. , and Farquhar, G. D. 1995. Variation in early vigor between wheat and barley. Crop Sci. 35:472- 479.

Lord, D. , Desjardins, R. L. , and Dube, P. A. 1985. Influence of wind on crop canopy reflectance measurements. Remote Sensing of Environment 18:113-123.

Loss, S. P. , and Siddique, K. H. M. 1994. Morphological and physiological traits associated with wheat yield increases in Mediterranean environments. Advances in Agronomy 52:229-276.

Masle, J. , Farquhar, G. D. , and Wong, S. C. 1992. Transpiration ratio and plant mineral content are related among genotypes of a range of species. Aust. J. Plant Phys. 19:709-721.

Mayland, H. F. , Johnson, D. A. , Asay, K. H. , and Read, J. J. 1993. Ash, carbon isotope discrimination and silicon as estimators of transpiration efficiency in crested wheatgrass. Aust. J. Plant Phys. 20:361-369.

Mian, M. A. R. , Bailey, M. A. , Ashley, D. A. , Wells, R. , Carter, Jr. , T. E, Parrott, W. A. , and Boerma, H. R. 1996. Molecular markers associated with water use efficiency and leaf ash in soybean. Crop Sci. 36:1252-1257.

Monje, OA. , and Bugbee, B. 1992. Inherent limitations of nondestructive chlorophyll meters: a comparison of two types of meters. HortScience 27:69-71.

Morgan, J. A. , LeCain, D. R. , McCaig, T. N. , and Quick, J. S. 1993. Gas exchange, carbon isotope discrimination and productivity in winter wheat. Crop Sci. 33:178-186.

Nageswara Rao, R. C. , and Wright, G. C. 1994. Stability of the relationship between specific leaf area and carbon isotope discrimination across environments in peanut. Crop Sci. 34:98-103.

Passioura, J. B. 1977. Grain yield, harvest index and water use of wheat. J. Aust. Inst. Agric. Sci. 43:117-121.

Peñuelas, J. 1998. Visible and near-infrare reflectance techniques for diagnosing plant physiological status. Trends in Plant Science 3:151-156.

Peñuelas, J. , Gamon, J. A. , Griffinand, K. L. , and Field, C. B. 1993a. Assessing type, biomass, pigment composition and photosynthetic efficiency of aquatic vegetation from spectral reflectance. Remote Sensing of Environment 46:110-118.

Peñuelas, J. , Filella, I. , Biel, C. , Serrano, L. , and Savé, R. 1993b. The reflectance at the 950- 970 nm region as an indicator of plant water status. International Journal of Remote Sensing 14:1887-1905.

Peñuelas, J. , Filella, I. , and Baret, F. 1995a. Semiempirical indices to assess carotenoids/ chlorophyll a ratio from leaf spectral reflectance. Photosynthetica 31:221-230.

Peñuelas, J. , Filella, I. , and Gamon, J. A. 1995b. Assessment of photosynthetic radiation-use efficiency with spectral reflectance. New Phytologist 131:291-296.

Peñuelas, J. , Filella, I. , Lloret, P. , Muñoz, F. , and Vilajeliu, M. 1995c. Reflectance assessment of plant mite attack on apple trees. International Journal of Remote Sensing 16:2727-2733.

Peñuelas, J. , Piñol, J. , Ogaya, R. , and Filella, I. 1997a. Estimation of plant water concentration by the reflectance water index Wi (R_{900}/R_{970}). International Journal of Remote Sensing 18:2869-2875.

Peñuelas, J. , Isla, R. , Filella, I. , and Araus, J. L. 1997b. Visible and near-infrared reflectance assessment of salinity effects on barley. Crop Sci. 37:198-202.

Price, J. C., and Bausch, W. C. 1995. Leaf-area index estimation from visible and nearinfrared reflectance data. Remote Sensing of Environment 52:55-65.

Ranson, K. J., Daughtry, C. S. T., Biehl, L. L., and Bauer, M. E. 1985. Sun-view angle effects on reflectance factors of corn canopies. Remote Sensing of Environment 18:147-161.

Reynolds, M. P., Balota, M., Delgado, M. I. B., Amani, I., and Fischer, R. A. 1994. Physiological and morphological traits associated with spring wheat yield under hot, irrigated conditions. Aust. J. Plant Phys. 21:717-730.

Richards, R. A. 1996. Defining selection criteria to improve yield under drought. Plant Growth Regulation 20: 157-166.

Richards, R. A., and Condon, A. G. 1993. Challenges ahead in using carbon isotope discrimination in plant breeding programs. In: Stable Isotopes and Plant Carbon-Water Relations J. R. Ehleringer, A. E. Hall, and G. D. Farquhar (eds.). Academic Press, New York. pp. 451-462.

Richardson, A. J., and Wiegand, C. L. 1977. Distinguishing vegetation from soil background information. Photogrammetric Engineering and Remote Sensing 43:1541-1552.

Romagosa, I., and Araus, J. L. 1991. Genotype-environment interaction for grain yield and ^{13}C discrimination in barley. Barley Genetics VI:563-567.

Rudorff, B. F. T., and Batista, G. T. 1990. Spectral response of wheat and its relationship to Agronomic variables in the tropical region. Remote Sensing of Environment 31:53-63.

Sayre, K. D., Acevedo, E., and Austin, R. B. 1995. Carbon isotope discrimination and grain yield for three bread wheat germplasm groups grown at different levels of water stress. Field Crops Res. 41:45-54.

Shibayama, M., Wiegand, C. L., and Richardson, A. J. 1986. Diurnal patterns of bidirectional vegetation indices for wheat canopies. International Journal of Remote Sensing 7:233-246.

Slafer, G. A., Satorre, E. H., and Andrade, F. H. 1993. Increases in grain yield in bread wheat from breeding and associated physiological changes. In: Genetic Improvements of Field Crops: Current Status and Development. G. Slafer (ed.). Marcel Dekker, New York. pp. 1-68.

Thomas, J. R., and Gausman, H. W. 1977. Leaf reflectance vs. leaf chlorophyll concentration for eight crops. Agron. J. 69:799-802.

Turner, N. C. 1993. Water use efficiency of crop plants: potential for improvement. In: International Crop Science. I. D. R. Buxton, R. Shibles, R. A. Forsberg, B. L. Blad, K. H. Asay, G. M. Paulsen, and R. F. Wilson (eds.). Crop Science Society of America, Madison. pp. 75-82.

Voltas, J., Romagosa, I., Muñoz, P., and Araus, J. L. 1998. Mineral accumulation, carbon isotope discrimination and indirect selection for grain yield in two-rowed barley grown under semiarid conditions. Eur. J. Agron. 9: 145-153.

Walker, C. D., and Lance, R. C. M. 1991. Silicon accumulation and ^{13}C composition as indices of water-use efficiency in barley cultivars. Aust. J. Plant Phys. 18:427-434.

Wardley, N. W. 1984. Vegetation index variability as a function of viewing geometry. International Journal of Remote Sensing 5:861-870.

Wiegand, C. L., and Richardson, A. J. 1990a. Use of spectral vegetation indices to infer leaf area, evapotranspiration and yield: I. Rationale. Agron. J. 82:623-629.

Wiegand, C. L., and Richardson, A. J. 1990b. Use of spectral vegetation indices to infer leaf area, evapotranspiration and yield: II. Results. Agron. J. 82:630-636.

Wiegand, C. L., Richardson, A. J., Escobar, D. E., and Gerbermann, A. H. 1991. Vegetation indices in crop assessments. Remote Sensing of Environment 35:105-119.

Young, A., and Britton, G. 1990. Carotenoids and stress. In: Stress Responses in Plants: Adaptation and Acclimation Mechanisms. R. G. Alscher and J. R. Cumming (eds.). Wiley-Liss, New York. pp. 87-112.

6 评价小麦育种项目中生理学作用的一些经济学问题

J. P. Brennan[①], M. L. Morris[②]

小麦育种由于在一定意义上涉及以成本与收益的资金流动为特征的自然变化过程，因此可被视作一种经济行为。与组织机构以及小麦育种项目的运作有关的决策（包括如亲本材料的选择、杂交技术、选择方法等技术决策以及评价程序）可能有经济方面的含义。组织机构或者小麦育种项目运作规模的变更将会影响成本与收益的资金流动，来自项目的经济支出将增长或下降。

植物育种人员被许多人，尤其是那些在食品生产及加工行业中工作的人，看作是能够提高农业部门整体成果的资源（Brennan，1997）。正是由于这一点，他们经常被要求提供远远超出他们实际能力的服务。因此，在一个资源有限的世界中，植物育种人员需要一些根据，以帮助他们决定众多需求中的重点。虽然通常在确定研究重点时（有意或无意地）考虑了经济方面的因素，但是往往会采用一些非正式方法以及某些特定方法，从而做出了从经济学角度来看远非最佳方案的决策。基于精细评估利益与成本的经济学分析能够以更有根据、更具说服力的方式提供决策的基础。

6.1 分析小麦育种项目的可能变更

在何种情况下将生理学理论应用于小麦育种项目可能是明智的呢？在评价一个现有育种项目的组织机构与管理以及针对是否可能需要作出项目变更以达到某种特定目标进行决策时，在开展正规的经济分析之前，初步审视如下几个问题通常是有帮助的。

6.1.1 最好是通过育种提出问题吗？

在对育种项目作出任何改变之前，确定是否能够以其他方式更快捷和（或）更经济地达到预期成果是十分重要的。例如，如果研究目标是增加小麦的蛋白质含量，经验表明通常最好将精力放在高产育种方面，把提高蛋白质含量的挑战留给农艺管理。这是因为虽然各类栽培品种的蛋白质含量各不相同，但是企图通过育种实现提高蛋白质含量的前景却是有限的。研究表明，蛋白质含量主要受环境因素（以及基因型×环境相互作用）的影响，因此基因型效应往往非常小（Bingham，1979）。除此之外，由于产量与蛋白质含量的不利关系（O'Brien et al.，1984），通过选择高蛋白质品种而得到的任何蛋白质含量的增加都可能导致产量的减少。

---

① 农业研究院，新南威尔士，澳大利亚。
② CIMMYT 经济项目，墨西哥。

6.1.2　给予育种项目多大规模的投入是合适的？

一旦确定育种是实现研究目标的最好方法，那么接下来有必要确定给予育种项目多大规模的投入是合适的。育种项目的合理投入应与预期收益的规模相适应。通常这将与目标区域范围有关：目标区域范围越大，育种项目投入也应越大。Brennan（1992）和Maredia（1993）证明，如果目标区域范围较小，那么常适于仅从其他地方进口来的育种品系中选择。但是一旦目标区域范围增大到超出一定规模，那么将适于建立一个羽翼丰满的地区性杂交项目。需要证明扩大现有育种项目的准确阈值取决于另外一些因素，如目标区域环境特征（面积、平均产量、改良品种的使用等）以及育种项目投入增加所带来的预期产量的增加。

6.1.3　采用何种育种策略可能是最有效的？

一旦确定育种是解决问题的最好方法，且目标区域范围证明是一个羽翼丰满的杂交项目，那么接下来就必须确定育种项目策略。小麦育种可采用许多方法。原始材料的初选当然是非常关键的，如果所选原始材料恰好具有高比例的研究项目所关注的有利等位基因，那么项目成功的概率将会大幅增加。选定原始材料后，育种人员必须决定对比筛选及中选品系评估工作，需投入杂交项目多少工作量。除了各类所谓的传统育种方法之外，现代育种人员还可以考虑使用生物工程技术，如遗传标记、组织培养等。在确定最佳筛选方法时，采用什么最利于实现项目本身及其成果是十分重要的，不应简单地采用可利用的新工具或新技术（Brennan，1997）。短期的项目运转中追求的新技术，长远来看却往往不再那么有效。例如，Brennan 和 O'Brien（1991）发现，在澳大利亚的商业小麦育种项目中引入早代小规模品质测验工作，虽然最初效果很好，但导致育种项目最终经济收益较低（案例 A）。

案例 A：将质量测验工作引入小麦育种项目

小麦育种项目总是会面对这样一个问题，即何时开始选择品质指标，如蛋白质含量或面筋水平。至于何时开展品质测验工作比较合适，目前尚未取得共识。一些育种人员认为，品质指标的选择应当在育种晚期进行，即在品种的产量潜能已经允分发挥出来之后再开始选择。而另外一些育种人员则认为，品质指标的选择应当在育种工作的早期阶段就开始，这样可以比较早地筛除品质较差的材料。

Brennan 和 O'Brien（1991）使用经济学理论评价了上述两种方法的效果。他们的研究对象是澳大利亚的两个小麦育种项目，其中一个项目开展了早期阶段的品质测验工作，另外一个项目没有开展这一工作（见下表）。两个项目使用的人力相同，播种在 F_2 代中的杂交后代及品系数量也相同。两个项目的主要区别是开展品质测验工作的阶段不同，这样就产生了不同系列的品系。

小麦谷粒品质早期及晚期阶段选种方法的经济回报对比

	项目 A[†]	项目 B[‡]
现有品种的预期增加/%		
- 产量	4.6	2.3
- 质量	0.2	1.1
总成本[(2)] (US$ 000)	353	369
总收益[(2)] (US$ 000)	3 710	2 557
收益-成本之比	10.5	6.9

注：† 项目 A 在 F_6 代开展了质量测验工作；项目 B 在 F_2 代开展了质量测验工作。

　　‡ 按每年折扣 5% 计算至杂交年。

资料来源：Brennan 和 O'Brien(1991)。

　　人们发现,在育种工作的早期阶段(F_2 代阶段)比在晚期阶段(F_6 代阶段)开展小规模的品质测验工作要廉价一些。这就导致了如下推断,在早期阶段开展品质测验工作更加划算。但是,当把在早期阶段开展品质测验工作的育种项目的经济回报与在晚期阶段开展品质测验工作的育种项目的经济回报进行对比时,将会发现,前者的经济回报反而偏低。在早期阶段开展测验工作的育种项目的成本稍高一些,但是长远来看,其收益却显著偏低。早期阶段开展品质测验工作的育种项目能集中关注产量,因此产生了极大的产量收益。公认地,由于该项目对品质的选择压力偏小,因而其品质指标增长率偏低。但是当把经济学量值应用在产量水平及品质指标上时,其额外的产出已然足以获取更大的经济回报,从而完全能够补偿其偏低的品质水平。因此,研究表明,在没有充足的资金可以用于提高小麦品质时,如果育种项目选择以牺牲产量为代价而在早代开展品质测验工作进行选择的话,事实上这样对小麦生产商及消费者都是不利的。

6.1.4　可以向农户发布新品种的前提是什么？

　　在发布新品种之前,新品种的评估步骤同样值得考虑,这是因为在育种项目中评估步骤具有重要的经济学方面的隐含考虑。

　　新品种发布之前,育种人员必须确定在多大范围内和多长时期内对该品种进行试验,相对于其他已经得到应用的栽培品种其表现如何,以及在发布的品种内和品种间保持何种程度的遗传多样性才会令人满意(尽管通常情况下应该发布多少新品种是由一些政府指派的品种认证及发布委员会完成的,但是这一重要问题可能同样不得不由育种人员来决定)。在发布新品种之前使试验品种通过严格的测验,这会增加其取得商业成功的可能性,但是大量的测验工作同样会显著增加整体的研发成本。

　　如果在审视了这些初步的问题之后,项目看起来仍然值得继续进行下去,那么接下来开展更加严密的经济学分析可能才是合适的。限于篇幅,我们不能提供详细的逐步操作的说明,但下面两小节给出了重要经济学概念的全面综述,用以正规评估将生理学理论引入小麦育种项目的必要性。这两节简略地描述了必须遵循的一些基本程序。

6.2　与投资分析有关的重要经济学概念

6.2.1　经济学评价的基础知识

我们可以参考其他类型的投资决策,来做出是否将生理学理论引入小麦育种项目的决策。在这方面,与经济回报相关的关键问题来自申报计划中的组织机构上的变更。需要讨论的基本经济学问题事实上非常简单,当进行这种两者择一的投资分析时,给予多大规模的投资以达到预期收益是合适的?

在进行任何一个正规的经济学分析之前,需要掌握如下两个重要概念,即机会成本以及货币的时间价值。

机会成本。机会成本是在使用少量资源达到取代下一个最好的目标之前所产生的收益(Gittinger,1982)。机会成本在投资分析中起重要的作用,因为绝大多数的投资行为都具有排他性的两者择一情况。由于育种项目可以获取的资源通常是有限的,无论何时,当把工作重点放在一个育种目标上时,投入到另外一些育种目标的关注必然减少。仍以前文引用的案例为例,如果育种工作的目标是获得更高的蛋白质含量,这就有可能减缓实现小麦高产量的预期进程。于是,为提高蛋白质含量的育种工作的机会成本将是高产育种中已实现(却被迫放弃)的一种进步。

当然,得失的权衡可能并非总是这样明显。在植物育种工作中,实现一种目标并非完全意味着抑制另外一些目标的实现,至少不会直接产生这种抑制作用。事实上,加入生理学因素的理论可能会以更高的效率获得同样的成果。因此来自生理学测量的数据可弥补产量试验数据。这样,如果由此而得到的附加信息提升了育种者在目标环境中预测栽培品种表现的能力,那么大规模的产量试验可能变得并非十分必要,甚至可被取消(Reynolds et al.,1997)。但是,即使在这种情况下,机会成本的概念仍然是有效的,因为投资于附加的生理学测量的资金可能已被用于另外一些途径,以实现其他类型的收益。

货币的时间价值。经济分析必须考虑源于人类行为价值的重要一面,即货币的时间价值。货币的时间价值指的是这样一个事实,即人们给较早实现价值的货币以较高的价值,给较晚实现价值的货币以较低的价值(Gittinger,1982)。如果有人让你选择是在今天得到 100 美元或者是在一年之后得到 100 美元,相信绝大多数人会选择今天拿到这100 美元。在经济学分析中,货币的时间价值是通过折扣的形式来加以考虑的,因此给将来预期产生的成本与收益赋予了偏低的价值。

折扣在任何类型的投资分析中都是重要的。根据其定义,折扣就是用于分析成本与收益资金流随时间的变化关系的。已知:①预期成本与收益随时间变化的不均匀分布;②农业科研项目预期成果的不确定性,在农业科研项目投资中折扣问题尤其重要。在植物育种过程中,最初的杂交和选择活动(暗含着成本支出)与改良品种最终为农户们所应用(产生收益)之间存在很长的持续时间,通常达 10 年或者更长。在这种情况下,决策者们可能会对预期收益打些折扣,对此,原投资可能不再令人满意(案例 B)。

案例 B：与育种项目有关的成本与收益资金流

为了计算植物育种项目的经济回报，有必要估算该项目的成本与收益。图 6.1 说明了典型的与植物育种项目相关的成本和收益资金流。在研究的初期阶段，净收益为负值，因为研究项目的成本在增大（如在杂交、选育及评估试验材料等过程中）而未能实现任何收益（Morris et al.，1992）。最终研究项目研制开发出的改良品种经过认证后被批准发布。在新品种发布之后，种子的生产及推广必然需要一定的时间，随着农户们使用改良品种比例的不断增加，就会产生一个典型的 S 形（或逻辑）曲线。如果新品种提高了农作物产量，那么最初的研究项目投资（在绝大多数情况下，是早期数年的投资）现在开始以产量增加的形式产生收益。随着新品种种植面积的不断增加，净收益成为正值且收益不断增加，并在农户们应用改良品种的比例达到峰值时，收益也同时达到最大值，随后随着品种逐渐被另一个更新的品种所取代，其收益也逐渐减少。

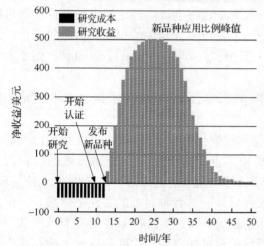

图 6.1　在植物育种项目中没有折扣的成本与收益资金流

资料来源：Morris 等（1992），原文图 12

在进行研究项目投资的评估时，成本与收益的相对规模至关重要，它们随时间的分布关系也同样重要。人们通常认为，在遥远的将来才能产生的收益不如短时间内即产生收益那么具有价值。为了考虑货币的时间价值，研究项目中的成本及收益均打了折扣。与在项目的初始阶段产生的净收益相比，图 6.2 说明了相对于初期折扣，如何降低在项目几近结束阶段产生的净收益的价值。由于诸如植物育种这类研究项目的长时间延迟现象，在分析项目的投资回报时，折扣是一个十分重要的概念。

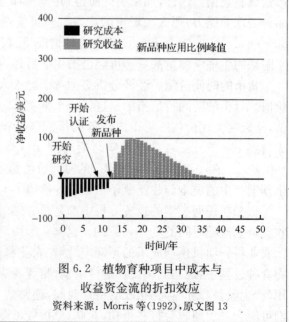

图 6.2　植物育种项目中成本与收益资金流的折扣效应

资料来源：Morris 等（1992），原文图 13

折扣能够显著地改变任何一次投资机会的吸引力。例如，现在花 1 美元，10 年后可以得到 2 美元的回报,乍一看来是一个很不错的投资。但是,如果考虑 12% 的折扣率(在发展中国家经常使用这一折扣率来近似估算资金的机会成本),那么 10 年后可以得到的 2 美元只值现在的 0.64 美元,$2/(1.12^{10})\approx0.64$。如此看来,所做的投资就不再那么令人满意了。

很明显,折扣效应对于预期成本与收益的时间分布变化是非常敏感的。同样的 1 美元投资预期产生同样的 2 美元回报,但如果是在 5 年后产生而非 10 年后,那么现在的收益(即按今天的价格来计算)就是 1.13 美元,$2/(1.12^5)\approx1.13$。如果目前没有其他更好的投资机会,这样的回报可能显得非常不错。

6.2.2　经济学分析方法

经济学分析是如何帮助科研管理人员评价将生理学因素引入育种项目的必要性呢?由于将生理学理论引入现有育种项目并不需要重新搭建育种项目的整体组织架构,它只是一种递增性的变化,或者说是一种“发生在边缘”的变化,因此经济学家们喜欢将其描述为边缘变化。

可以使用两种方法分析边缘变化:①只分析由于引入生理学因素而可能产生的成本与收益的变化(局部预算分析);②将引入生理学因素后育种项目的整体成本和收益与未引入生理学因素的育种项目的整体成本和收益进行比较(整体预算分析)。上述两种方法哪种更可取,取决于可以收集到的数据的数量及质量、可利用的数据分析时间以及现有的经济学专业水平。虽然由于计算分析的水平不同,两种方法所得结果可能会有些差异,但是总体而言结果往往是比较接近的。

不论是采用局部预算分析方法还是整体预算分析方法,评估项目变化的经济必要性的关键在于正确识别将来会发生变化的成本与收益,我们称之为边缘成本和边缘收益。

某些类型的成本变化很容易事先加以识别与估算。例如,如果在育种项目中引入生理学理论,那么我们需要聘请一位生理学家,这样能够可靠地预算得到一项附加成本:生理学家的工资以及与之相关的一些其他成本费用。同理,如果引入生理学理论需要的是建设一套带有特殊设备及材料的新型实验室设施,那么同样可以很容易地预见和量化其成本费用。

然而,预算另外一些类型的成本费用的变化却要难得多。植物育种项目中的决策行为通常是以连续顺序的方式进行的,在选育工作的早期阶段所做的决策往往会导致难以预料的结果,该结果又会影响后续阶段的决策。由于这种原因,确定未来的成本资金流并非总是容易的事情。由于“滚雪球”效应,在长时间范围内,育种项目成本结构上的累积变化将会变得与最初进行管理决策时所设想的情况很不一样。Brennan 和 O'Brien(1991)在澳大利亚研究两个小麦育种项目时发现,虽然在早期阶段开展品质测验工作降低了作物第一代的整体育种成本,但是从更长的时间范围内来看,由于连续成本效应增加了后代的成本费用,因此项目的总体成本反而更高(案例 A)。与其他类型的投资项目相比,科研项目投资的产出从本质上来看更难以预知,因此需要非常认真地评估分析边缘变化对项目成本的可能影响程度。

正如边缘成本难以预算一样,边缘收益也同样难以预算。对于那些会影响植物育种项目相关组织与科研管理的投资而言,在某些情况下,识别与估算边缘收益也许会相对容易,尤其是当边缘收益与项目的最终成果价值的变化有关时(如获得能够直接推动高产品种研发的种质新资源)。而对于另外一些情况,识别与量化边缘收益却极为困难。当现有的研究程序改变,并可能进而影响未来的科研项目(如改变早期阶段评估方法可能会对后代可获取材料的数量及质量产生影响)时,识别与量化边缘收益尤其困难。

如果科研项目投资是在现有育种项目中增加生理学因素,这会对现有项目中的许多方面产生影响,因此识别与量化边缘成本与边缘收益可能会比较困难。在这种情况下,基于边缘成本与边缘收益预期变化的局部预算分析通常是不充分的,开展更加完备的基于项目总体成本与回报的经济学分析可能会好一些。Brennan(1989a)提出了一种植物育种项目整体成本与回报的详细概算方法;这些详细概算可以用于评价对项目的组织机构做出重大(即非边缘的)调整后的经济效果。Brennan 提出的整体预算方法的核心是,对比未引入生理学因素的项目预期成本与回报和引入生理学因素的项目预期成本与回报。

6.3　评价将生理学用于育种项目的必要性

6.3.1　估算现有育种项目的成本与收益

在任何情况下,作为工作的起点,详细的经济学分析以确定现有育种项目中引入生理学的必要性,对全面评估现有项目的总体成本与回报通常是有益的。

可以根据汇总项目总运营成本、总年度资金成本、总年度工资成本以及总管理费用的预算信息,采用"自上而下"的方式完成现有项目成本的全面估算。或者也可以根据项目中每次独立发生的分散的成本费用数据,采用"自下而上"的方式完成现有项目成本的全面估算(Brennan et al. ,1991)。不管采用哪种方法,重要的是要将所有可能产生影响的相关成本费用都考虑在内,包括与杂交、评估、选种、病害筛查、质量评估、区域试验以及与品种发布和注册活动有关的成本费用。

管理费用与行政费用(如领导办公室职员、财务人员以及人力资源职员的工资以及支持费用,图书馆费用,信息技术费用)应视其是否可能会受到申报计划改变的影响而定。如果行政管理费用不会受到影响,那么可以在计算中忽略不计。

小麦育种项目产生的收益可以从不同角度加以衡量。对育种项目的科研人员而言,收益不仅包括改良品种本身,还包括科学上的收益,如科研技术上的创新、专业的实验室设备以及新理论知识。

对于赞助育种项目的组织机构,尤其是一个以利润为导向的私营公司,收益通常以销售改良品种(也许是直接通过商业渠道销售种子,也许是间接地通过销售该品种的专利权或许可证)赚取的附加收入衡量。

对于整个社会而言,小麦育种项目产生的最重要的收益是农户们播种该育种项目研发的改良品种所形成的生产率的提高(通过提高收入或者降低成本来衡量,视农户产品销售的多寡以及产品销售市场性质的不同,生产率的提高可能部分或者全部转移给消费者)。虽然这里的经济学分析同时也适用于其他类型的收益,但是为了简单起见,本章的重点放在收益的后一种类型上(农场水平的生产率的提高)。

现有项目产生的收益(或回报)可以根据项目的产出概算。对于大多数情况,收益包括了改良品种。为了估算应用改良品种后的经济收益,通常需要回答如下问题:

- 改良品种适用于哪一类目标区域?
- 改良品种具有哪些优势? 如小麦产量、品质的提高。
- 产量每增加一吨的平均成本是多少,或用于品质改良所增加的平均成本是多少?
- 改良品种发布后,其应用比例及规模如何?

一旦(尽其可能)回答了上述问题,那么就可以粗略地估算申报计划改变产生的经济收益了。例如,Brennan(1989a;1989b)在澳大利亚新南威尔士开展的小麦育种公共项目研究中给出如下估算:

- 研究项目的目标区域大约 100 万 hm^2,每年种植小麦,平均产量 1.7 t/hm^2;
- 项目研发的每个新改良品种使产量平均增加 2.25%,使质量指标平均增加 1.09%;
- 产量每增加 1% 所支出的费用为 1.11 美元/t,质量指标每增加 1% 所支出的费用为 0.81 美元/t;
- 平均起来,在发布新品种后的第 7 年,大约 16% 的目标区域应用了新品种,应用比例于此时达到峰值;
- 每个新品种的生产寿命为 20 年。

基于这些概算,Brennan 能算出该育种项目产生的经济收益,在新品种的应用达到峰值时,每年的收益约 920 000 美元。

6.3.2 估算项目的边缘成本与边缘收益

下一项任务是估算由于将生理学引入育种项目而带来的成本与收益的变化。某种程度上这种估算必然带有推测性,而且在任何情况下都会取决于预想的在育种项目中生理学所起的作用。

以短期运作估算长期运作成果的方式估算未来成本的变化往往是复杂的。在某些情况下,可期望生理学因素直接导致成本的节省。例如,采用早代筛选工作将可减少晚世代所必须评估的品系数量。同样,研究表明引入某些组织培养技术可以显著减小试验材料的成本(Brennan,1989b)(案例 C)。然而,对于另外一些情况,生理学因素可能导致成本增加,至少短期运作中是这样,如做生理学实验会增加筛选工作中测试的成本和时间。

案例 C: 在小麦育种项目中应用加倍单倍体组织培养技术

在育种人员能够应用的各类组织培养技术中,加倍单倍体组培是最有价值的,该技术可使来自亲本材料的固定品系在体外生长发育。由于每个后代的发育在亲本达到生理成熟期之前就开始了,因而加速了育种过程,这就使得该技术非常具有吸引力。而且,由于是在实验室中而非农田里完成这项技术操作,因而降低了开展昂贵的生长试验的需求。通过该技术,小麦育种人员可以缩短生产高代品系进行测验所需的研发时间,同时显著节省了农田的生产成本。

Brennan(1989b)分析了应用加倍单倍体组织培养技术的传统小麦育种项目的潜在回报(见下表)。其预期影响可以通过模型来模拟。在模拟中做出如下假定:①F_1~F_5代的生长被压缩在 2 年内完成,通常情况是 5 年完成;②农田的生产成本稍有折减。除此之外,还隐含假定应用加倍单倍体组织培养技术产生的品系与传统育种项目产生的品系相同。

组织培养技术应用于小麦育种带来的经济回报

	传统育种项目[†]	应用了组织培养技术的育种项目[‡]
折扣成本($A000)[‡]	550	489
折扣收益($A000)[‡]	3816	4418
净现值($A000)	3266	3929
收益-成本比率	6.9	9.0

注:[†] 表中货币单位为发行于 1986 年的澳元;

[‡] 按每年折扣 5%计算。

资料来源:Brennan(1989b)。

Brennan 估算了上述两种情况(未应用组织培养技术的传统育种及应用了组织培养技术的传统育种)的成本与收益。分析表明,应用组织培养技术以加速高代品系的生产可望产生巨大的经济回报。按照组织培养技术,每个品系的净现值增长超过 600 000 澳元,收益-成本比为 6.9~9.0。可以看到,加倍单倍体组织培养技术能够稍稍减少生产成本,但却显著加速了高代材料的生产,从而大幅增加了育种项目的预期收益。

特别是对于上述情况,重要的是确定短期内的额外支出能否带来长期成本上的大幅节约。虽然短期的附加花费常基于长期的工资性支出将会很大这一考虑,但事情并非总如此。Brennan 和 O'Brien(1991)在比较分析两例澳大利亚育种项目时发现,早代的品质测验工作导致的减产未能完全被高选择压下籽粒品质的提高所补偿。

精确地预测研究成果是很困难的,以此估算项目的未来收益是复杂的。在一定程度上,所有科研项目的研究成果都是带有推测性的,因此任何一个科研投资的产出都具有不确定性。然而,根据一定知识基础推测决定经济收益规模(及其随时间的分布关系)的关键参数值往往是可能的。正如前文所述,将生理学引入现有小麦育种项目的影响将潜在地反映于:①更高产的品种;②更优质的品种;③适应性更广(因此播种范围更大)的品种;④发布推广更早的新品种。在一定程度上,将生理学的引入与这些关键参数值的预期变化相关联,从而可完成预期收益的粗略估算。

在估算来自项目变化的收益时牢记资源有限这一点很重要,因此选择某种目标性状而取得的收益必然花费来自另外一个目标或其他许多目标性状选择而取得的收益。在估算收益时,一定不能忽略这类交换关系。

6.3.3 分析预期的成本与收益资金流

一旦估算出边缘成本与边缘收益的规模,就有必要设计出它们随时间的分布关系。完成该任务的最简单方法就是做出逐年的边缘成本与边缘收益的方案。考虑到从科研投资启动之初到在农户们的农田中实现有形收益之间存在一段相对较长的时间(称之为"科研滞后"),通常有必要将边缘成本放到一段较长的(至少10年以上)时间尺度上来规划。确切的科研滞后时间取决于被期待的科研项目的类型。在小麦育种过程中,某些研究活动的科研滞后时间可能相对较短,如以3～4年引入一个由单基因控制的粒色特征。另外一些研究活动的科研滞后时间可能会长得多(如10年甚至更长),如引入由几个不同基因复合互作所控制的耐旱特征。

在估算出科研项目成本的规模及其随时间的分布关系后,还必须同等地估算项目的预期收益流。对于小麦育种项目而言,这通常取决于项目研发的新品种的传播模式。品种的传播模式依新品种的特性、农户的认可程度、新特性的价值、种子生产的有效性、推广系统及其他一些因素的不同而显著不同。一些改良品种被大规模地迅速应用,短期内形成了一条短而陡的传播曲线,曲线几近目标区域的100%这样一个最高上限。另外一些改良品种应用推广很慢,而且只是被比例相对较小的一些农户所采用,形成了一条长而平坦的传播曲线,曲线在远低于目标区域的100%处达到峰值。根据这一技术传播模式的假设(称之为"采用滞后"),可以估算边缘收益的规模及其随时间的分布。

已知小麦育种中存在上述两类滞后现象(科研滞后及采用滞后),建议在一个较长的时间尺度上评价将生理学引入现有育种项目的必要性。据以往经验,应将边缘成本与边缘收益放在至少30年这样的一个时间尺度上规划。

接下来,必须给规划出的成本与收益资金打上折扣。折扣时必须考虑货币的时间价值,即未来才能实现的成本与收益的价值小于现在就能实现的成本与收益的价值。为了考虑货币的时间价值,在估算未来的成本与收益时需要引入折扣因子,从而将其换算为当前的价值。

使用如下公式计算折扣:

$$D_n = U_n / (1 + r)^{n-1}$$

式中,D 为第 n 年成本(收益)的折扣值;U 为第 n 年成本(收益)未经折扣的值;r 为折扣率;n 为年,$n = 1$ 表示当年,$n = 2$ 表示下一年,依此类推。

或者也可以将折扣因子引入未来的成本与收益中。在绝大多数有关项目分析的手册中都能够找到方便可用的标准折扣因子,而且已产生于绝大多数金融表格程序。

6.3.4 项目价值的计算方法

在给成本与收益打上折扣之后,可以求得折扣成本总和(total discounted cost,TDC)以及折扣收益总和(total discounted benefit,TDB)。

可以用 TDC 和 TDB 来计算如下两个简单的量,用以评估任意一次投资合适与否:

- 净现值(NPV):NPV＝TDB－TDC
- 收益-成本比(B/C):B/C＝TDB/TDC

如果进行经济学分析的目的仅仅是要判断将生理学引入项目是否能够产生收益的话,那么只需要确定对育种项目的投资能够增加经济收益,就可以继续投资,如果可以,其收益将加入项目的总收益中。NPV 是正数(NPV>0)时情况就是这样。

应用 NPV 作为决策标准的主要优点是计算简单。NPV 的主要缺点是无法考虑被计划的投资规模;没有进一步的投资,无法说明已知的 NPV 是来自大的投资还是小的投资。因此,在各种投资机会之间,作为一种工具,使用 NPV 进行决策时就受到了限制,这是因为仅仅使用 NPV 的最大值来简单地选择投资机会并不总能令人满意。例如,如果要在两个投资方案之间进行选择,第 1 个投资 100 美元,预期产生 200 美元的 NPV;第 2 个投资 200 美元,预期产生 210 美元的 NPV。那么即便第 1 个项目的 NPV 值要低一些,绝大多数人也会愿意投资第 1 个项目。

如果经济学分析的目标是在两个或更多的投资机会之间进行选择,那么采用 B/C 值作为决策标准将会更好。由于 B/C 值表征的是单位成本的(折扣)收益,因而是一种不受项目规模影响的计算项目价值的指标。不论项目的绝对规模有多大,使用 B/C 值的最大值来选择投资项目,都能确保获得最大的投资回报。

6.3.5　非经济学方面的因素

项目价值的衡量方法为投资决策提供了有用信息,如 NPV 与 B/C 值,可有助于决定是否继续一项被建议的投资,但它们不应当是决策的唯一基础。

绝大多数由成本与收益特性决定的潜在投资的量值难以准确估算,这意味着投资项目不能并入经济学"底线"。由于这一原因,在根据传统的项目价值衡量指标(如 NPV 和 B/C 值)进行最终决策之前,应慎重考虑非经济学方面的长远影响。只有在认真地考虑了非经济学方面的因素之后,才能够做出一个相对平衡的判断,以确定下一步的实施方案。

6.4　结　　论

由于绝大多数国家在农业科研项目上的投资越来越显得不足,因此科研管理人员正面临越来越大的压力以保证有效使用现有资源。虽然适当组织和管理的生理学因素无疑具备使小麦育种增值的潜力,但这并不意味着每一个小麦育种项目都必须引入生理学。

本章评述了投资分析的一些基本概念,可用于评估在育种项目中引入生理学因素的必要性。目前仍有许多决策是靠科学家与科研管理人员"拍脑袋"作出的,希望本章所阐述的如下经济学分析步骤能够有助于决策的正规化。

- 提出可以通过育种项目解决的问题;
- 粗略估算现有育种项目的成本与收益;
- 鉴别由于引入生理学而可能产生变化的一些活动;
- 基于成本与收益的变化估算经济学后果;
- 计算项目价值的经济学量值(NPV 和 B/C 值);
- 考虑非经济学方面的因素。

　　经济学分析并非完全可靠,因此按照上述步骤并不一定能够保证做出"正确的"决策。正如我们所指出的那样,科研项目的研究成果本质上具有不确定性,因此在经济学分析中使用的一些参数将必然是含糊的。但是在经济学框架内开展分析的一个主要优点是,可以使决策者们或多或少地、更加系统地考虑一些可能影响投资决策结果的因素,从而增加投资成功的可能性。

　　如果有关生理学在小麦育种项目中作用的决策在一定程度上是基于经济学方面的考虑,那么现有育种项目组织机构及科研管理的改变则有可能真正地提高效率。效率的提高继之加快育种项目所研发的新品种的流通,进而提高农田水平的生产率,最终使生产者与消费者同时受益。

(李　昂　译)

参 考 文 献

Bingham, J. 1979. Wheat breeding objectives and prospects. Agricultural Progress 54: 1-17.

Brennan, J. P. 1989a. An analytical model of a wheat breeding program. Agricultural Systems 31(4): 349-366.

Brennan, J. P. 1989b. An analysis of the economic potential of some innovations in a wheat breeding programme. Aust. J. Agric. Economics 33(1): 48-55.

Brennan, J. P. 1992. Economic Criteria for Establishing Plant Breeding Programs. CIMMYT Economics Working Paper 92-01. Mexico, D. F.: CIMMYT.

Brennan, J. P. 1997. Economic aspects of quality issues in wheat variety improvement. In: Steele, J. L. and Chung, O. K. (eds.). Proceedings, International Wheat Quality Conference. pp. 363-376.

Brennan, J. P. Efficiency in wheat improvement research: A case study of wheat improvement research in Australia. In: Maredia, M. and Byerlee, D. (eds.). Efficiency of Investment in National and International Wheat Improvement Research. CIMMYT Research Report. Mexico, D. F.: CIMMYT. (forthcoming).

Brennan, J. P., and Khan, M. A. 1989. Costs of Operating a Wheat Breeding Program. Rural and Resource Economics Report No. 5. Division of Rural and Resource Economics. N. S. W. Agriculture and Fisheries, Sydney.

Brennan, J. P., and O'Brien, L. 1991. An economic investigation of early-generation quality testing in a wheat breeding program. Plant Breeding 106(2): 132-140.

Gittinger, J. P. 1982. Economic Analysis of Agricultural Projects. Second Edition. Johns Hopkins, Baltimore, Maryland.

Maredia, M. K. 1993. The economics of international agricultural research spillovers: Implications for the efficient design of wheat improvement research programs. Unpublished PhD dissertation, Michigan State University, East Lansing, MI.

Morris, M. L., Clancy, C., and Lopez-Pereira, M. A. 1992. Maize research investment and impacts in developing countries. Part I of 1991-1992 CIMMYT World Maize Facts and Trends: Maize Research Investment and Impacts in Developing Countries. Mexico, D. F.: CIMMYT.

O'Brien, L., and Ronalds, J. A. 1984. Yield and quality interrelationships amongst random F3 lines and their implications for wheat breeding. Austr. J. Agric. Res. 35(6): 443-451.

Reynolds, M. P., S. Nagarajan, M. A. Razzaque, and O. A. A. Ageeb (eds.). 1997. Using Canopy Temperature Depression to Select for Yield Potential of Wheat in Heat Stressed Environments. Wheat Special Report No. 42. Mexico, D. F.: CIMMYT.

抗逆育种

7 改善干旱环境下的产量性状

R. A. Richards, A. G. Condon, G. J. Rebetzke[①]

与适宜的环境或灌溉区相比,干旱区小麦产量的遗传增益较小。可能是由于干旱的发生具有不可预见性,且季节降雨变化大,导致作物产量波动大。基因型与年份和(或)基因型与地点的强互作掩盖了遗传改良的成效。

有趣但并不意外的是,灌溉条件下选育的具增产潜力的小麦品种有较好的适应性,能够适应高产、低产、雨养等环境。这种情况的发生是因为在各种环境条件下高产性状的遗传变异,如在目标环境中的高收获指数应在适宜环境条件下选择。没有理由说明为什么适宜环境的遗传增益不继续贡献于不适环境下的产量,而所用的种质是在雨养环境下广泛评估得到的。然而,在雨养环境下的大量特异适应性也可用于获得更高的区域产量。

在干旱地区,通过特异生理性状育种来提高产量一直被认为是困难的和不成功的。很少成功的原因是大量研究直接致力于不易提高的,产量、遗传力低或难于测量的性状,干旱适应性状也可能与产量呈负相关。例如,早开花可能导致生物量积累的降低或可能增加霜冻的风险。

选择的性状也可能不适于目标地区。例如,除非是要选择苗期及后期均抗旱的性状,如果干旱只出现在开花期或灌浆期,则在干旱条件下进行幼苗成活率的育种选择是不适宜的。抗旱育种不成功的另一个原因可能是许多干旱少雨的环境并不总是导致低产的主要因素,而其他一些因素(如土壤矿物元素或土传病害)可能是造成低产的决定因素。这些因素很难鉴别,且不确定,因此也限制了干旱条件下的遗传改良进展。

在雨养环境下,只有开花时间和株高一直是影响产量提高的主要因素。开花时间的遗传控制对调整与供水量、霜冻及蒸发需求量相关的营养生长期、生殖生长期和籽粒生长期是非常重要的。在生物量没减少的情况下,降低株高对提高收获指数非常重要。

近年来,对干旱条件下影响小麦产量的生理性状和形态性状有了进一步理解,这为小麦育种提供了新的契机。在讨论这些性状及如何将其应用于育种之前,首先一个重要的工作是要确定干旱的可能分布,在这种环境中水分缺乏可能限制产量;其次,需要确定限制产量的主要因素是水分还是其他因素。

7.1 干旱的范围与性质

国际玉米小麦改良中心(CIMMYT)将全球小麦产区分为 12 个大区(mega-environment,ME)。其中,只有 3 个是灌溉区(Rajaram et al.,1995)。几个雨养区降雨量较高

---

① CSIRO 植物所,堪培拉,澳大利亚。

（＞500 mm），但在降雨量低于平均降雨量的年份，也会遭受间歇性的干旱或后期干旱。3个 ME 旱情频繁，被认为是粮食生产的临界区。

每个 ME 又可细分为一些亚区。例如，ME4 是最大的雨养环境区，面积为 3300万 hm²，可进一步细分为后期干旱区（如地中海气候）、前期干旱区（如阿根廷）和仅靠底墒区（如印度部分季风雨区域）。

由于在适宜环境下也存在干旱问题，使干旱胁迫影响最小化生理均值或提高水分利用效率的生理学手段将会影响高产雨养环境下的作物产量。事实上，经验丰富的农户经常会获得最好的产量，同时经历最严重旱情的侵袭，因为他们在实践中能最大限度地利用土壤中可用的水分。在灌溉条件下降低干旱的影响也是重要的，可使用更少的水生产更多的粮食（即高水分利用效率）。

7.2　干旱是干旱环境下决定产量的首要因素吗？

通常认为，降雨少是干旱环境下导致低产的最重要因素。然而，这并非总是正确的。其他因素，如病害、土壤营养问题、某时段的雨涝问题等可能会限制产量。在利用生理学方法改善干旱条件下的产量之前，首先应尽可能解决这些问题。由于叶片病害易于观察，所以它们成为育种的目标。然而，其他更隐蔽和不易鉴定的问题也可能导致产量的降低，而产量的降低有可能被误认为是干旱造成的。可能存在营养上的问题，也许是由于土壤 pH 引起矿物毒害；长期的营养不良或营养过剩；可能存在土传病原体，如线虫类，根部或根颈真菌疾病，如全蚀病或丝核菌等。所有这些因素都会导致根系生长不良或根部疾病，从而降低水分吸收，诱导干旱症状的出现（图 7.1）。

图 7.1　由根部全蚀病和溃害引起的作物生长期田间干旱，主要可通过管理
措施来限制这些不利因素的影响，从而提高产量（见文后彩图）

有许多方法可以确定是否是土壤因素限制了产量（表 7.1）。第一，化验土壤可以对是否存在一系列的非正常因素进行评价，如 pH，或微量元素和大量元素缺乏，或毒害等，这些因素会限制产量。第二，检查根部中间分蘖节，测验是否有全蚀病、丝核菌或一些种

类的线虫(如禾谷类孢囊线虫)。第三,监测分蘖发育。温带禾谷类的分蘖按照一个可预知的模式进行,因此可以用来检测发育不良的植物。例如,主分蘖出现在1叶、2叶、3叶的叶轴处,第二分蘖出现在主分蘖叶的叶轴处。在良好光照和大量营养的条件下,缺少分蘖显示了某些异常。

表 7.1 鉴定干旱以外限制产量的生物和非生物因素的方法†

土壤 pH 或微量、大量营养缺乏或毒害试验
调查基因型或物种的种植和后继生长
分蘖发育
根系检查
收获期土壤水分有效性
水分利用效率测算

注:† 根据作物生长周期中实施该鉴定方法的先后顺序列出。

最后,一个鉴定限制因素的有效方法是种植一些已知的探针基因型或其他谷物品种,这些基因型对土壤矿物质失调或土传病原体的抗性、耐性不同(Cooper et al., 1996)。根据一个或多个探针基因型相对较好的长势或产量,可以诊断一个特殊的问题。

另一个确定是否由非干旱因素限制了产量的有效方法是计算作物的水分利用效率,和(或)测定作物收获后是否将水分留在土壤中。后者可通过测定至少1 m深的土壤水分来确定。计算水分利用效率的最简单方法是作物产量除以播种前一个月至生理成熟期间累计的降雨量。更准确的数值是由生长季的降雨量总和、播种和收获时1 m深土壤含水量的差值算得。此值随环境的干旱程度、播种前土壤含水量及季节降雨量而变化。冷凉环境下最大值为 20 kg/(hm² · mm),在热干环境下可能低于 10 kg/(hm² · mm)。然而,比较不同土壤类型和某一区域内不同农户所种植土地的水分含量,似应测验出异质性。

如果发现干旱胁迫以外的其他因素是影响产量的主要决定因素,那么育种和栽培管理是解决这些问题的重要手段。通过育种可以提高作物的抗病、耐病性,提高作物对营养失调的耐受性,本书中会讨论其中的部分内容。在缺少遗传抗性时,轮作是减少根部疾病的最有效方法。

7.3 水分胁迫环境下的高产育种

尽管增长速度较过去几十年会有所减缓,但产量很可能会持续增加。虽然使用常规育种手段,但 20 世纪大部分时间在雨养环境下的小麦产量仍得到了提高。目标环境下直接选择产量仍然是小麦改良的基础,因为产量是基因型适应性和目前试验效率的最大集合。常规育种效率依赖于非遗传的因素,如怎样精准试验依赖于土地、整地、播种和收获设备、试验的维持以及精确鉴定非理想试验或田间条件下试验材料的统计程序。常规育种的效率也依赖于具代表性的试验区,该区应用标准的农作实践和足够大的小区面积测产。

　　预期生理育种学将变得更为重要。其发展来自对主要耕作体系下调控小麦生产因素的更深刻理解，以及对小麦生理调控与小麦生长区气候有关途径的更深刻理解。用这些知识将更容易鉴定出主要的限制因素及其解决途径，更精确地通过生理性状降低干旱影响并提高产量。

　　生理途径可通过许多方式加快产量改良速度。第一，可鉴定那些在育种群体中遗传变异不充分的重要性状，促进新亲本品系关键性状更大变异的鉴定。第二，产量和基因型与环境互作的季节变异较大可能使直接选择产量失效，因此，关注限制产量和高遗传力的生理性状可能更有效。第三，在最干旱的年份，较高的稳产性能够将产量损失降到最小，稳产性可通过生理性状选择来实现。第四，生理性状选择可在早代甚至生长季之前进行，投资效率更高。产量试验花费较大，若在早代应用关键生理指标对群体进行淘汰，则既可对高产和适应性进行测验，又可增加重复以提高选择的精度。第五，可在非生长季节进行选择，实现一年多代。

　　如果生理性状具有相当高的遗传力并且易于选择，那么通过回交将该性状整合到一个优质、抗病且适应性好的栽培品种是非常有效的。这将保证加速育种的进程，高频率地获得高产、优质、抗病的后代。

7.3.1　性状鉴定

　　Passioura(1997)提出了性状鉴定框架，该框架是干旱环境下鉴定限制小麦产量性状的最适宜方法。这个框架基于谷物产量，而不是干旱保护或干旱存活性，此方法在过去很流行，但是成功率不高。Passioura 认为，当水是限制因素时，谷物的产量是以下三个方面的函数：①作物耗水量；②作物生长对水分的利用效率（即水分利用效率或地上部分生物量/用水量）；③收获指数。由于这些组分之间可能在很大程度上相互依存，其中任一性状的改良都可提高产量。该等式表述如下：

$$籽粒产量＝作物耗水量×水分利用效率×收获指数$$

　　被鉴定为产量限制因素的性状仅限于特定环境，因此上式必须与当地的环境相结合。事实上干旱地区降雨呈季节性变化，某个特定的鉴定性状并不是在给定区域的每个季节都很重要。但例外的是一些性状在整个水分胁迫环境中都很重要，如作物良好的发芽和出苗率以及高水分利用效率。在随后的几个表中列出了一些性状，有的只在特定环境中适用，有的则具有通用性（如早期干旱或后期干旱）。

　　适当的开花期是在旱区获得高产和适应性的最重要因素。栽培措施不断改变，给新作物提供了机会，因此在不同地区对开花期的进一步遗传改良是可能的。例如，新机械和除草剂可有助于早播，或对这些条件最适应的品种对光周期和春化敏感性要求可能与当前品种不同。

　　在本章的后续部分，我们将分别列表介绍水分胁迫下可能对增产有重要作用的性状。这些表中包含了综合的性状目录。对于性状的选择，考虑到很多因素，如干旱的性质、在当前栽培种中该性状的表达、可利用的遗传变异及遗传操作的难易程度等。首先列出了可用于早代选择的性状，随后详细列出并讨论了对提高水分利用、水分利用效率或收获指数重要的性状。

7.3.2 F₂代选择

表 7.2 中列出了遗传力高,且在 F₂代中可目测选择的生理性状。所有这些性状在大多数雨养环境下可能都很重要。对于 F₂代的选择,群体应种植在水分良好的条件下,使形态性状的遗传变异得以充分表达,使病害充分表现,以选择抗性。

表 7.2　在干旱限制产量的条件下 F₂代中可直观选择的农艺性状

性状	遗传力	期望的 G×E	通用的或环境特异的性状
开花期选择			
开花时间	高	低	特异
小旗叶	中	高	通用
蜡质	高	低	通用
芒	高	低	通用
抗病性	与病情相关	低	通用
近生理成熟期选择			
株高	高	低	通用
小花育性	低	中	通用
叶片持绿性	低	高	特异
大粒	高	中	通用

7.4　水　分　利　用

深根系意味着具抗旱性及从土壤中吸收更多的水分。当然这个性状很难测量。然而,目前小麦品种的根系可能已足够大,没必要进一步改良。不过,需研究当前栽培品种是否吸收了所有可利用的土壤水分。

反之,如果需改良现有品种的根系,那么增加根深度和分布的最简单方法是延长营养生长时间,早播或种植晚开花品种可达此目的。提高早期生长势有利于深根生长和不定根在表层土壤的生长。不定根对在蒸发干表土水分之前吸收表层土壤营养和水分是非常重要的。选择较高生长活力的适当方法将在后文讨论。

表 7.3 列出了可提高作物耗水、根系生长、指示深根基因型的植株特性。其中,物候期和早期壮苗可使根系深扎,是提高作物水分利用的植株性状。通常用于生长更多分蘖的同化物在抑制分蘖基因存在时可用于根系生长。渗透调节可促进根系生长及提高吸水能力。然而当前条件下选择该性状有一定的难度。

指示深根系的性状可被用作选择指标(表 7.3)。低冠层温度或高气孔导度均表明土壤水分状况较好,因此对于较深根系,这两项指标均可简单地测得。这些深根的标记性状在选择中是有价值的,但是对土壤一致性要求非常高,这样才能消除任何土壤空间上的异质性。

表 7.3　提高作物对土壤水分利用、根系生长或指示深根系的植株性状

性状	遗传力	期望 G×E	通用的或环境特异的性状
提高土壤水分利用的性状			
深根系	低	高	特异
物候期	高	低	特异
幼苗活力	高	低	特异
分蘖抑制	高	低	特异
渗透调节	低	高	特异
指示深根系的性状			
冠层温度	中	高	—
气孔导度	中	高	—
持绿性	中	高	—
卷叶	中	高	—

　　叶片持绿性也是土壤水分状况较好的指标,叶片持绿性好表明根系较深。干旱后非常有可能再降雨,这时叶片持绿性是一个理想的深根标记性状。持绿性意味着有更多的光合组织可用来进行同化作用和吸收更多的土壤水分。旗叶卷曲的程度也可以反映植物水分状况,从而表明是否有深根系,这些旗叶是生长在干旱土壤上植株的直立叶片。旗叶卷曲可能是避免叶片衰老和保持一定叶面积的一种适应性,一旦后期降水,就可吸收更多土壤水分。但是,一定要注意不要与开花期旗叶的卷曲混淆。

图 7.2　较强的幼苗活力(如图中左侧的植株)可降低土壤水分经土表蒸发的损失及限制杂草生长
(见文后彩图)

7.4.1　水分利用效率

　　水分利用效率(WUE)通常用总干物质量与土壤水分蒸发蒸腾损失总量之比来表示。提高蒸腾效率(TE,干物质量/蒸发量)和(或)减少土壤蒸发都会提高 WUE。

7.4.2　减少土壤水分蒸发

　　在世界很多地区,小麦往往种植在播种至拔节期降水较频繁的环境中,这是一种地中海式环境。该环境中,有效防止土壤水分蒸发可以保证作物生长季中充足的土壤水分供给。早期幼苗活力的增加可降低土表蒸发损失(图 7.2)。这种潜在的收益是巨大的,其原因是:①通常约有一半的生长期降水通过土壤蒸发损失

掉;②广泛种植的半矮秆小麦与高秆小麦相比,内在活力较低(Richards,1992)。虽然当空气水汽压亏缺低且获得较高蒸腾效率时,苗期的良好长势可能导致更多的生长,但更强的苗期活力可能不像在其他环境中那样重要。如果作物生长周期短,幼苗活力较强可能会提高最终生物量和产量。而且,作物活力较强,可有效减少杂草生长和除草剂应用。

表7.4列出了可提高幼苗活力的植株性状。尽可能快地建立一个大的植物群体是取得最大活力的第一要素。这对于广泛选用的半矮秆小麦品种尤为重要,因为与标准株高的小麦相比,半矮秆小麦胚芽鞘较短、出芽较慢。短胚芽鞘导致出苗率低,进而作物群体差,尤其是半矮秆小麦深播或播于残茬时。播种长胚芽鞘的小麦可以提高出苗率。从半矮秆种质资源中能筛选到长胚芽鞘的小麦,而利用赤霉酸(GA)敏感的母本进行筛选将会取得更大的进展,当然仍要同时选择矮秆小麦(Rebetzke et al.,1999)。这些小麦的胚芽鞘长度大约是半矮秆小麦的2倍。胚芽鞘长的小麦具有更大的早期叶片和更快的出苗率,这两个性状均有利于加快叶面积的增长。

表 7.4　改善小麦定植和早期冠层形成的植株性状

性状	遗传力	期望 G×E	通用的或环境特异的性状
最优先性状			
长胚芽鞘	高	低	通用
宽阔的幼叶	高	低	特异
种胚大小	高	低	特异
比叶面积	中	高	特异
大胚芽鞘分蘖	中	高	特异
次优先性状			
大粒	高	低	通用
快速出苗	低	低	特异
快速叶展率	中	低	特异
低温耐受性	中	低	特异
根颈深度	中	中	特异
根颈向茎叶的分配	中	低	通用
叶面积比	中	低	特异

与小粒品种相比,大粒品种出苗率较高,植株更大、更壮。但是,如果用单位面积的质量来计算播种量,那么播种大粒品种没什么优点。在提高早期幼苗活力的植株性状中(表7.4),幼苗叶片宽度和胚芽鞘分蘖的频率及大小可能是最有效的。应首选这两个性状以及长胚芽鞘。后文将叙及这些性状的选择方案。表7.4也列出了可能会提高幼苗活力的其他一些次优先性状。尽管每个性状都存在遗传变异,但是它们对幼苗活力的影响很小,也难以对其进行选择,或最初的研究结果表明遗传变异低。然而选择最优性状在某种程度上会提高次优先性状的表达。例如,建议用GA敏感的主要或次要基因替代GA不敏感的矮基因 *Rht1*(*Rht-B1b*)和 *Rht2*(*Rht-D1b*),以增加胚芽鞘长度,从而促进植物定

植。有证据显示,这也会增加出苗率和叶片伸展率。而且,选择宽阔的幼叶会增加胚大小和比叶面积,也会提高叶面积比。

7.4.3　改善定植状态

半矮秆小麦栽培种的株高主要由 GA 不敏感的等位基因 *Rht1* 和 *Rht2* 决定。尽管这些等位基因导致达到最大产量的株高,但它们同时也限制了胚芽鞘的长度,这常常使作物定植状态较差(图 7.3)。然而,使用 GA 不敏感或 GA 敏感基因均能降低小麦株高。GA 敏感基因降低株高的效果与 GA 不敏感的 *Rht* 基因相当,但胚芽鞘要长一倍(Rebetzke et al., 1999)。另外,在 GA 敏感背景中株高和胚芽鞘长度似乎无关,这有利于在育种群体中同步选择这两个性状。我们的研究结果表明,GA 敏感的矮秆基因具有与当前半矮秆小麦栽培品种相同的良好分配特性,即使在播种条件不太适宜的情况下也能获得较高生物量(Rebetzke et al., 2000)。

图 7.3　在不利条件下,具有长胚芽鞘的 GA 敏感半矮秆小麦较具有 *Rht1* 和 *Rht2* 等位基因的 GA 不敏感半矮秆小麦定植好(见文后彩图)

不同小麦群体遗传研究结果表明,GA 敏感的矮秆基因具有高遗传力,易于选择。胚芽鞘长度也具有高遗传力,长胚芽鞘的选择在较宽的土壤温度范围内保持着较宽的胚芽鞘长度范围。

试验通常选择在有代表性的温度(19℃)下进行,在该温度下,多数群体的种子均可以播种,且在 2 周后可进行评估。选择同样大小的种子,播种深度相同(10 mm),种植在装有肥沃土壤的木托盘中,浇水至田间持水量。用不透明薄膜覆盖盘子以避光,于 19℃ 培养。200℃ d(约 10 天,假设基准温度为 0℃)后,去掉薄膜,肉眼观察或尺子测量确定较长的胚芽鞘后代(图 7.4)。将选定的家系幼苗移栽到温室或大田中,加强移栽幼苗的田间管理。基于成熟期主分蘖测量株高,保留理想高度的植株。株高和胚芽鞘长度具有高遗传力,表明可尽早在 F_2 代开始筛选这两个性状。

图 7.4　将木托盘中暗培养的幼苗用于胚芽鞘长度筛选

7.4.4　幼苗活力

尽管高幼苗活力的小麦相当有前途,但是该性状在目前的半矮秆小麦栽培品种中没有遗传变异性。小麦和大麦幼苗活力的差异表明,大麦叶面积几乎为小麦的 2 倍(López-Castañeda et al. , 1996),主要因为大麦出苗较早(约早 1 天),胚较大,比叶面积(SLA,叶片单面面积与其干重之比)较大。大麦经常在主分蘖之前产生大胚芽鞘分蘖,有利于提高幼苗活力。对国际小麦资源材料大量筛选,发现了两个具有适当早期叶面积遗传变异的群体(Richards et al. , 2001)。与大麦一样,小麦的早期幼苗活力来自较大的胚和比叶面积。聚合这两个独立性状已经获得比其亲本活力更高的后代(Richards,1996),这些高活力后代中也常有大胚芽鞘分蘖。

我们的试验表明,早期叶面积的遗传力小。然而,前两片叶平均叶宽的遗传力高,与叶面积之间有高遗传相关性(Rebetzke et al. , 1999a)。高遗传力和遗传相关性表明,应用叶宽作为叶面积的一个尺度进行早期叶面积发育的选择与选择叶面积本身同样有效。测量叶宽另有以下优点,即快速、无破坏性、能在幼苗期开展工作。叶宽的高遗传力表明,叶宽与 G×E 相互作用的敏感性低于叶面积。不过,通常在较凉的月份农民播种小麦,叶宽以及更大程度上的叶面积和生物量的遗传变异是最大的。在试验盘中幼苗活力较强的家系在大田中活力也较强。尽管胚芽鞘分蘖似乎一定程度上依赖于土壤肥力和土壤生产力,但也可以用胚芽鞘分蘖进行评估。

对品系或家系早期活力评估的步骤很简单。至关重要的是从每个品系的优质种子开始做起。因为种子大小对早期活力有很大的影响,有必要去除太小或太大的种子,或者称量种子个体作后续的协方差校正分析。种子大小是根据种子长×宽用肉眼观察评估的,或者用天平称量,也可以用筛孔大小不同的筛子来筛选种子。

　　将种子以同样深度播种在盛有沃土的深托盘中,然后浇水。当出苗率达到约 90%时,通过测量幼苗株高(从土表到第一片叶顶)来评估出苗时间。当第二片叶完全展开时(一般在 2.4 叶时)用尺子测量最初的两片叶的宽度。此时也测量叶长和叶片数目。通过记录胚芽鞘分蘖的有无对分蘖进行简单评估;如果有,则记下分蘖的长度。胚芽鞘分蘖评估的细节还包括分蘖从土壤中伸出的时间。选择最好的植株或家系移栽,用于杂交试验或繁种。图 7.5 显示的是种在木托盘中处于选择期的幼苗。

图 7.5　测量托盘中生长的幼苗叶宽以筛选早期幼苗活力

　　田间观察表明,在生长季早期,含 GA 不敏感的矮化基因的小麦,其叶面积和植株干重较小(Richards,1992)。初步研究数据也表明,在 GA 不敏感基因 *Rht* 遗传背景下,通过大胚和大比叶面积提高幼苗活力的潜力可能受到一些限制。我们相信含 GA 敏感矮秆基因的遗传背景能增强大胚和大比叶面积对幼苗活力的表达。而且,较长胚芽鞘和较大幼苗活力可提供一个"包装",使之更适合不利环境下的生产。

7.4.5　较高蒸腾效率

　　蒸腾效率(TE,干物质与蒸腾失水量的比值)是水分利用效率的另一个组分,也是一个应提高的性状。提高小麦 TE 的途径很多,表 7.5 列出了其中较重要的部分。可能最简单的途径是保证最大生物量增长期出现在天气最凉爽期,此途径利用了天气凉爽期小麦生长所需水分较少这个特点。为此需要调整种植时间,使最凉爽时期所有冠层都处于闭合状态,同时也需要种植不同物候期的小麦品种。既然这是提高 TE 的简单途径,那么改变早播包括旱田直播等管理措施的机会都应探索实践。提高早期幼苗活力的选择也导致较高的叶面积指数,从而在冷凉环境下截获较多光能,提高作物生物量,进而提高 TE。

表 7.5　可被筛选出的提高小麦蒸腾效率的植株性状

性状	遗传力	期望 G×E	通用的或环境特异的性状
物候期	高	低	特异
幼苗活力	高	低	特异
碳同位素分辨力	高	低	通用
灰分含量	?	高	
近红外测验	?	?	
气孔导度	中	高	
叶绿素含量	中	中	
比叶面积	中	中	
冠层温度	中	中	
蜡质	高	低	通用
表皮毛	高	低	通用
残余蒸腾	?	高	通用
叶片大小和习性	?	高	通用

提高 TE 的另一途径是增加表面反射，以降低光合组织的表面温度。选择蜡质和多毛性状是另外两条途径。另外，在干热环境下，较小的光合表面能更有效地散热。还可选择维持光合活性的芒和冠层上部叶片小而直立这两个性状。在夜间，有时可通过不完全关闭的气孔和角质层进行蒸腾作用。在多数环境中这种蒸腾作用不会很大，但是如果夜间空气水汽压亏缺大，作物每天损失水分可达到 0.5 mm。日间角质层失水也很重要。已发现小麦角质层蒸腾的遗传变异是重要的，并已建立相对简单的筛选流程（Clarke et al.，1982）。

7.4.6　碳同位素分辨率

碳同位素分辨率（Δ）是植物干物质中稳定性碳同位素比率（$^{13}C/^{12}C$）相对于大气中用于植物光合作用的 $^{13}C/^{12}C$ 的度量值。空气中约 1‰ 的 CO_2 中含有 ^{13}C。由于 $^{13}CO_2$ 分子质量大于 $^{12}CO_2$，C_3 植物（如小麦、大麦）在光合作用过程中能辨别并排斥 $^{13}CO_2$ 的同化，其结果是植物干物质中 ^{13}C 的含量较大气中的少。^{13}C 的辨别程度因基因型而异。

影响 ^{13}C 辨别程度的过程对测定叶片气体交换的 TE 也是重要的。因此，Δ 提供了一个基因型或育种品系叶片水平 TE 的相对测量法。当 TE 高时，辨别值较小（即 Δ 低）。就叶片气体交换而言，TE 表示每单位蒸腾失水量中光合作用 CO_2 的同化量。叶片 CO_2 摄取率取决于：①叶片对 CO_2 的"吸吮力"，即单位叶面积光合体系的数量；②CO_2 进入叶片的难易度，这由气孔导度来决定。CO_2 和水通过相同的气孔进行交换，所以气孔导度也是决定蒸腾速率的重要因素。蒸腾速率的另一个决定因素是叶片的蒸发需求量（即空气对水分的"吸吮力"），它是叶片和空气之间蒸汽压梯度的最精确测量值。

植物材料的 Δ 与全生育期的 TE 密切关联（Farquhar et al.，1984；Condon et al.，1992）。我们正运用此技术培育较高 TE 的小麦。通过回交，至今已育成在水胁迫环境中产量高于轮回亲本的品系。Δ的一些特性使其成为一个很有潜力的育种工具(Hall et al.，1994)。最重要的是，Δ的测定比 TE 快且容易。以收集的多种基因型为材料，测验其干物质样品的 Δ，提供了叶片水平的 TE 变异。该 TE 是在整个生长期干物质基础上累计的。我们已证实，Δ的遗传力高，新近取样的或长期储存样品的干物质均可测定 Δ。

　　我们的试验结果表明，最好采用田间生长的植株进行品系或家系 Δ 评价。实质上在干旱开始之前的分蘖盛期从田间植株中采集同龄叶片，此时空气水汽压亏缺低。较晚采集植物材料可信度较差，其原因是物候期、土壤水分有效性及先前生成的同化物转运都可能存在差异。我们发现单株 Δ 的遗传力低，因此建议从多株上采集样品。

　　为了开展以上工作，我们以重复短行的方式播种了 F_3 代(或更高世代)家系(图 7.6)。在茎伸长生长前的分蘖盛期，沿着播种行在土表上方 5 cm 处采集植物样品。将植株顶部(主要是叶片还有极少的叶鞘和茎秆)置于纸袋中，70℃烘干。由于这些样品是从生长点之上剪取的，因此这些植株能够恢复生长，并且株高、花期及病害反应均能被评估。若能在开花前测完 Δ，则可鉴定出将进一步用于杂交或回交的品系。一旦样品材料被烘干，即可无限期存放。在 Δ 分析之前，应尽可能将材料研磨为细粉状。最好研磨前再干燥样品以去除残留水分。由于只有约 5 mg 的样品用于碳同位素测验，建议充分搅拌研磨后的样品，以使二次抽样误差达到最小化。

图 7.6　短行种植 F_3 代，用其叶片进行 Δ 分析

　　对于包括小麦在内的温带谷类作物来说，Δ 对育种的效用可能会随供水量对产量的限制程度，以及作物生长周期中水分胁迫出现的阶段而发生改变。在小麦中，Δ 是一个与较慢利用水分和较低生长率相关的"保守"性状。因此，在水分不是主要限制因素的环境中，小麦的低 Δ(高 TE)与相对较低的产量潜力相关(Condon et al.，1987)。在这些环境中，选择高 Δ 有利于鉴定高产量潜力的品系(见 Fischer 撰写的章节)。在雨养环境下，如果当前降水量能维持作物生长至开花期，或者是开花之前旱情已得到缓解，选择高 Δ 也

能有效提高产量。这些环境中,高 Δ 与成熟期较多的干物质有关。

　　在作物生长主要依赖播前土壤蓄墒的环境中,选择低 Δ(而不是高 Δ)对增产更有效。在这些环境条件下,作物蒸腾占总耗水量的比例大,高 TE 促进土壤水分的保持,以维持开花前后的产量决定过程。在土壤蓄墒的环境中,Δ 非常高的基因型更易在此关键期前耗尽土壤供水。

　　基于 Δ 选择的缺点是其选择方向会因目标环境而变。另一个缺点是需用专业设备(比质谱仪)对其测量,因此费用相对较高(商业分析实验室分析费为每个样品 5～15 美元)。为此,目前提出了一些适用于不同育种阶段的替代 Δ 的方法。这些替代方法或者与 Δ 本身相关,或者可以估测决定 Δ 遗传变异的重要植物过程。

　　这些替代方法是干物质灰分含量(Masle et al.,1992)以及块状组织的近红外反射系数(Clark et al.,1995)。测验这些性状可能有助于淘汰与 Δ 相关的群体数量。而且测量与 Δ 决定因子相关的性状(即气孔导度与光合能力)也能有效淘汰育种中的群体。使用新的便携式黏性流气孔计测量叶片气孔导度(图 7.7;Rawson,1996),或者用红外测温仪测定冠层温度(见 Reynolds 撰写的章节),都是比较简便的替代方法。冠层温度本身是气孔导度的函数。光合能力的可能替代品是叶绿素含量,可用叶绿素计 Minolta'SPAD Meter'(Araus et al.,1997)进行测量;或者是比叶面积(单位干重叶片的叶面积),它反映了单位叶面积的光合体系数量(Wright et al.,1988)。

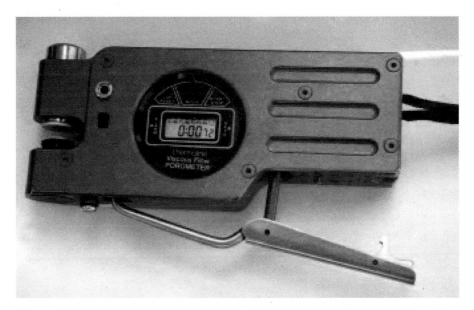

图 7.7　测量叶片气孔导度的黏性流气孔计,对健康小麦植株的单项测定需要 10～20 s

7.5　收　获　指　数

　　测定收获指数(HI)比测定耗水量和水分利用效率简单。成熟期随机采集样品,其地表以上的生物量和籽粒重为 HI 提供了一个简单的量度值。而且,在进行基因型比较时,测量 HI 较单测两个组分(产量和地上部分生物量)之一更全面和直接,并且对于生长在有利环境中的作物,基因型的 HI 顺序是相对固定的。然而,与耗水量、水分利用效率一样,多变的雨养环境下 HI 的遗传操作并不简单,已知在干旱条件下两种独立因素决定 HI,均可经遗传操作使 HI 达到最大而增产。HI 的第一个决定因子与干旱无关,即在某无干旱环境中的 HI;第二个决定因子与干旱有关,极大地依赖于灌浆期水分的有效性。

7.5.1　与干旱无关的收获指数

最优条件产生高 HI 的性状,如果生物量没有损失,在所有环境下均可能有助于植株高产。这是半矮秆小麦品种超过标准株高品种的优点,也是半矮秆小麦能够同时在有利和不利环境下表现优异的原因。与干旱无关的高 HI 是旱作小麦高产的先决条件,因为它确定了特定环境下的遗传潜力。简言之,与干旱无关的 HI 是干物质在生殖器官和非生殖器官间分配的函数。因此,将降低株高和提早开花的基因联合起来,是增加 HI 最简单易行的方法。表 7.6 列出了提高小麦 HI 的植株性状。有利环境下,促进 HI 增高的因素在他处另行讨论(见本章和 Richards 撰写的章节,1996)。

表 7.6　提高小麦收获指数的植株性状

性状	遗传力	期望 G×E	通用的或环境特异的性状
与干旱无关			
物候期	高	低	特异
株高和穗下节长	高	低	通用
分蘖抑制	高	低	特异
同化物转运	中	高	通用
与干旱相关			
物候期	高	低	特异
分蘖抑制	高	低	特异
木质部导管直径	中	低	特异
叶片电导率	中	中	特异
持绿性/卷叶	中	中	特异
同化物转运	中	高	通用

7.5.2　与干旱相关的收获指数

只有当无干旱目标环境中给定基因型的 HI 已经较大时,与干旱相关的 HI 遗传改良才确实显得重要。与干旱相关的 HI 是开花后水分利用的函数。如果开花后水分利用占总水分利用的比例较大,则 HI 也较大。因此,如果土壤水分有限,那么开花前存留的可用于籽粒灌浆的土壤水分则会增加 HI。作物高产依赖于开花前后的生长平衡,但很难将这个平衡维持良好。例如,如果开花前长势太弱将会限制总的干物质产量,但是 HI 可达到最高;而开花前生长很旺盛可保证总干物质产量达到最大,但 HI 较低。

耗水量是蒸发需求和叶面积的函数。尽管能改变作物的物候期以改变作物生长时序,但是很难改变蒸发需求。然而可以利用许多性状,从遗传上减少叶面积的增长,从而调节耗水量并有效提高与干旱相关的 HI。表 7.6 列出了提高干旱相关 HI 的植株性状。

物候期是与干旱无关 HI 的主要决定因子,可决定开花前后的水分利用量。如果提前几天开花,就意味着开花后可额外多利用 5~10 mm 土壤水(避旱),因此得到较高的HI,也许能获得高产。然而早花也导致花前生长不足,尽管此时 HI 较高,但不一定能高产。水分胁迫条件下,产量随季节变化大,播种花期早的品种不一定总占优势。经过几十年的育种和产量试验,在特定的区域可能获得最优的开花期。在花后高温环境中,早开花可提高水分利用效率。将早开花与强幼苗活力或抗霜冻相结合也有助于提高 HI 和产量。

在干旱和非干旱环境下,减少分蘖使不育分蘖数目降低,从而有助于提高 HI。在干旱环境下减少分蘖也有助于提高 HI,主要是因为开花前较小的叶面积可降低蒸腾,使更多水分用于灌浆。较窄的种子根木质部导管也有类似的作用。种子根负责摄取深层土壤水分,并减小根系木质部导管的直径而增加水阻力。而水阻力的增加可放慢干旱条件下开花前的水分利用,从而使更多水分用于灌浆。生长于表层土壤的次生根,能给作物提供所需水量;减小次生根木质部导管直径,对干旱条件下的作物生长有利,但对正常水分条件下的作物无影响。降低开花前蒸发量的其他途径可以是选择较小的上部叶片(包括旗叶),或选择较低的气孔导度和较低的夜间叶片导度。

小麦的分蘖、木质部导管直径、叶片面积、气孔或表皮水分损失等性状都存在明显的遗传变异,如分蘖,在染色体 1AS 上有一主要基因抑制分蘖(Richards,1988)。该基因的外显率因气候和遗传背景而改变,所以它能够在大范围内调节分蘖,进而调控叶面积。

木质部导管直径并不难测验:用一个弹簧夹固定好组织,制作种子根的横切片,然后用甲苯胺蓝染色,在显微镜下快速测量最大导管的直径(Richards et al.,1981)。最好取长有 2~3 片叶的小麦幼苗作为试验材料。被选中的植株还能继续生长,用于杂交或种子繁殖。气孔导度和夜间叶片导度的遗传变异和选择方法在前面已经讨论过了。

调节开花前后耗水量是提高干旱相关 HI 的一条途径,但还有其他一些途径。作物开花时,茎秆中储存盈余同化物。这些物质在小麦中以水溶性碳水化合物形式存在,开花期其含量能达到地表以上干物质总量的 25%。灌浆期,同化物转运至籽粒,促进籽粒发育;如果在干旱条件下,这些同化物能 100% 转运至籽粒,形成最终产量。干物质的再分配是提高 HI 的重要因素。

小麦同化物的储存和转运存在大量的遗传变异。尽管已经尝试了使用衰老剂的新程序,但目前还没有有效的选择技术(Blum et al.,1983)。鉴定最优亲本的一个有效途径是在相邻小区实测花期和成熟期之间茎秆质量的损失。这还需以土地面积为基础和估算同化物的转运情况。评价形态性状也是有效途径,如抑制分蘖基因可导致茎秆变粗。另外,节间髓腔的大小和解剖构造有变化,它对于同化物的储存可能是重要的。

某些干旱环境下,灌浆期降雨可能性较高。这样可能会延长灌溉期,从而获得高 HI。灌溉期延长将会留出时间使同化物转运至谷物中。其遗传意义是延迟叶片衰老及延长灌浆期。选择卷叶可有效减少辐射能的吸收,可能导致更低的叶面温度和更少的蒸腾量,同时可通过肉眼观察来选择叶片衰老的耐受性或"持绿性"。

7.6　结　束　语

　　干旱条件下,产量的遗传改良工作不容易,即使是最有把握的方法(如以小区产量为选择单位的经验育种)也会由于不可预知的旱情和大的季节性变化而进展困难、缓慢。利用生理途径(已知干旱条件下限制产量的生理因素)虽然能更精确地选定限制产量的因素,但在育种上应用也存在一定的风险。没有哪个单个性状在任何条件下都是绝对重要的,极少成功范例的事实也证明了这一途径内在的难度,然而一旦成功就将获得很大的收益。

　　由于不同类型的旱情及干旱严重性的季节性变化,鉴定限制产量性状并有效应用这些性状是育种工作的重要挑战。另外,不同性状可预知及不可预知的多重效应可能会进一步增加问题的复杂程度。考虑到某个性状可能在某一年里是重要的,而在下一年里并不重要,那么性状的验证是育种工作的另一个挑战。因此,没有绝对的在每个季节都是有效的重要目标性状。所以,生理育种与经验育种应互为补充。

　　生理途径具有超过单独凭借经验育种可取得的增产稳产潜力。首先,可鉴定目前干旱环境中限制产量的关键性状,从而鉴定出优异亲本种质资源,这些种质资源具有育种项目中一般不被发现的杰出性状表现。其次,可有效地淘汰群体,只有最优品系用来测产。这些工作可在非生长季节进行,从而使一年繁育多代成为可能。如果性状与产量相关,那么在早代选择性状比选择产量更有效,因为产量方面存在大的基因型×环境互作效应。因此,性状选择具有提高育种效率的潜力。有些性状可能难以测量,另外,这常常会激发一个育种项目来发明快速、有效的方法对这些性状进行选择。

　　最后的成功或许难以衡量,但是如果通过回交将目标性状引入适宜的背景而得到更好的品种,评价也就不再困难了。然而,生理途径是否能成功应用于系谱选育项目中并不很清楚。生理途径将促使人们更深入理解与普通环境相关的作物生长,因此可更深入地评价影响产量的潜在因素。同时也将引起种质基础的扩展,创造新种质和改进群体评判技术。正如经验育种项目那样,生理育种需要长期投资。

(张跃强　译)

参 考 文 献

Araus, J. L. , Bort, J. , Ceccarelli, S. , and Grando, S. 1997. Relationship between leaf structure and carbon isotope discrimination in field grown barley. Plant Physiol. Biochem. 35: 541-553.

Blum, A. , Poiarkova, H. , Golan, G. , and Mayer, J. 1983. Chemical desiccation of wheat plants as a simulator of post-anthesis stress. I: Effects on translocation and kernel growth. Field Crops Res. 6: 51-58.

Clark, D. H. , Johnson, D. A. , Kephart, K. D. , and Jackson, J. A. 1995. Near infrared reflectance spectroscopy estimation of 13C discrimination in forages. J. Range Management 48: 132-136.

Clarke, J. M. , and McCaig, T. N. 1982. Excisedleaf water retention capability as an indicator of drought resistance of *Triticum* genotypes. Can. J. Plant Sci. 62: 571-578.

Condon, A. G., Richards, R. A., and Farquhar, G. D. 1987. Carbon isotope discrimination is positively correlated with grain yield and dry matter production in field-grown wheat. Crop Sci, 27: 996-1001.

Condon, A. G., Richards, R. A., and Farquhar, G. D. 1992. The effect of variation in soil water availability, vapour pressure deficit and nitrogen nutrition on carbon isotope discrimination in wheat. Aust. J. Agric. Res. 43: 935-947.

Cooper, M., and Fox, P. N. 1996. Environmental characterisation based on probe and reference genotypes. In: Plant Adaptation and Crop Improvement. M. Cooper and G. L. Hammer (eds.). CAB International. pp. 529-547.

Farquhar, G. D., and Richards, R. A. 1984. Isotopic composition of plant carbon correlates with water-use efficiency of wheat genotypes. Aust. J. Plant Physiol. 11: 539-552.

Hall, A. E., Richards, R. A., Condon, A. G., Wright, G. C., and Farquhar, G. D. 1994. Carbon isotope discrimination and plant breeding. In: Plant Breeding Reviews. Janick, J. (ed.). John Wiley & Sons. pp. 81-113.

López-Castañeda, C., Richards, R. A., Farquhar, G. D., and Williamson, R. E. 1996. Seed and seedling characteristics contributing to variation in seedling vigour among temperate cereals. Crop Sci. 36: 1257-1266.

Masle, J., Farquhar, G. D., and Wong, S. C. 1992. Transpiration ratio and plant mineral content are related among genotypes of a range of species. Aust. J. Plant Physiol. 19: 709-721.

Passioura, J. B. 1977. Grain yield harvest index and water use of wheat. J. Aust. Inst. Agric. Sci. 43: 117-120.

Rajaram, S., van Ginkel, M., and Fischer, R. A. 1995. CIMMYT's wheat breeding megaenvironments (ME). Proceedings of the 8th International Wheat Genetics Symposium, 1993. Beijing, China.

Rawson, H. M. 1996. An inexpensive pocket-sized instrument for rapid ranking of wheat genotypes for leaf resistance. In: Proceedings of the 8th Assembly of the Wheat Breeding Society of Australia. Richards, R. A. et al. (eds.). Canberra. pp. 127-128.

Rebetzke, G. J., and Richards, R. A. 1999. Genetic improvement of early vigour in wheat. Aust. J. Agric. Res. 50: 291-301.

Rebetzke, G. J., and Richards, R. A. 2000. Gibberellic acid sensitive dwarfing genes reduce plant height to increase kernel number and grain yield of wheat. Aust. J. Agric. Res. 51: 235-245.

Rebetzke, G. J., Richards, R. A., Fischer, V. M., and Mickelson, B. J. 1999. Breeding long coleoptile, reduced height wheats. Euphytica 106: 158-168.

Richards, R. A. 1988. A tiller inhibitor gene in wheat and its effect on plant growth. Aust. J. Agric. Res. 39: 749-757.

Richards, R. A. 1991. Crop improvement for temperate Australia: Future opportunities. Field Crops Res. 26: 141-169.

Richards, R. A. 1992. The effect of dwarfing genes in spring wheat in dry environments. II. Growth, water use and water use efficiency. Aust. J. Agric. Res. 43: 529-539.

Richards, R. A. 1996. Increasing the yield potential in wheat: manipulating sources and sinks. In: Increasing yield potential in wheat: Breaking the barriers. Reynolds, M. P., Rajaram, S., and McNab, A. (eds.). Mexico, D. F.: CIMMYT. pp. 134-149.

Richards, R. A., and Passioura, J. B. 1981. Seminal root morphology and water use of wheat. I. Environmental Effects. Crop Sci. 21: 249-252.

Richards, R. A., and Lukacs, Z. 2001. Seedling vigour in wheat-sources of variation for genetic and agronomic improvement. Aust. J. Agric. Res. 52: (in press).

Wright, G. C., Hubick, K. T., and Farquhar, G. D. 1988. Discrimination in carbon isotopes of leaves correlates with water-use efficiency of field-grown peanut cultivars. Aust. J. Agric. Res. 15: 815-825.

8 耐 盐 性

K. N. Singh, R. Chatrath[①]

自然界土壤盐分比人类文明出现的时间更早。早期人们为了得到更好的生活资源，沿着河岸迁徙并在干旱的土地上灌溉农业的时候，盐渍化就成了第一个人为的环境问题。关于土壤盐渍化最早的记录可以追溯到公元前 2400 年，位于伊拉克的底格里斯河-幼发拉底河冲积平原（Russel et al. , 1965）。土壤盐渍化第一次与灌溉相联系发生在苏美尔的东北部，位于现在的泰洛赫附近。研究认为古代苏美尔文明的毁灭与土壤盐渍化具有一定的关系（Jacobson et al. , 1988）。

对盐渍化土壤有系统记载的研究只有一个世纪的历史。在印度次大陆，英国人构建了庞大的灌溉渠道系统，从而使土地出现次生盐碱化，许多地区都产生了与盐分相关的问题。在马哈拉施特拉邦，由于尼拉灌溉项目的实施，使德干高原也出现了土壤盐渍化现象。印度独立后，由于一些大中型灌溉项目投入使用，国内其他许多地区也出现了洪涝灾害和土壤盐渍化现象。

8.1 盐渍土的分布

盐渍土的分布非常广泛。从湿润的热带到寒冷的极地，从海平面以下（如死海周围）到海拔 5000 m 的青藏高原和洛基山脉，从沙漠到非洲和拉丁美洲的热带丛林地区，甚至是极地，特别是南极都有盐渍土的存在。

由于缺少详细的地图资料，受土壤盐渍化影响的地区还没有明确的界定，因此对全球盐渍化土地面积的估计也存在很大的差异（Flowers et al. , 1986）。全球 1.6×10^8 hm² 的灌溉耕地，大约 1/3 受到盐害的影响（图 8.1），盐害已经成为影响粮食生产的主要制约因素。在亚洲的热带地区，盐害是最大的土壤毒害问题（Greenland, 1984）。在印度小麦种植区，土壤盐渍化和劣质地下水严重影响了小麦的产量（图 8.2）。

每轮灌溉都将一些盐分引入土壤，其中一部分会沉积到根区以下，而另一部分则会停留在浅层土壤中。在无盐分的表层土壤中，盐分的逐步累积被称为次生盐渍化。次生盐渍化会限制土地的生产寿命。当土壤中的盐浓度过高，土地产出低于经济投入时，土地很快也就不能耕种了。

咸水灌溉日益增加，加之管理不善，更加剧了土壤的次生盐碱化（Framji, 1976）。盐渍土壤生产粮食、纤维、燃料和饲料等必需品的巨大潜力比以往任何时候都更有意义。由于人口增长，使生产需求不断增加，开发新耕地的可能性太小，因此更加迫切需要提高盐

---

① 印度中央土壤盐分研究所作物改良部，哈里亚纳邦卡尔纳尔。

漬土地的生产力,以帮助众多低收入农民增收。

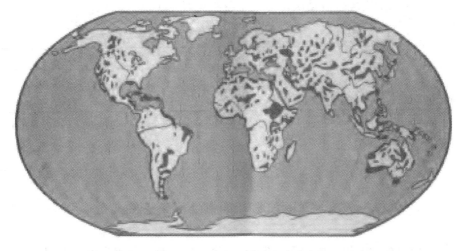

图 8.1 盐渍化土壤的全球分布

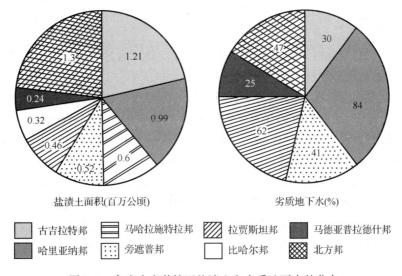

盐渍土面积(百万公顷)　　　　　　劣质地下水(%)

古吉拉特邦	马哈拉施特拉邦	拉贾斯坦邦	马德亚普拉德什邦
哈里亚纳邦	旁遮普邦	比哈尔邦	北方邦

图 8.2 印度小麦种植区盐渍土和劣质地下水的分布

8.2　盐渍土壤的分类

土壤含盐量过高会破坏土壤的结构。当 Na^+ 占据了黏土颗粒的阳离子交换复合体时,会使土壤更为致密,从而阻碍土壤气体交换。因此,盐碱地的植物,不仅受到高浓度 Na^+ 影响,同时也受到一定程度的缺氧影响。大规模的灌溉可以溶解沉积在根区的盐分,但是重壤土本身的渗透性较差,因此通过灌溉或降雨淡化盐分收效甚微。碱性土壤如果在播种后立即出现一段时间的降雨,随后又经过一段时间的干旱,土壤就会干燥、硬化板结,这种条件下幼苗根本无法破土而出。

诊断盐渍土类型的参数有土壤电导率 EC 和可交换性钠百分比,前者用于测验渗透问题,后者用于指示物理分散情况。盐渍土分类见表 8.1。

表 8.1　美国盐分实验室使用的盐渍土壤分类系统

	$EC^†\leqslant 4/(mmhos/cm)$	$EC^†>4/(mmhos/cm)$
$ESP^‡\leqslant 15\%$	非盐碱土 §	盐渍土
$ESP>15\%$	碱土	盐碱土

注:† EC=电导率;‡ ESP=可交换性钠百分比;§ 盐渍土的 pH 低于 8.5;盐碱土的 pH 约为 8.5;碱土的 pH 大于 8.5。

资料来源:美国农业部(1954)。

8.3　盐碱度对植物的影响

虽然农作物在盐渍化土壤中都能生长,作物品种会对盐分表现出一系列的响应,但最终会因盐分而减产。盐效应是不同形态、生理和生化过程之间复杂的相互作用的结果。

8.3.1　形态影响

形态上的症状是盐胁迫造成有害影响的指标。只有通过与正常土壤条件下生长的植物作比较,才能知道抑制性或不利影响的程度。

盐分可能直接或间接抑制植物生长点细胞的分裂和伸长。幼苗生长迟缓是由于生长组织中的盐分过多,而并非成熟光合组织中的盐分导致的(Munns et al.,1982),因此受盐分影响的植物表现出茎叶发育不良。氯元素可诱导栅栏细胞伸长,从而导致叶片变为肉质。盐胁迫能加速物候发展,使小麦提前开花(Maas et al.,1989;Francois et al.,1986;Bernal et al.,1973;Rawson,1988)。盐胁迫还会减少干物质含量、增加根冠比、减小叶面积。由于种子、小穗和分蘖数减少以及粒重降低,最终导致减产。

在碱土条件下,植物生长主要受到总营养缺乏或不平衡以及贫瘠的土壤物理条件和高碱度对根系的严重限制等方面的影响。在盐敏感品种中,这种生长限制通常还伴随着延迟开花。

8.3.2　生理效应

盐胁迫会影响植物代谢的许多方面,导致作物生长受限。土壤溶液中过多的盐分可能会通过根系水分吸收的渗透抑制(Bernstein et al.,1958)或特异性离子效应对植物的生长产生负面影响。该离子效应会导致直接毒性,或离子的不溶性及竞争吸附,进而影响植物的营养平衡。这些效应可能和酶活性、激素失衡以及形态的改变相关。应当指出的是,用渗透胁迫和特殊的离子作用来解释所观测到的影响仍存在争议。

即使在低盐分的情况下,外部的盐浓度仍然大于营养离子的浓度,因此只有营养离子浓度相当高才可以到达木质部。叶片作为植物蒸腾作用的活性部位,会因盐分积累而提早死亡(Munns et al.,1986)。植物的光合作用减弱,是由于受到叶片伸展速率、叶面积、叶片的生存时间以及单位叶面积的光合作用、呼吸作用等因素的影响。盐分的影响导致到达生长区域的同化物、水分及其他生长因子的数量减少,可能间接影响植物的生长。这一数量减少的原因可能包括气孔关闭及盐分对光合器官的直接影响。同时,光合产物在韧皮部的运输也可能受到抑制。小麦光合作用降低被认为主要是由氧气释放受到抑制,而并非气孔关闭引起(Passera et al.,1997)。

由于可利用的不同离子元素失去平衡,植物根部的矿物质吸收受到影响。基本营养元素运往地上部分的速率降低,是导致小麦生长速率减缓的更大原因(Termaat et al.,1986)。虽然盐分会扰乱阳离子营养的分布,但在混合盐存在的条件下,这种离子失衡现象会受到限制。

非盐碱土壤中的钙离子充足,而盐碱土壤中钙离子供应不足。在盐碱土里,随着可交换的钙、镁离子的减少,可交换的钠离子却在增加,从而引起钙、镁离子缺乏。当土壤溶液中钙、镁离子浓度降至临界水平以下时,钾离子的摄取也会降低,从而影响营养的平衡。

土壤碱性会严重影响锌的溶解性,并大幅度降低植物对锌的利用。同时,铁的利用也会受到不利影响。有机物的积累会形成螯合锌的络合物,从而使碱性土壤中缺锌加剧。因此,在盐引起的营养缺乏环境下,通过施肥提高营养水平可以增强植物的耐盐性(Bernstein et al.,1974)。

植物从生长到维持状态的能量转移也会引起盐对植物生长的抑制(Nieman et al.,1978)。该维持状态可能包括不同器官中离子浓度的调控以及细胞内有机溶质的合成,它与渗透调控、大分子物质保护、膜完整性维持等相关。渗透调控确保了细胞内足够的细胞膨压,而细胞质中积累的有机化合物可作为渗透调节物质,并在变化的离子环境中保护大分子结构(Borowitzak,1981;Wyn Jones et al.,1983)。

由于盐害影响着许多生理代谢过程,因此很难评估单一代谢的盐损伤对植物死亡或者最终伤害的影响。评估单一代谢的盐损伤的途径之一是比较作物品种对盐胁迫的不同响应,品种间的响应关系较种间的响应更接近。对一个盐敏感和一个抗盐小麦品种的研究表明,渗透压并不是区分两者的主要因素,对特异性离子的敏感性才是主要因素。研究发现生育期短的品种,其钠离子和氯离子的含量高于生育期长的品种,这也解释了短生育期品种表现不佳的原因(Bernal et al.,1974)。

8.3.3 生化效应

鉴定抗逆性状的生理学方法还不是很成熟(如没有单一的生理学特性与植物的耐盐性紧密相关)(Yeo et al.,1990)。在盐胁迫条件下,基因表达模式会发生改变,合成蛋白质的性质和数量都会发生变化,因此研究盐胁迫下蛋白质的合成模式有助于鉴定蛋白质与胁迫的关系。

虽然人们普遍承认,盐胁迫导致蛋白质合成的数量变化,但对于盐分能否激活特异的耐盐基因仍有争议。通过比较盐敏感的面包小麦'中国春'及其与长穗偃麦草合成的耐盐双倍体,Gulick 和 Dvorak(1987)未发现两者之间表现差异的 mRNA。因此耐盐性的变异可能是基因水平的等位变异造成的,该变异增加了基因表达量,至少在亲缘关系相近的物种间是这样。所以耐盐性似乎并不是由单一基因决定的。

盐胁迫也改变植物激素的水平,如脱落酸(Moorby et al. ,1983)和细胞分裂素。还有人认为,盐胁迫会影响细胞和细胞核的体积,诱导核内多倍体的出现,诱导核酸、蛋白质的合成(Leopold et al. ,1984)。与蛋白质合成相关的几个步骤对离子环境的变化都非常敏感,甚至有可能伤害蛋白质代谢(Wyn Jones et al. ,1979)。

8.4　耐盐机制

不了解植物应对盐胁迫的生理机制,就无法成功开展耐盐育种工作。准确理解耐盐机制有助于我们解析耐盐性状的遗传基础,以完善耐盐性的遗传力和显性遗传模式的知识。

所探讨的耐盐机制包括离子运输、定位、渗透调节和离子诱导的代谢变化,以及光合作用和蒸腾作用的影响。耐盐性的调控机制随着盐胁迫水平的变化而变化。

8.4.1　对盐分摄入的控制

在低盐情况下,植物耐盐性取决于尽可能少地摄入盐分(即拒盐),主要通过以下机制完成:

(1) 载体和离子通道的选择,两者分别由离子通过根部进入木质部的主动运输和被动运输完成(Rain,1972;Flower et al. ,1977;Wyn jones,1980);

(2) 更好的水分利用效率使每单位新生组织的潜在载盐量降至最低,最终降低组织中的盐浓度(Flowers et al. ,1988);

(3) 苗壮生长和(或)持续不断的叶片更替也会稀释植物体的盐浓度(Yeo et al. ,1984)。

8.4.2　降低离子过度摄入造成的损伤

由于蒸腾作用和木质部离子浓度的影响,叶片盐浓度快速增长进而引起伤害。植物利用以下机制来适应盐的负载且不减弱叶片的光合活性:

(1) 将盐离子限定于老叶,以保护相对较新、蒸腾速率较高的叶片(Yeo et al. ,1982);

(2) 叶片中的离子区域化,以避免叶片中水分的不足(Oertli,1988);

(3) 通过特殊结构去除叶片中过多的盐分(Fahn,1979)。

8.4.3　渗透调节

在高盐情况下,外部水势的渗透调节是必需的。植物必须积累或合成与渗透活性相关的化合物,如通过:

(1) 更好的营养获取和高离子选择性;

(2) 合成有机溶质,如糖、有机酸、脯氨酸、甜菜碱、山梨醇等,以调节液泡和细胞质的渗透势;

(3) 液泡中盐离子的区域化(Jeschke,1984)。

8.5 耐盐育种策略

耐盐育种是一项艰巨的任务,由于受到多种因素的制约,进展缓慢:

(1) 未全面认识盐分对植物的影响;

(2) 测量和鉴定的手段不足;

(3) 选择方法效果不佳;

(4) 对于盐分影响植物的相互作用缺乏了解;

(5) 中度盐胁迫模糊和非特异的效应(并非对植物生长);

(6) 植物体内的盐分渗透性和离子相互作用;

(7) 植物的耐盐性随植物的发育而发生改变。

改善耐盐性的一些首要条件如下:

(1) 栽培种或野生近缘种适宜遗传变异的可利用性;

(2) 筛选大量耐盐基因型的方法;

(3) 合适的育种方法。

8.5.1 耐盐性的遗传多样性

耐盐性的遗传变异如同成活率和产量一样被看作是一个重要的参数,这在包括小麦在内的许多作物中均有报道。在世界上收集的许多普通小麦中均发现了耐盐性变异(Quershi et al. , 1980;Kingsbury et al. , 1984;Sayed,1985),通过常规育种使耐盐性得到小的改善(Rana,1986)。CIMMYT 的 Singh 和 Chatrath(1992)在组培培养的品系中筛选并发现了耐盐性的变异。小麦耐几种矿物质胁迫的基因已被定位,它们在禾谷类作物的 7 组同源染色体上均有分布,但大部分位于第 4 和第 5 同源群上(Forster,1994)。

8.5.2 耐盐性的筛选

由于尚未完全了解盐胁迫的生理影响,衡量耐盐性还很困难,几乎不知道涉及耐盐性的基因。既然盐害是作物生长的一个重要环境限制因素,即可基于生物统计学和数量遗传学的方法测定作物生长量及产量的降低。利用植物产量和生长量的降低来衡量盐胁迫是唯一的办法。

上述困难提出了如何衡量耐盐性在植物中发展的问题,不过这些困难可以被克服。因此耐盐育种可以为植物生理学家提供植物材料,协助了解植物的耐盐机制。

8.5.3 田间和小区的研究

虽然耐盐性筛选的方法很多,但仍然有必要研究出一套简便快速的筛选技术。在一个小的空间里,经过短短 4 个星期的发芽期,就可容易地筛选大量基因型。但是一个基因型的耐盐性会随着生长时期而变化,所以在利用该基因型育种或将其推荐播种于盐渍土之前,应当在田间再次鉴定。

有报道称,在相同盐浓度的不同介质中,耐盐基因型的表型也不尽相同,所以最终的鉴选应在与目标种植区域相似的田间进行。除此之外,筛选田地的环境条件也应与种植田的条件相一致。在不同的环境条件下,如温度和湿度不同,盐害所产生的效应也不尽相同(Salim,1989)。

　　在含盐的田地和小区中选择耐盐植物是最基本的方法(图 8.3),但是这种筛选也会存在很多问题。土壤盐分会随时间、位置和土层深度的不同而变化。在高盐浓度下,某些离子会对植物产生特异毒性,土壤的物理结构也会随着盐与土壤的化学相互作用而改变。含盐的灌溉水实际上是含多种盐的混合物,并不只含 NaCl。在筛选研究和品种评价中盐分失衡是最常见的问题。

图 8.3　在可控盐胁迫小区筛选耐盐小麦

　　当土壤中的黏土含量较高时,一定要考虑到钠吸收比(SAR)。因为在 SAR 和渗透性高的土壤中,盐害对植物的影响与在非碱性盐渍土中显著不同。

　　另一个使选择耐盐植物更为复杂的问题是,耐盐植物的快速生长和水分利用使盐分通过外排的过程集中,根区盐分可能更高。那么,碰巧生长于轻度盐分区域的植物可能表现出更强的耐盐性,但是事实并非如此。如果基于植物对土壤盐分的响应和对水分的测量,耐盐性的筛选将得到很大程度的改善。

　　精确控制使用的淡水和盐水非常重要。很容易根据育种目的修改滴灌和喷灌系统,以控制和监测水分的应用;高频灌溉能够降低土壤含水量和土壤水的盐分变化。由于叶片能吸收盐分,这直接导致西班牙萨拉戈萨 Servicio de Investigación 开发的三排水源喷灌系统应用以失败告终,而他们随后的研究表明,滴灌系统更实用和成功。

8.5.4　温室和实验室方法

　　温室和实验室技术通常用于发芽和早期营养生长阶段耐盐性的筛选。苗期一般是植物生长发育最敏感的阶段,以前针对不同作物品种的耐盐性研究均包括这个阶段的耐盐性评价(Kingsbury et al., 1984；Norlyn et al., 1984；Allen et al., 1985；Sayed，1985；Singh et al., 1989；Cramer et al., 1991)。

盆栽和水培都是常见的温室技术。在条件可控的温室和实验室中进行筛选都能克服环境互作问题。此外，由于这种技术便于在小空间、短时间内进行大规模筛选，因此广为应用。但这些体系不可用于选择根部与土壤互作有关的性状。现在许多标准和工具，包括简单的装置，如萌发盆，或者更先进的技术，如组织培养、重组 DNA 等都已应用于耐盐性筛选。

高渗透胁迫下的萌发已被提倡用于耐盐性筛选(Fryxell，1954)。但目前人们已经清楚地认识到芽期和生长后期的耐盐性是不相关的，而且芽期的筛选也会丢掉有价值的耐盐遗传资源。因此，最好在芽期、苗期或以后的生长期分别进行耐盐性鉴定。因为在植物生长发育过程中，不同的基因可能涉及不同的耐盐机制。

据报道，利用沙培的出苗鉴定技术是确定盐胁迫下潜在出苗率的一种有效手段(Sexton et al., 1982)。盐化琼脂凝胶、营养膜技术和其他的一些筛选技术都已用作根部生长指标。但是根部生长对耐盐性来说并不是一个很可靠的指标，因为在低盐条件下，根的生长对盐的敏感性远远低于营养体生长。叶片不发生黄化通常表明品种具有更强的排盐能力，所以叶片抗黄化可作为一种筛选指标(Ream et al., 1976；Shannon，1978)。

8.5.5 生化技术

基于形态性状的筛选技术较利用生理学指标更为容易，但与增加耐盐性相关的形态标记只有盐腺和植物表面的毛。使用生化标记，如脯氨酸、甜菜碱、糖分积累、钠钾比，其趋势并不一致，因此也不可靠。这可能是由于耐盐性是植物多种形态学、生理学特性共同作用的结果。

8.6 耐盐育种程序

引种对品种的改良至关重要。南亚和东南亚盐渍土壤上种植的大部分传统品种来源于印度和泰国。目前，人们认识到了作物引种的重要性，已开始在国内和国际进行种质交换。一些国际组织拥有耐盐、耐碱、耐酸的不同作物的种质资源。

筛选和评价全部可获得的遗传变异很重要。自花授粉作物的地方品种是高度同源的异质品系，因此很有必要从地方品种中选择培育出一个纯的育种品系。Kharchia Local 是一个高度耐盐的地方品种，在印度拉贾斯坦邦卡尔赤地区很受欢迎。

当变异性不足或不可利用时，可以通过耐盐性供体与高产品种杂交获得遗传变异。使用的育种方法包括系谱法、混选法、回交育种法和轮回选择法。位于格尔纳尔的中央土壤盐分研究所利用 Kharchia 65 与 WL71I 杂交，通过系谱法将 Kharchia 65 的耐盐性转移到广泛种植的高产小麦 WL71I 中，培育出了印度第一个系谱选育的耐盐小麦品种 KRL I-4(图 8.4)。目前该方法已成功运用于水稻耐盐育种。

当遗传变异性受限时，可通过诱导多倍体来增加其变异性。据观察，在碱土和盐渍土中，异源二倍体作物较二倍体表现出更强的耐性。据推断，有利的基因组间互用和源于异

图 8.4　印度耐盐小麦品种 KRL I-4

源多倍体的广泛遗传变异的可利用性能使双二倍体获得二倍体亲本不能达到的耐盐水平（Rana et al.，1980）。

　　土壤胁迫在时间和空间上具有很大的变化，因此需要增加群体规模。在这种情况下，系谱法的效率比改良混选法低。混选法中只有理想的基因型才被选择和聚集。在胁迫条件下，可对分离材料进行连续多代的群体评价和选择。当耐性达到期望水平时，再进行单株选择，然后进入系谱选育程序，最终在目标环境中对其进行测验。

　　回交也常被用于从供体亲本中转移一两个主效基因。已知曾通过回交将两个小麦品种的磷高效基因转移到高产小麦品种中，且已在低 pH 和低磷土壤条件下对分离后代进行选择并得到许多单株。此外，人们还曾试图使用回交法将黑麦的磷高效基因转移到小麦中（Rosa，1988）。

　　农作物的适应性和生产能力通常呈负相关。而轮回选择则可以打破这种不利连锁，从而增加有利性状组合的频率，尤其是对具有加性遗传效应的性状。如果耐盐性不足，常可采用诱变育种，但是诱变很少应用于提高对土壤胁迫的抗性。

8.7　提高育种效率

8.7.1　小麦远缘杂交

　　百萨偃麦草（*Thinopyrum bessarabicum*）是禾本科小麦族的一种多年生植物，比一年生小麦（普通小麦）的耐盐性好。在中度盐分下（250 mol ma），中国春和百萨偃麦草杂交产生的双二倍体，比'中国春'和 Kharchia 具有更高的抗性，表现更高的存活率和生产力（Forster et al.，1985）。这种更强的抗性源自该双二倍体遗传了高效排除幼叶和生殖组织中钠离子和氯离子的特性（Gorham et al.，1986）。鉴于双二倍体表达了较多百萨偃麦草基因组的不良性状,这项技术还没有被育种者充分利用,应当考虑只转移相关的部分基因组。

人们也知道,普通小麦(AABBDD)比四倍体小麦(AABB)具有更强的 K^+/Na^+ 选择性,这是由于 K^+/Na^+ 选择性与基因组 D 的第 4 号染色体相关(Gorham et al.,1987)。虽然该性状的等位变异在六倍体小麦中很少,但是在基因组 D 的供体种粗山羊草(*Aegilops squarrosa*)及其他携带基因组 D 的小麦近缘种中可能存在。对小麦四体系(2X=44)和小麦/灯芯偃麦草二体系(2X=44)的研究表明,小麦染色体 2A、2B、2D 和灯芯偃麦草的染色体2J 携带盐敏感基因,同时 2J 染色体也携带有耐盐基因(Forster et al.,1988)。上述发现表明存在可用于增强耐盐性的主效基因。

8.7.2 组织培养

选择耐盐的细胞和原生质体,从中再生耐盐植株也是有可能的。这一方法的主要优点在于大量的单细胞能够被操作,易于筛选,还具有通过体细胞无性系变异增加遗传变异率的潜力。

由于组织培养筛选是在细胞水平上,因此了解在细胞水平上的耐盐性是否能反映整个植株的耐盐性非常重要。确定由盐敏感品种的细胞内诱导的耐盐性能否被转移到再生的整个植株中也是一个很有趣的问题。Nabors 等(1980)从烟草耐盐愈伤组织再生的植株中发现耐盐性,但他们并未得到遗传控制的明确证据。

8.7.3 数量性状位点途径

小麦及其亲缘种的耐盐遗传变异是存在的,但是它复杂的遗传性阻碍了对其遗传的剖析和相关基因与商业品种的整合。然而近来持续发展的主要作物品种的分子标记遗传图谱(如 RFLP 和随后的基于 PCR 的分子标记)为解决这一难题提供了新的途径,因为原则上图谱允许将数量变异分布于与确定的染色体位置相关的效应,这就是所谓的数量性状位点(QTL)分析。Foolad 和 Jones(1993)曾试图将这种方法应用到番茄的耐盐响应研究,而 Lebreton 等(1995)则将其应用于玉米的抗旱响应研究。

8.7.4 小麦×玉米双单倍体

利用小麦×玉米杂交的双单倍体体系,培育新的耐盐小麦,不仅省时,而且比传统育种方法更有效。目前,小麦×玉米有性杂交是获得小麦多倍单倍体群体最有效的技术(Laurie et al.,1988)。因为玉米对小麦的 Kr 等位基因不敏感,所以不同小麦基因型的胚胎复苏频率很高。在受精卵或前三次的细胞分裂中,玉米染色体消失,产生了单倍体小麦胚。萌发的胚随后被转移到花盆中,并且在四分蘖期使用秋水仙素处理得到双倍染色体。

英国诺里奇的约翰英纳斯中心使用 Kharchia 和一个排碱品系 TW161 创建的双单倍体(KTDH 系列),在自然的盐渍土壤和格尔纳尔的中央土壤盐分研究所可控小区中进行了评价。其中,表现最好的品系 KTDH 54、KTDH 6 和 KTDH 7 在印度表现为植株高且晚熟。由耐盐品种 Kharchia、KRL 14 以及 KRL3-4 品系和印度高产小麦品种杂交得到的其他双单倍体系列(图 8.5)正在扩繁,准备田间试验。

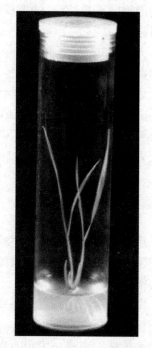

图 8.5　利用小麦×玉米属间杂交得到的单倍体小麦幼苗

8.8 结　论

新型的、生物的和遗传的技术应当被广泛用于培育耐盐作物品种的研究。遗传和生理学方法已受到部分重视,致力于研究和发展如土地复垦、排水、提高灌溉水质量等方面。抗逆品种的选用对解决盐渍化的问题很有效。

必须慎重选择具有耐盐遗传潜力的品种,要收集每个品种的可用种质资源,系统筛选基于生理因子的耐盐性。考虑到筛选程序和特定的盐胁迫种类,应该发展快速、可靠的筛选技术。

当基因库中的耐盐资源很少或没有多样性时,应开发外来物种或野生基因型。体细胞杂交、诱变育种、基因工程等其他备选方案也可用于增加遗传多样性。

应当对新品系和分离生态型的耐盐性进行遗传研究。在准确理解耐盐机制的基础上需鉴定遗传和显性模式。对由野生近缘种与栽培种回交选育的,具备特定耐盐生理性状的近等位基因品系的耐盐遗传力进行研究是非常重要的。

细胞水平上的选择、体细胞无性系变异、原生质融合以及诱变育种等更新的技术可贡献于耐盐品种培育。

生长在碱性土上的植物,选择钠钾比率比选择数量性状更有效。

虽然在盐胁迫条件下的小麦产量不能与那些高产环境的相媲美,但是培育能够在盐碱土壤生长而且具有一定产量的小麦品种是切实可行的。必须继续开展耐盐性和敏感性机理的基础研究,该机理基于生理、代谢、生化、结构和超结构等特性,使耐盐植物在胁迫条件下能够生存甚至能够茁壮成长。

在盐碱土壤条件下,已经证实了在植物生长和产量方面存在可利用的基因型差异。因此,努力培育出具有超强耐盐性和理想产量的小麦品种的基础较其他正在研究的非生物胁迫抗逆育种更加坚实。耐盐小麦育种取得的进展仅仅是一个过程的开始,我们期望对人类幸福做出有意义的贡献以结束这一过程。

（王　重　张跃强　译）

参 考 文 献

Allen, S. G. , Dobrenz, A. K. , Schonhorst, M. H. , and Stoner, J. E. 1985. Heritability of NaCl tolerance in germinating alfalfa seed. Agron. J. 77: 99-101.

Bernal, T. C. , and Bingham 1973. Salt tolerance of Mexican wheat. I. Effect of No. 3 and NaCl on mineral nutrition, growth and grain production of four wheats. Division S4-Soil fertility and Plant Nutrition. Soil Sci. Soc. Amer. Proc. 37: 711-715.

Bernal, C. T. , Bingham, F. T. , and Oertli, J. 1974. Salt tolerance of Mexican wheat. II. Relation to variable sodium chloride and length of growing season. Proc. Soil Sci. Soc. Am. 38: 777-780.

Bernstein, L. , Francois, L. E. , and Clark R. A. 1974. Interactive effects of salinity and fertility on yields of grains and vegetables. Agron. J. 66: 412.

Bernstein, L. , and Hayward, H. E. 1958. Physiology of salt tolerance Annu. Rev. Plant Physiol. 9: 25.

Borowitzak, L. J. 1981. Solute accumulation and regulation of cell water activity. In: The Physiology and Biochemistry of Drought Resistance in Plants. L. G. Paleg and D. Aspinall (eds.). Academic Press, Sidney. pp 97-130.

Cramer, G. R. , Epstein, E. , and Lauchi, A. 1991. Effect of sodium, potassium and calcium on salt stressed barley. II. Elemental analysis. Physiol. Plant 81: 197-202.

Fahn, A. 1979. Secretory Tissues in Plants. London: Academic Press.

Flowers, T. J. , Troke, P. F. , and Yeo, A. R. 1977. The mechanism of salt tolerance in halophytes. Ann. Rev. Plant Physiol. 28: 89.

Flowers, T. J. , Hajibagheri, M. A. , and Clipson, N. C. W. 1986. Halophytes. Quarterly Review of Biology 61: 313-337.

Flowers, T. J. , Salama, F. M. , and Yeo, A. R. 1988. Water use efficiency in rice (*Oryza sativa* L.) in relation to resistance to salinity. Plant, Cell and Environment 11: 453-459.

Foolad, M. R. , and Jones, R. A. 1993. Mapping salt-tolerance genes in tomato (*Lycopersicon esculentum*) using trait-based marker analysis. Theor. Appl. Genet. 87: 184-192.

Forster, B. P. , and Miller, T. E. 1985. 5b deficient hybrid between *Triticum aestivum* and *Agropyron junceum*. Cereal Res. Comm. 13: 93-95.

Forster, B. P. , Gorham, J. , and Taeb, M. 1988. The use of genetic stocks in understanding and improving the salt tolerance in wheat. In: Cereals Breeding Related to Integrated Cereal Production. M. L. Joma and L. A. J. Slootmaker (eds.). Wageningen: PUDOC.

Forster, B. P. 1994. Cytogenetic manipulations in the Triticeae. In: Monographs on Theoretical and Applied Genetics. Vol. 21. A. R. Yeo and T. J. Flowers (eds.). Springer-Verlag, Berlin Heidelberg.

Framji, K. K. (ed.). 1976. Irrigation and Salinity: A World Wide Survey. International Commission on Irrigation and Drainage. New Delhi.

Francois, L. E. , Maas, E. V. , Donovan, T. J. , and Youngs, V. L. 1986. Effect of salinity on grain yield and quality, vegetative growth and germination of semidwarf durum wheat. Agron. J. 78: 1053-1058.

Fryxell, P. A. 1954. A procedure of possible value in plant breeding. Agron. J. 46: 433.

Gorham, J. , Forster, B. P. , Budrewicz E. , Wyn Jones, R. G. , Miller, T. E. , and Law, C. N. 1986. Al tolerance in the Triticeae: solute accumulation and distribution in an amphidiploid derived from *Triticum aestivum* cv. Chinese Spring and *Thinopyrum bessarabicum* J. Exp. Bot. 37: 143549.

Gorham, J. , Hardy, C. , Wyn-Jones, R. G. , Joppa, L. , and Law, C. N. 1987. Chromosomal location of a K/Na discrimination character in the D genome of wheat. Theor. Appl. Genet. 74: 484-488.

Greenland, D. J. 1984. Exploited plants: rice. Biologist 31: 291-325.

Gulick, P. , and Dvorak, J. 1987. Genetic induction and repression by salt treatment in roots of the salinity sensitive Chinese Spring Wheat and the salinity tolerant Chinese Spring x *Elytrigia elongata* amphiploid. Proc. Natl. Acad. Sci. USA 84: 99-104.

Jacobson, T. , and Adams, R. M. 1968. Salt and salt in ancient Mesopotamian agriculture. Science 128: 1251-1258.

Jeschke, W. D. 1984. K^+-Na^+ exchange at cellular membranes, intracellular compartmentation of cations and salt tolerance. In: Salinity Tolerance in Plants: Strategies for Crop Improvement. Staples, R. C. and Toenniessen, G. H.

(eds.). Wiley & Sons, New York. pp 37-66.

Kingsbury, R. W. , and Epstein, E. 1984. Selection for salt-resistant spring wheat. Crop Sci. 24: 310-315.

Laurie, D. A. , and Bennett, M. D. 1988. The production of haploid wheat plants from wheat x maize crosses. Theor. Appl. Genet. 76: 393-397.

Lebreton, C. , Laziejancie, V. , Steed, A. , Pekic, S. , and Quarrie, S. A. 1995. Identification of QTL for drought responses in maize and their testing casual relationships between traits. J. Exp. Bot. 46: 853-865.

Leopold, A. C. , and Willing, R. P. 1984. Evidence for toxicity effects of salt on membranes. In: Salinity Tolerance in Plants: Strategies for Crop Improvement. Staples, R. C. and Toenniessen, G. H. (eds.). Wiley & Sons, New York. pp. 77-91.

Maas, E. V. , and Poss, J. A. 1989. Salt sensitivity of wheat at various growth stages. Irrig. Sci. 10: 2940.

Moorby, J. , and Besford, R. T. 1983. Mineral nutrition and growth. In: Encyclopedia of Plant Physiology. New Series. Vol. 15B. Inorganic Plant Nutrition. Lauchli, A. and Bieleskio, R. L. (eds.). Springer-Verlag, Berlin. pp. 481-527.

Munns, R. , Greenway, H. , Delane, R. , and Gibbs, R. 1982. Ion concentration and carbohydrate status of the elongating leaf tissue of *Hordeum vulgare* growing at high external NaCl. II. Causes of the growth reduction. J. Exp. Bot. 33: 574-583.

Munns, R. , and Termat, A. 1986. Whole plant responses to salinity. Aust. J. Plant Physiol. 13: 143-160.

Nabors, M. W. , Gibbs, S. E. , Bernstein, C. S. , and Meis, M. M. 1980. NaCl-tolerant tobacco plants from cultured cells. Zeitschrift fur Pflanzenphysiologie 97: 13-17.

Nieman, R. H. , and Maas, E. V. 1978. The energy change of salt stressed plants. Sixth Intern. Biophysics Cong. Abs. p. 121.

Norlyn, J. D. , and Epstein, E. 1984. Variability in salt tolerance of four triticale lines at germination and emergence. Crop Sci. 24: 1090-1092.

Oertli, J. J. 1968. Extracellular salt accumulation, a possible mechanism of salt injury in plants. Agrochimica 12: 461-469.

Passera, C. , and Albuzio, A. 1997. Effect of salinity on photosynthesis and photorespiration of two wheat species (*Triticum durum* cv. PEPE 2122 and *Triticum aestivum* cv. Marzotto) Can. J. Bot. 56: 121-126.

Quershi, R. H. , Ahmed, R. , llyas, M. , and Aslam, Z. 1980. Screening wheat (*Triticum aestivum* L.) for salt tolerance. Pak. J. Agric. Sci. 17: 19-25.

Rana, R. S. 1986. Evaluation and utilization of traditionally grown cereal cultivars of salt affected areas of India. Indian J. Genet. 46(Suppl I): 121-135.

Rains, D. W. 1972. Salt transport by plants in relation to salinity. Ann. Rev. Plant. Physiol. 233-267.

Rana, R. S. , Singh, K. N. , and Ahuja, P. S. 1980. Chromosomal variation and plant tolerance to sodic and saline soils. In: lnt. Symp Salt Affected Soils. Central Soil Salinity Research Institute, Kamal, India. pp. 487-493.

Ream, G. L. , and Furr, J. R. 1976. Salt tolerance of some citrus species: Relatives and hybrids tested as rootstocks. J. Am. Sot. Hort. Sci. 101: 265.

Rosa, O. 1988. Current special breeding projects at the National Research Centre for Wheat (CNPT). EMBRAPA, Brazil. In: Wheat breeding for acid soils. Review of Brazilian/ClMMYT Collaboration 1976-1986. Kohli, M. M. and Rajaram, S. (eds.). Mexico, D. F. : CIMMYT. pp. 6-12.

Rawson, H. M. 1986. Gas exchange and growth in wheat and barley grown in salt. Aust. J. Plant Physiol. 13: 475-489.

Russel, J. C. , Kadry, L. , and Hanna, A. B. 1965. Sodic soils in Iraq. Agrokomia ES Talajtan. Tom 14(Suppl.): 91-97.

Salim, M. 1989a. Effects of salinity and relative humidity on growth and ionic relations of plants. New Phyton. 113: 13-20.

Sayed, J. 1985. Diversity of salt tolerance in a germplasm collection of wheat (*Triticum aestivum*). Theor. Appl. Genet. 69: 651-657.

Shannon, M. C. 1978. Testing salt tolerance variability among tall wheatgrass lines. Agron. J. 70: 719-722.

Sexton, P. D. , and Gerard, C. J. 1982. Emergence force of cotton seedlings as influenced by salinity. Agron. J. 74: 699.

Singh, K. N. , and Chatrath, R. 1992. Genetic variability in grain yield and its component characters and their associations under salt stress conditions in tissue culture lines of bread wheat (*Triticum aestivum* L. em Thell.) Wheat Information Service 75: 46-53.

Singh, K. N. , and Rana, R. S. 1989. Seedling emergence rating: A criterion for differentiating varietal responses to salt stress in cereals. Agric. Sci. Digest 9: 71-73.

Termaat, A. , and Munns, R. 1986. Use of concentrated micronutrient solution to separate osmotic from NaCl specific effects on plant growth. Aust. J. Plant Physiol. 13: 509-522.

USDA. 1954. Diagnosis and Improvement of Saline and Alkali Soils. United States Salinity Laboratory Staff. Agriculture Handbook No. 60, United States Department of Agriculture. 160 pp.

Wyn Jones, R. G. , Brady, C. J. , and Speirs, J. 1979. Ionic and osmotic relations in plant cell. In: Recent Advances in the Biochemistry of Cereals. D. L. Laidamn and R. G. Wyn Jones (eds.). Academic Press, London. pp. 63-103.

Wyn Jones, R. G. 1980. Salt tolerance. In: Physiological Processes Limiting Plant Productivity. C. B. Johnson (ed.). Butterworths, London. p. 271.

Wyn Jones, R. G. and Pollard, A. 1983. Proteins, enzymes and inorganic ions. In: Encyclopedia of Plant Physiology. New Series. Vol 15B. Inorganic Plant Nutrition. Lauchli, A. and Bieleskio, R. L. Springer-Verlag, Berlin. pp. 528-562.

Yeo, A. R. , and Flowers, T. J. 1982. Accumulation and localization of sodium ions within the shoots of rice varieties differing in salinity resistance. Plant Physiol. 56: 343-348.

Yeo, A. R. , and Flowers, T. J. 1984. Mechanisms of salinity resistance in rice and their role as physiological criteria in plant breeding. In: Salinity Tolerance in Plants: Strategies for Crop Improvement. Staples, R. C. and G. H. Toenniessen (eds.). Wiley & Sons, New York. pp. 151-170.

Yeo, A. R. , Yea, M. E. , Flowers, S. A. , and Flowers, T. J. 1990. Screening of rice (*Oryza sativa* L.) genotypes for physiological characters contributing to salinity resistance, and their relationship to overall performance. Theor. Appl. Genet. 79: 377-384.

9 耐 寒 性

N. N. Sǎulescu[①], H. -J. Braun[②]

小麦种植分布广泛,在所有谷类作物中适应范围最广(Briggle et al.,1987)。这种广适性,在很大程度上是由于小麦具有一定抗寒性,可承受比最低生长温度(1~4℃)还要低的温度胁迫(图 9.1)。

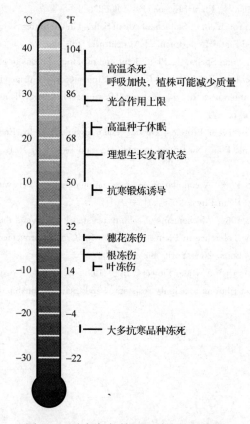

图 9.1 对小麦有利和不利的温度范围

一般来讲,小麦耐寒性是指其在低于最适生长温度(20℃)环境中的表现,不同的品种具有不同的生长速度及对低温的适应性。其实"抗寒性"更多被用来描述作物在 0℃ 以下低温中的反应表现,该温度对作物产生更严重的影响,最常见的如秋种小麦在冬季严寒低

① 谷类和经济作物研究所,罗马尼亚。
　 Email:saulescu@valhalla. racai. ro
② CIMMYT 冬小麦育种组,土耳其。

温下所受影响。耐冻性,也称为"抗寒性",是秋播禾谷类作物的一个属性,反映其不同越冬性和越冬成活率。

Blum 在 1988 年对作物越冬成活率作了如下定义,即"作物对冷冻期间及之后的众多胁迫,包括环境的和生物的胁迫,产生的最终综合反应"。作物即使在越冬期没有死亡,叶片也会因 0℃ 以下低温而受到损伤,叶面积减少,生长延迟,形成弱苗。不同栽培品种耐寒性差异显著,证实耐寒性可以作为育种目标(图 9.2 和图 9.3)。

图 9.2 穗行区内不同程度冬季损伤 　　　　图 9.3 小区中不同程度冬季损伤
　　　　(见文后彩图) 　　　　　　　　　　　　　(见文后彩图)

春末晚霜冻害偶尔也可以引起叶片或穗部的损伤。未经锻炼的叶子可忍耐 −8～ −4℃ 的低温(Gusta et al.,1987),但正在发育的穗中的生殖组织很不抗冻,在 −1.8℃ 就会受损伤(Single et al.,1974)。虽然蜡质或者毛状的膜、内稃和芒可以延迟组织内结冰,但是霜冻耐性的差异并不明显。基于霜冻耐性的有限遗传变异,育种工作主要通过选择开花期晚的品种来规避霜冻。

需要注意的是,在减数分裂关键期遭遇低而未冻的温度(0～10℃)可以造成小麦雄性不育而减产。已知存在应答此胁迫的遗传变异(Qian et al.,1986;Saulescu et al.,1997),但由于很少发生,育种工作主要是选择适当的开花期以规避胁迫危害。

9.1 越冬死亡的胁迫因子

不同地区和不同年份,小麦冻害程度不同,越冬死亡原因也不尽相同。越冬死亡的原因(单独或复合)和低温本身相关(如极端的空气或土壤温度低于一特殊品种可承受的低温下限值):

- 因秋季晚出苗或越冬前突然剧烈降温,抗寒锻炼不充分;
- 冬季持续低温诱导的麦田缺墒(Gusta et al.,1997a);
- 零下低温持续期延长,特别在冬至温度降至 −15℃ 以下时,导致小麦品种抗寒性迅速丧失(Gusta et al.,1997b);
- 冻融交替,冰晶随每次冷冻而增加,引起伤害加剧(Olien,1969)。

另一个原因是冰壳包围和覆盖窒息。在冬季降水量大、温度忽高忽低、变幅过剧的地区,冰是作物致死的主要原因(Andrews et al.,1974)。由于冰导热系数高,可以加重低温伤害,并且其透气性不好,在极端情况下甚至可以隔绝空气使作物窒息(Poltarev et al.,1992)。

最终,低温或者冰雪可通过下列间接的方式造成伤害:

- 土壤中结冰,将小麦根系挤向地面,使根系暴露和受害;
- 冰雪长时间覆盖导致小麦雪霉病发生。其中以粉红雪霉菌[*Microdochium nivale* (Fries) Samuel 和 Hallet]危害最大,此菌最初被认为是 *Fusarium nivale* (Fr) Ces (Hömmö,1994)。尽管 *Microdochium nivale* 在 0℃ 不能存活,但可以忍受低温,在 0~5℃范围内严重危害作物。另外一些不太重要的真菌是引发雪霉病 *Typhula* spp.(引起斑点雪霉或"*Typhula*"疫病的病原菌)及引起"*Sclerotinia*"雪霉的 *Sclerotinia borealis*。

不同地区作物发生越冬死亡的胁迫因子的相对重要性有很大不同。Poltarev 的一份分析报告中提到在乌克兰过去的 100 年间,每当发生严重冻害时,35%是由于低温造成的,26%是由于交替冻融,还有 22%是由于冰壳覆盖(Poltarev et al.,1992)所致。Wisniewski 等(1997)表明,在波兰影响作物冬季存活率的最重要因素是低温、冰冻导致的干燥和真菌病原菌的侵染。Gusta 等(1997a)报道称在北美大平原,和冻害紧密相关的因素主要是长时间寒冷导致的麦田缺墒,秋季抗寒锻炼不充分,以及时间和持续性均不可预料的极寒天气等,而在加拿大西部主要由冰封引起麦田缺墒。Olien(1967)研究发现北美洲东部主要是由于冻融交替而引发冻害(在低温胁迫下随之以冬至解冻,届时植物冠层组织具高含水量)。正确评估目标区域影响越冬成活率的冻害频率是必要的,这可使在育种过程中更好地选择亲本、配置组合,提高育种效率,也可改善资源配置效率。

冬小麦可通过不同遗传和生理机制应对上述各种冻害胁迫因素。例如,不同遗传机制的作物可以产生不同的耐冻性和雪霉病抗性(Hömmö,1994)。尽管如此,冻害发生机理主要是植物组织受冻或细胞中结冰(图 9.4)。冻害一般不是低温本身的结果,而是胞间冰晶致使细胞脱水。细胞膜是最先受到破坏的部位(Hinchaand Schmitt,1994)。

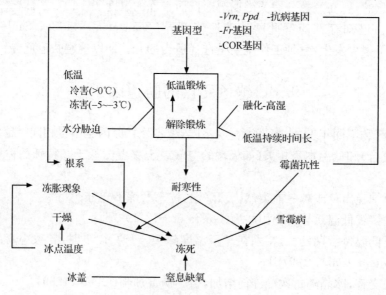

图 9.4 抗寒性和越冬死亡过程图解

耐冻性被定义为胞外结冰而细胞膜及细胞其他结构未受明显破坏的情况下植物成活的能力[①]。这是生理、化学和物理反应的结果,以及植物结构在适当发育阶段和适宜环境下变化的结果。这个过程被称为低温驯化或者抗寒锻炼。

抗寒锻炼分两个阶段,第一阶段是0℃以上的冷适应,第二阶段是$-5 \sim -3$℃的冰冻低温诱导的抗冻锻炼。第一阶段最重要的特征是由于糖在液泡中的积累使组织渗透势降低,导致水势下降。它与植物内源 ABA 含量的增加相关,导致蛋白质合成的改变。禾谷类作物0℃以上的抗寒锻炼起始温度存在着较大差异。例如,冬黑麦起始温度明显高于冬小麦,因此锻炼时间更长;春小麦和春大麦在温度降至2℃时才开始启动抗寒锻炼(Gusta et al.,1997a)。膜性质的可逆性改变似乎在基于霜冻的锻炼阶段起主要作用,它导致薄壁组织水势进一步降低(Kacperska,1994)。

低温是诱导抗寒性的首要因素,但是其他一些胁迫(如水分胁迫、风等)也可诱导一定的耐冻性。低温本身或次生因素(ABA、蔗糖、脂肪酸和水分状态)产生第一信号,可引起质膜、蛋白质或 ABA 激素受体构象变化,进而导致抗冷锻炼相关基因的调控(Gusta et al.,1997a)。在不同植物中已鉴定出几个冷诱导(lti)基因和冷调节(COR)基因,它们可能对低温胁迫下维持细胞膜稳定起重要作用(Thomashow,1993)。

抗霜冻品种比不抗霜冻品种开始低温锻炼更快,解除锻炼却更慢,这种现象说明不同耐冷品种抗寒诱导温度阈值不同。大麦由于 COR 蛋白积累,使得其抗寒诱导温度阈值高,抗寒性好(Rizza et al.,1994)。

作物耐冻性不是静态的,它随时间、温度、土壤、植株的水分、营养、生理年龄和状态而改变。这很大程度上依赖于冷适应和锻炼的过程。实际上,不同品种未经锻炼植株的耐冻性差异是可忽略的,但充分锻炼后可看到相当大的差异。锻炼过程可被停止、逆转和再开始。一般来讲,在自然条件下,抗寒性主要有3个动态变化阶段(Prasil et al.,1994):

- 秋季低温锻炼中,植株获得耐寒性;
- 维持耐性的阶段,这时临界的或致死的温度变化着,取决于冬季温度的波动情况;
- 解除抗寒锻炼阶段,一般在冬末,这时植株丧失其耐寒性。

每个阶段不仅受遗传因素(春化要求和光周期反应)和生育期(株龄)的影响,也受环境的影响。例如,水涝或干燥的环境改变了植株的水含量,冬性谷物的耐寒性会产生较大变化(Mctcalfc ct al.,1970)。同样地,冬小麦麦苗的耐寒性会随着0℃以下低温持续时间的延长而降低。经过充分抗寒锻炼的最耐冻的冬小麦可忍受-15℃低温6天,在-18℃下可存活24 h,-23℃仅可存活12 h(Gusta et al.,1982)。较长时间暴露于低温,幼苗所获得的耐冻性会极大地降低,并在较初冬高的温度下死去。

不同品种在初冬其耐寒性相似,而随着长时间0℃以下低温胁迫,其耐寒能力表现出明显差异。0℃以下低温天气持续时间长短和严寒程度大小,决定着冬小麦是否会失去耐寒性而不能安全过冬(Gusta et al.,1997a)。耐寒性还受一些其他因素影响,如植株的营养

[①] 需要注意胞内冰晶的形成通常是致命的。细胞内溶液的化学势必须等同于外部溶液或冰晶的化学势。这一平衡通过移除细胞内的水分获得。为了避免低温胁迫下细胞脱水,细胞内溶液渗透势增加,而细胞外溶液渗透势降低。更详细的有关低温胁迫生理学过程的讨论参见 Blum(1988)。

(Freyman et al.，1979)、除草剂(Freyman et al.，1979)、病毒侵染(Paliwal et al.，1979)，还有一些寄生于种子的病害，如小麦腥黑穗病(小麦光腥黑粉菌和网腥黑粉菌)(Veisz，1997)。这就是为什么耐寒品种的鉴定中应尽量保持环境条件的一致，这是非常重要的。

9.2　与小麦耐寒性相关的性状

耐寒性是复杂生理机制的结果，包括许多细胞和植株的性状。大量研究表明耐寒性是复杂的和由多基因控制的。小麦 21 条染色体中已发现有 15 条影响耐寒性(Stushnoff et al.，1984)。尤其是位于 5A 染色体上，与春化基因 $Vrn1$ 紧密连锁可分离的主效基因 $Fr1$，5D 染色体上与春化基因 $Vrn3$ 连锁可分离的主效基因 $Fr2$，均对抗寒性起重要作用(Snape et al.，1997)。春化基因和抗寒主效基因的连锁可以部分解释低温抗性和冬性为何具有相关性。此外，春化基因是低温诱导的结构基因持续表达的关键发育因素(Fowler et al.，1996b)，并且春化基因对低温诱导的结构基因的调控一般发生在转录水平(Fowler et al.，1996a)。

冬小麦抗寒锻炼起始温度比春小麦高，后者锻炼幅度狭窄。同样地，在春季，通过春化的冬小麦于春作物春化条件下再锻炼。显然充分的抗寒锻炼仅能使植株进入休眠状态，而不是快速发育，因此冬季作物幼苗的春化程度和耐寒性程度有着很强的联系(Roberts，1990a)。另外，北欧的一些小麦品种春化要求时间很长，但是其耐寒性中等(Gusta et al. 1997a)。Braun(1997)研究发现作物生长习性和耐寒性的相关性极显著(r 为0.67～0.77)，该结果表明仅有 45%～60% 的抗寒性改变归因于春化需求的差异。

耐寒性与植株匍匐形态有关。Roberts 研究发现一个控制植株匍匐性状的基因与 5A 染色体上的 $Fr1$ 和 $Vrn1$ 基因紧密连锁(Roberts，1990b)。基因连锁并不是其具有相关性的唯一解释，因为匍匐性植物可以较少地暴露于低温和干燥环境中，并且可以更好地受到雪的覆盖保护。

值得一提的是，在秋季休眠的幼苗中发现的匍匐类型植株中，低春化要求和高光周期反应的品种也存在。在小麦中，此类型的品种通常仅具有中度抗寒性，但在大麦品种中，很多最耐寒的品种对光周期敏感，但对春化要求比较低。

高春化要求和光周期反应，以及引起冬季休眠和推迟发育至生殖阶段(分生组织分化)的其他机制，一般都与发育延迟有关。有关冬燕麦的一个实验中，抗寒性强的群体一般晚熟并且植株较预期的高(Marshall，1976)。小麦中也有类似关联现象，这给选育早熟、矮秆、耐寒品种带来困难。然而，Allen(1986)对冬小麦品种 Yogo 等基因系的研究发现，株高不会单独作用于抗寒性，抗寒性与株高之间的联系依赖株高基因和遗传背景。

植株保卫细胞长度和叶长、株高一样，也与抗寒性相关(Limin et al.，1994；Roberts，1990b)。虽然此相关性不甚显著，但在单株上较易测量。

抗寒锻炼诱导作物许多生理生化性状发生明显变化，这些性状的表型差异与耐冻性关联，如组织含水量的改变(Limin et al.，1994)、单糖和多糖的积累(Olien et al.，1986)、游离脯氨酸在幼苗叶片中的积累(Dörffling et al.，1990)、特异冷调节蛋白的积累(Houde et al.，1992)。这些特征的变化都与作物耐寒性有关。

　　某种醇溶蛋白区段与耐寒性之间的相关性可以通过遗传连锁来解释(Sasek et al.，1984)，就像电泳鉴定一样。但此相关性只可在特定亲本和组合中加以应用。尽管与抗寒性有关的性状指标还有很多，但都不能代替直接的耐寒性实验的判断。

9.3　育 种 方 法

　　有关复杂性状的育种，如抗寒性育种，是一项困难而艰巨的任务，因为耐低温性的表型是由多基因操纵且与环境互作的。但小麦耐寒育种中最主要的困难则是耐冻性一般与低产和晚熟等不良性状相关联。

　　很多性状与耐寒性正相关，如春季生长迟缓或者小细胞，均会导致减产，特别是在雨养环境下，春季早发和早熟对避开后期干旱和干热风的影响是重要的。此外，任何附加的育种目标都会减缓所有感兴趣的其他性状的遗传改良进程。因此，育种目标不应是选择最强的抗寒性，而是只要满足在目标区域安全越冬的最低抗寒性即可。正如 Fowler(1981)所讲，最成功的冬小麦品种其抗寒能力往往只略高于其所在区域的低温需求。

　　确定作物在某一区域的最低抗寒性不是一项简单的工作，要基于当地冻害风险的评估、气象数据以及当地作物表现的信息。一份详尽的历史气象报告，包括最低温度以及发生时间，是有用的，但还不够。同样的低温对小麦植株的影响相当不同，这取决于事先的温度设置和其他因素，它们决定着小麦所能达到的抗性水平。一些作物模型，如 CERES 的一个子程序模拟抗性和越冬死亡，可比较准确地评估越冬死亡风险。

　　一个简单有效的方法就是利用当地不同抗寒力的长期种于该地区可安全越冬的品种，调查其越冬冻死率。一般来说不难确认适应某地区长期种植的栽培品种，它们仅偶尔发生越冬死亡，且不严重。如果 10 年里仅一年发生越冬死亡是可以接受的。但承受风险的高低要看当地社会经济和其他一些因素。如果确定某个品种达到当地抗寒性最低要求标准，就可将其作为抗寒试验的参照品种。附加的参照品种应具有一定范围的抗性。

　　如果选育耐寒性较高的小麦品种来降低冻害风险，要记住，其在未出现冻害年份的产量可能远低于严冬存活率较好年份的产量。

　　显然，决定提高当地作物抗寒性的育种策略，取决于种质资源抗寒力和当地抗寒最低要求标准的比值。若大多数杂交亲本的抗寒性与当地最低抗寒性要求一致或者稍高，保持这一抗性水平是相对容易的，可通过对抗性差的分离后代施加中等选择压来实现。但是如果亲本抗寒性不好，如春麦与冬麦杂交，早代施以大选择压，就会增加可接受水平的抗性机会。正如 Braun(1997)所说，早代选择春季生长习性将会十分有效。

　　在低温极限超过品种承受能力的地区，进行抗寒育种是困难的。正如 Grafius(1981)指出，20 世纪提升品种抗寒潜力的工作将进展缓慢。当地品种已聚合了先前发现的大多数抗寒基因，使得育种家们很难再提高其抗寒水平[①]，而唯一能做的就是对高产品种的后代分离群体进行高强度选择，使其得到最高抗寒性。

---

　　① 低温下谷类的存活力有很大差异。最具低温耐性的黑麦品种在−34℃左右死亡，小麦品种为−23℃左右，大麦为−18℃左右。

抗寒力中等或较弱的亲本杂交可以产生超亲分离个体,但在强抗寒力亲本杂交后代中未发现这种个体。我们可以利用小麦近缘植物(如黑麦,在禾谷类作物中其抗寒性最强),通过种间杂交将新基因导入,但是目前在普通小麦中还未发现成功案例。

硬粒小麦抗寒力远低于面包小麦,所以耐寒育种比较困难。在种植冬性硬粒小麦优于春性硬粒小麦的地区进行抗寒性育种更具优势。面包小麦的种间杂交会得到抗寒性很好的品种,这种杂交及种内杂交后代中的超亲分离将可能在这方面取得更大进展。

9.4　方法和技术

9.4.1　田间鉴定

无论何时,冬季在田间均可区分不同基因型的越冬成活率,因此在田间评价抗寒性是可取的。田间评价的规模大,育种材料便宜,影响越冬成活率的因子范围宽;而控制条件下的冻害试验仅测量低温耐性。由于这一原因,大多数育种项目,不管可采用什么资源,都喜欢用田间试验测量越冬存活率,当然下文还要谈到其缺点。

Levitt(1972)提出"冷冬鉴定"("test winter"或"differential winter"),其条件是足以冻死大部分弱苗,并且对抗寒能力中等的品种造成不同程度的损害。但育种工作者认为,可很好地区分不同基因型抗寒性的冬季并不经常出现,尤其是在那些需要高耐冷性的地区。

越冬死亡不仅仅是低温胁迫所致,还有其他很多因素,但这些因素不太可能一并发生于特定的某一年或某一地。因此有必要进行多点测验,以得到更准确的抗寒性信息,尤其是那些可提供更高越冬死亡率的地区。

在较"冷冬鉴定"地点偏暖的冬天,可以施加某种基于叶损伤程度和叶色的抗寒性选择压(图9.5)。尽管和实际抗寒性的相关性不很高,叶片损伤的评分可以帮助淘汰一部分抗寒性差的品系。应注意叶片的症状在春季植物活跃生长之前(非常短的时间,仅2~3天)明显可见。

图9.5　暖冬后叶片损伤和褪色情况(见文后彩图)

田间抗寒性鉴定的另一个问题是田间条件的巨大变化,如不均一的积雪覆盖、整地质量、播种深度、土壤和作物含水量等的不同。为了解决这些问题,强力推荐如下作法。

- 每隔几行种植一两个抗寒性明确的对照品种。
- 注意在田间设置重复,小区面积不宜过大。Marshall 等(1981)认为,种植 0.5～1.5 m 单行重复小区是进行田间鉴定选择最可靠有效的方法。
- 尽量保持大田条件一致(特别是整地质量)。建议将表层土替换为均匀的混合物,平整田地,使灌溉均匀。
- 使用专用数据处理程序以控制和减少环境误差。

1979 年,Fowler 和 Gusta 基于 5 年以上 60 余次试验的冬小麦相对抗寒性,提出了田间存活指数(FSI)。FSI 用于:

- 局部冻死的小区得到的数据;
- 区组内的越冬死亡率差异,而不是每个小区的实际越冬死亡率;
- 移动平均值。

虽然 FSI 指数的计算和操作繁杂,但可作为品种抗寒性比较强有力的度量。其他方法如"最近邻分析"对于鉴定品种抗寒性也是有用的。

9.4.2 提高田间冬季胁迫

在冬季自然环境下,增加区分不同品种越冬死亡率的可能性,可以采取以下较简单的措施:

- 在 20～30 cm 高的垄上种植小麦,减少积雪覆盖,使植株暴露于低温干燥环境下(Nam et al. ,1982);
- 在花盆中种植小麦,置于室外,可以得到更低的低温胁迫处理,使其越冬死亡率增加;
- 保持小区无积雪覆盖,下雪时只是暂时的覆盖,新下的雪可轻轻扫掉。

在标准大田鉴定试验中,一定要每隔几个小区或几行种植对照重复,并且对照的抗寒性水平要明确。

9.4.3 人工模拟逆境鉴定

由于自然环境的不确定性,许多育种工作者利用人工技术评价抗寒性。Dexter 早在 1956 年就认为人工模拟鉴定结果可以很好地和田间鉴定数据相关,特别是近年来方法技术的改进,增加了其相关性。另外,Fowler 等(1981;1993)总结认为,虽然人工模拟环境可以提供更刚性的低温控制条件,但是其鉴定结果不如大田试验的重复性好且试验误差少。到底采用哪种方法更好,很大程度上取决于田间测验是否能很好地区分鉴定品种抗寒力的差异,人工模拟环境是否具备足够有效的设备去筛选不同的抗寒性品种。如果条件允许,这两种鉴定方法都可以使用。

大多数用于小麦抗寒育种的方法都是直接的,都基于将植株或者幼苗放在可控低温设备中,如冰冻室、人工生长箱等。但是也有间接鉴定方法,即植株不暴露于冷冻条件下,而是基于抗性诱导的化学变化,或控制抗寒性基因的分子标记的存在(表 9.1)。

表 9.1　小麦耐寒性鉴定方法

	抗寒锻炼	暴露于冷冻条件下		评估
直接	• 大田自然鉴定 • 生长室鉴定 • 结合鉴定	• 大田(常规或特殊地点) • 大田改进(起垄、放置箱子、除雪覆盖) • 冷冻柜 • 浸入冷冻溶液	• 箱子培养植株 • 从大田转移植株至箱子、根罐装置和湿沙中 • 在塑料袋、试管或沙中培养植株 • 幼苗	• 植株存活率 • 叶片损伤 • 根再生 • 细胞膜损伤(电解质外渗) • 组织生活力 • 组织电导率 • 荧光性 • 酶活力
间接	• 大田自然鉴定 • 生长室鉴定 • 结合鉴定	无		• 组织含水量 • 游离脯氨酸 • COR 蛋白 • 组织电阻 • 幼苗 • 穗部
	无	无		分子标记

9.4.4　直接冷冻试验

国内外小麦耐寒性人工试验方法很多。这些方法因植物播种和用于测验的准备工作的不同、抗性锻炼和冷冻程度的不同以及评价的冷冻伤害的不同而不同。

很多情况下,将小麦种植于盒、苗床或盆中,这样不受天气限制,方便处理和取材,但较费力。比较经济的办法是种植于试验田,用时直接从大田取材,但是取材时间要看天气状况,看是否有大雪覆盖或者土壤结冻。

在自然条件下,很容易进行抗寒锻炼。可将小麦种于盆中置于室外,也可从大田取回已经锻炼过的材料(图 9.6)。但此法的主要缺点是不能有效控制锻炼水平,得到的数据结果可重复性差,并且每次都要根据锻炼水平和品种的不同重新调整测验温度。

在控温控光的人工气候室内,可以较好地控制品种抗寒锻炼的水平,但对于 30 天的试验,花费高且空间需求大。退而求其次的方法就是将材料种植于大田,在自然条件下完成抗寒锻炼的第一阶段,经过一定低温和一定时间冷冻处理后,在其第二阶段转移至人工气候室进行可控低温处理,这一过程只需 24~130 h。但是一定要在雪覆盖之前进行取材。

抗寒反应表现为显著的品种与抗寒锻炼持续时间的互作(Jenkins et al., 1974)。因此,从理论上讲,可以通过一系列抗寒锻炼和冷冻方式来评估品种的抗霜冻性。但现实中由于鉴定的早代群体数量过大,很难行得通。基于育种要求,可以选择如下不同的抗寒锻炼方式。

• 自然锻炼,可更好地反映农田里的状况。鉴定品种耐寒性常用此法,需进行多年测验。

图 9.6　温室木盒种植冷驯化植株

· "平均锻炼"体制代表一个地区多年的平均锻炼状态。不同抗寒锻炼方式被用于不同的测试项目(表 9.2)。

· 争取最大抗寒锻炼水平,相当于"潜在耐冻性"或"静态抗冻性"。

这里有几个低温处理小麦的选择。育种工作者经常做的是将小麦种于箱或盆中直接放入冷冻室,优点是在施加胁迫前不干扰植株,缺点是占用空间大,且由于大量土壤的热惯性而使处理时间长。

表 9.2　谷物耐寒性评价方法的主要特征

作者	种植	抗寒锻炼	暴露处	冷冻处理	恢复	评估
Jenkins 和 Roffey (1974)	直径 1.9 cm,深 6.4 cm 纸盒	于 8/5℃ 生长室 30 天	将盆置含 40% 乙二醇的玻璃管中	将溶液以 2℃/h 降温至−4.5℃,7.5 h 后以 2℃/h 降温至−9℃,−9℃保持 11 h	在 7 h 内将溶液加热至 1℃	通过 2 个铂金电极在叶片 2 cm 距离处测叶片电阻
Fowler 等 (1981)	大田植株	大田	将上冠层(剪 3 cm 和冠下 0.5 cm)置盛有湿沙的铝盘中	平衡 −3℃ 12 h,以 2℃/h 降温至 5 个以 2℃ 为间隔的试验温度,到达预设温度后移走铝盒	0℃ 15 h,15℃ 在土壤、珍珠岩和泥炭混合物中培养 3 个星期	植株成活率
Larsson (1986)	塑料盒泥沙混置,种植 2 星期后转移至温室	温室 1℃,20～30 天	幼苗置塑料盒中	以 1℃/h 降温至 5 个以 1.3℃ 为间隔的测试温度		初生叶片损伤

续表

作者	种植	抗寒锻炼	暴露处	冷冻处理	恢复	评估
Poltarev (1990)	植株从大田移至盒或盘中	大田	植株在盒子或盘中	以2~3℃/h降温至2个以2℃为间隔的测试温度	2~3℃/h升温至20~22℃，15~16天或者24~26℃3天	植株存活率
O'Connor 等(1993)	大田植株转移至折叠式根罐装置	大田	植株于根培养室	以2℃/h降温至8个以2℃为间隔的测试温度	4℃解冻15~20h，17℃恢复3周	植株存活率
Ryabchun (1995)	植株从大田移至木盒或特制盘中	大田＋人工－5℃6h，－7℃56h，－9℃24h，－10℃14h	植株于盒子或盘中	1℃/h降至－16℃、－18℃、－20℃和－22℃各24h	2~3℃/h升温至－2℃，然后1℃/h升温至20℃15~16天将根颈层种于土壤中	植株存活率
Fedoulov (1997)	木盒	大田，人工气候室－5℃24h	植株于木盒	以1℃/h降至－20~17℃各24h	以1℃/h升温至5℃24h，温室21天	植株存活率
Tischner (1997)	木盒(38 cm×26 cm×11 cm)	－3~3℃7天，－4℃4天	植株于木盒	－15℃24h	人工气候室	植株存活率
Dencic (1997)	20 cm深的花盆	大田0℃24h	花盆	－15℃24h，－17℃96h	5~7℃120h	植株存活率和叶损伤

图9.7　人工低温试验中取根颈以上2~3 cm及根系0.5~1.0 cm部分

只有当顶端分生组织有能力生出新根和分蘖时，植株才可生存，所以一些抗寒鉴定方法就是测验根茎等组织的抗寒反应。剪去植株上端至根茎以上2~3 cm处和0.5~1 cm以下的根系(图9.7)，放入塑料袋、小瓶、试管、湿沙中(Fowler et al.，1981；Gusta et al.，1978)。为避免剪切带来的影响，可以将大田移栽的植株放于小盒、小盘或者其他一些支撑设备里，再加入适当的湿土或者湿沙(Poltarev，1990；O'Connor et al.，1993；Ryabchun et al.，1995)。取幼苗作试验材料，可以缩短测验周期，减少用土量，但是幼苗存活差异很难判断，通常以叶损伤度为参照(图9.8)。Larsson(1986)发现幼苗叶损伤度与田间抗寒性紧密相关。

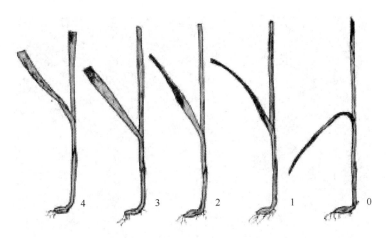

图 9.8　幼苗冻伤等级(见文后彩图)

Larsson(1986)

　　大多数方法中都使用可控温的冷冻室。为了能更好地控制温度,Jenkins 和 Roffey (1974)将植株及花盆浸入采用乙二醇控温的冷冻室中。很多研究人员都认为低温处理需要逐渐降温,但是也有用直接降温进行研究的(Dencic,1997;Tischner et al. , 1997)。

　　重复低温驯化条件的困难严重限制了单一最低温度冷冻试验的精确度。因此,最好设置一系列的低温处理,其梯度通常以相差 2℃为宜,进行LT_{50}测定。LT_{50}即小麦品种存活率达 50%或以上时的最低温度(Fowler et al. , 1997)。

　　如上所述,耐寒性会因为冬季谷物长期处于半致死低温而减弱,最低温和低温处理时间都是可控冷冻性试验中的重要变量。由于经济方面的原因,许多方法都采用较短低温处理时间,但如果热惯性大或冷冻室达到低温的能力受限时,较长的处理时间可能具有一定优点。Thomas 等(1988)建议通过长时间黑暗低温处理幼苗,对冬麦低温存活率进行选择和分级。

　　对恢复的方法选择性不大。大多数学者推荐渐进加温直至解冻,接着在 15~22℃温度下恢复 2~3 周。如果有温室的话可以缩短恢复期。Poltarev(1990)认为可以将低温处理后的小麦置于更高的温度(24~26℃)下进行恢复,但是一定要避免干燥,这样只需 3天即可测验。

　　在恢复期后,可以通过计数存活株数或直观评价叶片损伤来评估受冻的情况(图 9.9,图 9.10)。此法由于主观因素的存在加大了实验误差,并且需要在冷处理后等待一段时间,比较费时。还有如下其他方法指标评价受冻情况。

　　• 电导法,冷胁迫处理后利用电导仪测验电解质外渗情况。用溶液分析仪测定冷冻后的电导率(初始 EC),次日,将测试试管浸于 80℃水浴 1 h 杀死待测植物组织后再测其电导率(最终 EC)。每一温度下电解质渗出率 EL(%)=(初始 EC/最终 EC)×100。电解质渗出率与温度间呈"S"形曲线,曲线的拐点可被用来预测植物组织的半致死温度(LT_{50})(Fry et al. , 1993)。

　　• 电阻法测定冬小麦抗寒性(Jenkins et al. , 1974)(译者注:电阻大者抗寒性强)。

图 9.9　箱子培养的植株经人工冷冻处理后不同冻伤程度（见文后彩图）

图 9.10　人工冷冻处理后植株不同恢复程度（见文后彩图）

• 叶绿素荧光分析法快速、灵敏，对植株无伤害，并且使用费用低廉，可在症状出现之前有效测验伤害程度。冷害伴随着体内叶绿素荧光的降低，若植株长期处于低温环境中，荧光值最终会降到零（Wilson et al.，1990）；不过其测验设备价格不菲，限制了其推广应用。

• 组织存活率，利用一些化学药品（如四唑或者 acid fuxine 等）染色可以测验组织氧化反应，以确定组织是否存活。但是此法比较费时、费力（Poltarev，1990）。

• 酶活性测定（Bolduc et al.，1978）。

这几种测验低温伤害程度的方法变异系数较低，冷处理后可以直接进行测验，但大部分要在实验室中进行，并且要有专门的仪器设备。这也是大多数育种项目仍依靠大田存活率来鉴定品种抗寒性的原因。

表 9.2 对小麦耐寒直接鉴定方法的主要特点进行了总结,它可以提供一个适合当地设备和条件的方法。

不仅可以从抗寒潜力或者说最大耐寒性方面来比较选择品种,也可对其耐寒稳定性和抗倒春寒的能力进行选择(Prasil et al.,1994),这对于某些地区来说相当重要。有以下三种方法已用于评估这些性状。

(1) 冬季进行若干次抗寒性鉴定重复试验,假设植株能自然地承受导致解除锻炼和重新锻炼的多变环境。

(2) 使植株处于可控解冻和重新锻炼条件下,然后进行抗寒性鉴定。例如,在美国奥德萨市研究所,经过抗寒锻炼的植株置于 10～12℃ 下连续光照 120 h 后,转移到 −4～−2℃ 环境下重新抗寒锻炼 24 h,然后在 −12℃ 下冷冻处理 24 h(Litvinenko et al.,1997)。

(3) 依据充分春化处理要求的时间计算抗寒锻炼稳定性。为了确定完全春化所需时间,Poltarev 等(1992)将不同品种播种于若干个盒子中,然后在 20℃ 温室中分别进行播后 47 天、55 天、62 天、68 天、74 天和 82 天持续光照处理。一个月后测验其生长锥发育情况和小穗分化的植株数目。

很多学者指出完成春化时间的长短和耐寒稳定性紧密相关。即使这种相关并不是一般性的(Gusta et al.,1997a),但仍可应用于耐寒稳定性的选择,尤其是育种项目中低和很低春化要求的分离后代普遍存在时。

9.4.5 间接抗寒性测验

很多科学家推荐使用间接方法来估算抗寒锻炼水平,而不是直接进行测验(冷冻室等设备昂贵,试验误差大)。

植株进行低温锻炼时其组织内含水量会降低,尤其是在耐寒品种中。植株经低温锻炼后的含水量与冬季存活率呈一定的相关性(Fowler et al.,1981)。

植株遇到胁迫(包括霜冻)时,脯氨酸含量会升高(起着保护作用)。当植株进行低温锻炼时,游离脯氨酸会在叶片和地上部大量积累,其增加幅度与品种特异的耐寒性正相关(Dörffling et al.,1990)。测验低温锻炼后脯氨酸的含量可以提供品种耐寒潜力信息。

小麦特异性冷调控蛋白(WCS120)的积累与耐寒性强弱紧密相关,用其相应的抗体可以鉴别小麦品种是否抗冻(Houde et al.,1992)。因此该蛋白质可以作为耐寒性的分子选择标记。

8 日龄幼苗的组织电阻与耐寒性相关。在育种项目中利用人工气候加代使用此法选择耐寒性非常方便(Musich,1987;Litvinenko et al.,1997)。

RFLP 和其他一些分子标记同样可以测验与抗寒性正相关的等位基因。

间接测验法虽然很具吸引力,但它一般只说明调控耐寒机制的基因型差异,因此在育种过程中仅能用来探索部分遗传潜力。除此之外,测验费用比较昂贵限制了其更多研究项目中的应用。

9.5 结　论

　　自 20 世纪初引进冬小麦品种 Minhardi 以来,增加小麦耐寒性的育种工作进展十分缓慢(Grafius, 1981)。但是这种情况是指小麦植株可以存活的绝对最低温。世界大部分小麦产区不要求小麦品种有如此高的抗寒性。因此许多冬小麦育种的主要目标不是增强商业品种抗寒性,而是维持其抗寒性不丢失。

　　这个目标经常通过传统的田间筛选实现,并且其成本也比在人工调控气候室筛选或者其他间接方法低廉,所以田间测验仍是大多育种程序中的标准步骤。

　　随着抗寒性调控基因的确认和分子标记的开发,与田间测验、人工气候筛选相关的问题或可迎刃而解。但是无论如何,田间测验在未来一段时间内仍将是小麦品种抗寒性测验方法的主流。

　　为了提高小麦抗寒育种的效率,我们建议:

　　• 首先确定目标区域内小麦越冬死亡的主要胁迫因素。长期监测当地温度波动幅度、冰雪覆盖和病害情况等。

　　• 估算目标区域所需最低耐寒性,将发生严重冻害的风险减轻至可接受的水平。

　　• 设置一系列对照品种,最好是在本地种植年代长、可代表越冬死亡率最高值和最低值的品种。

　　• 抓住每次田间筛选的机会,以降低抗寒性弱的基因型频率。

　　• 编制一套适合当地设备和潜力的人工冷冻流程,使种植、低温锻炼、冷冻处理、恢复和鉴定评估等一系列程序标准化,增加其可重复性。

　　• 创建潜在亲本和高代品系的抗寒数据库,避免与不具理想抗寒性的亲本杂交。

(李　强　译)

参 考 文 献

Allen, S. G. , G. A. Taylor, and J. M. Martin. 1986. Agronomic characterization of "Yogo" hard red winter wheat height isolines. Agronomy Journal 78: 63-66.

Andrews, C. J. , M. K. Pomeroy, and I. A. de la Roche. 1974. Changes in cold hardiness of overwintering winter wheat. Can. J. Plant Sci. 54: 9-15.

Blum, A. 1988. Plant breeding for stress environments. CRC Press, Boca Raton, Florida.

Bolduc, R. , L. Rancourt, P. Dolbec, and L. Chouinard-Lavoie. 1978. Mesure de l'endurcissment au froid et de la viabilite des plantes exposee au gel par le dosage des phosphatases acides libres. Canadian J. Plant Sci. 58: 1007-1018.

Braun, H. J. 1997. Winter hardiness of bread wheats derived from spring x winter crosses. Acta Agronomica Hungarica 45(3): 317-327.

Briggle, L. W. , and B. C. Curtis. 1987. Wheat worldwide. In Wheat and Wheat Improvement. E. G. Heyne (ed.). 2nd edition, ASA, CSSA, SSSA, Madison, WI, USA. pp. 1-32.

Dencic, S. , N. Przulj, N. Mladenov, B. Kobiljski, and L. Vapa. 1997. Cold tolerance, earliness and stem height in wheat genotypes of different origin. Proc. Int. Symp. Cereal Adapt to Low Temp. Stress, Martonvasar, Hungary,

June 2-4, 1997. pp. 216-220.

Dexter, S. T. 1956. The evaluation of crop plants for winter hardiness. Advances in Agronomy 8: 203-239.

Dörffling, K. , S. Schulenburg, S. Lesselich, and H. Dörffling. 1990. Abscisic acid and proline levels in cold hardened winter wheat leaves in relation to variety-specific differences in freezing resistance. J. Agron. Crop Sci. 165: 230-239.

Fedoulov, Y. 1997. Investigation of frost resistance structure in winter cereals. Proc. Int. Symp. Cereal Adapt. to Low Temp. Stress, Martonvasar, Hungary, June 2-4, 1997. pp. 183-189.

Fowler, D. B. , L. V. Gusta, and N. J. Tyler. 1981. Selection for winterhardiness in wheat. III. Screening methods. Crop. Sci. 21: 896-901.

Fowler, D. B. , A. E. Limin, A. J. Robertson, and L. V. Gusta. 1993. Breeding for low temperature tolerance in field crops. pp. 357-362 in: D. R. Buxton, R. Shibles, R. A.

Forsberg, B. L. Bad, K. H. Asay, G. M. Paulsen, and R. F. Wilson (eds.). International Crop Science I. CSSA, Madiso, WI, USA.

Fowler, D. B. , and A. E. Limin. 1997. Breeding for winter hardiness in cereals. Acta Agronomica Hungarica 45(3): 301-309.

Fowler, D. B. , L. P. Chauvin, A. E. Limin, and F. Sarhan. 1996a. The regulatory role of vernalization in the expression of low-temperature-induced genes in wheat and rye. Theor. Appl. Genet. 93: 554-559.

Fowler, D. B. , A. E. Limin, S-Y. Wang, and R. W. Ward. 1996b. Relationship between low-temperature tolerance and vernalization response in wheat and rye. Can. J. Plant Sci. 76: 37-42.

Freyman, -S. , and M. S. Kaldy. 1979. Relationship of soil fertility to cold hardiness of winter wheat crowns. Can. J. Plant Sci. 59: 853-855.

Freyman, -S. O. , and W. M. Hamman. 1979. Effect of phenoxy herbicides on cold hardiness of winter wheat. Can. J. Plant Sci. 59: 237-240.

Fry, J. D. , N. S. Lang, R. G. P. Clifton, and F. P. Maier. 1993. Freezing tolerance and carbohydrate content of low-temperature acclimated and nonacclimated centipedes. Crop Sci. 33: 1051-1055.

Grafius, J. E. 1981. Breeding for winter hardiness. In: Analysis and Improvement of Plant Cold Hardiness. Olien, C. R. , Smith, M. N. (eds.). CRC Press, Boca Raton, FL. pp. 161-174.

Gusta, L. V. , M. Boyachek, and D. B. Fowler. 1978. A system for freezing biological materials. Hort Science 13: 171-172.

Gusta, L. V. , M. J. Burke, and N. J. Tyler. 1982. Factors influencing hardening and survival in winter wheat. In: P. H. Li, and A. Sakai (ed). Plant cold hardiness and freezing stress. Vol II. Academic Press, New York. pp. 23-40.

Gusta, L. V. , and T. H. H. Chen. 1987. The physiology of water and temperature stress. In: Wheat and Wheat Improvement. E. G. Heyne (ed.). 2nd edition, ASA, CSSA, SSSA, Madison, WI, USA. pp. 115-150.

Gusta, L. V. , R. Willen, P. Fu, A. J. Robertson, and G. H. Wu. 1997a. Genetic and environmental control of winter survival of winter cereals. Acta Agronomica Hungarica 45(3): 231-240.

Gusta, L. V. , B. J. O'Connor, and M. G. MacHutcheon. 1997b. The selection of superior winter-hardy genotypes using a prolonged freeze test. Can. J. Plant Sci. 77: 15-21.

Hincha, D. K. , and J. M. Schmitt. 1994. Cryoprotection of thylakoid membranes. I. Protection by sugars. In: Crop Adaptation to Cool Climates. Workshop October 12-14, 1994, Hamburg, Germany. pp. 151-165.

Hömmö, L. M. 1994. Winterhardiness of winter cereal species in Finnish conditions, with special reference to their frost and snow mould resistance. In: Crop Adaptation to Cool Climates. Workshop October 12-14, 1994, Hamburg, Germany. pp. 65-73.

Houde, M. , R. S. Dhindsa, and F. Sarhan. 1992. A molecular marker to select for freezing tolerance in Gramineae. Mol. Gen. Genet. 243: 43-48.

Jenkins, G. , and A. P. Roffey. 1974. A method of estimating the cold hardiness of cereals by measuring electrical conductance after freezing. J. Agric. Sci. Camb. 83: 87-92.

Kacperska, A. 1994. Primary events in acclimation of herbaceous plants to low temperature. In: Crop Adaptation to Cool Climates. Workshop October 12-14, 1994, Hamburg, Germany. pp. 25-36.

Larsson, S. 1986. New screening methods for drought resistance and cold hardiness in cereals. In: Svalöf 1886-1986, Research and results in plant breeding. G. Olsson (ed.). LTs Förlag, Stockholm, Sweden. pp. 241 251.

Levitt, J. 1972. Responses of plants to environmental stresses. Academic Press, New York. pp. 697.

Limin, A. E. , and D. B. Fowler. 1994. Relationship between guard cell length and cold hardiness in wheat. Can. J. Plant Sci. 74: 59-62.

Litvinenko, N. A. , and V. N. Musich. 1997. Employment of artificial climate in the course of development of frost-hardy winter bread wheat cultivars. Proc. Int. Symp. Cereal Adapt to Low Temp. Stress, Martonvasar, Hungary, June 2-4, 1997. pp. 177-182.

Marshall, H. G. 1965. A technique of freezing plant crowns to determine the cold resistance of winter oats. Crop Sci. 5: 83-85.

Marshall, H. G. 1976. Genetic changes in oat bulk populations under winter survival stress. Crop Sci. 16: 9-11.

Marshall, H. G. , C. R. Olien, and E. H. Everson. 1981. Techniques for selection of cold hardiness in cereals. In: Plant Breeding-A contemporary basis. Vose, P. B. (ed.). Pergamon Press, Oxford. pp. 139-159.

Metcalfe, E. L. , E. L. Cress, C. R. Olien, and E. H. Everson. 1970. Relationship between crown moisture content and killing temperature for three wheat and three barley cultivars. Crop Sci. 10: 362-365.

Musich, V. N. 1987. Pokazatel electrosoprotivlenia prorostkov v otbore ozimoj pshenitsy na morozostojkost. J. Genetika, Phiziologija I Selektsija Zernovyh Kultur, Nauka, Moskva. pp. 58-65.

Musich, V. N. , and B. M. Kornelli. 1982. An evaluation of frost hardiness in winter wheat varieties according to the electric resistance of radicles. Soviet Agriculture Sciences 5: 27-29.

Nam, J. H. , B. H. Hong, and B. K. Kim. 1982. Evaluation of winter hardiness in field grown winter wheat. Korean J. Breeding 14: 314-318.

O'Connor, B. J. , M. J. T. Reaney, and L. V. Gusta. 1993. A practical method of assessing the freezing tolerance of large populations of field grown winter cereals. Can. J. Plant Sci. 73: 149-153.

Olien, C. R. 1967. Freezing stresses and survival. Ann. Rev. Plant Physiol. 18: 387-392. Olien, C. R. 1969. Freezing stresses in barley. In: Barley Genetics II. Proceedings of Second Int. Barley Genetics Symp. R. A. Nilan (ed.). Pullman, WA: WSU. pp. 356-363.

Olien, C. R. , M. N. Smith, and P. K. Kindel. 1986. Production of freeze inhibitor polysaccharides of rye and barley in tissue culture. Crop Sci. 26: 189-191.

Paliwal, Y. C. , and C. J. Andrews. 1979. Effects of yellow dwarf and wheat spindle streak mosaic viruses on cold hardiness of cereals. Can. J. Plant Pathology 1: 71-75.

Poltarev, E. M. 1990. Razrabotka metodov diagnostiki zimostojkosti ozimyh kultur (Metodicheskje rekomendatsij) Vsesoiuznaja Akademija S. -h. nauk, Harkov. 63 p.

Poltarev, E. M. , L. P. Borisenko, and N. I. Ryabchun. 1992. Diagnosis of winter wheat resistance to thawing and ice encasement as part of the complex evaluation of winterhardiness (methodological recommendations). (In Russian.) Ukrainian Academy of Agronomy Sciences, Harkov. 33 pp.

Prasil, I. , P. Prasilova, K. Papazisis, and J. Valter. 1994. Evaluation of freezing injury and dynamics of freezing resistance in cereals. In: Crop Adaptation to Cool Climates. Workshop October 12-14, 1994, Hamburg, Germany. pp. 37-48.

Qian, C. M. , Aili Xu, and G. H. Liang. 1986. Effects of low temperature and genotypes on pollen development in wheat. Crop Sci. 26: 43-46.

Rizza, F. , C. Crosatti, A. M. Stanca, and L. Cattivelli. 1994. Studies for assessing the influence of hardening on cold tolerance of barley genotypes. Euphytica 75: 131-138.

Roberts, D. W. A. 1990a. Duration of hardening and cold hardiness in winter wheat. Can. J. Bot. 57: 1511-1517.

Roberts, D. W. A. 1990b. Identification of loci on chromosome 5A of wheat involved in control of cold hardiness, vernalization, leaf length, rosette growth habit, and height of hardened plants. Genome 33: 247-259.

Ryabchun, N. I. , L. R. Borisenko, E. M. Poltarev, V. N. Ivanova, and B. I. Dolgopolova. 1995. Opredelenie staticheskoj morozostoikosti ozimyh zernovyh kultur (metodicheskie rekomendatsij). Ukrainskaya Akademia Agrarnyh nauk, Harkov. 9 p.

Sasek, A. , J. Cerny, and A. Hanisova. 1984. Gliadinove bloky-markery mrazuvzdornosti u psenice obecne (Gliadin blocks-markers of frost hardiness in common wheat). Genetika a Slechteni-UVTIZ 20: 199-206.

Săulescu, N. N. , G. Ittu, M. Balota, M. Ittu, and P. Mustatea. 1997. Breeding wheat for lodging resistance, earliness and tolerance to abiotic stresses. In: Wheat: Prospects for Global Improvement. H. -J. Braun et al. (eds.). Kluwer Academic Publishers, Netherlands.

Single, W. V. , and H. Marcellos. 1974. Studies on frost injury to wheat. IV. Freezing of ears after emergence from the leaf sheath. Aust. J. Agric. Res. 25: 679.

Snape, J. W. , A. Semokhoskii, L. Fish, R. N. Sarma, S. A. Quarrie, G. Galiba, and J. Sutka. 1997. Mapping frost tolerance loci in wheat and comparative mapping with other cereals. Acta Agronomica Hungarica 45(3): 265-270.

Stushnoff, C. , D. B. Fowler, and A. Brule-Babel. 1984. Breeding and selection for resistance to low temperature. In: Plant Breeding-A contemporary basis. Vose, P. B. (ed.). Pergamon Press, Oxford. pp. 115-136.

Tischner, T. , B. Koszegi, and O. Veisz. 1997. Climatic programmes used in the Martonvasar phytotron most frequently in recent years. Acta Agron. Hung. 45: 85-104.

Thomas, J. B. , G. B. Schaalje, and D. W. A. Roberts. 1988. Prolonged freezing of dark-hardened seedlings for rating and selection of winter wheats for winter survival ability. Can. J. Plant Sci. 68: 47-55.

Thomashow, M. F. 1993. Genes induced during cold acclimation in higher plants. In: Advances in low-temperature biology. P. L. Steponkus (ed.). JAI Press, London. pp. 183-210.

Warnes, D. D. , and V. A. Johnson. 1972. Crown-freezing and natural survival comparisons in winter wheat. Agron. J. 64: 285-288.

Veisz, O. 1997. Effect of abiotic and biotic environmental factors on the frost tolerance of winter cereals. Acta Agronomica Hungarica 45(3): 247-256.

Wilson, J. M. , and J. A. Greaves. 1990. Assessment of chilling sensitivity by chlorophyll fluorescence analysis. In: Chilling injury of horticultural crops. C. Y. Wang (ed.). CRC Press, London. pp. 130-139.

Wisniewski, K, B. Zagdanska, and M. Pronczuk. 1997. Interrelationship between frost tolerance, drought and resistance to snow mould (*Microdochium nivale*). Acta Agronomica Hungarica 45(3): 311-316.

10 耐 热 性

M. P. Reynolds[①], **S. Nagarajan**[②], **M. A. Razzaque**[③], **O. A. A. Ageeb**[④]

　　小麦是温带地区种植最广的谷类作物,也在许多热带耕作模式下栽培。在这些种植模式下,小麦通常作为冬季作物与其他作物轮作。例如,在非洲与玉米轮作,在亚洲与水稻轮作,在拉丁美洲与大豆轮作(图 10.1)。在这种小生态环境下种植小麦有诸多优势,包括抗逆性强、相对高产和易于运输与储藏等。

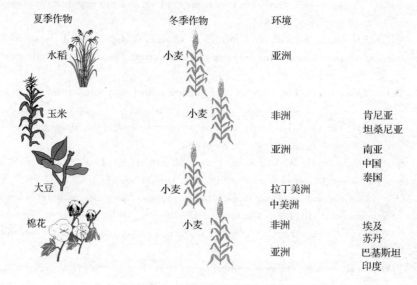

图 10.1　热带种植体系中的小麦

　　在热带地区种植小麦也有不利因素,其中最主要的是不同类型的高温胁迫影响。了解与热胁迫相关生理问题的最大挑战是世界各地高温环境的多样性(图 10.2)。在发展中国家,受持续热胁迫影响的小麦面积达 700 万 hm²,而有近 40% 的温带地区(3600 万 hm²)也受定期热胁迫的影响。持续热胁迫是指生长季中最冷月份的日平均温度超过 17.5℃(Fischer et al.,1991),世界上有 50 多个国家(每年的小麦进口量超过 2000 万 t)的小麦在生长季会遇到此类逆境胁迫。目前,来自小麦主产区的发展中国家的国家农业研究系统(NARS),已经将高温胁迫作为他们的研究重点之一(CIMMYT,1995)。

---

① CIMMYT 小麦项目组,墨西哥。
② 印度农业研究理事会,印度。
③ 孟加拉国农村发展委员会,孟加拉国。
④ 苏丹国家农业科学院,苏丹。

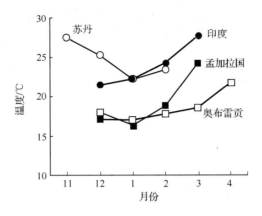

图 10.2　小麦生长季典型的平均气温:三种类型的热环境(瓦德迈达尼,苏丹;达尔瓦德,印度;
迪纳杰布尔,孟加拉国),一种类型的温带环境(奥布雷贡,墨西哥)

10.1　CIMMYT 与 NARS 在耐高温方面的合作研究

经过许多国家级育种家的不懈努力,已培育出了适于在温暖环境下生长的小麦品种,如埃及和苏丹(AbdElShafi et al. ,1994)、印度(Tandon,1994)、孟加拉国(Razzaque et al. ,1994)和乌拉圭(Pedretti et al. ,1991)。CIMMYT 一直积极参与这些地区的许多工作(Kohli et al. ,1991;Ortiz-Ferrara et al. ,1994)。CIMMYT 与 NARS 对小麦耐高温生理方面的研究合作始于 1990 年,同时建立了一个由孟加拉国、巴西、埃及、印度、尼日利亚、苏丹和泰国组成的小麦科学家网络。

网络科学家进行的合作试验被命名为国际热胁迫基因型试验(IHSGE)(Reynolds et al. ,1992,1994,1997,1998;Reynolds,1994)。该项试验被安排在经 CIMMYT 分类的热胁迫小麦种植区,即 ME5。其主要目标是建立 ME5 下基因型和环境互作(G×E)的等级,通过观察性状的遗传多样性及其与耐热性的关系,评价潜在的生理筛选技术,增进我们对耐热性生理和遗传基础的认识和理解。

该项目的主要研究成果有三项。第一项,超过 40 个热胁迫点与年(hot site × year)结合的聚类分析表明,试点和基因型间的最大互作是由相对湿度(RH)决定的。因此,低湿度试点(如苏丹、墨西哥和印度)和高湿度试点(如孟加拉国和巴西)各自组内的 G×E 互作小于两组间的 G×E 互作(Reynolds et al. ,1998;Vargas et al. ,1998)。该分析表明,这两大环境的耐高温育种工作应独立开展。第二项,在低相对湿度的试点收集 IHSGE品系的数据显示,产量和一些形态性状具有恒定的相关性(表 10.1)。第三项,来自墨西哥的生理数据显示,一些生理参数与国际低相对湿度试点的产量相关(表 10.2)。从 IHSGE 传出的信息可用于建立耐热性的间接选择标准。这些性状在育种上的应用将在随后的章节中讨论,下面先对高温胁迫相关的一些生理性状做简要评述。

表 10.1　1990~1994 年在 IHSGE 的 ME5 地区的 16 个低相对湿度地点上，10 个小麦品种的形态性状与平均产量的遗传相关性

性状	遗传相关性
最终生物量（地上部分）	0.88 **
籽粒数/m^2	0.77 **
粒数/穗	0.67 *
收获指数	0.51
粒重	−0.10
穗数/m^2	0.00
至开花天数	0.83 **
至成熟天数	0.81 **
株高	0.20
地面覆盖率（开花期）	0.67 *
开花期生物量	0.35
植株干重（5 叶期）	−0.45
地面覆盖率（5 叶期）	−0.30
株数/m^2	−0.15

注：* 和 ** 分别表示在 0.05 和 0.01 水平上显著。

表 10.2　1990~1994 年在 IHSGE 的 16 个低相对湿度点上，10 个小麦品种的平均产量与墨西哥莫雷洛斯州测得的生理参数间的遗传相关性

生理性状	Rg
冠层温度降低	0.86 **
膜的热稳定性	0.81 **
叶片叶绿素（灌浆期）	0.72 **
叶片电导率（抽穗期）	0.63 *
光合作用（抽穗期）	0.63 *

注：* 和 ** 分别表示在 0.05 和 0.01 水平上显著。

10.2　高温胁迫相关的生理性状

已知小麦栽培品种在耐高温方面存在遗传多样性（Midmore et al.，1984；Rawson，1986；Wardlaw et al.，1989；Al-Khatib et al.，1990；Reynolds et al.，1994）。与温带环境相比，热胁迫下光合同化更可能成为限制产量的主要因素，尤其是在灌浆期，此时对同化物的需求最大。观察表明，胁迫条件下地上部分总生物量与产量的相关性显著高于总生物量与物质分配的相关性，即收获指数（表 10.1）；这种关系在适宜条件下常常相反。

因此，影响辐射利用效率的性状（如早期地面覆盖度、持绿性、光合速率）在高温胁迫下是非常重要的。虽然早期地面覆盖度似乎是一个重要的农艺性状（Rawson，1988；

Badaruddin et al.，1999），但其基因型间差异似乎与耐热性无关（表10.1）。持绿性已被广泛应用于耐热育种研究，并在一定程度上作为抗病性指标（Kohli et al.，1991）。生理学证据表明，田间灌浆期叶绿素损失与产量降低相关（Reynolds et al.，1994）。在可控环境下，受高温胁迫的小麦光合速率存在品种间遗传变异（Wardlaw et al.，1980；Blum，1986）。

热胁迫下的光合速率差异与叶片早衰所致的叶绿素损失和叶绿素a/b值的变化有关（Al-Khatib et al.，1984；Harding et al.，1990）。CIMMYT研究比较了16个不同半矮秆小麦品种，证实在田间热胁迫条件下光合速率存在遗传变异（Reynolds et al.，2000）。另外，冠层温度降低、旗叶气孔导度以及光合速率均与一些国际区域的田间表现高度相关（Reynolds et al.，1994）。冠层温度降低除了具备气孔传导的功能外（Amani et al.，1996），它本身还具热逃逸机制，正如Cornish等（1991）在棉花上的研究结果。

某些研究应用电导仪测量细胞溶质的渗出进而评估原生质膜受热胁迫损伤的情况。已利用不同田间栽培作物（包括春小麦）的电导测量来推断膜热稳定性（MT）的遗传变异（Blum et al.，1981）。Shanahan等通过测量开花期旗叶电导率，在高温试验点筛选到产量显著提高的膜热稳定春小麦品系。通过对冬小麦幼苗MT的测定，Saadalla等发现在可控环境下幼苗的MT与开花期旗叶的MT呈高度正相关。在几个高温胁迫的国际试验站点，研究人员对16个春小麦品种的MT进行比较，发现可控环境下田间表现正常的旗叶和幼苗的MT差异与温暖小麦产区的耐热性相关（Reynolds et al.，1994）。其他研究也证实，这些材料在膜热稳定性方面存在遗传变异，并且具有很高的遗传力（Fokar et al.，1998）。

尽管MT与耐热性相关的生理基础还不明确，但Berr和Bjorkman（1980）发现质膜较光合类囊体膜更耐热。膜完整性的破坏可能是导致细胞中离子渗漏的主要原因，也可能与维持细胞化学梯度的膜结合酶受热诱导抑制有关。小麦耐热性具有生化局限性，其直接证据来自于对灌浆期所涉及酶类的研究，特别是高温下失活的可溶性淀粉合酶（Keeling et al.，1994）。如果热胁迫下蔗糖向淀粉转化是限制产量的因素，那么这将解释小麦灌浆时受到热抑制，其营养组织中碳水化合物水平提高的现象。

还有其他几个进程显然是受高温影响的，但在这里不做深入的讨论，因为没有证据表明其遗传变异与其表型相关，也许不适合进行简单筛选。有证据显示，高温对减数分裂有负面影响（Saini et al.，1983）。随着温度的升高，呼吸消耗大大增加，使得同化作用的产物不能满足呼吸消耗，最终导致碳饥饿（Levitt，1980）。然而，这种明显的消耗过程至少在目前的种质中是不可避免的。高粱品系在高温胁迫下的暗呼吸与耐热性呈正相关也证明了该观点（Gerik et al.，1985）。另外，籽粒中高速率的暗呼吸可能对产量严重不利（Wardlaw et al.，1980）。

在高温胁迫下，热休克蛋白合成速率提高，被认为是在胁迫下发挥保护作用；但其决定耐热性遗传差异的作用还未被证实。叶绿素荧光是一种前景最看好的筛选性状，已知包括小麦在内的许多作物中，耐热性和较低荧光信号相关联（Moffat et al.，1990）。虽然尚未对筛选方案进行全面评估，但对CIMMYT品系的研究初步证明荧光参数可用于耐热性筛选（Balota et al.，1996）。

　　虽然尚无热胁迫下作物生长速度减缓的生理基础描述,但许多干旱适应性状在热胁迫下可能是有用的。例如,叶片表面蜡质能减少热负荷;当高温降低叶片的同化速率时,芒能够进行光合作用;早熟避热胁迫等。几乎可以肯定热胁迫是干旱胁迫的组成部分,因为干旱的主效应之一是降低植物表面的蒸发散热。然而,并非所有耐热性状均与耐旱的遗传变异有关,膜的热稳定性就是一个很好的例子(Blum,1988)。此外,在热胁迫下表现出色的小麦种质不一定抗旱(S. Rajaram,个人通信)。

10.3　耐热生理育种

　　田间的耐热性可能有不同的生理机制,如较高的光合速率、持绿性和膜热稳定性显示的耐热性,或冠层温度降低显示的避热性。育种时可以测量这些性状,以辅助选择耐热亲本、分离后代或高代品系(图10.3)。基于 IHSGE 的田间数据,文献中提出的诸多生理性状已被评价作为潜在的选择标准(表10.3)。虽然它们作为指标是有用的,但并不是确定的结论,其重要原因有两个方面:一是其结果不能明确外推至试验基地以外的环境使用,二是绝大部分数据是由没有关系的品系间测量获得,所以并不一定意味着对这些性状的选择将导致杂交后代产量的遗传增益。为建立间接选择标准与遗传改良的相关性,需要进行类似的试验,利用随机姐妹系进行一系列的相关杂交和确定性状的遗传力,如本书前言所述。

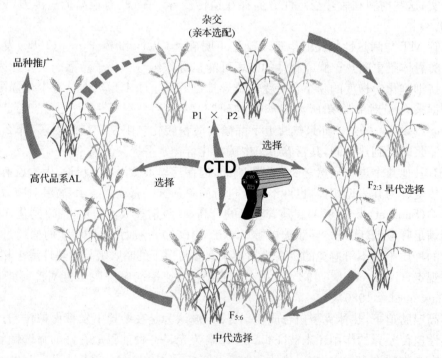

图 10.3　冠层温差在育种中的潜在用途

表 10.3 先前报道的对 IHSGE 小麦热胁迫机制及其与产量的相关性概述

热胁迫机制	IHSGE 中产量的遗传变异
加速发育(Midmore et al.，1984)	是,在许多环境中晚熟与高产相关
定植(Rawson，1988)	否,与早期生长相关性较差
蒸发散热(Idso et al.，1984)	是,与产量有很强的相关性
减数分裂抑制(Saini et al.，1983；Zeng et al.，1985)	否,没有观察到不育。籽粒/小穗比值与产量不相关
敏感的发育阶段(Fischer，1985；Shpiler et al.，1991)	偏最小二乘回归分析证实穗增长的敏感性,特别是高的夜间温度(Vargas et al.，1988)
光合作用/失绿(Al-Khatib et al.，1990；Shpiler et al.，1991)	是,田间小区产量与光合作用和持绿性高度相关
类囊体的热稳定性(Moffatt et al.，1990)	IHSGE 品系的数据初步证实叶绿素荧光与产量相关(Balota et al.，1996)
膜热稳定性(MT)(Shanahan et al.，1990)	是,在几个区域幼苗和旗叶的膜热稳定性与产量相关
淀粉合酶抑制(Bhullar et al.，1986；Rijven，1986)	没有明确的证据,但是产量与千粒重不相关

在下面几节中,我们将介绍目前已经应用三个性状(即冠层温度下降、叶电导和膜热稳定性)进行耐热性选择的相关内容;有足够的证据表明这些性状可作为潜在的育种工具。然而,如果这些技术没有在特定的育种环境下进行评估,那么在应用于主流育种工作之前,首先应当对它们进行评估,如第 1 章所述。

10.3.1 冠层温差

如前所述,试验数据表明在高温及温和的环境下冠层温差(CTD)和产量显著相关。CTD 与产量高度遗传相关,与育种选择有高的直接回应比值(Reynolds et al.，1998),表明该性状是可遗传的,因此适宜用于早代选择。由于几乎可以瞬间测定某个育种小区作物的综合 CTD 值(从而减少单株性状测量的误差),因此已评估将 CTD 作为产量遗传增益间接选择指标的潜力。CTD 受许多生理因素的影响,是一个强大的综合性状,但它的使用可能会受限于其对环境因素的敏感性(图 10.4)。

10.3.1.1 影响 CTD 表达的因素

当水分从叶片表面蒸发时,叶温降低到气温以下。水分蒸发蒸腾损失量的决定因素之一是气孔导度,气孔导度本身受碳固定速率调控。为了维持较高的光合速率,必须有一个有效的维管束系统,用于水分蒸腾以及输送养分和同化物。由于 CTD 直接或间接受一系列生理过程的影响,因此它是在特定环境下反映基因型适应性的一个良好指标。CTD 也受某基因型将同化物分配至产量能力的影响,事实表明,CTD 与产量和粒数的相关性好于其与地上部分总生物量的相关性(表 10.4)。

对于某给定的基因型,CTD 是许多环境因素的一个函数(图 10.4),这些环境因素主要包括土壤水分状况、气温、相对湿度和入射辐射等。该性状在高空气水汽压亏缺、较低相对湿度及温暖的空气条件下表达得最好(Amani et al.，1996)。基于这些原因,CTD 在

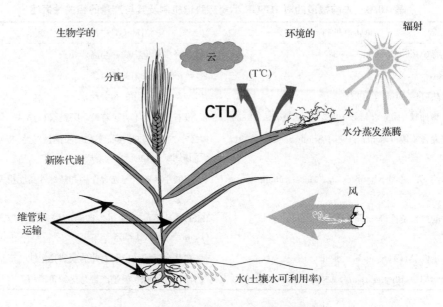

图 10.4　影响植物冠层温差(CTD)的因素

表 10.4　墨西哥奥布雷贡(3 月播种)60 个高代品系的 CTD 与性状的相关性(1995 年)

性状	与 CTD 的相关系数
产量	0.60**
干物质	0.40**
收获指数	0.14
千粒重	−0.32*
粒数/m^2	0.62**
穗数/m^2	0.33*
每穗粒数	0.40**
至成熟的天数	0.10
至开花的天数	0.42**
株高	0.10

注：* 和 ** 分别表示在 0.05 和 0.01 水平上显著。

一般冷和(或)潮湿条件下并不是一个有用的选择性状，它对环境的变化十分敏感。因此，在最优表达时测量 CTD 是很重要的，也就是说，需要在温暖、相对静止、天空晴朗的条件下测量。测量期间一些环境的变化是不可避免的，但可通过对照小区、空间设计、设置重复以及在作物生长季重复测量等办法矫正测量数据。

　　测量 CTD 时，应该对小区仔细观察，避免测到土壤温度。如果小区是行播，最好是站在行的一边使测温仪与行向成一个角度。如果地面覆盖度较低(如叶面积指数小于 3)，最好与地平面成低角度测量以尽量减少测到土壤的可能性(图 10.5)。

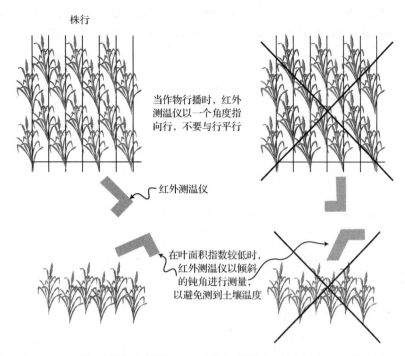

图 10.5　用红外测温仪测量 CTD 时如何观测小区以避免测到土壤温度

10.3.1.2　CTD 与产量的相关性

在 CIMMYT 的亚热带试验站(墨西哥的 Tlaltizapan)测量的 23 个小麦品系的 CTD 与其同一小区产量高度相关(图 10.6),其中 16 个小麦品种在许多国际热带小麦产区进行了产量试验,并对它们的产量表现与墨西哥测量的 CTD 进行了比较(表 10.5)。某些品系,其 CTD 与其在巴西、苏丹、印度和埃及等试点 50% 以上的产量变异相关,明确表明 CTD 可以作为对产量间接选择的指标。

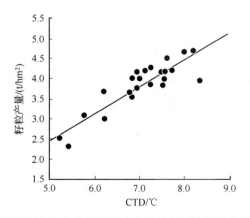

图 10.6　墨西哥莫雷洛斯州 23 个基因型两个生长季的平均籽粒产量与平均 CTD 的关系

(1992～1993 年)

(Amani et al. , 1996)

表 10.5　16 个小麦品系在 IHSGE(1990～1992 年)6 个站点两季的平均产量与 1992～1993 年
12 月和 2 月在墨西哥 Tlaltizapan 播种的相同品系在不同生长时期的 CTD 的相关系数

地点	12 月播种的小麦气冠温差			2 月播种的小麦气冠温差		
	花前	开花期	花后	花前	开花期	花后
巴西	0.45	0.60 *	0.50 *	0.68 **	0.52 *	0.68 **
埃及	0.73 **	0.91 **	0.91 **	0.82 **	0.79 *	0.78 **
印度	0.33	0.56 *	0.62 **	0.60 **	0.37	0.64 **
苏丹	0.71 **	0.91 **	0.88 **	0.77 **	0.75 **	0.71 **
莫雷洛斯州	0.66 **	0.84 **	0.78 **	0.50 *	0.53 *	0.43
平均相关	0.58	0.76	0.74	0.67	0.59	0.65

注：* 和 ** 分别表示在 0.05 和 0.01 水平上显著(Reynolds et al. , 1994)。

　　在随后的工作中,使用 CTD 差异大的亲本配置杂交组合,获得纯合姐妹系。在高温
及温和的环境下,评估这些姐妹系的 CTD 和产量。由两个杂交组合随机产生的第 5 代姐
妹系群体的 CTD 与产量潜力在高温及温和环境下均表现明显的相关性(图 10.7,
表 10.6),CTD 能解释多达 50% 的产量变异。

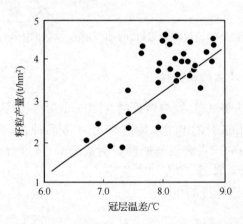

图 10.7　由耐热性差异大的品系(Seri 82× Siete Cerros 66)配置组合获得的 40 个重组自交系
后代抽穗后的 CTD 和产量回归,Tlaltizapan,墨西哥,1995～1996 年(Reynolds et al. , 1998)

表 10.6　两个杂交组合的纯合姐妹系在高温(1995～1996 年)和温和(1996～1997 年)
环境下的 CTD 与产量潜力的相关性分析

试验点	CTD 与产量的相关系数	
	杂交 1	杂交 2
	Seri 82×Siete Cerros	Seri 82×Fang 60
莫雷洛斯州(高温)	0.64 **	0.39 *
奥布雷贡(高温)	—	0.55 **
奥布雷贡(温和)	0.64 **	0.51 **

注：* 和 ** 分别表示在 0.05 和 0.01 水平上显著。

虽然没有对 CTD 的遗传力进行充分评估,但初步数据表明它具有中等的遗传力。F_5 代群体上测定的性状与随后获得的 F_7 代品系的产量相关性分析表明,CTD 较其产量本身能更好地预测群体的表现(Reynolds et al. , 1997)。

10.3.1.3 CTD 是评价高代品系的有效手段

除了对早代和中代进行选择以外,在 CIMMYT 还针对高代品系开展了相关试验,以评估 CTD 作为一个工具预测群体表现的能力(Reynolds et al. , 1997,1998)。在墨西哥奥布雷贡,通过晚播在高温条件下选择出 60 个遗传背景不同的耐热高代品系。1995～1996 年,在春小麦生长季,选择 15 个热环境(4 个在墨西哥、4 个在苏丹、3 个在孟加拉国、3 个在印度、1 个在尼日利亚)对 60 个高代品系经繁殖后进行了有重复的产量试验。在选择的环境下测验了测产小区和较小的 3 行小区,即 3 月在奥布雷贡播种试验小区的生理性状。对该环境下的产量和 CTD 与 15 个环境下高代品系平均表现进行了比较。奥布雷贡测量的 CTD 在解释所有高温试点产量表现的变异性方面与产量相当(表 10.7)。

表 10.7 **在国际试验点的 60 个高代品系的平均产量与在墨西哥奥布雷贡城(3 月播种)测定的 CTD 和产量间的相关性**(1995～1996 年)

性状	平均产量	
	$n=11^†$	$n=15$
产量	0.62*	0.59*
3 行小区的 CTD	0.66*	0.56*
5 行小区的 CTD	0.65*	0.58*

注: * 表示在 0.01 水平上显著。

† 交互作用聚类分析表明 11 个试点的 G×E 互作最小。

本研究中,在测量 CTD 时,也测定了一些其他的生理和形态性状。虽然有些性状也表现出与产量显著相关(如叶绿素、叶片电导率、穗数、生物量和开花期),但没有任何单一性状能像 CTD 那样始终与产量有好的相关性(Reynolds et al. , 1997,1998)。试验数据还显示,较小的 3 行小区和测产小区所测量的 CTD 在预测产量方面效果相当,说明该技术适宜于较小的地块。

10.3.2 气孔导度

CTD 极适合用于在高温、相对湿度较低的环境下选择生理上的优良品系。该环境下高蒸发需求导致叶片温度低于周边环境温度达 10℃,因而可以相对容易地用红外测温仪测验基因型差异。但如果在高相对湿度环境下,无法测验到这种差异,因为叶片蒸发散热的影响是微不足道的。不过,叶片能保持气孔开放以吸收 CO_2,CO_2 固定率的差异会导致叶片电导率的差异,这种差异可用气孔计测量。

CTD 仅用于评估冠层,而气孔计还可用于单株筛选。气孔导度的遗传力相当高,通常为 0.5～0.8(Vilhelmsen et al. , 2001;Rebetzke,个人通信);同时与产量的遗传相关性也高(表 10.2)。用市场上新推出的黏性流动气孔计可以评估植物的气孔导度

(Thermoline and CSIRO, Australia)。该仪器可以在几秒钟内测量相对气孔导度(Rebetzke et al.，1996)，能够从群体中筛选出生理上优越的基因型。

　　想要得到可靠的结果，应对每个小区或每个植株的气孔导度进行多次测量。环境的变化、叶片的位置和叶片气孔行为循环模式可能会导致单一叶片气孔导度读数出现误差。如果作物需要灌溉，最好是灌溉后立刻测量，以避免土壤异质性的影响。该异质性影响水分的可利用性。最好是在一天的不同时间段和作物生长的不同阶段对气孔导度进行测定，以确定基因型差异的最佳表达时间。

　　由于CTD和气孔导度相关并均与产量相关(Amani et al.，1996)，因此可以利用这两个性状进行综合选择。例如，CTD可用于早代分离群体的选择，该群体是异质的。利用气孔测量法可从大量群体中鉴定出最佳基因型(图10.8)。在墨西哥测量了F_5代单株的气孔导度，证明该方法是可行的(图10.9；Gutiérrez-Rodríguez et al.，2000)。

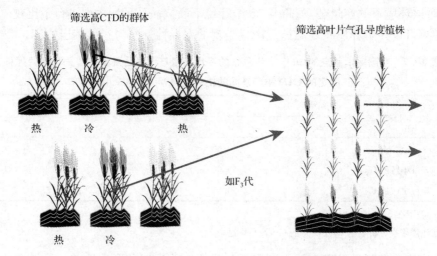

图 10.8　用 CTD 和叶片气孔导度进行早代选择

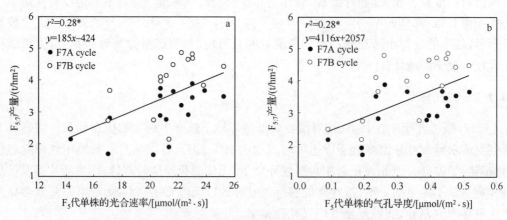

图 10.9　(a) F_5代单株的叶片光合速率与 F_7代籽粒产量的相关性；
(b) F_5代单株的气孔导度与 F_7代籽粒产量的相关性
* 表示在 0.05 水平上显著

10.3.3 质膜的热稳定性

虽然耐高温涉及多个复杂的耐受和逃避机制,但是膜系统被认为是最主要的生理伤害部位(Blum,1988),通过测量组织中溶质渗漏可以估测膜损伤的程度。由于膜的热稳定性可以遗传并与产量高度相关(Fokar et al.,1998)(表 10.2),因此它在育种上具有一定的应用潜力,但是需要用实验室方法进行测量。

10.3.3.1 实验室方法

从 10 天龄幼苗到灌浆期的任何物候阶段,均可采集叶片测量膜的热稳定性。植物必须进行热适应,要么是生长在足够热的环境下,要么是在最高和最低温度大约为 35℃/15℃ 的可控环境下放置 48 h。每个小区至少应取 4 片叶以确保组织的代表性,如果小区包含分离品系或异质品系,至少应取 10 片或更多的叶片。应随机采样,将叶片(切割端浸入水中)放置于带瓶塞的玻璃瓶中。所有的瓶子应被放在冰盒中从田间运回实验室。

在实验室,分割出叶片的中间部分,迅速用去离子水冲洗,然后将其浸泡在去离子水中,放进冰箱过夜。为测量膜热稳定性,将每个叶片作 1 cm 的切片用于对照和热激处理。为了测量幼苗的膜热稳定性,先将杀菌处理过的种子放在湿纸上发芽,然后在 10~20℃培养。10 天后,采集最老的叶片用于测量;但是在测量膜热稳定性前必须对幼苗进行热适应。为达到这个目的,将大约 10 株幼苗的根浸泡在有盖的水浴锅中,35℃恒温 48 h。

一旦热适应后,用去离子水将植物材料(旗叶或幼苗)洗净并分装到含 17 ml 去离子水的小瓶中。其中一半瓶子置于 46.5℃(旗叶)或 49℃(幼苗)水浴中 60 min。另一半瓶子作为对照,在室温条件下放置相同的时间。处理后,热处理样品和对照样品都在 6℃条件下过夜。在 25℃下测定初始电导率;样品经 120℃和 0.10 MPa 20 min 自动高温灭菌处理后,再在 25℃下测定最终电导率。用相对损伤率(RI)代表膜热稳定性。

$$RI\% = [1-(1-T_1/T_2)/(1-C_1/C_2)] \times 100$$

式中,T 为处理;C 为对照;1 和 2 分别为初始和最终电导读数,即灭菌前、后的读数。

10.3.3.2 幼苗和旗叶膜热稳定性的测量

CIMMYT 利用 IHSGE 的 16 个品系的幼苗和旗叶测定膜热稳定性(Reynolds et al.,1994)。在许多国际高温胁迫环境中,两种方法测定的膜热稳定性均与产量紧密相关(表 10.8)。幼苗和田间生长的旗叶的膜热稳定性显著正相关($r^2=0.67, n=16$),表明两个发育阶段的膜热稳定性有很好的相关性。这些数据证明,利用人工条件下培养的幼苗代替田间生长的植物组织进行膜热稳定性筛选是可行的。用幼苗是符合逻辑的,因为植物热适应处理的环境是可控的,而在田间则没法控制。试验数据间接证明了这个观点的重要性。

使用幼苗测定方法,连续 3 天测定 3 个重复的膜热稳定性。虽然基因型与各重复之间的相互作用不显著,但是重复的主效应(即每天的试验)极显著(数据未显示)。即使在可控条件下,过程或条件的逐日变化等非人为差异也会影响膜热稳定性的绝对值。由于在育种工作中,通过单个试验评估所有感兴趣种质的膜热稳定性是不现实的,因此在可控

表 10.8　IHSGE(1990～1992 年)的 6 个试验点超过两季的平均产量与两种不同方法测量的
16 个小麦基因型的膜相对损伤的 Spearman 相关系数

热胁迫地点	旗叶(田间生长)	幼苗(培养室生长)
莫雷洛斯州 12 月	−0.65**	−0.40
莫雷洛斯州 2 月	−0.31	−0.01
巴西	−0.59*	−0.57*
埃及	−0.69**	−0.64**
印度	−0.66**	−0.57*
苏丹	−0.69**	−0.58*
平均相关	−0.60	−0.46

注：* 和 ** 分别表示在 0.05 和 0.01 水平上显著。

条件下的方法更好。

　　另一个使用幼苗而不用成熟组织进行试验的优势是，发育前期的物候不可能影响膜热稳定性。在这些实验中，基因型间开花期和成熟期存在一个范围。将测量每个基因型在特定开花期 MT 值替代为在同一天测定所有材料旗叶的 MT 值，随后以开花期和 MT 测定时间之间的天数为共同变量进行适当调整。

10.4　耐热性状的遗传多样性

　　虽然传统的小麦品种在耐热性方面存在遗传多样性(Rawson，1986；Wardlaw et al.，1989；Al-Khatib et al.，1990；Reynolds et al.，1994)，但如果不发掘耐热遗传多样性新资源，就会限制耐热育种的进程。资源创新涉及两个方面：一方面地方品种直接用于常规育种；另一方面通过远缘杂交将含有相同基因组的野生种基因导入栽培小麦中。

　　Edhaie 和 Waines(1992)测试了来自阿富汗、伊朗、伊拉克、以色列、约旦、叙利亚、黎巴嫩、土耳其和苏联的材料，结果表明野生小麦属和山羊草属物种存在耐热性的遗传多样性。有趣的是，所有的耐热资源材料仅来自于以下 3 个地区，即以色列东部、约旦西部和叙利亚西南部。研究人员认为从这些地区的面包小麦和硬粒小麦地方品种中能够鉴定出高度耐热的基因型，可将其耐热性整合到现代小麦背景中。

　　CIMMYT 小麦种质库中的资源已被用于耐热性状的新资源鉴定。例如，从墨西哥收集的地方品种中鉴定出了高叶绿素含量品种，最好的地方品种叶绿素浓度显著高于对照品种 Seri-M82。虽然高叶绿素含量并不能保证具有高耐热性，但在稳定品系中持绿性和耐热性相关(Reynolds et al.，2000)。在一些小麦杂交组合的后代姐妹系中，高叶绿素含量与耐热性相关(Reynolds et al.，1997)。

　　在热胁迫条件下，已开始对 CIMMYT 种质库收集的资源进行高气孔导度(通过水分蒸发蒸腾使叶片降温)鉴定。鉴于先前讨论过的原因，与测量 CTD 相比，测量气孔导度更适合作为耐热性或热逃避的指标，因为对单株评估相对容易，该方法是对种质资源大规模筛选的有效途径。此外，研究还表明气孔导度具有相当高的广义和现实遗传力(60%～

75%)(Vilhelmsen et al.，2001)。

分子生物学方法有助于从大量杂交后代中鉴定出有用的遗传多样性。育种家通过广泛的杂交,引进和利用了小麦野生近缘种的抗病性(如 Villarea et al.，1995)。利用延时回交世代的 QTL 定位分析,鉴定与耐非生物逆境胁迫相关的其他数量遗传性状也是可能的(Tanksley et al.，1996)。

10.5　减轻热胁迫影响的农艺对策

最佳的作物生长条件是水分、养分和光照等的充分供应;由于温度升高,高速率的新陈代谢、生长发育和蒸腾蒸发损失导致生长所需的资源量增加(Rawson,1988)。当生长的资源受到高温胁迫限制时,植物器官(如叶片、分蘖和穗)的大小就会减小(Fischer,1984)。田间植物新陈代谢过程对热胁迫敏感(Reynolds et al.，1998,2000),再加上高温下生命周期的缩短(Midmore et al.，1984),解释了在炎热环境下籽粒产量与总植株干物质显著相关的原因。这些交互作用使得保证热胁迫下小麦产量的作物管理措施尤为重要。

一些研究展示了在胁迫环境下特定管理措施的效益。例如,施用农家肥能改善土壤理化条件,利于土壤水分的保持(Sattar et al.，1989;Gill et al.，1982;Tran-Thuc-Son et al.，1995)。在孟加拉国潮湿炎热的环境下,施用一次农家肥(10～15 t/hm^2),再配合施用无机氮肥,小麦产量在 3 个连续的作物生长季均处于增长状态;如果再增施磷肥,小麦产量在 4 个连续的作物生长季均处于增长状态(Mian et al.，1985)。在高温条件下,氮肥(如 NH$_3$)挥发的可能性较大;与等量的有机氮(如农家肥)相比,施用氮肥会减产(Tran-Thuc-Son et al.，1995)。

秸秆覆盖是另一个具有减轻胁迫潜力的农艺投入,可通过降低土壤水分蒸发和增加渗透率达到改善土壤水分的目的(Lal,1975)。研究表明,秸秆覆盖也能有效降低土壤温度(Benoit et al.，1963),抑制出苗,具负面效应(Chopra et al.，1980)。如果土壤表面裸露可增加辐射强度,地表土壤温度可超过空气温度 10～15℃;在这种条件下,秸秆覆盖可能增加幼苗的出苗率和成活率(Fischer,1984)。已知在高温条件下小麦生长对田间管理具高度敏感性,明智的管理措施组合能改善作物的定植状况以及相继生长阶段水分与养分的利用率,从而切实有益于小麦的生长。

CIMMYT 与苏丹、孟加拉国国家小麦研究项目的合作,提供了热环境下小麦对管理因素(如秸秆覆盖和农家肥的应用)反应的信息,提高了无机肥施用水平和灌水频率(Badaruddin et al.，1999)。该研究决定了改进的作物管理推荐措施是否能显著提高作物产量。对照处理代表的是推荐的措施,在所有环境下平均产量为 3.6 t/hm^2。考虑主效应,农家肥(10 t/hm^2)提供了最高的产量效益(14%),与农家肥含量相当的氮、磷、钾提供的产量效益最低(5.5%),这表明有机肥提供了养分含量以外的生长因子。在炎热和相对湿度较低的条件下(如在苏丹和墨西哥),秸秆覆盖和额外灌溉能提高小麦产量,但在潮湿炎热的孟加拉国未提高产量。

在墨西哥,与冬播相比,在天气较热的春播条件下增加投入更有益。耐热(Glennson

81)和热敏感的(Pavon 76)基因型的比较表明,耐热基因型通常对额外投入更敏感。投入带来的增产通常与更好的苗情、株高、粒数/m² 及地上部分生物量等显著增加有关;在墨西哥,也与较高的 CTD 和光截获有关。

这些结果清楚地表明,在热环境下通过改善农艺措施可以显著提高小麦产量。总之,动物粪便的应用对产量的影响是最大和最稳定的。残渣保留和免耕措施也能提供与额外有机物相关的一些效益。在非生物胁迫环境下,作物和土壤综合管理措施与许多农业生态系统中供水量的减少相联系。

这项研究并未试图分析管理因素的经济基础,只是为了确立它们的生物学价值。然而,数据表明不管有机或无机肥料的建议施肥量通常都不能满足作物的需求。在特定区域氮、磷、钾肥和农家肥使平均产量分别提高 17% 和 24%,这表明即使在炎热地区较好的作物营养也可以提高经济产量。

增加灌溉频率的经济基础比较复杂,原因有两个。首先是灌溉方案方面的原因。例如,在苏丹中部的吉齐拉,其灌溉方案中缺少允许农民自由灌溉的灵活性。特定区域的灌水是根据整个灌溉计划固定程序进行的。其次,世界许多地区水分的可利用性正在下降,如果水价急剧上涨,那么通过增加灌溉提高经济收益的期望可能无法实现。如前所述,残渣保留和免耕措施相结合能获得覆盖效应,并且可能提高土壤有机质。但是,如果想在发展中国家实现这些措施,需要国家农业研究系统、政府部门或是由工业化国家赞助的农业发展部门等加大投资。

10.6　结　论

虽然热胁迫的模式在小麦产区之间大不相同,但是相对湿度是解释基因型与环境互作的一个重要因素。在低相对湿度环境下,生理耐热性的缺乏是最主要的产量限制因素;而在高相对湿度环境下,病害可能是一个外加的,甚至可能是更严重的限制因素。在低相对湿度环境下,CTD 可能是一个潜在有效的间接选择指标,而气孔导度和膜热稳定性可以应用于所有高温环境。然而,任一新环境中,在将生理性状作为间接选择指标应用于主流育种工作之前,应当选用适应当地环境的种质(如引言部分所述)测验其选择的遗传增益。

对非生物胁迫地区收集的种质进行耐热性筛选,可作为将遗传多样性新资源引进育种的一种手段。除了遗传改良,农艺措施(如秸秆覆盖可降低土壤表面温度、增加土壤有机质)也是提高热环境下生产力的一种有效手段。

(张宏芝　杨红梅　张跃强　译)

参 考 文 献

AbdElShafi, A. M. , and O. A. A. Ageeb. 1994. Breeding strategy for developing heat-tolerant wheat varieties adapted to upper Egypt and Sudan. In: D. A. Saunders and G. P. Hettel (eds.). Wheat in Heat Stressed Environments: Irrigated, Dry Areas and Rice Farming Systems. Proceedings of the International Conference, Wheat in Hot, Dry,

Irrigated Environments. Mexico, D. F. : CIMMYT.

Al Khatib, K. , and G. M. Paulsen. 1984. Mode of high temperature injury to wheat during grain development. Plant Physiol. 61: 363-368.

Al-Khatib, K. , and G. M. Paulsen. 1990. Photosynthesis and productivity during high temperature stress of wheat cultivars from major world regions. Crop Sci. 30: 1127-1132.

Amani, I. , R. A. Fischer, and M. P. Reynolds. 1996. Evaluation of canopy temperature as a screening tool for heat tolerance in spring wheat. J. Agron. Crop Sci. 176: 119-129.

Badaruddin, M. , M. P. Reynolds, and O. A. A. Ageeb. 1999. Wheat management in warm environments: effect of organic and inorganic fertilizers, irrigation frequency, and mulching. Agronomy J. 91.

Balota, M. , D. Rees, and M. P. Reynolds. 1996. Chlorophyll fluorescence parameters associated with spring wheat yield under hot, dry, irrigated conditions. Proceedings of the International Drought Stress Congress. Belgrade.

Benoit, G. R. , and R. J. Kirkhoun. 1963. The effect of soil surface conditions on evaporation of soil water. Soil Sci. Soc. Am J. 27: 495-498.

Berry, J. A. , and O. Bjorkman. 1980. Photosynthetic response and adaptation to temperature in higher plants. Ann. Rev. Plant Physiol. 31: 491.

Bhullar, S. S. , and C. F. Jenner. 1986. Effects of temperature on the conversion of sucrose to starch in the developing wheat endosperm. Aust. J. Plant Physiol. 13: 605-615.

Blum, A. 1986. The effect of heat stresss on wheat leaf and ear photosynthesis. J. Experimental Botany 37: 111-118.

Blum, A. 1988. Plant Breeding for Stress Environment. CRC Press, Inc. , Boca Raton, Florida.

Blum, A. , and A. Ebercon. 1981. Cell membrane stability as a measure of drought and heat tolerance in wheat. Crop Sci. 21: 43-47.

Chopra, U. K. , and T. N. Chaudhary. 1980. Effect of soil temperature alternation by soil covers on seedling emergence of wheat (*Triticum aestivum* L.) sown on two dates. Plant Soil 57(1): 125-129.

CIMMYT. 1995. CIMMYT/NARS Consultancy on ME1 Bread Wheat Breeding. Wheat Special Report No. 38. Mexico, D. F.

Cornish, K. , J. W. Radin, E. L. Turcotte, Z. -M Lu, and E. Zeiger. 1991. Enhanced photosynthesis and gs of pima cotton (*Gossypium barbadense* L.) bred for increased yield. Plant Physiol. 97: 484-489.

Edhaie, B. , and Waines, J: G. 1992. Heat resistance in wild *Triticum* and *Aegilops*. J. Genetics and Breeding 46: 221-228.

Fischer, R. A. 1984. Physiological limitations to producing wheat in semi-tropical and tropical environments and possible selection criteria. In: Wheats for More Tropical Environments. A Proceedings of the International Symposium. Mexico, D. F. : CIMMYT. pp. 209-230.

Fischer, R. A. 1985. Number of kernels in wheat crops and the influence of solar radiation and temperature. J. Agric. Sci. (Cambridge) 105: 447-461.

Fischer, R. A. , and D. B. Byerlee. 1991. Trends of wheat production in the warmer areas: Major issues and economic considerations. In: D. A. Saunders (ed.). Wheat for Nontraditional, Warm Areas. Mexico, D. F. : CIMMYT. pp. 3-27.

Fokar, M. , H. T. Nguyen, and A. Blum. 1998. Heat tolerance in spring wheat. I. Genetic variability and heritability of cellular thermotolerance. Euphytica 104: 1-8.

11 耐 涝 性

A. Samad[①], **C. A. Meisner**[②], **M. Saifuzzaman**[③], **M. van Ginkel**[④]

世界上,超过 1/3 的有灌溉条件地区会遭受偶尔或较为频繁的渍涝灾害(Donmann et al.,1990)。在世界许多地方,涝灾造成小麦减产。在发展中国家,每年受涝面积大约有 1000 万 hm²(Sayre et al.,1994)。当雨水和灌溉水聚积在土壤表面,长时间不能下渗时,即发生涝害。在地表形成一个硬壳或在下层形成一个(不透水的)犁底层的土壤物理特性有助于涝害的形成。当一两天内的降雨或灌溉水量超过土壤的渗水量时,也可能出现渍涝。

涝灾发生在世界范围内许多小麦产区,特别是在灌溉和高降雨量环境中。在灌溉地区,涝灾发生主要归因于缺乏适当的排水系统。有时由于维护不善,灌渠渗漏,灌溉设施不易排出过量的水。主要的例子是印度次大陆、中国的某些流域和埃及的尼罗河三角洲。仅印度的印度河—恒河平原北部地区,就有 250 万 hm² 小麦受非季节性涝灾影响(Sharma et al.,1988)。

内涝的影响遍及南亚和东南亚(即中国、越南、泰国、孟加拉国、尼泊尔、印度和巴基斯坦)及美国南部(即佐治亚州、密西西比州、路易斯安那州)的稻麦两熟灌溉区。这些国家的共同特点是大部分土地实行了水稻轮作。为了限制水分渗流,创造水稻种植的淹水条件,土壤通常被泥浆化。由于土壤的泥浆化,在收获水稻后的旱季种植的小麦生长于土壤物理条件欠佳的条件下。因水稻栽培而形成的土壤犁底层未被打破,阻止了水的流动,当过度降雨或灌溉时,便形成涝灾。

在南亚水稻轮作制度中,小麦是一个相对较新的选择。一些农民习惯于用大量的水种植水稻,而对麦类作物也倾向于过度灌溉。此外,许多稻麦轮作的土壤为淤泥或壤土,容易板结,限制水从表面渗透,由此产生渍水。在南亚有案可查的表土有机质含量下降,也导致不良的土壤物理特性(FAO,1994;Hobbs et al.,1996;Nagarajan,1998)。

在亚洲除了稻麦轮作区外,涝灾还影响其他灌溉地区。埃及、苏丹和尼日利亚的小麦产区也定期遭受水涝灾害。在非洲和拉丁美洲的部分地区,大暴雨结合黏重土壤形成渍涝,限制了小麦生产。在传统的小麦种植地区——埃塞俄比亚高原,雨季的倾盆大雨严重而持久。因此,从小麦生长期开始,渍涝即屡见不鲜。在埃塞俄比亚,由重黏土组成的黑色变性土抑制渗透,使土壤隆起和严重开裂,进一步加剧了渍涝形势。在澳大利亚,由于

① 小麦研究中心首席科学家,孟加拉国农业研究院,孟加拉国。
② CIMMYT 自然资源组,孟加拉国。
③ 小麦研究中心高级科学家,孟加拉国农业研究院,孟加拉国。
④ CIMMYT 小麦项目组,墨西哥。

地下水位上升,渍水限制了小麦产量,(Grieve et al.,1986;McDonald et al.,1987;Meyer et al.,1988)。

11.1 与渍涝相关的条件和症状

除播种和萌芽初期外,渍涝通常不会破坏小麦植株或影响植株建成(Musgrave,1994)。主要的形态学和生物化学方面的影响将在以后详细讨论。但在轻度渍水条件下,小麦植株通常生长发育迟缓,基部叶片衰老,分蘖存活数减少,小花可能不育。

高温往往会加剧淹水的负面影响。当有氧土壤条件再次出现时,植物生长恢复缓慢,因此,小麦产量受到影响。

渍涝很少危害整个田块,而仅限于田块的低洼地区(图 11.1)。当土壤被水完全饱和时出现渍涝,积水取代了土壤空隙中的空气。土壤缺氧限制了正在生长的根及其他活体生物的有氧呼吸。当厌氧条件持续数天时,土壤化学性质改变,增加某些大量或微量元素的有效性,而减少其他元素的有效性。直到小麦根系恢复(土壤有氧条件重现时),或适应缺氧条件以后植物蒸腾才不受影响。然而,延长内涝会导致根死亡。通过减少植物蒸腾和削弱根的功能,渍水还限制了小麦植株的营养吸收。

图 11.1 孟加拉国麦田中不均匀的渍害(见文后彩图)

渍涝的另外一个作用是刺激某些植物激素的产生。在厌氧条件下,根系以较高浓度释放这些激素,可能影响叶和根的反应。乙烯是由淹水土壤中的根系和微生物所产生的。渍水条件下释放乙烯的激素效应引起人们极大的兴趣。水成为由根和其他水下组织所产生乙烯逸出的障碍。乙烯被称为是叶片衰老的一个引发器(不是启动子)(Dong et al.,1983)。

在播种或发芽期间渍水通常会杀死种子或幼苗。幼苗的胚根和次生根不易适应涝害,或更容易受到有可能随之而来的苗期病害的影响(Belford et al.，1985)。

一般来说,小麦植株的耐涝性随株龄的增长而增长,对产量的不利影响也随之下降(Meyer et al.，1988)。一旦小麦成株形成后,如果叶片不被水淹没,许多基因型可以抵御渍涝长达10天而没有产量损失。如果提供额外的氮肥,小麦可在早期渍涝胁迫后惊人地恢复。

鉴于乙烯在水中的扩散速度较在充气的土壤中更慢,在淹水的土壤中及在其中生长的植株根系中,可能形成浓度异常高的乙烯。小麦植株对厌氧条件的第一反应涉及因根细胞缺乏呼吸而引起反应的生化途径。各种激素被输送到叶片中并产生刺激,导致老叶片在几天内过早衰老(Dong et al.，1983；Dong et al.，1984)。种子根一般被杀死或其生长受到极大的限制(Huang et al.，1995)。

然而,一些小麦基因型具有节生或不定根,在其间通气组织细胞开始形成。尽管比有氧条件下更为有限,通气组织可以从叶到根携带氧气,使根在厌氧条件下保持呼吸。如果气温升高,这个过程会加速。这一性状的遗传变异已有文献报道(Cao et al.，1995)。

冬小麦产区也可能容易淹水。冬小麦有时被放牧的牲畜啃咬,但到春天又可以恢复生长获得粮食产量。牲畜践踏含饱和水的草场土壤可以引起有限水的运动和渍涝。

文献记载了冬小麦对渍涝的耐性(Musgrave，1994)。然而,这未必是真的耐涝性,因为与冬小麦生长地区的渍水相关的较低的土壤温度,减少了根呼吸所需氧气的数量。因此,在较冷地区与渍涝相关的减产与世界上的温带和热带地区不大一样。另外,一些研究表明,在很大的温度范围内,渍水条件下土壤氧气快速下降(Trought et al.，1982)。还应指出的是,冬小麦的成熟期长,因此与早熟的春小麦相比,对渍涝较不敏感(Gardner et al.，1993)。

文献包含了许多关于小麦对渍水、低氧或缺氧等耐性的可能遗传变异的参考资料。本章将评述小麦因渍涝而减产的生理生化原因;探究不同的耐涝小麦筛选方案,以及将耐涝性引入小麦育种项目的优点;还包括了经过研究或已被农民应用的缓解渍涝不利影响的成熟农艺措施。

11.2　涝害对土壤化学的影响

渍涝带来的产量下降可能由作用于小麦植株的诸多因素引起,如土壤化学方面的变化。例如,渍涝引起土壤氮的反硝化作用可能影响集中并积累在植物上部叶片中的总氮量,这将最终对籽粒产量产生负面影响。表11.1列出了土壤的化学反应清单及相应的参考书目,可查询每项反应的更多信息。

表 11.1　文献中对渍涝的土壤化学反应报道

化学反应	参考文献
增加锰浓度可能对植株生长有毒害	Sparrow et al.，1987；Wagatsuma et al.，1990
高温通常加剧土壤氧气的减少	Belford et al.，1985

续表

化学反应	参考文献
渍涝及酸性土壤中,小麦植株在维持质体色素、循环磷酸化作用和CO_2固定过程中,钼有效性降低及钼的应用	Salcheva et al.，1984
有机和无机土壤氮素的反硝化作用	Feigenbaum et al.，1984；Singh et al.，1988；Mascagni et al.，1991；Humphrey et al.，1991
渍水条件下根表皮表面矿物(铁)的附着	Ding et al.，1995
高有机质土壤中挥发性脂肪酸和酚类化合物积累对根系代谢和生长的影响	Lynch，1978；Jackson et al.，1980

11.3　耐涝性的遗传改良

　　一些研究表明,耐涝性状是高度遗传的(Cao et al.，1995；Boru，1996)；其他研究证明在硬粒小麦品系间耐涝性几乎没有变异(Tesemma et al.，1991)。有些研究者已发现该性状是由单一基因控制的(Cao et al.，1992；Cao et al.，1995),而其他人认为是多基因控制的(Hamach et al.，1989；Boru，1996)。小麦近缘种可能是耐涝性资源(Cao et al.，1991；Taeb et al.，1993；Cai et al.，1994)；然而,可能还有其他小麦内源耐性资源。Boru(1996年)的结论是有4个耐涝性相关的基因,即一个主效基因,两个中间型基因,一个微效基因。现已证明,小黑麦的耐涝性优于面包小麦(Johnson et al.，1991a)。与其他国家相比,中国(在文献中)报道了相当大量的关于培育耐涝性小麦品系的工作。

　　在实验室或田间筛选技术方面文献中已有很好的记录。然而,耐涝性与缺氧条件下具有通气组织细胞的根系快速形成能力直接相关,还并存着锰毒耐性(Wagatsuma et al.，1990)。锰毒耐性与在根系中形成通气组织细胞以扩张耐性相比,似乎是次要的。Wagatsuma 等(1990)也确定,任何耐性表达不应归于植物根系耐低氧的能力。

　　一项研究显示,小麦和黑麦品种在次生根和通气组织细胞的形成方面有所不同(Thomson et al.，1992)。这些品系具有增强次生根和通气组织形成的能力,以减少不利的涝害。数据显示耐涝性与在根系中产生更多根颈和通气组织、保持气孔开放、在恢复有氧条件时更快地恢复种子根生长及气孔开放的能力相关(Huang et al.，1994)。Boru(1996)的研究表明,在严重内涝下幸存的品系中,通气组织细胞的形成与产量高度相关。它们的皮层组织解体,形成通气组织；相比之下,敏感基因型渍水后很少或没有通气组织形成。

文献中关于小麦对渍涝特殊生理反应的报道

1. Chlorosis of lower leaves (Sparrow and Uren，1987；van Ginkel et al.，1992) (Picture 11.2).
2. Early senescence of lower leaves (Dong et al.，1983；Dong and Yu，1984).
3. Decreased plant height (Sharma and Swarup，1989；Wu et al.，1992).

4. Delayed ear emergence (Sharma and Swarup, 1989).

5. Reduced root and shoot growth (Huang and Johnson, 1995).

6. Lower number of spike-bearing tillers (Belford et al. , 1985; Sharma and Swarup, 1989; Wu et al. ,1992) (Picture 11. 3).

7. Fewer grains per spikelet and reduced kernel weight (Belford et al. , 1985; Musgrave, 1994; van Ginkel et al. , 1992).

8. Reduced diameter of metaxylem and protoxylem vessels of the nodal roots (Huang et al. , 1994).

9. Enhanced formation of aerenchyma cells in the cortical tissue of both seminal and nodal roots (Huang et al. , 1994; Boru, 1996).

10. Leakage of cell electrolytes (Wang et al. ,1996a).

11. Reduced uptake of N, P, K, Ca, Mg, and Zn while increasing Na, Fe, and Mn absorption under alkaline soil conditions (Sharma and Swarup, 1989; Stieger and Feller, 1994a).

12. Reduced root respiration (Wu et al. , 1992; Wang et al. , 1996b).

13. In wheat oxygen concentrations between 33 and 66 $\mu g\ m^2\ s^{-1}$ were categorized as deficient and $< 33\ \mu g\ m^2\ s^{-1}$ as critical. Roots were significantly reduced by the small amount of oxygen available, especially at lower depths. Temperature also influenced root reduction, with 15℃ appearing to be the best soil temperature for root growth (Box et al. , 1991).

14. Decreases in wheat yields of 37%～45% due to waterlogging have been observed (Musgrave, 1994; Wu et al. , 1992; Cai et al. , 1994; van Ginkel et al. , 1992; Boru, 1996). Wheat yield depression was due to reduced kernel number and weight rather than to an effect on stand establishment.

15. Waterlogging was shown in one study to cause only slight suppression of flag-leaf photosynthesis and leaf conductance in waterlogging intolerant wheat lines (Musgrave, 1994). Other studies showed overall lowered rates of plant photosynthesis, stomatal conductance, and transpiration (Dong and Yu, 1984).

16. Root carbohydrate supply was shown in some studies not to be a limiting factor for root growth and respiration (Huang and Johnson, 1995).

17. Anoxia (waterlogging) inhibited the transport of sugars from the shoots to the roots by more than 79% in seedlings. However, there are interactions between temperature and other environmental factors that could affect interpretation of data on tolerance of wheat to anoxia, which explains the lack of consistent results in the literature (Waters et al. , 1991).

18. Data collected on wheat under waterlogged conditions (i. e. , deficient in oxygen) in the field and glasshouse showed that the biosynthesis of new tissue was more inhibited than the supply of substrates for growth (Attwell et al. , 1985).

19. Flower sterility associated with waterlogging is linked to lower transpiration and, hence, to less uptake of boron (and other nutrients) (Somrith, 1988; Saifuzzaman and Meisner, 1996; Rawson et al., 1996; Misra et al., 1992; Kalidas, 1992; and Subedi, 1992).

20. Ethylene production increases and acts as a trigger (not promoter) of accelerated wheat plant senescence (Dong et al., 1983). Exogenous cytokinins applied to wheat seedlings at the onset of waterlogging delayed degradation of chlorophyll and other biochemical processes (Dong and Yu, 1984). Enhancement of ACC (1-aminocyclopropane-1-carboxylic acid), its precursor, and thylene was more pronounced in older leaves than in younger ones during waterlogging (Dong et al. 1986).

21. Less nitrogen concentrates and accumulates in the upper leaves of waterlogged wheat, probably due to the denitrification of soil nitrogen (McDonald and Gardner, 1987).

22. Nitrogen remobilization from lower leaves is accelerated on flooded soils and explains their chlorosis (Stieger and Feller, 1994b).

23. Reduced rooting depth and increased root porosity (Yu et al., 1969).

图 11.2　下部叶片的萎黄现象
（见文后彩图）

图 11.3　渍涝减少小麦有效分蘖的数量
（见文后彩图）

耐涝性的筛选技术

　　笔者认为,筛选耐涝性最好在田间使用简单的设计,而不是在不切实际的实验室条件下进行。

　　较黏重的土壤与较轻的土壤相比,更容易使水保留在地表。要管理黏重土壤的渍水胁迫,需从出苗到孕穗期对小麦品系进行浇灌,使水位保持在略高于土壤表面的水平(van

Ginkel et al. ，1992；Sayre et al. ，1994）。在以前的研究中，采用极端淹水胁迫，在1344个品系中只有3个基因型表现耐涝。在较轻的土壤中可能更难以诱导渍涝。

我们的经验表明，"过量灌水"（即在各生育期内保持土壤水分维持或超过田间持水量）就能产生足以进行小麦品系筛选的涝害。

已经证明，衡量15天渍涝后叶片黄化或萎凋的品种间差异是一个耐涝性的快速评价方法。此方法表明，主茎上剩余绿叶数与主茎的可育粒数和单株粒重相关（Cai et al. ，1990；van Ginkel et al. ，1992）。在墨西哥和孟加拉国对数百个CIMMYT的小麦品系进行多年田间研究，清楚地证明耐涝性的变异性。出苗到孕穗期田间保持淹水条件下的研究表明，抽穗期叶片失绿百分比和灌浆期间简单农艺性状评分与多数大面积小区的产量高度相关。许多品系便是使用这个简单快速的筛选方法选出来的（van Ginkel et al. ，1992）。

日本的研究表明，在早代进行叶片衰老评估对耐涝性筛选是有用的（Hamachi et al. ，1989）。Wiengweera等（1997）用"不流动的"琼脂营养液（与淹水土壤极为相似）在实验室快速筛选小麦幼苗。中国的研究表明，基于每穗粒数和千粒重的指数对耐涝性的评价有效（Lin et al. ，1994）。Musgrave（1994）发现，渍水条件下，冬小麦旗叶的光合作用与粒重有良好的相关性。

虽然在种子萌发早期和幼苗生长期间的涝害对小麦非常有害，但研究表明，在抵抗早期渍涝胁迫能力方面，小麦各基因型存在明显的遗传差别（Johnson et al. ，1991b）。水稻根系附着矿物质（Fe）的特性（显示氧气从根系中释放）与水稻产量高度相关，还与淹水条件下种植的12个小麦品种的产量呈负相关（Dingand Musgrave，1995）。

由于在淹水条件下分蘖成穗率下降，分蘖成穗率、地上部干物质和根系穿透深度是用于小麦族品种耐涝性筛选的有效指标。应用这些指标鉴定表明，许多野生物种的耐涝性明显高于普通小麦（Taeb et al. ，1993）。

11.4　减少涝害的农艺措施

调整播期以适合降雨量减少的模式是一种避免渍涝的方式（Aggarwal et al. ，1987）。不过，由于轮作的限制不可能总是这样做，并且次佳的气候条件下可能产量较低。发生涝灾后施用氮肥可以减轻渍涝胁迫的不利影响（Trought et al. ，1980a；Swarup et al. ，1993；de Oliveira，1991）已被证明。与次佳土壤营养（N）供应状况相比，在最佳土壤营养（N）供应状况下的渍涝对作物生长产生的限制作用较少（Guyot et al. ，1985）。进一步研究证明，渍涝时供给植物加倍浓度的养分，可降低光合速率、叶绿素含量和次生根数的递减率，同时改善地上部氮素状况和生长。

Singh等（1992）发现，在淹水条件下使用绿肥、秸秆和动物粪肥可使铁和锰的有效性增加数倍。有机肥还可改善土壤物理因子，减少土壤表层板结，促进植物生根，减轻犁底层形成对产量的影响。因此，在洪涝易发环境中使用粪肥被认为是有益的。

Thomson等（1983）尝试以过氧化钙处理种子，结果减轻了在发芽或幼苗生长阶段渍涝的不利影响。

　　几种耕作和播种技术已被证明在渍涝条件下可使产量增加。例如，Rasmussen（1988）发现，在萌发和出苗阶段直播小麦较传统耕作小麦对渍涝更为敏感。即便在没有渍涝时，沟播或垄作制度具有显著的产量优势。沟播也使田间排水成为可能，或使大部分根系避开渍涝土壤（Abebe et al.，1991；Tedia et al.，1994）。

　　在易涝土壤上将大水漫灌改为沟灌或喷灌，已经被证明可显著减少渍涝问题的发生（Melhuish et al.，1991）。与传统的播种于翻耕过的土壤里的小麦相比，直接撒播于水分饱和土壤表层的小麦对渍涝的敏感性较低（表 11.2）。

表 11.2　在渍涝条件下播种到发芽初期不同耕作制度的小麦植株群体

耕作和播种制度	小麦植株群体/（植株数/m²）
传统耕作：撒播	136a†
凿形犁耕作：撒播	142a
免耕：表层播种	225b

注：† 行间的 LSD（最小显著差异）以字母标识。

资料来源：孟加拉国未公开的田间数据（Badaruddin，1997）。

11.5　孟加拉国小麦耐涝性筛选

　　在孟加拉国，小麦耐涝基因型的鉴定始于 1993 年的小麦生长季。在该国的西北部，小麦耐涝基因型的筛选历经 4 个生长季节。Dinajpur 小麦研究中心试验站的土壤类型为深层沙壤土。经过 3 个生长季节（1993～1995 年），对 162 个小麦基因型在播种后 10～100 天内每隔 10 天灌溉一次进行渍涝处理。10 次灌水中每次土壤淹水时间为 24～36 h。

　　然而，在这些土壤条件下（砂质壤土），由于水在 36 h 渍涝期间内很快渗出，与真正的渍涝相比，我们的处理更接近"过度灌溉"。在前两个生长季采用 5 次重复，后两个生长季 3 次重复，在由 3 行（宽 20 cm）组成的 2.5 m 长的小区上采集数据。该项试验是在正常时间播种（11 月的第三周）。播种量为 120 kg/hm²，推荐的 N∶P∶K∶S 肥比例为 100∶60∶40∶20 kg/hm²。在孟加拉国，第二次灌溉后追施氮肥，N∶P∶K 比例为 33∶0∶0。

　　与类似"过度浇水"渍涝的往年相比，1996 年生长季中的 64 个小麦基因型经受了类似水稻田的真正渍涝：在冠根形成、孕穗期、灌浆期 3 个生长阶段持续灌溉 3 天。在这个生长季作物生长受到严重影响，大多数基因型没有产生足够供采样的穗，不能记录每穗小穗数、每穗粒重、千粒重。某些基因型只有少数几乎没有籽粒的小穗。

　　多年来从各种模式渍涝胁迫试验中，筛选出 21 个耐涝型和 20 个涝敏感型小麦品系。作为例子，1994 年一些品系的耐涝性和涝敏感性评价列于表 11.3。

　　在 1996 年生长季内，孟加拉国中部实施了一项具有 8 个淹水处理（包括一个 CK）的试验。土壤是重度 2∶1 蒙脱土。渍水处理分别在播种后 10 天（处理 2）、20 天（处理 3）、30 天（处理 4）、40 天（处理 5）、50 天（处理 6）、60 天（处理 7）、70 天（处理 8）进行，与 Zadoks 的 12 天、21 天、31 天、42 天、52 天、63 天和 73 天生长阶段相一致。对照是正常的灌溉（处理 1）。持续 4 天淹水的小区处理被认为是在这种土壤上发生的渍涝。对照区进

行 3 次正常灌溉。试验的目的是观察渍涝对结实率及产量的作用,以及确定在与其他年

表 11.3　不同渍涝条件下选定的耐涝型和涝敏感型小麦基因型的特征

(孟加拉国 Dinajpur 的 Nashipur 小麦研究中心,1994 年)

基因型	平均籽粒产量 /(kg/hm²)	平均千粒重/g	平均小穗粒数/个	直观不育率/%	黄化叶片[†] (1~5)	植株活力[‡] (1~5)
耐涝型						
MOZ-2(孟加拉国)	4333	49.8	1.80	0	1	5
BAW-451(孟加拉国)	4233	30.1	2.67	0	1	5
BR-16(巴西)	3767	42.1	1.90	17	1	5
IAS58/4/KAL/BB/CJ/3/ALD/5/VEE CM88971-9Y-0M-0Y-3M-0Y	3700	49.9	1.86	34	3	5
MOZ-1(孟加拉国)	3533	49.1	1.64	0	1	5
涝敏感型						
HD 22629(印度)	1167	42.6	1.92	68	3	2
BAW-905 = K 9162(孟加拉国)	1233	42.8	1.93	12	4	1
K 8962	1233	38.4	2.20	16	4	1
Aestivum Roelz W9047	1300	35.3	2.24	0	3	3
FLN/ACC//ANA/3/DOVE CM65720-3Y-1M-1Y-1M	1367	38.6	1.85	74	3	2

注:†:在播后 65 天进行田间记载,取值范围 1~5,1 是下部叶片变黄,5 是旗叶变黄。
　　‡:播后 65 天判断植株活力,取值范围 1~5,1 是植株活力很弱,5 是活力极强。

份和地点相比而模拟的渍涝条件下,小麦哪些生长阶段与低结实率和低产量极为相关。

　　渍涝对单位面积的穗数无显著影响(图 11.4),这与研究文献中的结论一致。每平方米的粒数作为小麦结实率的指标(Meisner et al.,1992),渍水影响种子结实率。Misra 等(1992)也报道,渍涝影响尼泊尔小麦结实率。在播后 30 天进行渍涝处理(处理 4)结实率受到的影响最大,其次是播种后 10 天(处理 2)。对照处理(处理 1)的每平方米籽粒数最高,其次是渍涝处理 6、处理 5 和处理 8(图 11.5)。淹水胁迫期间,Zadoks 的 31 天被认为对小麦结实率影响最为关键,其次是 Zadoks 的 12 天生长阶段。这与 van Ginkel 等(1992)的数据一致。在 Zadoks 的 21 天和 63 天生长阶段中,小麦对渍涝胁迫是敏感的,虽然该敏感度较低。

　　在我们的实验中,千粒重没有受到不同发育阶段渍涝胁迫处理的影响(图 11.6)。未产生粒重差异的原因在于渍涝胁迫发生在开花期及开花之前,而不是始于灌浆期。其他的研究显示出差异较大的结果(van Ginkel et al.,1992)。

　　不同渍涝处理的小麦籽粒产量不同(图 11.7)。在 15℃ 和 25℃ 土壤温度条件下小麦灌浆期内进行 30 天渍涝胁迫时,Luxmoore 等(1973)也注意到渍涝对小麦籽粒产量的负面影响,分别可减少 20% 和 70% 的籽粒产量。渍涝对小麦籽粒产量的减少源于低结实率和较少的单位面积穗数。

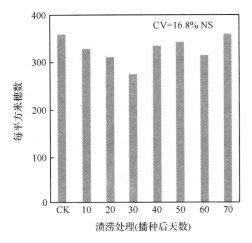

图 11.4 在孟加拉国 Joydebpur 不同生育阶段
（播种后天数）渍涝对单位面积穗数的影响
（1995～1996 年）

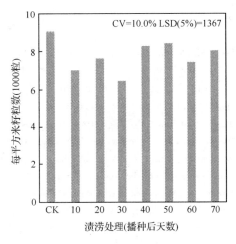

图 11.5 在孟加拉国 Joydebpur 不同生育阶段
（播种后天数）渍涝对单位面积粒数的影响
（1995～1996 年）

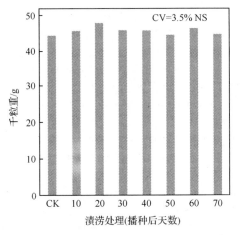

图 11.6 在孟加拉国 Joydebpur 不同生育
阶段（播种后天数）渍涝对千粒重的影响
（1995～1996 年）

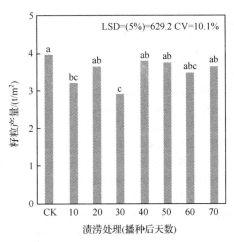

图 11.7 在孟加拉国 Joydebpur 不同生育
阶段（播种后天数）渍涝对籽粒产量的影响
（1995～1996 年）

11.6 结 论

　　基于对上述文献的评述及孟加拉国试验的数据，可以得出现实而谨慎乐观的结论。
在世界上灌溉和高降雨量的小麦种植区内，渍涝是个普遍问题。尽管问题涉及面广，但对
基本土壤特性及植物耐涝性过程的理解正在改善。在小麦中存在耐涝性的可遗传变异是
个好消息，并且耐涝性的遗传似乎相对简单，具有中到高的遗传力。因此，可选育或鉴定
适应地区性渍涝品种的前景很好。

（乔文臣 译）

参 考 文 献

Abebe, M. , T. Mamo, M. Duffera, and S. Kidanu. 1992. Durum wheat response to improved drainage of Vertisols in the central highlands of Ethiopia. In: D. G. Tanner and W. Mwangi, (eds.). Seventh Regional Wheat Workshop for Eastern, Central and Southern Africa. Nakuru, Kenya: CIMMYT. Pp. 407-414.

Aggarwal, P. K, S. P. Liboon, and R. A. Morris. 1987. A review of wheat research at the International Rice Research Institute. IRRI Research Paper Series No. 124.

Attwell, B. J. , H. Greenway, and E. G. Barrett Lennard. 1985. Root function and adaptive responses in conditions of oxygen deficiency. In: W. A. Muirhead, E. Humphreys, (ed.). Root zone limitations to crop production on clay soils: symposium of the Australian Society of Soil Science Inc. , Riverina Branch. Melbourne, Vic. , Australia. Commonwealth Scientific and Industrial Research Organization. Pp. 65-75.

Badaruddin, M. 1997. Review of 1996/97 Wheat Research. Internal Review of the Wheat Research Centre, Bangladesh agriculture Research Institute, Gazipur Bangladesh.

Belford, R. K, R. Q. Cannell, and R. J. Thomson. 1985. Effect of single and multiple waterlogging on the growth and yield of winter wheat on a clay soil. Journal of the Science of Food and Agriculture 36: 142-156.

Boru, G. 1996. Expression and Inheritance of Tolerance to Waterlogging Stresses in Wheat (*Triticum aestivum* L.). Ph. D Thesis, Oregon State University, Corvallis, OR. 88 pp.

Box, Jr. , J. E. , B. L. McMichael (ed.), and H. Persson. 1991. The effects of waterlogging on rooting of soft red winter wheat plant roots and their environment. In: Proceedings of an ISSR 21-226 August, 1998, Uppsala, Sweden. Pp. 418-430.

Cai, S. B. , and Y. Cao. 1990. Study of waterlogging tolerance in wheat at booting. Institute of Food Crop Research, Jiangsu Academy of Agricultural Sciences, Xiaolinwei, Nanjing, China. Crop Genetic Resources 4: 27-28.

Cai, S. B. , Y. Cao, J. M. Yan, X. W. Fang, and W. Zhu. 1994. Genotypes in response to hypoxia and subsequent resumption of aeration. Crop Science 34: 1538-1544.

Cao, Y. , and S. B. Cai. 1991. Some waterlogging tolerant wheat varieties. Crop Genetic Resources 2: 25-26.

Cao, Y. , S. B. Cai, W. Zhu, and X. W. Fang. 1992. Genetic evaluation of waterlogging resistance in the wheat variety Nonglin 46. Crop GeneticResources 4: 31-32.

Cao, Y. , S. B. Cai, Z. S. Wu, W. Zhu, X. W. Fang, and E. H. Xion. 1995. Studies on genetic features of waterlogging tolerance in wheat. Jiangsu Journal of Agricultural Sciences 11: 11-15.

Ding, N. , and M. E. Musgrave. 1995. Relationship between mineral coating on roots and yield performance of wheat under waterlogging stress. Journal of Experimental Botany 46: 939-945.

Dong, J. G. , Z. W. Yu, and S. W. Yu. 1983. Effect of increased ethylene production during different periods on the resistance of wheat plants to waterlogging. Acta Phytophysiologia Sinica 9: 383-389.

Dong, J. G, and S. W. Yu. 1984. Effect of cytokinin on senescence and ethylene production in waterlogged wheat plants. Aeta Phytophysiologia Sinica 10: 55-62.

Dong, J. G. , S. W. Yu, and Z. G. Li. 1986. Changes in ethylene production in relation to 1-amino cyclopropane-1-carboxylic acid and its malonyl conjugate in waterlogged wheat plants. Acta Botanic Sinica 28: 396-403.

Donmann, W. W. , and C. E. Houston. 1967. Drainage related to irrigation management. In: Drainage of Agricultural Lands. R. W. Hagan, H. R. Haise, and T. W. Ediminster (eds.). Am Soc Agronomy pp. 974-987.

Feigenbaum, S. , N. G. Seligman, and R. W. Benjamin. 1984. Fate of nitrogen-15 applied to spring wheat grown for three consecutive years in a semiarid region. Soil Science Society of America Journal 48: 838-843.

FAO. 1994. Sustainability of Rice-Wheat Production Systems in Asia. Regional Office for Asia and the United Nations, Bangkok. R. S. Paroda, T. Woodhead, R. B. Singh (eds.). RAPA Publication 1994/11.

Gardner, W. K. , and R. G. Flood. 1993. Less waterlogging damage with long seasonwheats. Cereal Research Communications 21(4): 337-343.

Grieve, A. M. , E. Dunford, D. Marston, R. E. Martin, and P. Slavich. 1986. Effects of waterlogging and soil salinity on irrigated agriculture in the Murray Valley: A review. Aust J Exp 26: 761-777.

Guyot, C. , and J. L. Prioul. 1985. Alleviation of waterlogging effects in winter wheat by mineral fertilizer application. II Experiments in Hydroponic Culture. Agronomia 5: 751-759.

Hamachi, U. Y. , M. Furusho, and T. Yoshida. 1989. Heritability of wet endurance in malting barley. Japanese Journal of Breeding 39: 195-202.

Harper, S. H. T. , and J. M. Lynch. 1982. The role of water-soluble components in phytotoxicity from decomposing straw. Plant Soil 65: 11-17.

Harrison, S. A. , K. M. Tubajika, J. S. Russin, and C. A. Clark. 1997. Effect of management inputs on hybrid wheat production in Louisiana. Annual Wheat Newsletter.

Hobbs, P. , and M. Morris. 1996. Meeting South Asia's future food requirements from ricewheat cropping system. Priority issues facing researchers in the post-green revolution era. NRG Paper 96-01. Mexico, D. F. : CIMMYT. 46 p.

Huang, B. R. , J. W. Johnson, S. Nesmith, and D. C. Bridges. 1994. Growth, physiological and anatomical responses of two wheat genotypes to waterlogging and nutrient supply. Journal of Experimental Botany 45(271): 193-202.

Huang, B. R. , and J. W. Johnson. 1995. Root respiration and carbohydrate status of two wheat genotypes in responses to hypoxia. Annals of Botany 75(4): 427-432.

Humphreys, E. , F. M. Melhuish, R. J. G. White, W. A. Muirhead, and X. Zhen Bang. 1991. Flood irrigation of wheat on a transitional red-brown earth. 2. Effect of duration of ponding on availability of soil and fertilizer nitrogen. Australian Journal of Agricultural Research 42(7): 1037-1051.

Hunt, P. G. , R. B. Champbell, R. E. Sojka, and J. E. Parsons. 1981. Flooding-induced soil and plant ethylene accumulation and water status response of field-grown tobacco. Plant Soil 59: 427-439.

Jackson, P. C. , and J. B. St. John. 1980. Changes in membrane lipids of roots associated with changes in permeability. 1. Effect of undissociated organic acids. Plant Physiol. 66: 801-804.

Johnson, J. W. , J. E. Box, Jr. , J. B. Manandhar, E. L. Ramseur, and B. M. Cunfer. 1991a. Breeding for rooting potential under stress conditions. In E. Acevedo, A. P. Conesa, P. Monneveux, and J. P. Srivastava (eds.). Physiology breeding of winter cereals for stressed Mediterranean environments. Montpelier, France. Pp. 307-317.

Johnson, J. W. , B. M. Cunfer, and J. Manandhar. 1991b. Adaptation of triticale to soils of the southeastern USA. In: Proceedings of the Second International Triticale Symposium. Mexico, D. F. : CIMMYT. Pp. 659-662.

Kalidas, S. 1992. Wheat sterility in Nepal: A review. In: Boron deficiency in wheat. Wheat Special Report No. 11. C. E. Mann and B. Rerkasem (eds.). Mexico, D. F. : CIMMYT. Pp. 57-64.

Lin, Y. , Y. XiaoYan, L. FentLan; Y. B. Lin, X. Y. Yang, and F. L. Liu. 1994. Study on evaluation of waterlogging tolerance in 50 wheat varieties (*Triticum aestivum* L.). Acta Agriculture Shanghai 10: 79-84.

Luxmoore, R. J. , R. A. Fischer, and L. H. Stolzy. 1973. Flooding and soil temperature effects on wheat during grain filling. Agron J 65: 361-364.

Lynch, J. M. 1978. Production and phytotoxicity of acetic acid in anaerobic soils containing plant residues. Soil Biol Biochem 10: 131-135.

Mascagni, H. J. Jr, and W. E. Sabbe. 1991. Late spring nitrogen applications on wheat on a poorly drained soil. Journal of Plant Nutrition (USA) 14(10): 1091-1103.

McDonald, G. K. , and U. K. Gardner. 1987. Effect of waterlogging on the grain yield response of wheat to sowing date in southwestern Victoria. Australian Journal of Experimental Agriculture 27: 661-670.

Meisner, C. A. , E. Acevedo, D. Flores, K. D. Sayre, I. Ortiz-Monasterio, D. Byerlee, and A. Limon. 1992. Wheat production and grower practices in the Yaqui Valley, Sonora, Mexico. Wheat Special Report No. 6. Mexico, D. F. : CIMMYT.

Melhuish, F. M. , E. Humphreys, W. A. Muirhead, and R. J. G. White. 1991. Flood irrigation of wheat on a transitional red-brown earth. I. Effect of duration of ponding on soil water, plant growth, yield and N uptake. Australian Journal of Agricultural Research 7: 1023-1035.

Meyer, U. S., and H. D. Barrs. 1988. Response of wheat to single short-term waterlogging during and after stem elongation. Australian Journal of Agricultural Research 39: 11-20.

Misra, R., R. C. Munankarmi, S. P. Pandey, and P. R. Hobbs. 1992. Sterility work in wheat at Tarahara in the Eastern Tarai of Nepal. In: C. E. Mann and B. Rerkasem (eds.). Boron deficiency in wheat. Mexico, D. F. : CIMMYT. Pp. 65-71.

Musgrave, M. E. 1994. Waterlogging effects on yield and photosynthesis in eight winter wheat cultivars. Crop Sci 34 (5): 1314-1318.

Nagarajan, S. 1998. Understanding the issues involved and steps needed to increase wheat yields under rice/wheat system: A case study of the Karnal area, Haryana, India. Submitted to the Alexander von Humboldt Foundation: Institute for Plant Disease, University of Bonn, Germany. 74 pp.

Oliveira, M. R. G. de. 1991. Performance of some wheat cultivars under waterlogged conditions. Revista de Ciencias Agrarias14: 53-58.

Rasmussen, K. J. 1988. Ploughing, direct drilling and reduced cultivation for cereals. Tidsskrift for Planteavl 92: 233-248.

Rawson, H. M., H. M. Rawson, and K. D. Subedi. 1996. Hypothesis for why sterility occurs in wheat in Asia. In: Sterility in wheat in subtropical Asia: extent, causes and solutions. Proceedings of a workshop. H. M. Rawson (ed.). ACIAR Proceedings No. 72. pp. 132-134.

Saifuzzaman, M., and C. A. Meisner. 1996. Wheat sterility in Bangladesh: An overview of the problem, research and possible solutions. In: Sterility in wheat in subtropical Asia: extent, causes and solutions. Proceedings of a workshop. H. M. Rawson (ed.). ACIAR Proceedings No. 72. pp. 104-108.

Salcheva, G., G. Ignatov, D. Georgieva, and S. Doncheva. 1984. Effect of molybdenum on the functional and structural state of chloroplasts and mitochondria from leves of winter wheat and rye grown on a waterlogged acidic soil. Fiziologiya na Rasteniyata 10: 12-21.

Sayre, K. D., M. van Ginkel, S. Rajaram, and I. Ortiz-Monasterio. 1994. Tolerance to waterlogging losses in spring break wheat: Effect of time on onset of expression. In: Annual Wheat Newsletter 40: 165-171.

Sharma, D. P., and A. Swarup. 1988. Effect of short term waterlogging on growth, yield and mineral composition of wheat in sodic soils under field condition. Plant and Soil 107: 137-143.

Sharma, D. P., and A. Swarup. 1989. Effect of nutrient composition of wheat in alkaline soils. Journal of Agricultural Science (UK) 112: 191-197.

Singh, B., Y. Singh, U. S. Sadana, and O. P. Meelu. 1992. Effect of green manure, wheat straw and organic manures on DTPA extractable Fe, Mn, Zn and Cu in a calcareous sandy loam soil at field capacity and under waterlogged conditions. Journal of the Indian Society of Soil Science 40: 114-118.

Singh, Y., B. Singh, M. S. Maskina, and O. P. Meelu. 1988. Effect of organic manures, crop residues and green manure (*Sesbania aculeata*) on nitrogen and phosphorus transformations in a sandy loam at field capacity and under waterlogged conditions. Biology and Fertility of Soils 6: 183-187.

Somrith, B. 1988. Problems associated with soil management issues in rice-wheat rotation areas. In: Wheat production constraints in tropical environments. Proceedings of the international conference. A. R. Klatt (ed.). Mexico, D. F. : CIMMYT. Pp. 63-70.

Sparrow, L. A., and N. C. Uren. 1987. The role of manganese toxicity in crop yellowing on seasonally waterlogged and strongly acidic soils in northeastern Victoria. Australian Journal of Experimental Agriculture 27: 303-307.

Stieger, P. A., and U. Feller. 1994a. Nutrient accumulation and translocation in maturing wheat plant grown on waterlogged soil. Plant and Soil 160(1): 87-96.

Stieger, P. A., and U. Feller. 1994b. Senescence and protein re-mobilization in leaves of maturing wheat planes grown on waterlogged soil. Plant and Soil 166(2): 173-179.

Subedi, K. 1992. Wheat sterility in Nepal: A review. In: C. E. Mann and B. Rerkasem (eds.). Boron deficiency in wheat. Mexico, D. F. : CIMMYT. Pp. 57-64.

Swarup, A. , and D. P. Sharma. 1993. Influence of to dressed nitrogen in alleviating adverse effects of flooding of growth and yield of wheat in a sodic soil. Field Crops Research 35: 93-100.

Taeb, M. , R. M. D. Koebner, and B. P. Forster. 1993. Genetic variation for waterlogging tolerance in the Triticeae and the chromosomal location of genes conferring waterlogging tolerance in *Thinopyrum elongatum*. Genome 36: 825-830.

Tedia, A. , J. Sherington, and M. A. Mohamed Saleem. 1994. Integration of forage and food crops grown sequentially on Vertisols under rainfed conditions in the mid-altitude Ethiopian highlands. Experimental Agriculture 30: 291-298.

Tesemma, T. , G. Belay, and D. Mitiku. 1992. Evaluation of durum wheat genotypes for naturally waterlogged highland vertisols of Ethiopia. In: D. G. Tanner and W. Mwangi (eds.). Seventh Regional Wheat Workshop for Eastern, Central and Southern Africa. Nakuru, Kenya: CIMMYT. Pp. 96-102.

Thomson, C. J. , T. D. Colmer, E. L. J. Walkin, and H. Greenway. 1992. Tolerance of wheat (*Triticum aestivum* cvs. Gamenya and Kite) and triticale (*Triticosecale* cv. Muir) to waterlogging. New Phytologist 120: 335-344.

Thomson, R. J. , R. K. Belford, and R. Q. Cannell. 1983. Effect of a calcium peroxide seed coating on the establishment of winter wheat subjected to pre-emergence waterlogging. Journal of the Science of Food and Agriculture 34: 1159-1162.

Trought, M. C. T. , and M. C. Drew. 1982. Effects of waterlogging on young wheat plants (*Triticum aestivum* L.) and on soil solutes at different soil temperatures. Plant and Soil 69: 311-326.

Trought, M. C. T. , and M. C. Drew. 1980a. The development of waterlogging damage in wheat seedlings (*Triticum aestivum* L.) I. Shoot and root growth in relation to changes in the concentration of dissolved gases and solutes in the soil solution. Plant Soil 54: 77-94.

Trought, M. C. T. , and M. C. Drew. 1980b. The development of waterlogging damage in wheat seedlings (*Triticum aestivum* L.) II. Accumulation and redistribution of nutrients by the shoot. Plant Soil 56: 187-199.

Van Ginkel, M. , S. Rajaram, and M. Thijssen. 1992. Waterlogging in wheat: Germplasm evaluation and methodology evelopment. In: D. G. Tanner and W. Mwangi (eds.). Seventh Regional Wheat Workshop for Eastern, Central and Southern Africa. Nakuru, Kenya: CIMMYT. Pp. 115-124.

Wagatsuma, T. , T. Nakashima, K. Tawaraya, S. Watanbe, A. Kamio, and A. Ueki. 1990. Relationship between wet tolerance, anatomical structure of aerenchyma and gas exchange ability among several plant species. Agricultural Science (Japan) 11(1): 121-132.

Wang, S. , H. LiRen, L. ZhengWei, Z. JinGuo, C. YouRong, H. Lei, S. G. Wang, L. R. He, Z. W. Li, J. G. Zeng, Y. R. Chi, and L. Hou. 1996a. A comparative study on the resistance of barley and wheat to waterlogging. Acta Agronomica Sinica 22: 228-232.

Wang, C. Y. , M. YuanXi, Z. Sumei, Z. YunJi, L. JiuXing, W. HuaCen, C. Wang, Y. X. Ma, S. M. Zhou, Y. J. Zhu, J. X. Li, and H. C. Wang. 1996b. Effects of waterlogging on the metabolism of active oxygen and the physiological activities of wheat root systems. Acta Agronomica Sinica 22: 712-719.

Waters, I. , P. J. C. Kuiper, E. Watkin, and H. Greenway. 1991. Effects of anoxia on wheat seedlings. I. Interaction between anoxia and other environmental factors. Journal of Experimental Botany 42: 1427-1435.

Wiengweera, A. , H. Greenway, and C. J. Thomson. 1997. The use of agar nutrient solution to simulate lack of convection in waterlogged soils. Annals of Botany 80(2): 115-123.

Wu, J. G. , S. F. Liu, F. R. Li, and J. R. Zhou. 1992. Study on the effect of wet injury on growth and physiology winter wheat. Acta Agriculture Universitatis Henanensis 26: 31-37.

Yu, P. T. , L. H. Stolezy, and J. Letey. 1969. Survival of plants under prolonged flooded conditions. Agron J 61: 844-847.

Zadoks, J. C. , Chang, T. T. , and Konzak, C. F. 1974. A decimal code for the growth stages of cereals. Weed Res. 14: 415-421.

12　穗发芽耐性

R. M. Trethowan[①]

在收获期间或之前降雨,可导致小麦穗上的籽粒发芽(图 12.1),这一现象被称为穗发芽(PHS)。穗发芽使产量减少,容重降低,并给收获后籽粒的磨粉和烘烤品质带来不利影响。因穗发芽,农民的粮食售价降低,严重时他们收获的粮食可能降级为动物饲料。穗发芽的发生一般不稳定,就像大多数小麦产区的降雨一样难以预测。然而,研究人员能够为穗发芽多发地区的农民提供一定程度的保护。本章试图概述在更广泛深入开发对付该棘手问题的策略中,生理学和作物育种的作用。

图 12.1　两个穗发芽的麦穗(左)和一个正常麦穗(右)

12.1　穗发芽的危害范围

在大多数小麦种植区,降雨可引起严重的穗发芽危害;然而,有些地区比其他地区更容易发生穗发芽。尽管许多这样的地区都位于发达国家,发展中国家也有相当大的面积受到影响。北欧、美国的太平洋西北部、加拿大中部和澳大利亚东北部小麦种植区定期遭受穗发芽危害。在南美洲南锥体地带的发展中国家,如智利、阿根廷和巴西,以及东部非洲的小麦种植区都易遭受穗发芽的危害。在白粒小麦种植区,穗发芽更易发生。红粒小麦对穗发芽有更好的耐性,因为籽粒颜色和籽粒休眠期存在关联,这是耐穗发芽的主要机理(Gale,1989)。

① CIMMYT 小麦项目组,墨西哥。

12.2 穗发芽造成的损失

正如其名称所示,穗发芽开始于籽粒收获之前,此时籽粒仍在穗上。穗发芽过程由降雨启动,在此期间种子吸胀,储备在籽粒胚乳中的淀粉在被称为发芽酶的淀粉酶的作用下开始水解,导致发芽。当胚消耗水解的碳水化合物时就开始吸胀并生长。

与未发芽的小麦籽粒相比,发芽的小麦籽粒容重和出粉率相当低。由发芽小麦生产的面包,其面包体积和面包心的结构较差,不适合市场销售(图 12.2)。使用发芽小麦制作扁平面包和薄饼,其品质受影响较小,但纹理质地不佳,致使产品不受欢迎。发芽的小麦造成中国面条和意大利面的变色,同样降低这些产品的价值。

图 12.2 由穗发芽小麦制作的面包(左)和由正常小麦制作的面包(右)

12.3 穗发芽耐性机制

穗发芽耐性的主要机制是籽粒胚的休眠。休眠种子只吸收水分而不发芽。然而,籽粒休眠受到籽粒成熟期间及之前环境条件的极大影响。降雨后可以使环境条件变得凉爽,在此期间的高温可减少休眠表达(Plett et al.,1986;Trethowan,1995)。休眠的表达还与种皮颜色相关(Gale,1989)。红粒小麦较白粒小麦有更长的休眠期。休眠的红粒小麦和非休眠的白粒小麦间杂交,可产生休眠的白粒小麦后代;然而,这些休眠后代总是比原来红粒亲本的休眠水平低(DePauw et al.,1987)。这表明,休眠的表达受籽粒颜色和休眠位点之间上位性控制。

因透水性方面的差别,种皮或壳(以大麦为例)也可能影响穗发芽(Trethowan et al.,1993)。这一机制涉及防止水分进入种子的物理屏障,从而减少小雨之后的穗发芽。

同样,小麦穗部颖片和花器构造可以物理性地阻止水分进入籽粒。颖片还可以通过释放水溶性的抑制性化学物质化学性地抑制发芽(Trethowan et al.,1993)。一些证据表明,在降雨胁迫下,由于无芒的穗可使水快速流走,所以无芒小麦有优势(King,1989)。与此相反,芒收集水分,从而使穗部湿度维持在较高水平。

籽粒休眠性和基于籽粒及颖片物理或化学耐性的结合将大大提高小麦对穗发芽的整体耐性。

12.4 鉴定方法和生理工具

由于大多数环境中降雨的可变性,在田间很难对穗发芽耐性进行有效的筛选。在自然降雨条件下,大多数植物育种项目中遗传材料熟期多变的特性也使分离世代及高代品系中休眠性的阐述产生混淆。一些研究人员开发了模拟降雨设施,从而去除了在小麦生理成熟后环境的混淆效应(Mares,1989)。当使用模拟降雨时,保证所有材料在同一发育阶段收获(即完熟期)是至关重要的。在利用降雨模拟设备进行评价之前,要使材料稳定在相同含水率(通常为 12%),并在低温下存储(−20℃或更低)。低温储藏可确保所有种子中的酶活性停止。然后,具有不同成熟期植株的穗可同时在降雨模拟设备中被评估。

在降雨模拟设备中,温度、湿度和穗部湿润度被严格控制,经过固定的天数之后即可对穗部的可见发芽进行评估。当生理成熟的籽粒中存在休眠性时,这种方法对鉴定后代休眠期非常有效。然而,通常到成熟期时休眠性的表达受到成熟前 3 周内降雨的抑制。在这个阶段,一些研究者利用防雨棚保护田间种植的植株,以免受降雨混淆效应的影响(Trethowan,1995),但是灌浆后期田间的温度波动无法控制。

降雨模拟设备和防雨棚在控制一些影响籽粒休眠性表达的环境因素方面是有效的,但建造或购买这些设备是很昂贵的,许多科学家负担不起。

籽粒休眠性这一主要耐性机理,可通过对成熟籽粒手工脱粒并在有盖的培养皿中使用滤纸作为吸水介质测量发芽率来简单测量。在同样条件下,与无休眠种子的发芽率进行比较。通过两个处理间的差异来界定休眠性的存在与否。种子应经表面消毒剂(如20%的氯二甲苯酚溶液)清洗,用蒸馏水进行冲洗之后,放入培养皿(Trethowan et al.,1993)。可通过在不同时期种植并评估同一份材料的方法,将成熟前环境波动的影响最小化。

CIMMYT 在墨西哥的面包小麦育种项目中采用了一项田间选择技术对数以千计的品系进行评估。在 1 月干旱季节中,材料播种在田间,这将使植株在 7 月、8 月降雨最多的季节成熟。记载生理成熟期(PM),并在其后一定天数收获每小区的麦穗。然后脱粒,目测评估发芽率。该项技术和降雨模拟设备的鉴定结果高度相关(Trethowan et al.,1996)。这种方法非常依赖于筛选环境的稳定性。CIMMYT 的试验地点位于高海拔地区(海拔 2600 m),在成熟期间每天都降雨。

从空中对田间生长材料进行喷灌,也可以有效诱导高水平的穗发芽危害(Trethowan et al.,1994)。这种方法具有在最理想的时期使穗部变湿的优势;然而,保持冠层有效湿度以诱导湿润后发芽的理想水平仍是测试环境的一项功能。

与籽粒休眠性相关的分子标记已被开发。一旦可用,这些标记将大大促进耐穗发芽小麦的发展。最明显的好处是其跟踪休眠基因的能力,以摆脱环境混淆效益的影响。此外,未来基因工程技术可能提供一种方法使 α-淀粉酶基因沉默,从而直接解决这个问题(Gale,1989)。新的"终结者"技术,现在属于美国专利,也可提供一个对穗发芽问题的全面解决方法。这项技术(仍在开发中)通过插入一个致死基因和启动子,导致种子在胚胎发育后期死亡,而产生无活力的种子(AgBiotech Reporter,1998)。这一方法将确保农民每年返回种子公司购买种子。对易穗发芽地区的农民来说,其潜在的利益是不论降雨与否,穗粒都不会发芽。

一些研究人员使用 Hagberg 降落数值试验(AACC,1983)测试收获籽粒中的酶活性。这项试验测试由发芽酶造成的降解淀粉水平,因此与穗发芽高度相关。该试验相对快速简便,但是必须有足够数量的收获籽粒,在测试前需磨制最少 7 g 面粉。另外基质染色法可供使用,这与淀粉酶活性使淀粉基质变色相关(Meredith et al.,1985)。这些测试是快速且容易操作的,要求籽粒两等份或最多 1 g 面粉。

其他可用于评估穗发芽危害的工具包括淀粉黏焙力测定仪(Brabender OHG,德国,美国谷物化学师协会方法编号:22-10)和快速黏度分析仪(Dengate,1984)。这些仪器被谷物化验师用于测定收获小麦的生面团和淀粉糊化特性。这些测试提供了最全面的可用穗发芽耐性的评价;但是它们需要大量的面粉且比较费时,特别是在使用淀粉黏焙力测定仪时。

12.5　结　　论

本章所述的穗发芽耐性评价方法有广泛的应用潜力。从育种家在培养皿中进行发芽试验测定籽粒休眠性的早代测试,到谷物化验师依靠淀粉黏焙力测定仪对穗发芽面团的物理特性的综合量化。对穗发芽的评估可使用昂贵的设备(如降雨模拟设备和防雨棚),也可使用便宜的发芽试验或基质染色以测验发芽酶的存在与否。籽粒休眠性表达受环境影响极大,这使得分子标记成为一个令人满意的选择,尤其当筛选白粒小麦中更敏感的休眠表达变化时。

因此,有多种选择提供给研究者以期解决这一棘手的问题。尽管目前受到资源背景的限制,这些选择将使作物育种者朝着开发新的、更好的品种前进。

(乔文臣　译)

参 考 文 献

AACC. 1983. Falling number determination. Method 56-81B. 8th Edn. American Association of Cereal Chemists: St. Paul, MN.

AgBiotech Reporter. 1998. Two Technologies in Opposite Directions. Vol. 15, No. 4. April, 1998.

Dengate, H. N. 1984. Swelling, pasting and gelling of wheat starch. Adv. Cereal Sci. Technol. 6: 49.

DePauw, R. M., and T. N. McCaig. 1987. Recovery of sprouting resistance from red-kerneled wheats in white-kerneled segregants. Proc. 4th Int. Symp. Pre-harvest Sprouting in Cereals. D. J. Mares (ed.). Westview Press: Boulder, CO.

Gale, M. D. 1989. The genetics of preharvest sprouting in cereals, particularly in wheat. In: Preharvest Field Sprouting in Cereals. N. F. Derera (ed.). pp. 85-110. CRC Press, Inc.

King, R. W. 1989. Physiology of sprouting resistance. In: Preharvest Field Sprouting in Cereals. N. F. Derera (ed.). pp. 27-60. CRC Press, Inc.

Mares, D. J. 1989. Preharvest sprouting damage and sprouting tolerance: Assay methods and instrumentation. In: Preharvest Field Sprouting in Cereals. N. F. Derera (ed.). pp. 129-170. CRC Press, Inc.

Plett, S. , and E. N. Larter. 1986. The influence of maturation temperature and stage of kernel development on sprouting tolerance of wheat and triticale. Crop Sci 26: 804-807.

Trethowan, R. M. , W. H. Pfeiffer, R. J. Pena, and O. S. Abdalla. 1993. Preharvest sprouting tolerance in three triticale biotypes. Austr J of Agric Res 44: 1789-1798.

Trethowan, R. M. , R. J. Pena, and W. H. Pfeiffer. 1994. Evaluation of preharvest sprouting in triticale compared to wheat and rye using a line source rain gradient. Austr J of Agric Res 45: 65-74.

Trethowan, R. M. 1995. Evaluation and selection of bread wheat (*Triticum aestivum* L.) for preharvest sprouting tolerance. Austr J of Agric Res 46: 463-474.

Trethowan, R. M. , S. Rajaram, and F. W. Ellison. 1996. Preharvest sprouting tolerance of wheat in the field and rain simulator. Austr J of Agric Res 47: 708-716.

13 改善产量潜力的性状选择

R. A. Fischer[①]

小麦产量潜力通常是指在水肥充足、无病虫草害和倒伏等限制因素时的籽粒产量。即使有些地区水肥条件达不到,或者水、氮素水平低,使产量潜力减少至 30% 的条件下,提高作物产量的育种都是非常有必要的。除此之外,在理想条件下种植不同基因型的小麦可以使其遗传多样性最大化,遗传变异的误差变异最小化,从而使广义遗传力最大化,以促进选择。

本章主要介绍低纬度地区秋播春麦的产量潜力(Yp),该条件是发展中国家大部分小麦生长的条件。从环境、基因型方面简明扼要地阐述产量潜力的变异基础,涵盖了与产量潜力紧密相关,可以作为潜在间接选择指标的性状,并讨论如何测定和选择这些性状。由于过去对产量潜力认识较少,本章不可能介绍与产量潜力相关的全部性状,也不可能随意推断某一个性状与高产量潜力的相关性。然而至少某种程度上,未来的育种群体将与现在研究中使用的群体相似,与 Yp 非常相关的性状对于以稳定产量为目的的淘汰型选择是优良的入选对象。

13.1 环境和产量潜力

按照定义,产量潜力受基因型与环境互作的影响——环境是由光照、温度和光周期决定的。其他环境因素,如风、大气空气水汽压亏缺、大气污染、不良土壤特性等,已超出农学家试图优化作物生长环境的范围,可能对改良作物具有较小的影响。通过对多点,或者某给定地点不同环境处理的研究发现,小麦产量潜力与太阳辐射呈正相关,与日均气温呈极显著负相关,与光周期呈较小的负相关。

由于作物干物质的积累率与被作物冠层截获的太阳辐射呈线性关系(在理想环境下,冠层可以截获作物生长周期中全部辐射的 95% 以上),太阳辐射效应就显得尤为重要。另一个效应的产生是由于高温和长日照加速了发育进程并缩短了作物生育期(对于春化敏感的小麦品种,这种情况更复杂,事实上高温可能延迟早期发育)。

试验同样表明,在发育的特定阶段,产量潜力受发育状况的影响较大。特别是开花前 20~30 天(取决于温度)和刚开花后不久的这段时期,对穗粒数(KNO,粒数/m²)有显著影响,而灌浆期的长短决定粒重(KW,单粒或群体粒重,mg)。总的来说,在影响产量潜力的各种环境效应里,开花前后及与 KNO 变异相关的时期比灌浆期和 KW 变异的时期影响更大。

---

① 澳大利亚国际农业研究中心(ACIAR),堪培拉,澳大利亚。

　　与辐射(直射和散射比例、太阳角度、最大光强等)和温度(日间和绝对最高及最低温度、昼夜温差、霜冻等)相关的各种其他因素也可能对产量潜力有一定影响,但影响程度比较小。

　　尚无证据表明大风或者大气的空气水汽压亏缺会直接影响作物产量,但是研究发现了一些负相关的因素。大气污染,特别是臭氧可以导致小麦减产。瞬时水涝、漫灌和较高的机械阻抗造成的缺氧也会对产量产生微小的负面影响。

　　所有这些影响产量潜力的外界因素在本质上是变化的,某种程度上独立于世界不同的小麦产区(经纬度、高度不同)。即使在同一地点,也会因年份和播种日期的差异而不同。根据多年的栽培经验,可以确定每个地点的最适开花期和相应的最适播种期。由于气候的多变性,目前最适品种在最适播种期的产量潜力为 $5\sim15$ t/hm²,并且在任一地点任一 5 年间的变化幅度至少有 30%。Sayre 等(1997)认为当代最优品种产量潜力 Yp (t/hm²,10%水分)的计算公式如下:

$$Yp = 8 + 4PTQ - 0.15T - 0.07\,PTQ \times T \tag{13.1}$$

式中,PTQ 为平均日太阳辐射值(MJ/m²)除以花期结束前 30 天的日均气温减 4.5℃的差值[通常为 $1\sim2$ MJ/(m² · ℃)];T 为灌浆期日均气温(通常为 15～22℃)。

13.2　基因型和产量潜力

　　产量潜力在某一特殊地点的遗传变异,尤其是其历史性的进步,必须反映上述控制产量的外界因素与产量潜力互作效率的遗传变异。然而,难以理解的是这一推论通常不能促进与高产潜力相关性状的鉴定。传统上,育种家们一直通过育种得到的一系列表现出产量进步的历代品种的性状变化,来寻求对产量进步的理解,即所谓的回顾法。基于这种观点,Feil(1992)和 Slafer 等(1994)对小粒禾谷类和小麦品种产量潜力的遗传改良分别进行了系统评述。Donald(1968)通过构建近等基因系来确定某一性状或者说是理想性状对产量的影响,预测了作物实现高产的理想株型。Sedgley 和 Marshall(1991)对 Donald 理想株型育种方法进行了评述,Austin 在 1994 年提出了设计高产作物的生理学观点。笔者对回顾法和理想株型的研究结果在此只做简要阐述。读者还可以参阅 Reynolds 等 (1996,1999)对近期小麦高产潜力所做的详细介绍,在水稻高产潜力研究方面可以查阅 Cassman(1994)的类似报道。

13.2.1　作物物候学

　　虽然上述内容明确了最佳开花期,但是回顾法研究发现,与提高作物产量相关的物候期有时会发生偏移。就小麦而言,现代小麦品种从萌发至开花的周期有变短的趋势,尽管 CIMMYT 的一些品种与这一趋势相反。当然即使产量潜力不增加,发芽至开花的时期较短对耕作体系可能是有利的。本节未对发芽至开花的物候期变异进行研究,但它可能是产量潜力的一个重要决定因素(Fischer,1996)。硬粒小麦和小黑麦花后期均比较长,一些产量潜力统计结果表明,在面包小麦中,只有延长花后期才可能取得产量的实质性突破。关于阶段发育将在 Slafer 撰写的章节详细阐述。

13.2.1.1 降低株高和收获指数

许多研究表明,对小麦矮秆基因的利用,特别是来自原产日本的矮秆品种赤小麦和达摩小麦所派生的农林 10 号(Norin-10)矮秆基因的导入,可以直接使产量潜力得到显著提高,完全不依赖于小麦抗倒伏性的提高。这反映在收获指数 HI(最终籽粒产量占生物量的比例)的提高上,而最终生物量没有变化。在小麦中,其他降低株高的非主效基因也可增加收获指数和产量潜力,这是 20 世纪育种家们一直开拓的一个过程。

在过去的 20 年里,公认的获得小麦最大产量潜力的最佳株高是 70~100 cm,低于这个高度时,作物生物量的减少快于收获指数的增加(图 13.1)(Fischer et al. , 1990;Miralles et al. , 1995)。也有报道称,产量增加与高生物量相关(Waddington et al. , 1986),但 CIMMYT 的最新研究证实,即使在不降低株高的情况下,收获指数对产量仍很重要(Sayre et al. , 1997)。奇怪的是,温带玉米的产量有很大的遗传改良,但是其收获指数 HI 并未增加很多(Tollenaar,1994)。

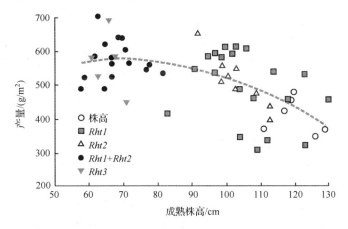

图 13.1 产量与成熟期株高的关系[†](Fischer and Quail,1990)

[†] 排除矮秆基因作用,产量 Y 和株高 X 之间呈二次方程关系:$Y = 290 + 8.2X - 0.058X^2$ ($R^2 = 0.384$)

13.2.1.2 每平方米穗粒数

产量提高与每平方米穗粒数(KNO)的增加紧密相关,小麦也不例外。对小麦而言,这与株高降低直接相关,株高的降低来自矮秆主效基因,可能还有微效基因的作用。开花的几周中,降低穗与茎秆之间的竞争可增加 KNO,使得更多的同化物转运到麦穗中(Fischer et al. , 1986;Slafer et al. , 1990)。因此矮秆小麦在开花期有较多的生物量转至穗中,这被称作开花期穗指数(SIA)和较高的开花期穗重(g/m^2)。

在开花期,矮秆小麦具有相似数量的小花数和单位穗重的粒数(Fischer,1983),由于其额外穗子的重量增加,使 KNO 增加。由于粒重保持不变或者只有轻微降低,所以这些额外穗子的籽粒显然可以被灌浆。此处提及的 KNO 测验方法最早由 Fischer(1983;1985)提出,他指出作物在抽穗开花期的干物质积累[由作物生长速率产量,CGR,单位 g/($m^2 \cdot$ d)和相对持续期得出]是决定 KNO 的另一个重要因素。

小麦品种间 CGR 相差不大(Calderini et al.，1997；Abbate et al.，1998；Fischer et al.，1998)，穗生长持续时间差异也甚微(Fischer,尚未发表的数据；Abbate et al.，1998)。尽管小麦品种间苗期活力不同会影响早期 CGR，但是在关键的穗生长阶段却与 CGR 无关，因为在理想条件下，所有的小麦品种在该时期开始前已全部截获入射辐射。目前尚未具体说明最新矮秆品种 KNO 指标及 HI 指标在某种程度上的持续增加现象。这里，可能未考虑矮秆品种的株高变化。然而有证据表明，除 SIA 外还与其他因素相关。CIMMYT 现代春性硬粒小麦的穗不育现象严重影响产量。换句话说，反映单位穗重粒数的结实指数(GSI,即 10 个中心小穗的 2 个基部小花成粒百分数)会有显著不同。在现代面包小麦研究中，GSI 超过 95%(在无霜冻或者不缺硼的情况下)，但是在早期矮秆硬粒小麦中只有 50%，而现代品种中大部分是 80%(Fischer,尚未发表的数据)。

在第二个例子中，Abbate(1998)等指出，大多数阿根廷现代小麦品种的 KNO 较高，因为在花期这些品种的单位穗干重可产生更多的籽粒。这个性状值得与生长的穗中的物质分配、小花成活率、结实指数(GSI)等放在一起综合考虑。

13.2.1.3　产量的量化因子

科学家们经常尝试对 KNO(和 Yp)的遗传改良进行量化分析，但是在小麦中鲜有成功。这种量化指标主要包括每平方米穗数、每穗小穗数、每小穗粒数和每穗粒数。然而似乎没有一个使 KNO 提高的途径，也没有单独选取某一因子而直接补偿其他因子的途径，不出所料，其他指标(如干物质供应)会最终限制 KNO 指标。声称已发现产量与每平方米穗数相关的研究常常是在低种植密度或小试验区条件下进行的，这有利于开散的、高分蘖类型的生长；在作物群体强烈竞争有限光资源的情况下，很多时候是得不到该研究结论的。

虽然粒重是最后测定的产量构成要素，但它具有较强的补偿效应，与 KNO 呈强烈的负相关倾向。育种家们一定程度上反对这种倾向的观点，认为产量的增加是在 KW 不显著变化的情况下实现的。所以也就不奇怪现代品种的粒重为什么比老品种对籽粒灌浆源头的调控更敏感(Fischer et al.，1978；Kruk et al.，1997)。

13.2.2　生理活动

随着田间仪器的改进，许多回顾性研究试图直接探明生理活动。一个很好的例子就是对 CIMMYT 的 8 个面包小麦品种产量潜力提高的研究(Fischer et al.，1998)。结果表明，1962～1988 年育成的这些矮秆品种的产量提高与气孔导度[g_s，mmol/(m^2·s)]的增加紧密相关，与叶片最大光合速率的增加[A_{max}，μmol/(m^2·s)]显著相关。另外，研究还发现品种增产与较低的冠层温度和籽粒[13]C 含量(D‰)增加有关，其中前者可通过气孔导度计算出，后者可由气孔导度和叶片最大光合速率变化得到。在过去育种的 26 年里，产量增加了 27%，气孔导度增加 63%，冠层气温差降低 0.6℃。叶片绿度或者叶绿素含量也趋于增加，但这与叶片持绿期延长不一定有关，该研究中未测此参数。然而，叶片持绿期长是现代玉米杂交种的一个重要特征(Tollenaar，1994)。

其他一些在现代春小麦品种中的研究试图从不同方面证实上述结果(Condon et al.，

1987；Blum，1990；Araus et al.，1993；Reynolds et al.，1994a；Amani et al.，1996；Reynolds et al.，2000）。一些学者对上述 8 个材料做了进一步研究,发现产量提高与旗叶[18]O 同位素的含量紧密相关,这与前述有关气孔导度改变理论相符（Barbour et al.，2000）。叶绿素荧光指标已用来指示叶片光合系统的状态,但是目前还未应用于小麦增产研究。

其他被测定的生理活动,包括呼吸、转运以及更深层面上的酶活性等。呼吸作用在植物碳平衡中是一个重要的组成,有建议提出可通过育种改变呼吸作用效率（Austin，1994）,但在小麦中未进行这项工作。物质运输是一个重要的过程,虽然对开花期前储藏物运输对灌浆的贡献进行了比较,但对品种间差异的研究甚少。

自 20 世纪 70 年代中期开展硝酸还原酶水平对产量关键作用的研究以来,人们对与产量相关的生物化学研究关注不多。最近研究发现,在玉米叶片中氧自由基清除酶的存在可以增强光合系统活性,提高产量（Tollenaar，1994）。尽管目前酶活性变化的信息还很少,但鉴定在酶活性方面发生变化的优异基因型无疑是高产量潜力改良基因工程的第一步。

13.2.3　形态学性状

提高产量的另一种方法就是培育理想株型,就是可见的形态学性状。Donald（1968）在他的著名论文中,强调了“群体”理想株型设计育种,以减少群体内竞争,使本来消耗于竞争的物质用于增加产量（图 13.2）。他提出的高产理想株型是独茎、矮秆、叶片直立、有芒、大穗、高收获指数。这种无分蘖的株型在小麦中确实存在,但未能得到他人认可和进行大量试验,只有在某种情况下,即正常管理良好的作物后期分蘖成活率很差的情况下,可进行减少分蘖类型的试验。虽然目前尚无确凿证据支持该观念,但 Reynolds 等（1994b）注意到,产量潜力与这样的群体类型的某些指标相关。

有证据表明,现代品种有更多直立型叶片（Feil，1992；Tollenaar，1994）。尽管理想株型提高了冠部光合作用（此类型叶片可以充分接受日光照射,具有相对高的太阳高度角）,但对小麦及其他作物中直立叶片益处的研究给出了不同的结果（Evans，1993；Araus et al.，1993）。CIMMYT 在这方面已开展了几项研究（CIMMYT，1978a，1978b；Vanavichit，1990；Araus et al.，1993）。在叶片大小方面,可以提供一个最适宜条件下叶片更小、发育更晚的案例（Fischer，1996）,但未对该性状进行测试。麦芒是非必要性状,甚至不

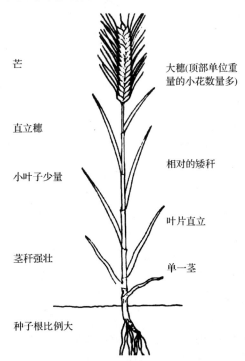

芒

大穗(顶部单位重量的小花数量多)

直立穗

相对的矮秆

小叶子少量

叶片直立

单一茎

茎秆强壮

种子根比例大

图 13.2　小麦理想株型设计
改编自 Donald（1968）

受欢迎,对此育种界尚未形成统一的观点(Evans,1993)。通常人们以近等基因系和群体为材料来研究这些形态学性状。目前普遍认为矮化有利于高产。

13.3　有希望的高产潜力选择性状

先前的讨论对改进产量潜力和与产量潜力显著相关的性状并未给出一个令人信服的结果,然而这一相关性无疑是确定一个间接产量选择性状的前提。而一些重点性状需要进一步的研究,或者如果结合起来测定的话可能是有用的,因为至今对于性状间的可能相互关系的研究和讨论还很少。表 13.1 列举了前面提到的决定产量潜力的性状(物候学性状除外)。

表 13.1　公认的产量潜力(Yp)间接选择指标与 Yp 的相关性、遗传力、测量单株的可能性及测量成本,性状选择目标、产量潜力本身也包括在其中,以供参考

性　　状	与 Yp 相关性	遗传力	测量单株	测量成本	注　　释
生长与物质分配					
作物生长速率(CGR)	0	未知	否	很高	在穗生长关键期测量
收获指数(HI)	中上	中下	是	高	结合很多因素
开花期穗指数(SIA)	中等	未知	是	很高	结合开花前穗分化
单位穗重穗粒数(KPSDW)	中等	未知	未知	很高	结合穗分化、小花生存、成粒
叶功能					
气孔导度(g_s)	中等	中等	是	高	可能综合反映交互强度
气流叶阻力(LR)	中等	中等	是	中等	间接测量 g_s,快速、稳定、低成本
冠气温差(CTD)	中下	未知	否	中下	间接测量 g_s,利用机载可能降低成本
^{18}O 同位素分辨力($D^{18}O$)	中等	未知	可能是	高	需要质谱,间接测量 g_s
最大光合速率(A_{max})	中下	低	未知	高	需要昂贵的仪器
叶绿素荧光	中下	中等	可能是	高	需要昂贵的仪器
^{13}C 同位素分辨力($D^{13}C$)	中下	中等	是	高	测量 A_{max}/g;需要质谱
叶绿度(SPAD)	低	未知	可能是	低	测量叶绿素和氮含量
特定叶重(SLW)	低	中下	未知	低	
产量组成					
分蘖数/m^2(TNO)	0	中上	是	低	最大分蘖数
穗数/m^2(SNO)	0~低	中下	否	中等	
每穗小穗数	0	中上	是	低	不受竞争影响的最大小穗数
每穗粒数(GPS)	0~低	中等	否	中下	
每小穗粒数	0~低	未知	否	低	
结实指数(GSI)	未知,硬质麦可能中等	未知	未知	中下	可育基部小花

续表

性　　状	与 Yp 相关性	遗传力	测量单株	测量成本	注　　释
粒重(KW)	0	高	是	低	
每平方米粒数(KNO)	高	中下	否	高	通常由产量算出
形态学					
成熟植株高度(HT)	低,70～ 100 cm	很高	是	低	
叶直立	未知～低	中下	是	中下	
叶面积	未知	中等	是	低	
具芒性	未知	很高	是	很低	
产量潜力	很高	低	否	高	Yp 测量总是存在误差

为了避免对表 13.1 所列的间接选择作用过于乐观,需要对一些有前景的性状例子重点考虑。Syme(1972)测量了温室条件下充分灌溉的点播种植小麦的诸多性状,表明收获指数、叶片生产速率和粒重这 3 个性状准确预测了平均产量($r^2 = 0.785$),后者是 CIMMYT 第五国际春麦产量试验圃(ISWYN)在世界 63 个点 49 个地块的产量结果。还有一个事实可以支持该结论,即 ISWYN 品种平均产量最大相差 2 倍,在早年受 3 个性状的巨大影响(抽穗期、株高、粒重),且均在温室中精确地表现出来。事实上,由于收获指数受株高和成熟期的影响,因此它可以单独用以解释大部分 ISWYN 平均产量变异的性状。

毫无疑问,现在已没有人再用单一的收获指数作为品系选择的标准,而育种家所面临的困难也更加严峻。首先,在低纬度地区,株高和成熟期聚在一起的基因型具有更宽的优化值;因此品种平均产量变异很小。其次,育种家追求在一个地点或几个类似地点通过多年选育来提高产量,但这可能是更加难以预测的目标。最后,Syme(1972)研究中所用的是固定品种。尝试重复此实验以克服上述 3 个缺点并不是很成功(Quail et al., 1989),但在此作为一个对间接选择产量性状综合测验的例子推荐给读者。Bhatt(1980)和 Austin(1993)综述了小麦间接产量选择法所面临的困难与机遇。

13.4　性状描述和筛选方法

13.4.1　收获指数

Donald 和 Hamblin(1976)、Fischer 和 Kertesz(1976)认为,收获指数可作为对产量性状选择的一个标准,两者的研究结果表明收获指数可以用于对点播植株的评估。后续研究结果表明,收获指数可以用来对产量有差异的分离世代进行选择(Whan et al., 1981;Naas, 1983;Ellison et al., 1985)。有些研究的相关性有限,因为它们不是在理想状况下或在小区面积足够大可以避免偏差的条件下测得的产量。Quail 等(1989)对这些议题做了详细阐述,他发现在 F₃ 代选择矮秆比选择高收获指数(HI)更有效,但两者均远优于 F₃ 代单株产量的选择。虽然未作后续研究,但实际上所有高产品种的 HI 均不小于 40%(Sayre et al., 1997)。

收获指数测量步骤很简单,包括齐地面的收割、打捆、干燥、称重、脱粒、称粒重等。机械化收割和打捆可简化测量 HI 的程序。同样地,也可以让植株在地里自然干燥,减少收割、称重、脱粒、再称重的工序,全部工作快速连续且可在田间进行。例如,在墨西哥少雨的西北部,收割后可以打捆放在地里直接通过太阳高温干燥;几天后材料含水量就恒定不变了。类似的修改方案是把打捆的作物放在防雨金属箱(如废弃的海运集装箱)内干燥,如同廉价的田间干燥器。

在墨西哥大田单行区种植的基因背景相同的植株打捆干燥后,所测得的收获指数的标准差是 4%,测量用时为 5 人·分钟测 1 株(R. A. Fischer,未发表的数据)。如果必须人工干燥,那么简单地从植株(或者小区)中选出一个或几个主茎将会提高效率。Fischer 和 Kertesz(1976)指出主茎比整株的收获指数更能准确预测产量潜力。最近 A. van Herwaarden 公布了一个简单、快速、间接测量收获指数的方法(私人通信)。此法基于成熟穗茎与打捆材料的收获指数平衡点之间的关系,保证了进一步的研究。

13.4.2　开花期的物质分配

Quail 等(1989)未能证明开花期穗指数(SIA)是否可以作为一个选择标准,但是为 Siddique 和 Whan(1994)的研究做了铺垫。高 SIA 是衡量同化物有效分配的一个很好的指标。测量步骤包括收割、干燥(主要是人工干燥)、称重等。但由于其对植株具有破坏性,因此仅能测量部分单株的茎。当然,一定数量的时间花费必不可少,但主要不是在测量过程中,而是用于监测大田里哪个品种达到适宜取样期,因为这个比例值因发育时期不同而变化。刚开花时是采集穗的最佳时期。

测量单位穗干重的粒数花费时间更多,因为当籽粒数量可以确定时,需要在开花期和稍后时段取等量的茎秆或植株。鉴于上述原因,仅在开展深入的生理研究时才测量单位穗干重的籽粒数。此外,也可以测定单位麦壳重的籽粒数,在成熟期取穗、称重、脱粒、称粒重、计数。成熟期麦壳的重量要超过开花期穗重。尽管这反映了源-库之间的平衡和具蒸腾作用的穗中无机物的积累,但决定这一过程的单位穗干重籽粒数的范围可能不受影响。开花期单位穗重(或成熟期每单位麦壳重)的潜在或者实际粒重是一个很重要的效率指数:现代有芒品种产量潜力是开花期穗重的 4 倍(Fischer et al.,1978)。显然代表库容遗传变异的物质分配性状值得进一步研究,但也许不是用于此阶段的选择研究。

反映开花期某些事件且在成熟期能够快速识别的一个因素是结实指数。可以随机取 5 个穗子,统计穗中部 10 个小穗的 2 个基部小花成粒数。这些小花在开花期不会退化(图 13.3)。如果有 10 个以上缺失,那意味着将有高于 10% 的小花不育,表明存在成粒问题以及无效性和不亲和性,最终影响高产潜力的发挥。

13.4.3　叶片活性性状

气孔导度(g_s)、最大光合活性(A_{max})、叶绿素荧光、叶片的含量性状(叶绿素、叶绿素 a、b 比值、氮含量、单位面积比叶干重等)在生理学上是相关的。气孔导度可通过叶片空气流动阻力(LR)、冠层温差(CTD)、^{18}O 同位素值($D^{18}O$)等间接测量;^{13}C 同位素值($D^{13}C$)可以衡量 g_s 和 A_{max} 两个指标之间的平衡性,SPAD 可间接测量叶绿素含量和氮元素含量。叶绿素荧光可以测量叶片光合作用中的代谢不平衡(Araus et al.，1998)。这里主要讨论气孔导度和叶含量性状的直接或间接测量。叶片最大光合速率和叶绿素荧光可以提供更多的信息,但是由于成本高暂不进一步考虑。读者可以参考 Gutierrez-Rodriguez(2000)的报道,几乎所有这些技术都作为选择标准在 F_5 代品系中进行了测验。碳同位素测验也较为昂贵,但其已应用于一些特殊的育种项目(Rebetzke et al.，2001)。该方法的优点在于,可取多个植株作材料(如干籽粒,有时用干燥的植株部分等),并在二次抽样前充分混合,适当研磨,进行质谱分析。同时,也可将材料保存供以后测验使用。

13.4.4　测量叶片活性性状的仪器

13.4.4.1　漫射气孔计

McDermitt(1990)对漫射气孔计做了详细说明,它可以用来测量气孔导度,但只能测验叶片的一个表面或两个表面。对于第一种情况,需要单独测量另一表面以给出总的叶片导度。小麦远轴面(叶片下方背光一面)的气孔导度要低于近轴面,但有研究显示(Rawson et al.，1976；Condon et al.，1987),远轴面对植株及叶片生理状态,或者产量决定因素更为敏感。因此,只测量远轴面气孔导度较测量两个表面更省时有效。

通常测量上部完全展开叶的阳光照射的中部,选开花前几周的旗叶测量。日光照射部位和入射角度不同会影响同一叶片的测量结果。遮阴、触摸、CO_2 浓度提高等会快速导致气孔变化,因此每次测量都要迅速。为得到较准确的结果,需测量单株或者一个小区的若干叶片,但取样标准要认真考虑。

气孔敏感度高,即使天气因素发生微弱改变,气孔也会随之变化。因此进行基因型比较时,将每个小区每个基因型取样的叶片数目保持在较低水平会更高效,甚至只取一片,以便在最短的时间内把小区内各基因型测量一遍(Clarke et al.，1996)。如果需要更精确的结果,可重复测定各小区。假定所有基因型的气孔对天气变化反应一致,这种策略可以令因暂时变化产生的误差降低至最小,这些变化常常是较小区内和小区间的空间变异更大的测量误差的来源。因此测验速度对气孔导度的测量很重要,而不单单是为了节省成本。

在这方面,目前气体扩散式气孔计已改进许多,可在 30 s 内完成一次读数。然而黏性气流气孔计(测量 LR)和红外测温仪(测量冠层温差)的测量更加迅速。

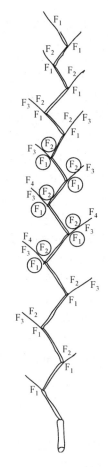

图 13.3　小麦穗部可育小花
小花(F_1、F_2、F_3、F_4)及成粒
的小花(圆圈标示)位置

13.4.4.2　黏性气流气孔计

最新设计的具电子测时的手持黏性气流气孔计,测速小于 5 s/叶(Rebetzke et al.,2000a)。黏性气流气孔计测量在压力下给定数量的空气从叶片一面流至另一面所需时间,在几百分之一秒内得出叶气流阻力值(LR),其与空气渗透性及多孔率的倒数成正比。气体流动的最大阻力不是来自叶片空间大小,而是来自每一叶片表面气孔的数量。

理论上扩散导度与多孔性呈幂函数关系,所以气孔导度应与－logLR 呈线性关系(Fischer et al.,1977;A. G. Condon,私人通信)。Rebetzke 等(2000)研究发现在叶片电导率为 200~1000 mmol/(m² · s)的范围内,气孔导度与 1/LR 呈线性关系,这是一个不完整的关系。LR 顺序测量两个表面,主要是最少开放的远轴面,而对于叶片气孔导度,两个表面是平行的且更多开放的是近轴面。据此,LR 比 g_s 更能预测产量。

CIMMYT 的早期研究指出,LR 可以用于测验被隔离的植物(Fischer et al.,1981),并且 Wall(CIMMYT,1979)发现叶片多孔性是 F_2 代最有用的选择标准,远优于单株产量或可视的植物评分。澳大利亚的后续选择研究不能确定 LR 期望的作用(Quail et al.,1989),但是 Fischer 等(1998)发现墨西哥现代矮秆品种的增产与 LR 降低(气孔导度增加)密切相关。后者的研究揭示了这种关系对测量 LR 与气孔导度的条件很敏感,但该敏感性和灌溉时间、发育阶段及天气参数无关。这可以解释为什么早期通过气孔导度选择研究变量是成功的,这需要进一步的研究,且重点要关注对环境的测验。这款快速测验设备促进了后代遗传力的测定(Rebetzke et al.,2000)。

13.4.4.3　红外测温仪

利用红外测温仪作为气孔导度替代品测量冠层温度,使测量方法在测量速度和效率上向前迈进了一步(Hatfield,1990)。冠层温度最好用 CTD 指标来表示,也就是在良好灌溉条件下小麦冠层温度比周围空气低的程度。某些红外测温仪可直接测出 CTD 值,所有的测温仪均观测几百平方米或更大面积上的叶片,给出平均温度,该面积的大小取决于距离小区的远近。读数时间小于 1 s,精度达 0.1℃。

尽管 CTD 与气孔导度 g_s 的关系在理论实践中已得到验证,且在墨西哥矮秆品种的研究中也揭示了 CTD 与产量的关系,但这一关系不如气孔导度与产量的相关性稳定(Amani et al.,1996,Fischer et al.,1998)。这些研究也揭示,CTD 的测量范围不受冠层顶部穗出现的影响,因此在本仪器的测量视场内,测定温度与叶片温度相同。

最近 CIMMYT 研究证明,在分离世代中可通过 CTD 指标对产量进行间接筛选(Reynolds et al.,1998)。红外成像可通过飞机采集,以便在几秒钟之内完成对整个麦圃的测量(Reynolds et al.,1999)。成像角度、小区取样、机载平台获取的大量冠层温度数据的处理等是目前必须解决但又很难解决的问题。该系统可以有效降低面积大于 1 m² 的小区的测验成本。然而由于机载平台的固定成本很高,因此在使用此系统前,我们必须非常确定在何时冠层温度与产量之间存在显著相关性。

13.4.4.4　叶绿素仪

该野外作业仪器耐用、价格相对低廉,可快速无破坏地测量叶片绿度。通常用叶片绿度间接估算叶绿素和氮含量,尽管其会受叶片其他特征,如比叶重(Peng et al.,1993)和发育阶段(特别是开花期)等的影响,这时叶绿素仪(SPAD)读数会随时间变小。SPAD值与叶片某些活性相关,并且连续的读数可以简单地量化衡量叶片持绿性状。

现代墨西哥面包小麦的 SPAD 值与叶片最大光合活性 A_{max} 相关(尽管品种与年度的互作显著)(Fischer et al.,1998);硬质小麦的 SPAD 值与 A_{max} 和产量均相关(CIMMYT,尚未发表)。SPAD 值也与叶绿素相关,即高 A_{max} 与强日照辐射环境的适应性相关与叶绿素 a、b 比值高有关(Austin,1994)。目前尚无设备可以快速测验叶绿素 a、b 比值,而 SPAD 仪和叶片绿度可保证选择研究中的测验。如果证明 SPAD 读数是有用的,那么该仪器可被用于指导一个更快的视觉评价体系。

13.4.5　株高

株高在开花后不久茎不再伸长时易于测量和记录。通常需要用尺子测量基部到穗顶部的高度,并处理个体茎秆间的高度差异。目前研究趋向于认为,对降低株高的基因(主效或微效基因)的研究不如针对株高本身关键。然而,通过赤霉素伸长反应的缺失,可在苗期较为快速且无破坏性地测验到一些主效基因(Gale et al.,1977)。

13.4.6　叶片角度

叶片角度的重要性在于它影响叶片与太阳辐射的角度,这种影响时刻都在发生变化。叶片角度通常是对向上垂直角度的测量;采用垂直角度比水平角度更容易,是因为拔节开始后,新生叶片的角度可以靠茎秆本身提供的垂直纵轴进行测量。当叶片未弯曲时,角度指的是其在茎秆上插入点的位置;对于高度直立的基因型,这个角度可能低到 20°。当叶弯曲和扭曲时,像通常新生叶长出后不久那样,情况相当复杂,直接测量非常繁琐。间接的测量方法是通过测量叶面积指数(LAI)和由冠层截取的光线分量(I/I_0)来计算消光系数(k):

$$k = [\ln(I_0/I)]/LAI \qquad (13.2)$$

系数 k 被证明很大程度上取决于平均叶角度,因为直立小麦冠层取值低至 0.3。这意味着,当 LAI 为 10 时,有 95% 的光被叶片截获。在选择研究中,直接目测评估叶角度似乎是唯一可行的选择,该方法可以参考最初的叶角度测量或系数 k,以及或者已制定的摄影标准,尤其是叶片角度更适宜在最佳生长条件下的小区内被评估,这时真正直立与平展冠层之间的对比是最明显的。当该性状特别重要时应被测试,通常可在开花前光被充分拦截后测定。在 CIMMYT 开发和测试叶夹角等基因群体时,采用的是直观评价的方法(CIMMYT,1978a)。

13.4.7　叶片大小

与叶片夹角相比,叶片的大小较易测量,且通常对特定叶位进行非破坏性测量。主茎上不同位置的叶片具有高度的表型相关性,但并不完全,而旗叶面积可能与早期叶片有明显的区别(Rawson et al.,1983)。从力学角度来看,直立叶片短(和小)是必要条件,但不是充分条件。就光分布而言,小叶由于有较大的半阴影效应,理论上往往有和直立叶片同样有益的影响,这与叶片角度无关。

　　其他已提及的形态学特征(芒、分蘖)在有一定间隔的植株间可以很容易地直观评估。然而,分蘖对环境条件非常敏感,因此,应该尽可能控制分蘖的减少。

13.5　结　　论

　　过去一直努力应用间接指标进行选择,但结果并不很令人满意。对于产量潜力(Yp)的间接选择可能较容易(通过确定相关因素,减少环境限制,没有病害,减小误差),但它也可能更困难(没有一个单独的主导环境约束,相对产量差异小)。然而,必须继续间接选择的研究,因为目标至关重要,并且与经验选择相比较,间接选择的前景也有所改善。根据经验进行选择已比较困难,而了解和使用仪器进行间接选择技术已经得以改进。为了获得成功,最终必须验证间接选择在育种项目中的成本效益,与传统的育种方法相比,它可以作为一个边缘补充。正如 Jackson 等(1996)对生理学家和育种家的目标和看法的新近调查中再次指出的,育种家从一开始就应该参与到这项工作中。

（李　强　译）

参 考 文 献

Abbate, P. E., Andrade, F. H., Lazaro, L., Bariffi, J. H., Berardocco, H. G., Inza, V. H., and Marturano, F. 1998. Grain yield increase in recent Argentine wheat cultivars. Crop Sci. 38: 1203-1209.

Amani, I., Fischer, R. A., and Reynolds, M. P. 1996. Canopy temperature depression associated with yield of irrigated spring wheat cultivars in a hot climate. J. Agron. Crop Sci. 176: 119-129.

Araus, J. L., Reynolds, M. P., and Acevedo, E. 1993. Leaf posture, grain yield, growth, leaf structure, and carbon isotope discrimination in wheat. Crop Sci. 33: 1273-1279.

Araus, J. L., Amaro, T., Voltas, J., Nakkoul, H., and Nachit, M. M. 1998. Chlorophyll fluorescence as a selection criteria for grain yield in durum wheat under Mediterranean conditions. Field Crops Res. 55: 209-223.

Austin, R. B. 1993. Augmenting yield-based selection. In: Plant Breeding: Principles and Prospects. Hayward, M. D., Bosemark, N. O., and Romagosa, I. (eds.). Chapman and Hall, London. pp. 391-405.

Austin, R. B. 1994. Plant breeding opportunities. In: Boote Physiology and Determination of Crop Yield. CSSA, Madison, Wisconsin. pp. 567-586.

Bhatt, G. M. 1980. Early generation selection criteria for yield in wheat. J. Aust. Inst. Agric. Sci. 46: 14-22.

Barbour, M. M., Fischer, R. A., Sayre, K. D., and Farquhar, G. D. 2000. Oxygen isotope ratio of leaf and grain material correlates with stomatal conductance and grain yield in irrigated wheat. Aust. J. Plant Phys. 27: 625-637.

Blum, A. 1990. Variation among wheat cultivars in the response of leaf gas exchange to light. J. Agric. Sci. (Cambridge) 115: 305-311.

Calderini, D. F., Dreccer, M. F., and Slafer, G. A. 1997. Consequences of breeding on biomass, radiation interception and radiation-use efficiency in wheat. Field Crops Res. 52: 271-281.

Cassman, K. G. (ed.). 1994. Breaking the yield barrier: Proceedings of a workshop on rice yield potential in favorable environments. International Rice Research Institute, Philippines.

CIMMYT. 1978a. CIMMYT Report on Wheat Improvement 1975. Mexico, D. F.

CIMMYT. 1978b. CIMMYT Report on Wheat Improvement 1976. Mexico, D. F.

CIMMYT. 1979. CIMMYT Report on Wheat Improvement 1977. Mexico, D. F.

Clarke, J. M. , and Clarke, F. R. 1996. Considerations in design and analysis of experiments to measure stomatal conductance of wheat. Crop Sci. 36: 1401 1405.

Condon, A. G. , Richards, R. A. , and Farquhar, G. D. 1987. Carbon isotope discrimination is positively correlated with grain yield and dry matter production in field grown wheat. Crop Sci. 27: 996-1001.

Donald, C. M. 1968. The breeding of crop ideotypes. Euphytica 17: 385-403.

Donald, C. M. , and Hamblin, J. 1976. The biological yield and harvest index of cereals as agronomic and plant breeding criteria. Adv. in Agron. 28: 361-405.

Donald, C. M. 1981. Competitive plants, communal plants, and yield in wheat crops. In: Wheat Science- Today and Tomorrow.

Ellison, F. W. , Latter, B. D. H. , and Anttonen, T. 1985 Optimal regimes of selection for grain yield and harvest index in spring wheat. Euphytica 34: 625-639.

Evans, L. T. 1993. Crop Evolution, Adaptation and Yield. Cambridge Uni. Press, Cambridge.

Feil, B. 1992. Breeding progress in small grain cereals: A comparison of old and modern cultivars. Plant Breeding 108: 1-11.

Fischer, R. A. 1983. Wheat. In: Potential Productivity of Field Crops under Different Environments. IRRI, Los Banos, Philippines. pp. 129-154.

Fischer, R. A. 1985. Number of kernels in wheat crops and the influence of solar radiation and temperature. J. Agric. Sci. (Cambridge) 105: 447-461.

Fischer, R. A. 1996. Wheat physiology at CIMMYT and raising the yield plateau. In: Increasing yield potential in wheat: Breaking the barriers. Reynolds, M. P. , Rajaram, S. and McNab, A. (eds.). Mexico, D. F. : CIMMYT. pp. 195-202.

Fischer, R. A. , and HilleRisLambers, D. 1978. Effect of environment and cultivar on source limitation to grain weight in wheat. Aust. J. Agric. Res. 29: 443-458.

Fischer, R. A. , and Kertesz, Z. 1976. Harvest index in spaced populations and grain weight in microplots as indicators of yielding ability of spring wheat. Crop Sci. 16: 55-59.

Fischer, R. A. , and Quail, K. J. 1990. The effect of major dwarfing genes on yield potential in spring wheats. Euphytica 46: 51-56.

Fischer, R. A. , and Stockman, Y. M. 1986. Increased kernel number in Norin-10 derived dwarf wheat. Evaluation of the cause. Aust. J. Plant Physiol. 13: 767-784.

Fischer, R. A. , Sanchez, M. , and Syme, J. R. 1977. Pressure chamber and air flow porometer for rapid field indication of water status and stomatal condition of wheat. Exptl. Agric. 13: 341-352.

Fischer, R. A. , Bidinger, F. , Syme, J. R. , and Wall, P. C. 1981. Leaf photosynthesis, leaf permeabitity, crop growth, and yield of short spring wheat genotypes under irrigation. Crop Sci. 21: 367-373.

Fischer, R. A. , Rees, D. , Sayre, K. D. , Lu, Z. -M. , Condon, A. G. , and Larque Saavedra, A. 1998. Wheat yield progress associated with higher stomatal conductance and photosynthetic rate, and cooler canopies. Crop Sci. 38 (6): 1467-1475.

Gale, M. D. , and Gregory, R. S. 1977. A rapid method for early generation selection of dwarf genotypes in wheat. Euphytica 26: 733-738.

Gutierrez-Rodriguez, M. , Reynolds, M. P. , and Larque-Saavedra, A. 2000. Photosynthesis of wheat in a warm, irrigated environment. II. Traits associated with genetic gains in yield. Field Crops Res. 66: 51-62.

Hatfield, J. L. 1990. Measuring plant stress with an infrared thermometer. Hort. Sci. 25: 1535-1537.

Jackson, P. , Robertson, M. , Cooper, M. , and Hammer, G. 1996. The role of physiological understanding in plant breeding: from a breeding perspective. Field Crops Res. 49: 11-37.

Kruk, B. C. , Calderini, D. F. , and Slafer, G. A. 1997. Grain weight in wheat cultivars released from 1920 to 1990 as affected by post-anthesis defoliation. J. Agric. Sci. (Cambridge) 128: 273-281.

Marshall, D. R. 1991. Alternative approaches and perspectives in breeding for high yields. Field Crops Res. 26: 171-190.

McDermitt, D. K. 1990. Sources of error in the estimation of stomatal conductance and transpiration from porometer data. Hort. Sci. 25: 1538-1548.

Miralles, D. J. , and Slafer, G. A. 1995. Yield, biomass and yield components in dwarf, semi-dwarf and tall isolines lines of spring wheat under recommended and late sowing dates. Plant Breeding 114: 392-396.

Nass, H. G. 1983. Effectiveness of several selection methods for grain yield in two F2 populations of spring wheat. Can. J. Plant Sci. 63: 61-66.

Peng, S. , Garcia, F. V. , Laza, R. C. , and Cassman, K. G. 1993. Adjustment for specific weight improves chlorophyll meter's estimate of rice leaf nitrogen concentration. Agron. J. 85: 987-990.

Quail, K. J. , Fischer, R. A. , and Wood, J. T. 1989. Early generation selection in wheat. I. Yield potential. Aust. J. Agric. Res. 40: 1117-1133.

Rawson, H. M. , Gifford, R. M. , and Brenmenr, P. M. 1976. Carbon dioxide exchange in relation to sink demand in wheat. Planta 132: 19-23.

Rawson, H. M. , Hindmarsh, J. M. , Fischer, R. A. , and Stockman, Y. M. 1983. Changes in leaf photosynthesis with plant ontogeny and relationships with yield per ear in wheat cultivars and 120 progeny. Aust. J. Plant Physiol. 10: 503-514.

Rawson, H. M. 1987. An inexpensive pocket-sized instrument for rapid ranking of wheat genotypes for leaf resistance. In: Proc. 8th Assembly Wheat Breeders Society of Australia. CSIRO, Canberra, Australia.

Rebetzke, G. J. , Read, J. J. , Barbour, M. M. , Condon, A. G. , and Rawson, H. M. 2000a. A hand-held porometer for rapid assessment of leaf conductance in wheat. Crop Sci. 40: 277-280.

Rebetzke, G. J. , Condon, A. G. , Richards, R. A. , and Farquhar, G. D. 2001. Selection for reduced carbon isotope discrimination increases aerial biomass and grain yield of wheat. Crop Sci. 40 (in press).

Reynolds, M. P. , Balota, M. , Delgado, M. I. B. , Amani, I. , and Fischer, R. A. 1994a. Physiological and morphological traits associated with spring wheat yield under hot, irrigated conditions. Aust. J. Plant Physiol. 21: 717-730.

Reynolds, M. P. , Acevedo, E. , Sayre, K. D. , and Fischer, R. A. 1994b. Yield potential in modern wheat varieties: its association with a less competitive ideotype. Field Crops Res. 37: 149-160.

Reynolds, M. P. , Rajaram, S. , and McNab, A. (eds.). 1996. Increasing Yield Potential in Wheat: Breaking the Barriers. Mexico, D. F. : CIMMYT.

Reynolds, M. P. , Singh, R. P. , Ibrahim, A. , Ageeb, O. A. A. , Larque-Saavedra, A. , and Quick, J. S. 1998. Evaluating physiological traits to complement empirical selection for wheat in warm areas. Euphytica 100: 85-94.

Reynolds, M. P. , Rajaram, S. , and Sayre, K. D. 1999. Physiological and genetic changes of irrigated wheat in the post-green revolution period and approaches for meeting projected global demand. Crop Sci. 39: 1611-1621.

Reynolds, M. P. , Delgado, M. I. , Gutierrez-Rodriguez, M. , and Laarque-Saavedra, A. 2000. Photosynthesis of wheat in a warm, irrigated environment. I. Genetic diversity and crop productivity. Field Crops Res. 66: 37-50.

Sayre, K. D. , Rajaram, S. , and Fischer, R. A. 1997. Yield potential progress in short bread wheats in northwest Mexico. Crop Sci. 37: 36-42.

Sedgley, R. H. 1991. An appraisal of the Donald ideotype after 21 years. Field Crops Res. 26: 93-112.

Siddique, K. H. M. , and Whan, B. R. 1994. Ear: stem ratios in breeding populations of wheat: Significance for yield improvement. Euphytica 73: 241-254.

Slafer, G. A, Andrade, F. H. , and Satorre, E. H. 1990. Genetic-improvement effects on pre-anthesis attributes related to grain yield. Field Crops Res. 23: 255-263.

Slafer, G. A. , Satorre, E. H. , and Andrade, F. H. 1994. Increases in grain yield in bread wheat from breeding and associated physiological changes. In: Genetic Improvement of Field Crops. Slafer, G. A. (ed.). Marcel Dekker,

New York. pp. 1-68.

Syme, J. R. 1972. Single plant characters as a measure of field plot performance of wheat cultivars. Aust. J. Agric. Res. 23: 753-760.

Tollenaar, M. M. 1994. Yield potential of maize: impact of stress tolerance. In: Breaking the yield barrier: Proceedings of a Workshop on Rice Yield Potential in Favorable Environments. Cassman, K. G. (ed.). IRRI, Los Banos, Philippines. pp. 103-109.

Vanavichit, A. 1990. Influence of leaf types on canopy architecture and grain yield in selected crosses of spring wheat *Triticum aestivum* L. Ph. D. thesis, Oregon State University, Corvallis, OR.

Waddington, S. R., Ransom, J. K., Osmanzai, M., and Saunders, D. A. 1986. Improvement in yield potential of bread wheat adapted to Northwest Mexico. Crop Sci. 26: 698-703.

Whan, B. R., Rathjen, A. J., and Knight, R. 1981. The relation between wheat lines derived from the F2, F3, F4 and F5 generations for grain yield and harvest index. Euphytica 30: 419-430.

14 通过调控发育改善小麦的适应性

G. A. Slafer, E. M. Whitechurch[①]

虽然农作物的生长发育是一个连续的过程,但可以人为将其分为 3 个主要阶段,即营养生长阶段、生殖生长阶段和籽粒灌浆阶段。每个阶段及整个生命周期的持续时间和产生的各种原基的数目是由遗传和环境的相互作用决定的。这些作用在很大程度上决定了一种农作物对某一环境条件的适应能力。

本章讲述小麦发育对环境因素的主要反应,以及增强小麦对特殊环境适应性的方法。并讨论如何利用发育反应进一步提高小麦的产量潜力,为育种家改善农作物对特定环境的适应性提供依据。

本章仅包含小麦阶段发育的一个概括、简化的观点,更全面的描述参见最近的两篇综述《环境因素间的相互作用》(Slafer et al. ,1994a)和《阶段发育和形态发育的相互关系》(Slafer et al. ,1998)。

14.1 小麦的适应性

小麦的种植遍布世界各地(从南美洲和南大洋洲到北美洲、欧洲北部和亚洲,从海平面到海拔 3000 m 之间的地方),其广泛的适应性是基于对环境的复杂发育反应。由于小麦适于在不同的地区种植,其发育模式已经变得适应各种特殊的环境条件,关键问题是降低开花期霜冻的风险。小麦对季节的敏感性是其适应性的重要特征,因此小麦发育的加速或延迟均取决于环境。

小麦的不同类型——春小麦、冬小麦和地中海小麦,分别适应并生长于寒带、寒温带、温带和热带地区气候(图 14.1)。

14.1.1 春小麦类型

在气温寒冷地区,许多小麦不能越冬,因此这些地区的小麦通常是在春天播种。由于春小麦能很好地感应春天,这加快了它们的发育速率。日照长短是它们感应春天的最重要的环境因素,因为从入冬到开始进入夏天,日照时间一直都在增加。对光周期的敏感性能帮助早播春小麦延迟开花,而晚播加速其发育。

---

① Departamento de Producción Vegetal,Facultad de Agronomía,Universidad de Buenos Aires,阿根廷。

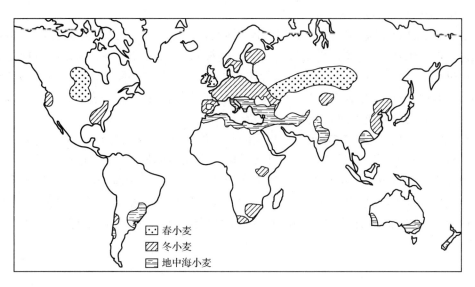

图 14.1　不同小麦类型在小麦种植面积超过耕地总面积 5% 的国家的分布状况

资料来源：改编自 Bunting 等(1982)

14.1.2　冬小麦类型

寒温带的冬天十分寒冷，但农作物仍然能存活。秋播意味着小麦的生长季节很长，开花期相对较早，有利于获得高产。在这些地区植物必须独立地感应日照长度。冬小麦在生殖生长开始之前必须在低温下生长，秋播作物直到冬天结束才进入生殖生长阶段。冬小麦在经历一段时期的低温后加速发育是由于其对春化作用的敏感性所致。对春化作用敏感的适应性是这些地区小麦的突出特点，因为它阻止了作物在秋天开花，尽管秋天的光周期和温度都与春天相似。

14.1.3　地中海小麦类型

在暖温带地区(包括澳大利亚、阿根廷和地中海地区)，小麦在冬天播种，强烈的光周期敏感性和较弱的春化敏感性，保证了小麦在经历一段低温但无霜冻风险的时期之后很快开花。这些品种对春化作用要求很低，通常是指中间型、半冬性类型或地中海类型。

高温少雨是热带地区小麦生长的主要限制因素，因此小麦必须在潮湿的季节生长，并在潮湿季节结束时成熟。由于潮湿的季节不可能总与合适的光周期一致，因此在热带地区生长的小麦不需要春化，正常情况下对光周期也不敏感。

14.2　小麦对不同环境的适应

14.2.1　环境信号

小麦通过感应正确的生长季节(春化和光周期敏感性)，并以温度为基础调节花期，使自己的生长周期适合最佳的环境条件，推动生长发育(Slafer et al.，1994a)。主要的环境信号是温度和日照长度。

温度通过两条明显不同的途径影响小麦的发育。首先,在较大的温度范围内,温度升高就会使发育加速(每一个发育阶段的持续时间缩短),温度的这一生物效应可能是由酶的活化过程造成的。其次,小麦发育的加快可能是由一段时期的相对低温(春化)造成的(一般认为春化反应发生在茎尖)。另外,在亚适宜温度下,温度与小麦发育速度呈线性关系。朝向开花的发育进程可用热时间单位量化。

春化温度是由温度的效应而不是特定的热量值确定。不同文献中对春化作用最有效的温度范围描述不同。虽然这种差异可能是由于方法不同所致,但它很可能反映的是春化作用发生时温度阈值的遗传变异。春化作用的刺激可能被土壤中吸胀的种子(种子在播种后到出苗前的时期)和幼苗(营养生长时期)感应到,甚至如果灌浆期遭遇到低温,母体植株上的籽粒也能感应到,但绝大多数发生于幼苗。春化的最有效温度模式见图 14.2。

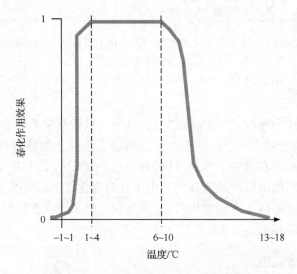

图 14.2　不同温度下的春化作用效果

横坐标上每个确定的点的数值范围很可能反映这些参数的遗传变异。

依据栽培品种(和春化条件而不是温度),最大的春化作用效率有一个低的阈值(1～4℃)和一个高的阈值(6～10℃)(图 14.2)。当温度高于后者,甚至高达 18℃仍然能进行春化作用,但效率明显降低。

日照长度总是随季节改变,是最可靠的环境信号。如果纬度是已知的,任何特定地点和日期的实际日照长度就很容易被计算出来。在计算植株反应的实际日照长度时,白天的长度包括黎明和黄昏。这就是为什么某一特定地点的年平均日照长度总是大于 12 h (3 月 21 日和 9 月 21 日的日照时数也大于 12 h)。而且这个因素明显受到了纬度的影响,从赤道越往北或往南,一年中日照长度的变异越大。

14.2.2　对环境因素的反应

14.2.2.1　抽穗前的一般反应

抽穗是第一个明确地表明植株到达生殖生长时期的外部信号。因为从抽穗到开花的时间十分接近,所以环境因素对播种到抽穗这段时间的作用是小麦适应性的关键决定因素。由于这些原因以及易于对其进行评价,抽穗前的这段时间就成为决定遗传和环境因素影响小麦发育效应的最常见的可变因素。

14.2.2.2　对温度的敏感性

小麦从播种到抽穗期间的发育(即对于所有的品种,所有的营养生长和生殖生长时期在抽穗前都是敏感的)一般都受温度影响(Angus et al. ,1981;Del Pozzo et al. ,1987;Porter et al. ,1987;Slafer et al. ,1991;Slafer et al. ,1995a)。普遍认为,当温度升高时到达抽穗的时间呈曲线方式缩短[图 14.3(a)]。但是小麦抽穗前这段时间的缩短是随温度升高加速发育的结果。发育速度和温度之间的关系几乎是线性的[图 14.3(b);Slafer et al. ,1995a]。

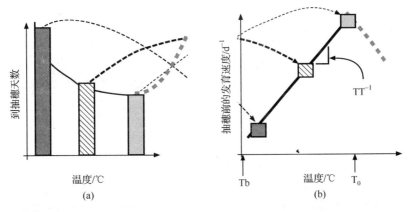

图 14.3　抽穗前生育时间(a)或其倒数—播种至抽穗的发育速度(b)与温度的关系。
基点温度(Th)和最佳温度(T₀)之间有很强的线性关系。斜率([℃ d]⁻¹)为抽穗需要的有效积温(TT⁻¹)的倒数,有效积温温度为 Tb~T₀间的任意温度。粗线代表次优温度(实线)和超最佳温度(虚线)最常见的趋势

图 14.3 只是个概略的例子,但是大量已发表的数据证实了它的总体形式(Gallagher,1979;Angus et al. ,1981;Monteith,1981;Rickman et al. ,1983;Morrison et al. ,1989;Slafer et al. ,1991;Slafer et al. ,1995a)。从播种到抽穗,当温度处于一个发育速度为零的理论阈值(该温度下小麦永远不能开花)到一个发育最快的最佳值(播种到抽穗的时间最短)之间时,小麦的发育与温度呈线性关系;当温度再高时,成熟期反而推迟(再次推迟抽穗时间)。热量阈值是基点温度和最佳温度,在该阈值内发育速率加快与温度升高呈线性关系(图 14.3)。

由于发育速率与温度的关系是线性的,在整个基点温度到最佳温度范围内只有一个斜率。斜率的倒数是以基点温度为基础到抽穗期需要的有效积温(度日),假定植物处于

基点温度到最佳温度的温度范围内,无论温度高低,有效积温的值是一定的。

实际上,有效积温通常被简单地计算为每日有效温度的总和(日平均温度减去发育起点温度,后者为时间与温度关系图中横坐标截距)。有效积温可以较好地体现植物的发育,而无需考虑温度的波动起伏。

14.2.2.3 对春化和光周期的敏感性

不同基因型小麦对光周期和春化作用的敏感性存在较大的差异。一些基因型基本上是不敏感的,一些表现为数量反应(这种反应可能差异相当大),还有一些表现为质量反应[图 14.4(a)]。尽管所有这些反应可能都存在,但绝大多数的品种都属于数量反应类型。曲线的斜率[图 14.4(b)]表明了小麦的发育对春化或光周期的敏感性,即每增加单位春化作用或光周期的刺激所增加的发育速度(减少发育时间)的程度。这个参数在不同基因型间差异较大,很可能是小麦能很好地适应多种不同气候类型的原因。

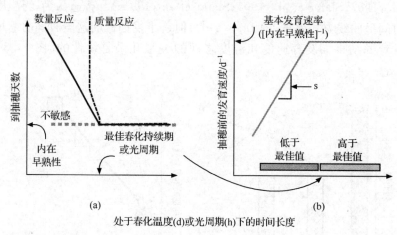

(a)

(b)

处于春化温度(d)或光周期(h)下的时间长度

图 14.4 小麦发育对春化作用和光周期的反应

(a) 播种至抽穗天数可能的反应;(b) 数量反应的发育速率的变化,强调在高于最佳光周期和春化作用下最快的或基本的发育速率。低于最佳值时斜率代表对这些因素的敏感性

资料来源:Slafer(1996)

为便于清楚表达,图 14.4(a)中的 3 个例子具有相同的春化作用和光周期长度的最佳值,但也存在着遗传变异(Slafer et al.,1994a)。同样,尽管该示例不能提供早熟性遗传变异的证据,但是栽培品种在这个性状上都存在差异。

顺便提一下,应当注意发育研究中所用的术语"最佳",即关于最大发育速度时的环境因素值(最佳温度、最佳春化作用和最佳光周期),这并不意味着这些条件能使产量达到最大(Slafer,1996)。实际上植物生长在最佳温度和光周期下很可能产量很低,因为这种条件下植物发育时间大大缩短。

14.2.3 哪个阶段对每个因素都敏感?

发育本身是一个连续的过程,为了便于理解其中所涉及的过程,它经常被划分为一系列独立的物候学事件,这些事件被外部因素所控制,每一事件都导致一些器官形态和功能的重大改变(Landsbcrg,1977)。因此,必须能够识别标志物候期界定的关键发育事件。被广泛接受的从播种到成熟的发育进程包括出苗期、花芽分化期、顶端小穗形成期和开花期[图 14.5(a)～(c)]。这些发育阶段决定了以下时期。

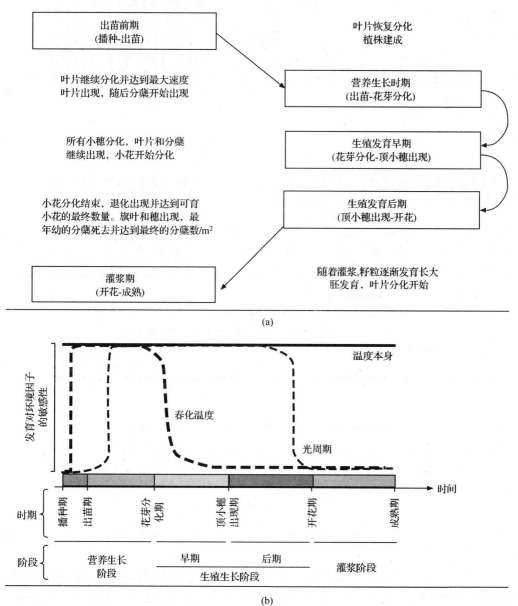

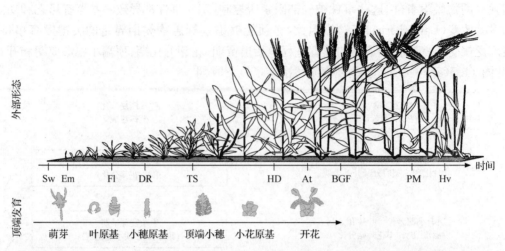

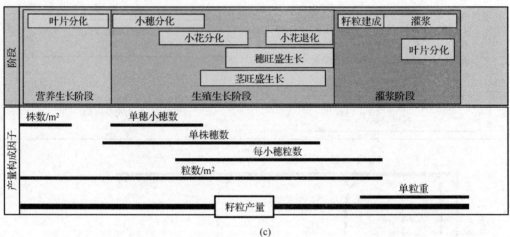

(c)

图 14.5　(a)小麦从播种到成熟发育的物候期;(b)发生在一个敏感栽培品种每一阶段的主要事件和不同物候期对春化温度、光周期和温度本身的相对敏感性;(c)小麦的发育时期:播种期(Sw)、出苗期(Em)、花芽萌发期(Fl)、第一个二棱出现(DR)、顶小穗形成(TS)、抽穗期(HD)、开化期(At)、灌浆初期(BGF)、生理成熟(PM)和收获期(Hv)。每一时期均表明了顶端发育

来源：Slafer 和 Rawson(1994a)

14.2.3.1　出苗前发育

小麦植株在这一营养阶段建成,种子吸胀后,茎尖萌发为叶片原基。当土壤湿度不再是种子萌发的限制因素时,发育速率只由温度本身来决定,而这一阶段的时间长短取决于土壤温度和播种深度(在一定温度下,播种越深出苗时间越长)。没有证据表明只有在小麦出苗后发育速度才受春化作用的影响;由于日照长度是由叶片感应的(信号被传到叶片的顶端,Evans,1987),因此它不影响这一起始阶段的长度。

14.2.3.2 营养生长

主茎上的所有叶片(包括潜在的分蘖)生长开始启动。这一阶段一直持续到顶端生长变为生殖生长(标志着这一阶段的结束)。在一个有规律的温度区间,叶片开始出现(被认为是叶片时期),并且开始分蘖;第一个分蘖的出现与第四个叶片的出现一致,随后的分蘖和叶片同步出现(Masle,1985)。叶片和分蘖相对出现的理论关系在这一阶段经常适用(由于植株很小,需求量小,可用资源通常能够满足需求)。

这个阶段的发育速度对3个主要的环境因素都敏感。虽然在生理上也不完全是这样(Slafer et al. ,1994a),但在一个栽培品种对光周期变得有反应之前,一定要先满足春化的必要条件。虽然温度同样影响着花芽分化和叶片产生的速度,但叶片的最终数目几乎不受温度本身的影响(Slafer et al. ,1994b)。另外,春化作用和光周期对发育速度的影响明显大于对生长叶片的影响。因此,这一阶段时间越长(由于不能满足春化作用和光周期的要求),最终出现的叶片数就越多(Halloran,1977;Kirby,1992;Rawson,1993;Rawson et al. ,1993;Evans et al. ,1994;Slafer et al. ,1995b,1995c)。

14.2.3.3 生殖发育早期

在这一时期产生所有的小穗和大多数小花,叶片继续增加,分蘖通常达到了最大速度。然而从与叶片出现的关系来看,人们并不期望这样的速度,因为植株内部和(或)外部开始争夺资源,减少了分蘖生长需要的可用同化物。根据这一阶段的时间长短和农艺条件,到这一阶段末,植株的分蘖数可达到最大。

一般认为春化作用只影响营养生长(Halse et al. ,1970;Flood et al. ,1986;Roberts et al. ,1988;Ritchie,1991),然而一些作者意识到春化作用可能还影响生殖发育早期持续时间的长短,尽管比对营养生长的影响小(Halloran et al. ,1982;Fischer,1984;Stapper,1984;Masle et al. ,1989;Manupeerapan et al. ,1992;Slafer et al. ,1994a)。这一阶段小麦对光周期和温度本身的敏感性被广泛承认(Slafer et al. ,1994a)。与叶片最终数目的讨论相一致,当光周期和春化作用的影响使这个阶段小麦的发育加快时,这一周期越短则小穗的发生就越少。但当这个阶段的持续时间受温度影响时,该观点未必正确,因为温度对小穗的产生也有相当大的影响(Slafer et al. ,1994b)。

14.2.3.4 生殖发育后期

可育小花的数量与茎和穗的活跃生长在这一时期同时被确定。叶片继续长出,直到旗叶(最后一片叶)出现。茎首先加快生长,随后穗也加快生长,这极大地增加了对同化物的需求,同时也加剧了资源的竞争。生长对资源可利用性的变化变得敏感了,如果这时作物受到胁迫,产量就会降低。因此从顶端小穗形成到开花是决定产量的关键时期。

由于竞争的增加,有效资源不足以维持所有小的分蘖,导致一些分蘖死去。通常,分蘖的死亡顺序与它们出现的顺序相反。这时每平方米土地上分蘖的数量从最大减少到最终的成穗数,正常情况下抽穗前分蘖的数量就稳定了。在早期生殖阶段的最后,当顶端小穗萌发出来时,每个穗上小穗的数目也就确定了,同时一些小花原基产生,尤其是穗子中部的三个小穗上的小花。从那时起,小花的数量迅速增加到最大值,此时旗叶刚好完全展开,不再产生新的小花(Kirby,1988;Miralles,1997)。

从孕穗到抽穗/开花,许多小花在茎和穗的生长期间退化,只有很少一部分小花原基变得可育并在开花期受精。绝大多数小麦需要春化,如果生长在合适的季节,此时能满足它们的需要。因此,即使该阶段对春化作用的敏感性能从实验上得到证明(Maslc ct al.,1989;Slafer et al.,1994a),仍可以假设在合适的农艺条件下对春化作用不敏感(如一个强冬性小麦栽培品种不应在春天播种)。然而,光周期可能继续影响生殖阶段后期的持续时间(Allison et al.,1976;Rahman et al.,1977;Masle et al.,1989;Connor et al.,1992;Manupeerapan et al.,1992;Slafer et al.,1996);这一影响可能是直接的,而不是单纯由营养生长时期短日照产生较多叶片所介导的。正如前面讨论的,温度自身影响所有时期的发育速度,有文献证实了由于温度升高使从顶端小穗形成期到开花期的时间缩短的事实(Slafer et al.,1994a)。

14.2.3.5　开花后发育或灌浆期

这一时期籽粒开始发育,到成熟时达到最大干重。绝大多数胚乳细胞在灌浆初期形成;它们是下一阶段活跃灌浆期同化物积累的实际库,这时籽粒生长,且其产生干物质的量与有效积温呈线性关系。在这一阶段末,籽粒生长下降,直至籽粒干重达到最大。胚也在这一时期形成,芽尖分生出第一个叶原基(正常为4个)。

小麦花后至成熟的发育速度对光周期和春化作用不敏感,只对温度本身敏感。因此,灌浆期长度就有效积温而言是十分保守的,除非遇到严重的水分胁迫。不论是在开花后多少度日,这种情况下灌浆都会中止。由于籽粒生长最大的限制因素往往是库容量的大小(Slafer et al.,1994),高温导致发育加快而使成熟籽粒的重量减轻要远大于总蛋白质含量减少(主要由于氮元素来源受到限制)(Sofield et al.,1977;Chowdhury et al.,1978;Slafer et al.,1992),因此灌浆期高温会降低籽粒中的蛋白质含量。

有关每个阶段标志和主要特征的更详尽解释参见文献(Slafer et al.,1994a;Slafer et al.,1998)。

14.2.4　影响生理反应的基因

虽然发育速度可能对春化温度、日照长度和温度本身等产生较大的反应,但光周期和春化作用敏感性可解释该性状大部分的遗传变异。换句话说,小麦栽培品种间从播种到抽穗持续时间(或从出苗到开花任一阶段的长度)的最大差异是由它们对光周期和春化的敏感性差异造成的。

温度对所有小麦栽培品种的发育速度有着普遍的影响,这似乎意味着对温度的敏感性不存在遗传差异。然而当满足了春化和光周期的需求时,在基因型间也还经常会出现"剩余"差异。这些差异通常显著小于光周期和春化敏感性的差异,但无论是在统计还是农艺上这些差异都是显著的。

长期以来,"剩余"差异一直被认为是反映决定基本发育速度或内在早熟性(也称早熟性)差异的第三类遗传因子的作用(Major,1980;Flood et al.,1984;Masle et al.,1989;

Worland et al. ,1994)。虽然已考虑到早熟基因对温度有反应的原因(这种情况下早熟性差异能被史好地解释为温度敏感性差异)(Slafer,1996),但为方便起见,我们在本章中使用内在早熟性这一名称。小麦发育速度的遗传控制十分复杂,以至于从出苗到开花的任何发育模式都是可能的(Slafer et al. ,1994a),这意味着通过遗传改良可以获得不同抽穗期的材料。三种类型的基因(光周期敏感、春化敏感和早熟基因)(Worland,1996)共同决定特定环境中开花期的精确时间。

　　面包小麦是六倍体种,有 3 个染色体组(A、B 和 D 染色体组)和 7 个同源群。光周期敏感基因和春化作用敏感基因位于某个同源群,而早熟基因分布于不同的染色体群。这些基因在染色体上位置的证据如下。

　　• 光敏基因($Ppd1/ppd1$、$Ppd2/ppd2$ 和 $Ppd3/ppd3$)位于第二同源群短臂上;显性等位基因(Ppd)对光周期不敏感,而隐性等位基因(ppd)对光周期敏感。染色体 2D、2B 和 2A 分别携带 $Ppd1/ppd1$、$Ppd2/ppd2$ 和 $Ppd3/ppd3$ 基因(Welsh et al. ,1973;Scarth et al. ,1983;Sharp et al. ,1988)。$Ppd1/ppd1$ 基因作用最大,$Ppd2/ppd2$ 和 $Ppd3/ppd3$ 基因的作用次之。

　　• 春化作用敏感基因($Vrn1/vrn1$、$Vrn2/vrn2$ 和 $Vrn3/vrn3$)位于第五同源群长臂上。与光周期敏感基因相同,敏感性由隐性等位基因控制,不敏感性由显性等位基因控制。$Vrn1/vrn1$ 基因对春化作用反应最强烈,位于 5A 染色体上;$Vrn2/vrn2$(也称 $Vrn4/vrn4$,Snape,1996)和 $Vrn3/vrn3$ 分别位于 5B 和 5D 染色体上(Law et al. ,1975;Maistrenko,1980;Hoogendoorn,1985)。$Vrn5/vrn5$ 位于 7B 染色体上(Snape,1996)。据报道,强冬性小麦同时携带 3 种隐性基因($vrn1$、$vrn2$ 和 $vrn3$),而春小麦携带的可能是显性、隐性基因的不同组合(Pugsley,1972),这说明一些春小麦品种对春化作用也有反应(Slafer et al. ,1994a)。

　　• 与光周期和春化作用敏感基因不同,有关早熟基因的资料很少(很可能是因为它们对播种至开花时间的作用小于 Ppd 和 Vrn 基因,更像是微效基因),没有引起太多的注意。但是有证据显示,它们位于多条染色体上,包括第二同源群长臂(Scarth et al. ,1983;Hoogendoorn,1985)、染色体 2B(Scarth et al. ,1983)、3A、4B、4D、6B 和 7B(Hoogendoorn,1985)、2A 和 5B(Major et al. ,1985)、7B(Flood et al. ,1983)、6D(Law,1987)和 3A(Miura et al. ,1994)。在大麦中,这些基因分布在整个基因组上。

　　这些基因间没有明显的关联,因此某一个特定的基因型可能携带光周期敏感、春化作用敏感和内在早熟性等位基因的任意组合(图 14.6)。

14. 2. 5　改善适应性

　　选择好的适应性看似简单,因为在选择后代时可以通过包括播种至抽穗时间等性状来完成。在这一点上,针对地区性育种计划比较简单,而如果育种项目以培育大面积推广的品种为目标,就相对困难一些(图 14.6)。

　　在针对地区性的育种计划中,优先考虑的是在与育种项目有相同特点的地区(不仅在环境上而且在农艺上都影响播种到抽穗的时间,如播种期)获得一定时间内抽穗的栽培品种,因此可能忽略控制播种至抽穗的发育速率机制。另外也可选择具有特定敏感性的亲本。

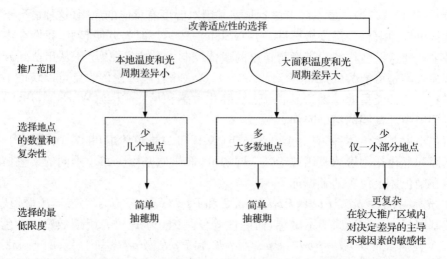

图 14.6 依据推广范围和选择地点的不同选择改善适应性的备选方案

如果每年种植的第二代在不适宜的季节或完全不同的环境中生长,我们建议对播种至抽穗的时间采用最小的选择压,因为它所处的环境与目标环境差异太大,且抽穗期差异可能与正常生长季节中的时间没有关系。例如,一个对春化作用敏感的品系在正常生长季节可能表现最佳的抽穗期时间,但是如果第二代生长在更温暖的环境中,这个品系可能因表现不适当的抽穗时间而被错误地抛弃。

当育种项目的目标区域较大时,选择的品系应该适应它们将要生长的大多数环境。根据经验,要在目标区域内的多个代表性地点同时选择,这些地点的环境条件要与育成品种将要种植地区的环境条件相同。在这种情况下,选择亲本时不但要考虑它们在特定环境中的抽穗期,还要考虑它们对控制发育速率的主要环境因子的遗传敏感性(和目标区域内的环境因子范围)。在某些地区,对春化或光周期敏感基因可塑性的要求是可以预见的;选择携带所需遗传信息的亲本可以增加获得适应性好的品系(这些品系可能原本是为选择产量或其他性状的)的概率,最终得到最好的品种。

实际上,了解种植区现代栽培品种的产量限制因素可以帮助确定敏感性遗传因素的最佳可能组合,同时改善适应性和增加产量。图 14.4 显示了不同阶段对不同因子的敏感性;因此定向培育栽培品种使其在一个特定的时间达到抽穗期或开花期是可能的,并且有一定的各阶段持续时间的组合。由于源和库形成于不同的阶段,因此推测,对光周期和春化遗传敏感性的操作及与早熟基因的合适组合,可能进一步提高产量潜力。

14.2.6 关键物候期的鉴定

为了呈现植物发育过程中的物候变化,对不同发育时期进行精确鉴定很有必要。虽然通过外部的形态观察可总体认识物候,但要精确确定发育时期必须细致观察顶端分生组织。

在田间,可以定期监测小麦小区的物候期,此时要随机采集植物样本。界定物候期的几个时期(上文已述及),除了花芽分化期和顶端小穗形成期外,大多数由外部形态就能看出。而前者不可能通过简单的观察准确确定(如顶端形态学变化不明显),需要对第一个二棱进行数次观察才能判定,因为这是植物花形成的第一确定的标志,它比花芽分化稍晚一些(Slafer et al.,1994a)。确定二棱期和顶小穗形成期需要解剖茎顶端和用光学显微镜仔细观察(图 14.7 为茎顶端从营养生长时期到顶小穗形成期的形态)。

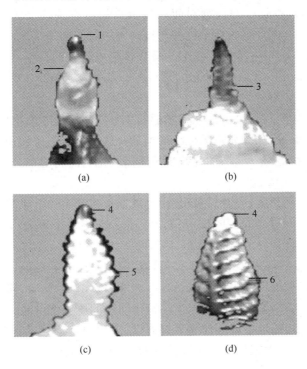

图 14.7　茎顶端发育的时期

(a) 茎顶端仍然在营养生长时期;(b~d) 生殖生长时期;(b) 茎顶端在花芽分化一段时间后,小穗开始形成,
第一个二棱在显微镜下可见;(c) 颖分化前的小穗原基;(d) 茎顶端小穗形成期中部小穗中的小花分化
1. 茎顶端;2. 叶原基;3. 二棱;4. 顶端小穗位置;5. 小穗原基;6. 小花原基

用锋利的剪切器采集带叶片的小麦植株,在新长成的叶片中可观察到茎顶端的生长锥。经过实践,看到标志物候期开始的重要事件并不难。如果不能进行茎顶端解剖,有时也可以进行重要事件的外部形态学观察。例如,拔节期的开始(常与茎顶端小穗形成期一致)可通过第一节的出现来确定。

14.3　利用阶段发育(理论)进一步提高产量潜力

农作物的生长发育长期被作为在遗传上改善适应性最有用的性状,这也是本章的主要目标。实际上,通过改善适应性,某一特定地区的产量潜力也就相应地提高了,而改善适应性基本上就意味着某环境下开花时间的优化(优化在这里是就获得最大产量的开花时间而言)。然而,还没有明确的证据表明在传统的小麦种植地区,能通过调节小麦的发育来进一步增加小麦的产量,因为在这些地区小麦开花的合适时间已经是最优化的了。

　　生理性状研究可以帮助育种家进一步提高产量潜力,打破现已明确的障碍(Reynolds et al.,1996)。我们不能确信通过对开花时间的调节能提高产量潜力,但我们正试图来证明这一点。详细的解释见 Slafer 等(1996),此处仅作简单介绍。

　　许多人认为特定发育时期与产量因子有关联[图 14.5(b)](Rawson,1970,1971;Rawson et al.,1979),各阶段的持续时间和绝对产量也有关联(Rawson,1988a,1988b;Craufurd et al.,1989),因此通过调节这些阶段持续的时间来间接地调节产量因子可能是重要的(Slafer et al.,1996)。此外,可通过调节各组成阶段的持续时间来满足特定时间的生长季节(Slafer et al.,1994a)。因此假设,在不显著改变整个生育期长度的情况下可以通过调节发育增加产量潜力。

　　例如,生殖阶段后期较长会增加在茎和穗的生长期间积累的生物量,最终的籽粒数量可能由于小花退化和(或)分蘖死亡的减少而增加。这将引起单位面积籽粒灌浆数量的增加。另一个例子是延长灌浆期,增加籽粒生长所需同化物的利用率,这一点现在还不能充分满足(Kruk et al.,1997)。

　　生殖阶段后期时间长度的遗传差异是由光周期敏感基因和早熟基因控制的。在茎顶端和基部小穗形成期间对光周期的反应是相互独立的(Slafer et al.,1996),有证据表明这个反应有重要的遗传变异(Slafer et al.,1994a;Slafer et al.,1996),因此在营养生长或早期生殖生长的情况下试图延长生殖生长的持续时间是可能的。如果对特定阶段早熟的控制独立于对其他阶段的控制(Halloran et al.,1982;Slafer,1996),那么在特定的开花时间,营养生长、生殖生长早期和生殖生长后期持续时间的比例就可能会改变。

　　影响花后时间长短的环境因子似乎只有温度,所以只能通过遗传学方法改善早熟性来改变花后时间的长短,大家公认该阶段持续的时间存在遗传变异。

(逯腊虎　译)

参 考 文 献

Allison, C. J., and Daynard, T. B. 1976. Effect of photoperiod on development and number of spikelets of a temperate and some lowlatitude wheats. *Annals of Applied Biology* 83:93-102.

Angus, J. F., MacKenzie, D. H., Morton, R., and Schafer, C. A. 1981. Phasic development in field crops. II. Thermal and photoperiodic responses of spring wheat. *Field Crops Research* 4:269-283.

Bunting, A. H., Dennet, M. D., Elston, J., and Speed, C. B. 1982. Climate and Crop distribution. In: *Food, Nutrition and Climate*. K. L. Blaxer and L. Fowden (eds.). Applied Science Publishers. pp. 43-78.

Chowdhury, S. I., and Wardlaw, I. F. 1978. The effect of temperature on kernel development in cereals. *Australian Journal of Agricultural Research* 29:205-223.

Connor, D. J., Theiveyanathan, S., and Rimmington, G. M. 1992. Development, growth, water-use and yield of a spring and a winter wheat in response to time of sowing. *Australian Journal of Agricultural Research* 43:493-516.

Craufurd, P. Q., and Cartwright P. M. 1989. Effect of photoperiod and chlormequat on apical development and growth in a spring wheat (*Triticum aestivum*) cultivar. *Annals of Botany* 63, 515-525.

Del Pozzo, A. H., Garcia-Huidobro, J., Novoa, R., and Villaseca, S. 1987. Relationship of base temperature to development of spring wheat. *Experimental Agriculture* 23:21-30.

Evans, L. T. 1987. Short day induction of inflorescence initiation in some winter wheat varieties. *Australian Journal of Plant Physiology* 14:277-286.

Evans, L. T., and Blundell, C. 1994. Some aspects of photoperiodism in wheat and its wild relatives. *Australian Journal of Plant Physiology* 21:551-562.

Fischer, R. A. 1984. Wheat. In: *Symposium on Potential Productivity of Field Crops under Different Environments*. W. H. Smith and S. J. Banta (eds.). IRRI, Los Baños. pp. 129-153.

Flood, R. G., and Halloran, G. M. 1983. The influence of certain chromosomes on the hexaploid wheat cultivar Thatcher on time to ear emergence in Chinese Spring. *Euphytica* 32:121-124.

Flood, R. G., and Halloran, G. M. 1984. Basic development rate in spring wheat. *Agronomy Journal* 76:260-264.

Flood, R. G., and Halloran, G. M. 1986. Genetics and physiology of vernalization response in wheat. *Advances in Agronomy* 39:87-125.

Gallagher, J. N. 1979. Field studies of cereal leaf growth. I. Initiation and expansion in relation to temperature and ontogeny. *Journal of Experimental Botany* 30:625-636.

Halloran, G. M. 1977. Developmental basis of maturity differences in spring wheat. *Agronomy Journal* 69:899-902.

Halloran, G. M., and Pennel, A. L. 1982. Duration and rate of development phases in wheat in two environments. *Annals of Botany* 49:115-121.

Halse, N. J., and Weir, R. N. 1970. Effects of vernalization, photoperiod and temperature on phenological development and spikelet number of Australian wheat. *Australian Journal of Agricultural Research* 21:383-393.

Hoogendoorn, J. 1985. The basis of variation in date of ear emergence under field conditions among the progeny of a cross between two winter wheat varieties. *Journal of Agricultural Science* 104:493-500.

Kirby, E. J. M. 1988. Analysis of leaf, stem and ear growth in wheat from terminal spikelet stage to anthesis. *Field Crops Research* 18:127-140.

Kirby, E. J. M. 1992. A field study of the number of main shoot leaves in wheat in relation to vernalization and photoperiod. *Journal of Agricultural Science* 118:271-278.

Kruk, B., Calderini, D. F., and Slafer, G. A. 1997. Source-sink ratios in modern and old wheat cultivars. *Journal of Agricultural Science* 128:273-281.

Landsberg, J. J. 1977. Effects of weather on plant development. In: *Environmental Effects on Crop Physiology* J. J. Lansdberg and C. V. Cutting (eds.). Academic Press, London. pp. 289-307.

Laurie, D. A., Pratchett, N., Bezant, J., and Snape, J. W. 1995. RFLP mapping of 13 genes controlling flowering time in a winter x sring barley (*Hordeum vulgare* L.) cross. *Genome* 38:575-585.

Law, C. N. 1987. The genetic control of day-length response in wheat. In: *Manipulation of flowering*. J. G. Atherton (ed.). Proc. 45th Nottingham Easter School in Agricultural Science, Butterworths, London, U. K. pp. 225-240.

Law, C. N., Worland, A. J., and Giorgi, B. 1975. The genetic control of ear emergence by chromosomes 5A and 5D of wheat. *Heredity* 36:49-58.

Maystrenko, T. B. 1980. Cytogenetic study of the growth habit and ear emergence time in wheat. In: *Well Being of Mankind and Genetics*. Proceedings of the 14th International Congress of Genetics, MIR Publishers, Moscow, Vol. I Book 2, pp. 267-282.

Major, D. J. 1980. Photoperiod response characteristics controlling flowering of nine crop species. *Canadian Journal of Plant Science* 60:777-784.

Major, D. J., and Whelan, E. D. P. 1985. Vernalization and photoperiod response characteristics of a reciprocal substitution series of Rescue and Cadet hard red spring wheat. *Canadian Journal of Plant Science* 65:33-39.

Manupeerapan, T., Davidson, J. L., Pearson, C. J., and Christian, K. R. 1992. Differences in flowering responses of wheat to temperature and photoperiod. *Australian Journal of Agricultural Research* 43:575-584.

Masle, J. 1985. Competition among tillers in winter wheat: consequences for growth and development of the crop. In: *Wheat Growth and Modelling*. W. Day and R. K. Atkin (eds.). Plenum Press, New York. pp. 33-54.

Masle, J., Doussinault, G., and Sun, B. 1989. Response of wheat genotypes to temperature and photoperiod in natural conditions. *Crop Science* 29:712-721.

Miralles, D. J. 1997. Determinantes fisiológicos del crecimiento y la generación del numero de granos en respuesta a la acción de los alelos de enanismo (Rht1 y Rht2). Análisis causal de la relación negativa entre el numero y el peso de los granos. PhD Thesis. Universidad de Buenos Aires.

Miura, H., and Worland, A. J. 1994. Genetic control of vernalization, day-length response, and earliness *per se* by homoeologous group-3 chromosomes in wheat. *Plant Breeding* 113:160-169.

Montieth, J. L. 1981. Climatic variation and the growth of crops. *Quarterly Journal of the Royal Meteorological Society* 107:749-774.

Morrison, M. J., McVetty, P. B. E., and Shaykewich, C. F. 1989. The determination and verification of a baseline temperature for the growth of Westar summer rape. *Canadian Journal of Plant Science* 69:455-464.

Porter, J. R., Kirby, E. J. M., Day, W., Adam, J. S., Appleyard, M., Ayling, S., Baker, C. K., Beale, P., Belford, R. K., Biscoe, P. V., Chapman, A., Fuller, M. P., Hampson, J., Hay, R. K. M., Hough, M. N., Matthews, S., Thompson, W. J., Weir, A. H., Willington, V. B. A., and Wood, D. W. 1987. An analysis of morphological development stages in Avalon winter wheat crops with different sowing dates and at ten sites in England and Scotland. *Journal of Agricultural Science* 109:107-121.

Pugsley, A. T. 1972. Additional genes inhibiting winter habit in wheat. *Euphytica* 21:547-552.

Rahman, M. S., and Wilson, J. H. 1977. Determination of spikelet number in wheat. I. Effects of varying photoperiod on ear development. *Australian Journal of Agricultural Research* 28:565-574.

Rawson, H. M. 1970. Spikelet number, its control and relation to yield per ear. *Australian Journal of Biological Sciences* 23:1-5.

Rawson, H. M. 1971. An upper limit for spikelet number per ear in wheat as controlled by photoperiod. *Australian Journal of Agricultural Research* 22:537-546.

Rawson, H. M. 1988a. Constraints associated with rice-wheat rotations. Effects of high temperatures on the development and yield of wheat and practices to reduce deleterious effects. In:*Wheat Production Constraints in Tropical Environments*. A. R. Klatt (ed.). Mexico, D. F.: CIMMYT. pp. 44-62.

Rawson, H. M. 1988b. High temperature is not a stress. In:*Proceedings of the International Congress of Plant Physiology*. S. K. Sinha, P. V. Sane, S. C. Bhargava, and P. K. Agrawal (eds.). Society for Plant Physiology and Biochemistry, Indian Agricultural Research Institute, New Delhi. pp. 923-928.

Rawson, H. M. 1993. Radiation effects on development rate in a spring wheat grown under different photoperiods and high and low temperatures. *Australian Journal of Plant Physiology* 20:719-727.

Rawson, H. M., and Bagga, A. K. 1979. Influence of temperature between floral initiation and flag leaf emergence on grain number in wheat. *Australian Journal of Plant Physiology* 6:391-400.

Rawson, H. M., and Richards, R. A. 1993. Effects of high temperature and photoperiod on floral development in wheat isolines differing in vernalization and photoperiod genes. *Field Crops Research* 32:181-192.

Reynolds, M. P., van Beem, J., van Ginkel, M., and Hoisington D. 1996. Breaking the yield barriers in wheat: A brief summary of the outcomes of an international consultation. In: *Increasing Yield Potential in Wheat: Breaking the Barriers*. M. P. Reynolds, S. Rajaram, and A. McNab (eds.). Mexico, D. F.: CIMMYT. pp 1-10.

Rickman, R. W., Klepper, B. L., and Peterson, C. M. 1983. Time distributions for describing appearance of specific culms of winter wheat. *Agronomy Journal* 75:551-556.

Ritchie, J. T. 1991. Wheat phasic development. In: *Modelling Plant and Soil Systems*. J. Hanks and J. T. Ritchie (eds.). American Society of Agronomy, Madison. pp. 31-54.

Ritchie, J. T., and NeSmith, D. S. 1991. Temperature and crop development. In: *Modelling Plant and Soil Systems*. J. Hanks and J. T. Ritchie (eds.). American Society of Agronomy, Madison. pp. 5-29.

Roberts, E. H., Summerfield, R. J., Cooper, J. P., and Ellis, R. H. 1988. Environmental control of flowering in barley (*Hordeum vulgare* L.). I. Photoperiod limits to long-day responses, photoperiod-insensitive phases and effects of low-temperature and shortday vernalization. *Annuls of Botany* 62:127-144.

Scarth, R., and Law, C. N. 1983. The location of the photoperiod gene *Ppd2* and an additional genetic factor for ear emergence time on chromosome 2B of wheat. *Heredity* 51:607-619.

Sharp, P. J., and Soltes-Rak, E. 1988. Homologous relationships between wheat group 2 chromosome arms as determined by RFLP analysis. Proceedings of the 7th International Wheat Genetic Symposium, Cambridge. pp. 635-637.

Slafer, G. A. 1996. Differences in phasic development rate amongst wheat cultivars independent of responses to photoperiod and vernalization. A viewpoint of the intrinsic earliness hypothesis. *Journal of Agricultural Science* 126: 403-419.

Slafer, G. A., and Miralles, D. J. 1992. Green area duration during the grain filling period of wheat as affected by sowing date, temperature and sink strength. *Journal of Agronomy and Crop Science* 168:191-200.

Slafer, G. A., and Miralles, D. J. 1998. Wheat development: dynamics of initiation and appearance of vegetative and reproductive organs and effects of major factors on the rate of development. In: *Wheat: A Physiological-Ecological Approach to Understand Yield and Its Determining Processes at the Crop Level of Organisation*. E. H. Satorre and G. A. Slafer (eds.). Food Product Press, New York (in press).

Slafer, G. A., and Rawson, H. M. 1994a. Sensitivity of wheat phasic development to major environmental factors: a re-examination of some assumptions made by physiologists and modellers. *Australian Journal of Plant Physiology* 21:393-426.

Slafer, G. A., and Rawson, H. M. 1994b. Does Temperature Affect Final Numbers of Primordia in Wheat? *Field Crops Research* 39:111-117.

Slafer, G. A., and Rawson, H. M. 1995a. Base and Optimum Temperatures Vary with Genotype and Stage of Development in Wheat. *Plant Cell & Environment* 18:671-679.

Slafer, G. A., and Rawson, H. M. 1995b. Development in Wheat as Affected by Timing and Length of Exposure to Long Photoperiod. *Journal of Experimental Botany* 46:1877-1886.

Slafer, G. A., and Rawson, H. M. 1995c. Photoperiod x Temperature Interactions in Contrasting Wheat Genotypes: Time to heading and final leaf number. *Field Crops Research* 44:73-83.

Slafer, G. A., and Rawson, H. M. 1996. Responses to Photoperiod Change with Phenophase and Temperature During Wheat Development. *Field Crops Research* 46:1-13.

Slafer, G. A., and Rawson, H. M. 1997. Phyllochron in Wheat as affected by photoperiod under two temperature regimes. *Australian Journal of Plant Physiology* 24:151-158.

Slafer, G. A., and Savin, R. 1991. Developmental base temperature in different phonological phases of wheat (*Triticum aestivum*). *Journal of Experimental Botany* 42:1077-1082.

Slafer, G. A., and Savin, R. 1994. Source-sink relationships and grain mass at different positions within the spike in wheat. *Field Crops Research* 37:39-49.

Slafer, G. A., Calderini, D. F., and Miralles, D. J. 1996. Yield Components and Compensation in Wheat: Opportunities for further increasing yield potential. In: *Increasing Yield Potential in Wheat: Breaking the Barriers* M. P. Reynolds, S. Rajaram, and A. McNab (eds.). Mexico, D. F.: CIMMYT. pp. 101-133.

Snape, J. W. 1996. The contribution of new biotechnologies to wheat breeding. In: *Increasing Yield Potential in Wheat: Breaking the Barriers* M. P. Reynolds, S. Rajaram, and A. McNab (eds.). Mexico, D. F. CIMMYT. pp. 167-180.

Sofield, I., Evans, L. T., Cook, M. G., and Wardlaw, I. F. 1977. Factors influencing the rate and duration of grain filling in wheat. *AustralianJournal of Plant Physiology* 4:785-797.

Stapper, M. 1984. SIMTAG: A simulation model of wheat genotypes. In: *Model Documentation*. University of New England, Armidale, and ICARDA, Aleppo. Welsh, J. R. , Klein, D. L. , Piratesh, B. , and Richards, R. D. 1973. Genetic control of photoperiod response in wheat. In: Proceedings of the 4th International Wheat Genetic Symposium, Missouri. pp. 879-884.

Worland, A. J. 1996. The influence of flowering time genes on environmental adaptability in European wheats. *Euphytica* 89:49-57.

Worland, A. J. , Appendino, M. L. , and Sayers, E. J. 1994. The distribution, in European winter wheats, of genes that influence ecoclimatic adaptability whilst determining photoperiodic insensitivity and plant height. *Euphytica* 80: 219-228.

营养高效育种

15　酸性土壤和铝毒性

A. R. Hede[①]**, B. Skovmand**[①]**, J. López-Cesati**[②]

酸性土壤严重影响粮食产量,据统计世界上有30%～40%的耕地和70%的潜在耕地属于酸性土壤(Haug,1983)。虽然酸性土壤贫瘠是矿物质(如铝、锰等)毒性和矿质元素(包括磷、钙、镁、钼等)缺乏综合作用的结果,但铝毒性是其中最主要的一个限制因素,67%的酸性土壤作物的产量受其影响(Eswaran et al.,1997)。因此,本章将重点围绕铝毒性进行介绍。

虽然土壤铝毒性可以通过地表施石灰而得到缓解,但从经济和劳力方面来看是不可行的。因此种植耐铝品种,结合施用石灰是目前提高酸性土壤上粮食产量的最有效策略。要想培育耐铝品种,必须开发出可靠而有效的筛选方法。为达到此目的,已研制出多个筛选方法,涵盖了实验室基因型筛选、土壤生物鉴定和田间评价等方面。

植物在铝耐受性方面差异显著,有些物种的耐铝性要强于其他物种,如木薯(*Manihot esculenta* Crantz)、豇豆(*Vigna unguiculata* L. Walp)、花生(*Arachis hypogea*)、木豆(*Cajanus cajan* L. Millsp.)、马铃薯(*Solanum tuberosum*)、水稻(*Oryza sativa* L.)、黑麦(*Secale cereale* L.)等(Little,1988)。黑麦是禾本科植物中耐受性最强的物种之一。研究表明,禾谷类作物中黑麦的耐受性最强,其次是小麦/黑麦的杂交后代小黑麦,然后是普通小麦和大麦(Mugwira et al.,1976,1978;Aniol et al.,1996)。

人们的关注目标不仅限于植物耐铝性的机制、耐铝基因在谷类作物染色体上的位置,还包括其他植物,尤其是禾谷类作物的近缘种材料。有了与耐铝性基因连锁的分子标记,如在黑麦中,人们就可以采用分子标记辅助选择的方法将黑麦的耐铝基因转到普通小麦中。

15.1　全球酸性土壤面积

对于世界范围内酸性土壤的面积有多个不同的版本。Van Wambeke(1976)称酸性土壤面积为全球耕地总面积的11%,约为14.55亿 hm²;Haug(1983)则估计为30%～40%的耕地和70%的潜在耕地属于酸性土壤;Von Uexkull 和 Mutert(1995)估计世界范围内表层土 pH<5.5 的耕地面积约为39.50亿 hm²,约为无冰覆盖土地面积的30%,这与 Eswaran 等(1997)的估算比较一致,后者称由于土壤酸性问题导致全球近26%的无冰覆盖耕地不能种植作物。酸性土壤主要分布在两个带上(图15.1,后附彩图):北部寒冷

①　CIMMYT 小麦项目组,墨西哥。

②　CIMMYT 土壤和植物营养实验室,墨西哥。

湿润气候带和南部温暖湿润气候带(Von Uexkull and Mutert,1995)。

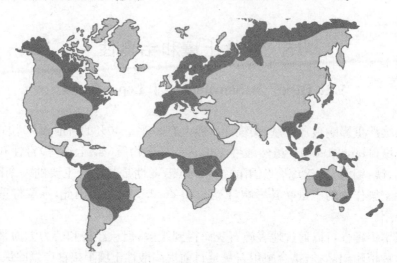

图 15.1　酸性土壤在世界各地的分布

酸性土壤占主导地位区域用深色标出(Von Uexkull and Mutert,1995)

多数酸性土壤位于森林和林地(66.3%,26.21 亿 hm²),还有 17.7%(6.99 亿 hm²)的酸性土壤属于热带稀树大草原、牧场和草原植被。只有 2.12 亿 hm² 酸性土壤区为耕地,约占整个酸性土壤面积的 5.4%(Von Uexkull and Mutert,1995)。地球上有大面积的潜在耕地属于酸性土壤,如巴西的 Los Cerrados 热带大草原就是一个典型的例子。它的面积约为 2.05 亿 hm²,其中 1.12 亿 hm² 为潜在的耕地,其余大部分可用于植树种草,用于动物生产。类似的区域也存在于哥伦比亚、委内瑞拉、中非和东南亚(Borlaug et al.,1997)。

15.2　土壤酸性的化学

15.2.1　酸性土壤的形成

土壤酸性可以通过测量土壤溶液中的 H^+ 浓度衡量。土壤酸性受土壤、气候和生物等多种因素的影响。由花岗岩母质发育而来的土壤的酸化速度比石灰岩母质发育而来的土壤的酸化速度快得多。含有少量黏土颗粒的砂质土壤由于其碱性阳离子库较小,淋溶能力强,因此酸化速度也很快。高的降水量对土壤酸化速度的影响取决于水分浸透土壤层面的速度。由于庄稼收获要带走一部分阳离子,因此也会导致土壤酸化加剧;空气污染导致的酸雨也是加剧土壤酸化的重要因素(Ulrich et al.,1980)。此外,有机物降解为碳酸和其他弱酸物种也会促进土壤酸化(Carver et al.,1995)。

铝是地壳中最丰富的金属,约占其总质量的 8%(Fitz Patrick,1986),同时它还是许多初生矿物和次生矿物的主要组分。在酸性土壤条件下,这些初生矿物和次生矿物有限溶解,释放铝到土壤溶液中并被水解,最终导致土壤酸化。在最重要的土壤阳离子中,Al^{3+} 和 Fe^{3+} 水解对土壤酸化的作用最大(Thomas et al.,1984)。土壤酸化也会因不科学的耕作而加剧,如过量重复施用氮肥(Adams,1984)。土壤中铵态氮的硝化会增加 H^+

含量。

15.2.2　中和土壤酸性

通过施加石灰可以改善表层土壤的酸度和铝毒性。石灰质材料主要是指那些能中和土壤酸性的钙和镁化合物(Barber,1984)。农业上使用的石灰主要来自地下的石灰石,也可以是方解石、白云石或这两种矿石的混合物。其他用于中和土壤酸度的材料有泥灰土、炼钢厂的炉渣、水泥厂的烟道尘以及来自甜菜轧制厂、纸厂、碳化钙厂、矿毛绝缘纤维厂、水软化厂的废物等(Thomas et al. ,1984)。然而,这些材料的总使用量相对较小,通常只在距离这些资源较近的地方使用。

通常将石灰撒在土壤表面,然后在耕地的时候将其混入土里。在水中,$CaCO_3$溶解后水解出 OH^-,后者可以和 Al^{3+} 及可交换 Al^{3+} 水解产生的 H^+ 发生反应(Thomas et al. ,1984)。其他中和因子包括:NO_3^- 的吸收,然后释放出 OH^-(OH^- 可中和部分 H^+);NO_3^-的脱硝化和 NH_3 挥发。通过管理措施优化氮利用效率,最终降低土壤中流失的 NO_3^-,也能起到减缓土壤酸化速度的作用(Carver et al. ,1995)。

15.3　导致酸性土壤贫瘠的因素

酸性土壤对植物是有毒的,它导致植物营养紊乱或匮乏,或必需元素,如钙、镁、钼及磷无法利用,或存在铝毒性、锰毒性和氢活性(Foy et al. ,1978;Foy,1984;Carver et al. ,1995;Jayasundara et al. ,1998)。因此,土壤化合物的溶解度和植物对营养的可利用率,都与土壤的 pH 有关(图 15.2)。

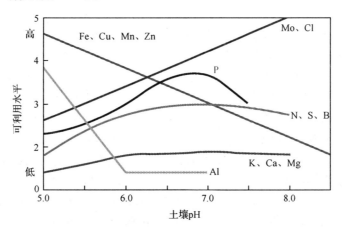

图 15.2　土壤各种元素可利用水平与 pH 的关系

(Goedert et al. ,1997)

铝毒性是公认的、最重要的限制酸性土壤上植物生长的因素(Foy et al. ,1978;Foy,1984;Carver et al. ,1995;Jayasundara et al. ,1998)。最早对铝胁迫产生反应的是植物的根系(Foy et al. ,1978;Foy,1984;Taylor,1988;Jayasundra et al. ,1998),受铝毒伤害的根短、粗且易碎,根尖和侧根变粗并呈棕色。植物根系整体受到伤害,许多侧根粗短,无细小的分枝。这种根吸收营养和水分的能力都较差(Foy et al. ,1978)。

　　铝中毒的主要症状是根系生长很快被抑制,导致这种机制的原因有多种,包括铝离子与细胞壁、质膜或根共质体的相互作用(Taylor,1988;Marschner,1991;Horst,1995;Kochian,1995)。Ryan 等(1993)研究表明,根尖是对铝胁迫最敏感的位点。他们对玉米的研究结果表明,只有根尖顶端 2~3 mm 处(根冠和分生区)接触到铝才抑制根的生长,而此距离之外 3 mm 处(伸长区)接触铝,并不能显著抑制根的生长。

　　Ryan 等(1993)曾试图研究根冠能否保护根免受抑制,结果去掉根冠与未去掉根冠的根对铝毒害的敏感性无显著差异,因此他们指出根冠不能保护根系免受铝毒性损伤。这和其他人员的研究结果不太一致,即根冠参与信号感知和激素的分布,能起到保护根免受抑制的作用(Bennet et al. ,1991)。

15.4　植物的耐铝性机制

　　植物的耐铝性机制可以分为两种:一种是外部耐受机制,植物通过根尖将铝排除在体外;另一种是内部耐受机制,即植物共质体中耐铝能力(Taylor,1988;Carver et al. ,1995;Kochian,1995)。由于一般的假设认为,根中绝大多数铝是非质体的,且进入共质体的速度很小,因此研究内部耐受机制的人较少,大部分研究主要集中在外部耐受机制方面。然而,植物体内 50%~70% 的铝存在于共质体中(Tice et al. ,1992),将植物接触含铝的水溶液 30 min 后,就可在共质体中发现外界施加的铝(Lazof et al. ,1994)。

　　目前有关外部耐受的机制有多种,其中最重要的是:①分泌有机酸(Hue et al. ,1986;Suhayda et al. ,1986;Miyasaka et al. ,1991;Delhaize et al. ,1993;Basu et al. ,1994b;Ryan et al. ,1995;Pellet et al. ,1995;de la Fuente et al. ,1997);②在细胞壁上不流动(Mugwira et al. ,1979;Blamey et al. ,1990;Taylor,1991;Kochian,1995);③分泌磷酸盐(Taylor,1991;Ryan et al. ,1993;Pellet et al. ,1997);④活性铝流穿过细胞膜(Zhang et al. ,1989,1991;Taylor,1991);⑤产生根黏液(Horst et al. ,1982;Henderson et al. ,1991);⑥通过改变根际 pH 外排铝(Foy et al. ,1965;Mugwira et al. ,1976;Mugwira et al. ,1977;Foy,1988;Taylor,1988;Taylor,1991;Kochian,1995;Pellet et al. ,1997);⑦原生质膜的选择透性(Wagatsuma et al. ,1989;Taylor,1991)等。

　　植物内部耐受机制假说中最重要的有铝结合蛋白、胞液中的螯合作用、液泡中的分隔作用、耐铝性酶的进化、酶活性的提高等(Taylor,1991)。目前,大量的实验证据支持合成铝结合蛋白理论(Aniol,1984b;Picton et al. ,1991;Rincon et al. ,1991;Delhaize et al. ,1991;Basu et al. ,1994a;Somer et al. ,1995;Somers et al. ,1996;Basu et al. ,1997)。

15.5　耐铝性的遗传机制

　　施用农用石灰可以改善表层土壤的酸度。当下层土壤酸度较高时,虽然表层土壤的酸度已经改善,但并不能保证伸到下层土壤的植物根系,能获取土层中的重要营养元素和水分。解决该问题唯一合理的方法是筛选培育耐铝毒和酸性土壤的基因型。

目前,对谷类作物,尤其是对小麦,耐铝基因的遗传学基础和染色体定位研究比较多。对于小麦或黑麦育种中的染色体操作,了解小麦和黑麦的哪个染色体携带抗铝基因至关重要(Aniol et al.,1984)。

15.5.1 小麦耐铝机制的遗传基础

Slootmaker(1974)是第一个粗略定位小麦耐酸性土壤基因的研究者,他发现 D 基因组非常重要,随后是 A 基因组和 B 基因组。Aniol 和 Gustafson(1984)在 6AL、7AS、4BL、2DL、3DL、4DL、7D 上发现了耐铝基因,证实耐铝基因主要位于 A 和 D 基因组。Aniol(1990)在 2DL、4DL 和 5AS 上也鉴定出了耐铝基因。

在小麦 Druchamp 和 Brevor 的杂交组合中,Kerridge 和 Kronstad(1968)发现存在一个控制耐铝性的单一显性基因,在 Atlas 66 中发现了另一些基因。Aniol(1984a)的结论是小麦中存在多个控制耐铝性的基因,这与 Lafever 和 Campbell(1978),Campbell 和 Lafever(1981)的研究结果一致,他们发现小麦的耐铝性不是简单遗传的,其表达是加性的,而且具有很高的遗传力。

Camargo(1981)的研究结果表明,Atlas 66 中耐铝性是由至少两个显性基因,也许还有多个微效基因共同控制的复杂遗传性状。前人在 5D 上发现了一个基因,但 Berzonsky(1992)指出,Atlas 66 的铝耐性不仅受 D 基因组上的显性基因控制,同时还受 A 和(或)B 基因组上的基因控制。通过研究不同的杂交组合,Rajaram 等(1991)发现在一个亲本上存在两个互补的显性基因,同时另两个亲本上各携带一个隐性基因。Camargo(1984)也在小麦中发现了耐铝的隐性基因。

其他研究表明,耐铝性是受单个主效显性基因控制的一个简单遗传性状(Delhaize et al.,1993;Somers et al.,1995;Somers et al.,1996;Basu et al.,1997)。最近,人们在来自巴西的小麦品种 BH1146 中开发了一个 RFLP 标记,该标记位于 4DL 上,并与一个耐铝基因紧密连锁(Riede et al.,1996)。

15.5.2 黑麦耐铝机制的遗传基础

黑麦是禾本科植物中耐胁迫性最强的物种(Little,1988)。研究表明,黑麦的耐铝性最强,其次是小黑麦,然后是小麦和大麦(Slootmaker,1974;Mugwira et al.,1976;Mugwira et al.,1978;Manyowa et al.,1988;Aniol et al.,1996;Hede et al.,2001a)。

黑麦中控制耐铝性的基因被定位在 3R、4R 和 6RS 上(Aniol et al.,1984)。Manyowa 等(1988)发现黑麦的耐铝性由多条染色体控制,其中 5R 的效应最明显。正如在其他作物中发现的那样,黑麦的耐铝性似乎是显性性状(Aniol et al.,1996)。Gallego 和 Benito(1997)通过研究黑麦耐铝基因的分离和在同一个群体中多个同工酶位点的分离,发现黑麦耐铝性至少由两个主效基因和独立位点控制。两个同工酶位点(*Acol*、*Ndh2*)与 6R 上分离的耐铝性基因连锁。在评价多个黑麦群体的分离比例中,Hede 等(2001b)发现黑麦的耐铝性由两三个独立位点上的几个效应不同的显性等位基因控制。通过对一个特定杂交组合进行分子标记研究,在 4R 染色体上鉴定了一个主效 QTL,它能解释 48%的表型变异,与一个距离为 2 cM 的 RFLP 标记连锁。

15.5.3　小黑麦的耐铝遗传机制

许多小黑麦都有很强的耐铝性,但仍不及黑麦(Mugwira et al.,1976;Mugwira et al.,1978;Hede et al.,2001c)。很显然,一些小麦基因抑制了来自黑麦耐铝基因的表达,而另一些小麦基因不抑制其表达。Aniol 和 Gustafson(1984)证明来自 6R 的耐铝基因表达依赖于小麦染色体的替换。Gustafson 和 Ross(1990)在小麦 4AL、5AL、6AL、7BS、7BL 和 3DS 上发现了抑制黑麦耐铝性的抑制子。而黑麦的激活子则位于 2AL、5AS、6BS、1DS、1DL、2DL、4DL、5DS、5DL、6DL、7DS 和 7DL 上。

15.5.4　大麦耐铝的遗传机制

大麦是公认的对铝毒性最敏感的小粒谷物。遗传分析表明,大麦耐酸性土壤特性是由显性单基因(Stølen et al.,1978)和多个等位基因(Minella et al.,1992)共同控制的。Stølen 和 Andersen(1978)发现大麦耐高酸度土壤性状由位于第四染色体上的显性单基因 *Pht* 控制。Reid(1971)发现大麦品种 Dayton 和 Smooth Awn 86 的耐铝性受显性单基因 *Alp* 控制。Minella 和 Sorrells(1997)的研究表明,*Alp* 基因位于第四染色体的末端,说明耐酸性和耐铝性是由相同的位点控制的。

15.6　提高作物耐铝性的遗传资源

植物遗传资源是改良作物重要性状的丰富源泉。通过整合禾本科作物初级、次级,甚至三级基因库的抗性基因可以提高小麦的耐铝性。小麦的初级基因库包括六倍体、四倍体和二倍体小麦。在初级基因库中基因的转移相对比较容易。

山羊草属和黑麦属属于次级基因库,而小黑麦则介于初级和次级基因库之间。尽管外源基因在小麦背景材料中的表达存在一定的问题,但次级基因库中绝大多数物种很容易与小麦杂交。三级基因库主要是指一年生和多年生的牧草,这些材料在没有特殊技术的条件下很难与小麦杂交。

目前,人们已在小麦中鉴定出与铝胁迫应答相关的有益变异。在酸度高、铝毒性大的土壤中,进行耐铝基因资源鉴定是从基因库中筛选目标资源的最有效办法。耐铝性最强的小麦和黑麦品种来自巴西,如 BH1146 和 Blanco,因为那里有大面积的酸性土壤。

Hede 等(1996)发现,作为自然选择和人工选择的结果,从酸性土壤地区收集的地方品种比从中性和碱性土壤地区收集的材料具有更强的耐铝性。他们比较从土壤酸性不同的地区收集来的墨西哥地方品种,发现从酸性土壤地区收集的材料并不比从中性、碱性土壤地区收集来的地方品种耐铝性强。最可能的原因是墨西哥的土壤酸度还未强到足以筛选出强耐铝性的品种,也可能与从欧洲引入墨西哥的小麦品种在耐铝性方面遗传多样性不够丰富有关。

因此,用于提高小麦耐铝性最合适的种质资源应当来自土壤 pH 极低的区域,如巴西。黑麦可以用作指示材料,如果在一个地区发现了耐铝性非常好的黑麦材料,在那个地方也很可能发现耐铝性好的小麦材料。小麦地方品种 Barbela 在葡萄牙的一些酸性土壤区域种植了几百年,只有当地的黑麦能超过它的产量。Barbela 具有很强的耐铝性,它也携带 5% 的黑麦染色体片段(Ribeiro-Carvalho et al. ,1997)。Barbela 可能是铝耐性基因的好来源,尤其是它还没被用到小麦改良中。在 Ecuador 也发现了类似的情况,据报道那里有一个耐铝性非常强的黑麦材料(Baier et al. ,1996),因此该地可以作为耐铝小麦品种的筛选地点。

黑麦中的许多优异变异可以转移到小麦中。小黑麦可以作为一个桥梁亲本将耐铝基因从黑麦转移到小麦中。Slootmaker(1974)对大量的山羊草材料进行了耐铝性研究,发现其在耐铝性方面变异非常少。因此他得出结论,山羊草的耐铝性变异少是由于它起源的中心地带——新月沃地的土壤不是酸性的缘故。然而在小伞山羊草(*Aegilops umbellulata*)中发现了达到生产利用水平的耐铝性变异(Mujeeb-Kazi,私人通信)。

关于小麦改良中很难利用的三级基因库对酸性土壤的反应了解相对较少。因此人们偏爱应用初级库的物种。然而,在提高耐铝性方面使用初级基因库不可能取得超过 BH1146 的成效。次级基因库和三级基因库含有丰富的变异,具有很大的应用潜力。在提高耐铝性方面,非常规的方法具有潜在的优势,值得应用。

15.7 筛选耐铝性的策略

有多种筛选方法用于评价植物耐铝性,如细胞组织培养法(Conner et al. ,1985)、营养液培养法(Baier et al. ,1995)、土壤生物测定法(Stølen et al. ,1978;Ring et al. ,1993)和田间评价法(Johnson et al. ,1997)。基于实验室和温室的耐铝性筛选方法快速、准确、无破坏性,便于在植物发育的早期进行,应用范围最广。田间筛选技术劳动强度较大(Carver et al. ,1995)。

15.7.1 营养液培养

筛选耐铝性最常用的方法是液体培养,该法易获取植物根系,可严格控制营养液的营养元素和 pH,对耐铝性的测定是非损伤的(Carver et al. ,1995)。对耐铝和铝敏感基因型的鉴定方法很多,其中基于苏木精根尖染色和测定根生长量的方法应用最广(Baier et al. ,1995;Carver et al. ,1995)。根和地上部干重、株高、分蘖数和单穗小穗数等植物参数也已被用于评价植物的耐铝性(Mugwira et al. ,1976;Mugwira et al. ,1978;Manyowa et al. ,1988)。

经含铝营养液短暂处理后,铝诱导的胼胝质(1,3-b-D-葡聚糖)合成与耐铝性有很好的相关性(Zhang et al. ,1994;Basu et al. ,1997;Horst et al. ,1997)。现已证明,液体培养的实验结果与野外酸性土壤条件的结果非常吻合。利用水培法筛选出的耐铝基因型材料在酸性土壤和铝胁迫条件下的农艺性状非常好(Carver et al. ,1988;Rajaram et al. ,1990;Ruiz-Torres et al. ,1992;Rengel et al. ,1993;Baier et al. ,1995)。

15.7.2 苏木精染色法

苏木精染色法是一种非常有效、无需费力做定量测验的方法。苏木精染料与根表皮上或表皮下组织中的铝相结合形成复合物,这些组织中的铝是经磷酸盐反应以 AlPO$_4$ 形式被固定下来的(Ownby,1993)。

苏木精染色法又有几种变化。Polle 等(1978)用苏木精染色的根尖作为植物耐铝性的指标。植物吸收铝的多少与其染色深度呈正相关,而与植物的耐铝性负相关。另外一种是改进脉冲法,该方法先用高浓度铝溶液对幼苗的根尖进行短时间的脉冲处理,然后根据耐铝幼苗继续生长的能力来评价其耐铝性(Aniol,1984a)。经脉冲处理后,铝敏感品种的根尖分生组织受损伤所以不再生长。该方法根据根的再生(Aniol et al.,1984; Gustafson et al.,1990;Gallego et al.,1997)或生长情况将植物的耐铝性分为耐、中等耐和不耐 3 级(Rajaram et al.,1990;Riede et al.,1996)。

苏木精染色法实验流程(改进的脉冲法)如下。

(1) 种子消毒,用 3% 的次氯酸钠溶液处理种子 5 min,然后用水清洗干净[图 15.3 (a)]。

(2) 将消毒过的种子放在装有湿滤纸的培养皿上,于 7℃ 培养 84 h,然后放在室温 (18~20℃)下萌发约 24 h[图 15.3(b)]。

(3) 将种子根长度(5~10 mm)和胚乳大小相似的幼苗放在固定有聚乙烯网的合成树脂框上,用橡皮圈绑上聚苯乙烯泡沫,使它能漂浮在水上[图 15.3(c)]。

(4) 将树脂框放在盛有培养液的塑料容器中[培养液组分为 4 mmol/L CaCl$_2$, 6.5 mmol/L KNO$_3$,2.5 mmol/L MgCl$_2$,0.1 mmol/L (NH$_4$)$_2$SO$_4$,0.4 mmol/L NH$_4$NO$_3$, pH 7],将塑料容器置 25℃ 水浴,在营养液中培养幼苗 32 h,期间不停地向营养液内通气 [图 15.3(d)]。

(5) 将盛有幼苗的树脂框转移到一个含铝的营养液(pH 4)中处理 17 h[图 15.3 (e)]。

(6) 先用水彻底清洗根系,然后用 0.2% 的苏木精染色 15 min,洗去过量的苏木精染料。

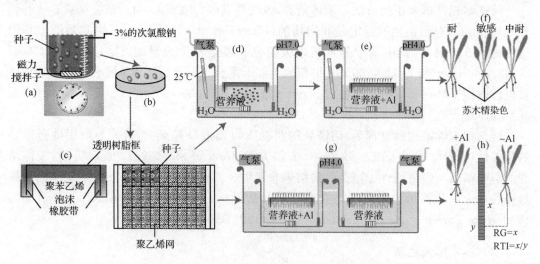

图 15.3　水培法的实验室流程

(7) 将幼苗转移到营养液中培养 24 h[图 15.3(d)]。

(8) 从盘中取出幼苗,测量根的再生或对幼苗分级,即分为耐铝(T)、敏感(S)、中度耐铝(MT)。全部根继续生长的幼苗为 T,根不再生长的为 S,部分根能继续生长者为 MT[图 15.3(f)]。

15.7.3 根生长法

根生长法主要考虑根生长(RG)和根耐性指数(RTI)两个耐铝指标(Baier et al. ,1995)。测量铝胁迫条件下根的生长情况可以获得 RG,而 RTI 则需要比较有铝胁迫和无铝胁迫的测量结果才能获得。人们常用含低铝离子浓度的营养液进行耐铝性筛选,有证据表明,溶液离子浓度和铝活性应当与土壤组分接近(Blamey et al. ,1991)。基于 RG 和 RTI 的耐铝性评估在遗传和分子水平的研究中已非常之多(Somers et al. ,1995;Baier et al. ,1996;Riede et al. ,1996;Somers et al. ,1996)。

根生长法实验室流程如下。

(1) 种子消毒,用 3％的次氯酸钠溶液处理种子 5 min,然后用水清洗干净[图 15.3(a)]。

(2) 将消毒过的种子放在装有湿滤纸的培养皿上于 7℃培养 84 h,然后放在室温(18～20℃)下让其萌发约 24 h[图 15.3(b)]。

(3) 将种子根长度(5～10 mm)和胚乳大小相似的幼苗放在固定有聚乙烯网的合成树脂框上,用橡皮圈绑上聚苯乙烯泡沫,使它能在水上漂浮[图 15.3(c)]。

(4) 将树脂框放在盛有含铝的低离子强度培养液的塑料容器中[培养液组分为 400 μmol/L CaCl$_2$, 650 μmol/L KNO$_3$, 250 μmol/L MgCl$_2$, 10 μmol/L (NH$_4$)$_2$SO$_4$, 40 μmol/L NH$_4$NO$_3$],培养液含铝,保持其 pH 为 4.0。一个没有铝胁迫的对照试验也同时进行。每天更换一次培养液以减少 pH 和铝离子浓度变化的影响。连续培养 4 天(试验最好在温度为 25℃,光照 16 h 白天/ 8 h 黑夜,湿度为 70％的生长箱中进行)[图 15.3(g)]。

(5) 从盘中取出幼苗,测量每个幼苗最长的种子根长度并求每一个基因型的平均数。通过测定铝胁迫处理 4 天后幼苗的生长得到 RG,胁迫 4 天后幼苗的根长和未胁迫幼苗的根长之比即为 RTI[图 15.3(h)]。

15.7.4 苏木精染色法和根生长法的比较

植物的种类不同,用于筛选耐铝基因型的最适铝离子浓度也不同。因为黑麦比小麦耐铝性强,所以用于筛选耐铝性黑麦的铝离子浓度就比小麦的高。然而最佳铝离子浓度也因实验目的不同而异。如果试验是正在进行的育种项目的一部分,而且筛选的目的是鉴定植物的耐铝性,那么就可以使用高浓度的铝离子筛选。如果实验的目的是定量分析种质资源的耐铝性,那么最好使用低浓度铝离子。Hede 等(2001a)发现使用苏木精染色法筛选黑麦的最佳铝离子浓度为 50 mg/L。在高铝浓度条件下,黑麦的根很少能够继续生长。而采用根生长法,能将不同基因型很好分开的铝浓度最低为 4 mg/L。

一些研究表明,植物对铝胁迫的反应最早发生在根部。因此铝胁迫条件下根的生长作为耐铝性的间接测量被广泛用于多种测验方法中。然而,以铝胁迫下根的生长测量耐铝性实际上综合了耐铝性(耐铝等位基因)和根活力。因此类似 RTI 的相对尺度应是一个比较好的反映植物耐铝性的指标,因为该指标能够消除根生长方面特异的基因型差异,使基因型的比较标准化(Baier et al. ,1995)。由于 RTI 是植物在铝胁迫条件下与其在无铝胁迫下相比的一个相对生长量,因此该方法测得的只是耐铝性。

为提高根生长法的精度,Baier 等(1995)建议用具相同种子活力、胚乳大小和种子根长的幼苗。由于种子年龄对植物及其根活力至关重要,因此用于耐铝性和其他可能受种子年龄影响的性状分析时最好用新种子,这样才能确保根生长差异不是由于种子年龄导致的活力不同造成(Hede et al. ,2001a)。

Hede 等(2001a)比较了根生长法和苏木精染色法能否鉴定出相同的耐铝性基因型。采用根生长法,在含铝和不含铝的溶液中进行耐铝基因型评价,根据根生长将耐铝性分为5 类,每一类的结果都是根系活力和耐铝性的特定结合(图 15.4)。

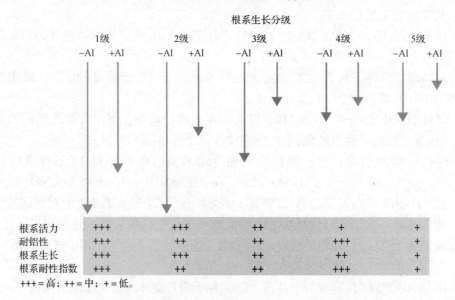

图 15.4　在无铝胁迫和有铝胁迫情况下根系生长分为 5 级
图示了如何根据根系活力和耐铝性推演出根系生长的耐铝参数和根系耐性指数(Hede et al. ,2001a)

其中第 1 和第 4 类都是高度耐铝的,因为根系耐性指数(RTI)非常接近,甚至等于 1。然而第 1 和 4 类由于其根系活力不同而导致根系生长(RG)值不同。如果单用 RG 值不可能鉴定出第 4 类耐铝性材料。第 2 类是高根系活力和中度耐铝的结合,其 RG 值很高,但 RTI 值中等。第 3 类为中等根系活力和中等耐铝的结合;第 5 类为铝敏感且根系活力较弱的材料,因此其 RG 和 RTI 值都很低。

在铝胁迫条件下,测量 RG 只能筛选到根系生长好的基因型,它们的耐铝性并非一定最强,但却被认定为具最好耐铝等位基因的材料。如以 RG 参数认定,第 3、第 4 类耐铝性相当,而以 RTI 作为参数,则认为第 4 类耐铝性更强(图 15.4)。

Hede 等(2001a)总结指出,唯一将根系活力和耐铝性分开的最好办法是在试验中设置未受胁迫的对照。然而,苏木精染色法因其快速、简便、成本低,仍然是一种对优异种质资源的分离群体大量幼苗筛选的有效途径。需要在铝胁迫前后对每一个单株的根进行测量的根生长法(包括 RTI 参数)与苏木精染色法相比则更费力。如果要对新的或基因库的外来种质进行筛选,根生长法的新增成本还是值得的。虽然人们对 RTI 的遗传背景还缺乏像对植株和根系活力等优异农艺性状那样深入的了解(如第 4 类基因型),但 RTI 参数可以用于鉴定耐铝性的优异等位变异。

15.7.5 细胞和组织培养

已知耐铝性能在细胞水平表达,所以细胞和组织培养为我们提供了筛选耐铝性的方法(Taylor,1995)。然而,这种方法在小麦研究上还没有实质性的探索,其原因可能是在低 pH 和含铝毒的培养基中很难进行细胞培养(Carver et al.,1995)。目前,有关小麦细胞和组织培养的报道屈指可数(Conner et al.,1985;Parrot et al.,1990)。

15.7.6 土壤生物测定

在培养液筛选之后,冗长昂贵的田间评估之前,需要进行土壤生物测定。土壤生物测定不一定要在目标区域的土壤中进行,但在能代表目标区域的土壤中进行筛选是关键的中间步骤(Carver et al.,1995)。当土壤耐铝性依赖土壤的外界因素影响时,土壤生物测定具有比在营养液中进行耐铝性筛选明显的优越性(Ring et al.,1993)。对于耐铝性鉴定使用土壤培养基所受的关注远不及使用溶液培养基,因此在文献中的应用实例相对较少(Slootmaker,1974;Stølen et al.,1978)。

15.7.7 田间评价

最终最直接的方法是通过测量饲草或谷物的经济学产量来评价植物的耐铝性。田间评估一般设两个试验:一个在未经改良的自然酸性土壤小区进行;另一个在用石灰改良后的小区进行。用未经改良的酸性土壤条件下的产量和以石灰改良后的小区产量之比校正非酸性土壤条件下产量潜力的差异(Carver et al.,1995;Johnson et al.,1997)。

田间耐铝性评价遇到两个最重要的问题:一个是真菌病害,如全蚀病(*Gaeumannomyces graminis* var. *tritici*),在用石灰改良的低酸性土壤容易发生田间真菌病害(Johnson et al.,1997);另一个是表层和亚表层土壤 pH 的空间变异(Carver et al.,1995)。有几个田间评价耐铝性的例子,但它们都较费力,成本也较高(Stølen et al.,1978;Ruiz-Torres et al.,1992;Baier et al.,1995;Johnson et al.,1997)。

15.8 小 结

随着人口增长,人类对小麦和其他谷类作物的需求正在不断增长。来自国际粮食政策研究所(IFPRI)的报告指出,小麦的世界需求量将从 1993 年的 552 万 t 增至 2020 年的 775 万 t(Rosegrant et al.,1997),总需求将增加约 40%,即每年增加约 2%。为满足未来的需求,在适宜和不适宜环境下的产量都需要提高。大部分适于耕种的土地已经开垦。

　　然而,开垦巴西 Cerrados 及类似地区——拉丁美洲、中部非洲、东南亚的土地,将对提高未来世界粮食产量发挥更大作用。

　　为了能在这些广袤地区种植粮食作物,必须培育耐铝品种、研制可行种植措施。第一步要做的就是通过有效的筛选评价程序,鉴定耐铝基因型。田间评价是最终也是最后的测验,但由于土壤酸性条件不均一,非常费力。因此已发明了许多高效快速的实验室测验技术。正如此前所讨论的,应用何种选择技术取决于所要鉴定的资源和筛选目的。

　　鉴于苏木精染色法成本低,操作简便,对评价来源于适应性强的种质资源大群体是很有效的。对于评价含有耐铝优异等位变异、农艺性状背景较差、植株和根系活力不强的种质资源,推荐将结合 RTI 的根生长法作为首选。在外源种质资源中,含有优异等位变异,但根系活力低的材料常常比例很高。一旦以成本低、省人力的苏木精染色法鉴定出耐铝等位基因,即可通过回交将其导入农艺性状优异的受体材料中。对于要求精准定量耐铝性应答的遗传学和分子研究,根系生长法,包括 RTI 参数也是最合适的方法。

（毛新国　译）

参 考 文 献

Adams, F. 1984. Crop response to lime in the southern United States. In: *Soil acidity and liming*. Adams, F. (ed.). American Society of Agronomy, Inc., Madison, WI. pp. 211-265.

Aniol, A. 1984a. Introduction of aluminum tolerance into aluminum sensitive wheat cultivars. Z. Pflanzenzuchtg. 93: 331-339.

Aniol, A. 1984b. Induction of aluminum tolerance in wheat seedlings by low doses of aluminum in the nutrient solution. Plant Physiol. 75:551-555.

Aniol, A. 1990. Genetics of tolerance to aluminium in wheat (*Triticum aestivum* L. Thell). Plant and Soil 123:223-227.

Aniol, A., and J. P. Gustafson. 1984. Chromosome location of genes controlling aluminum tolerance in wheat, rye, and triticale. Can. J. Genet. Cytol. 26:701-705.

Aniol, A., and L. Madej. 1996. Genetic variation for aluminum tolerance in rye. Vortr. Pflanzenz, chtg. 35: 201-211.

Baier, A. C., D. J. Somers, and J. P. Gustafson. 1995. Aluminum tolerance in wheat: correlating hydroponic evaluation with field and soil performances. Plant Breed. 114:291-296.

Baier, A. C., D. J. Somers, and J. P. Gustafson. 1996. Aluminum tolerance in triticale, wheat and rye. In: Triticale Today and Tomorrow, Guedes-Pinto, H. et al. (eds.). Kluwer Academic Publishers. pp. 437-444.

Barber, S. A. 1984. Liming materials and practices. In: *Soil acidity and liming*. Adams, F. (ed.). American Society of Agronomy, Inc., Madison, WI. pp. 171-209.

Basu, A., U. Basu, and G. J. Taylor. 1994a. Induction of microsomal membrane proteins in roots of an aluminum-resistant cultivar of *Triticum aestivum* under conditions of aluminum stress. Plant Physiol. 104:1007-1013.

Basu, U., D. Godbold, and G. J. Taylor. 1994b. Aluminum resistance in *Triticum aestivum* associated with enhanced exudation of malate. J. Plant Physiol. 144:747-753.

Basu, U., J. L. McDonald, D. J. Archambault, A. G. Good, K. G. Briggs, T. Aung, and G. J. Taylor. 1997. Genetic and physiological analysis of doubled-haploid, aluminium-resistant lines of wheat provide evidence for the involvement of a 23 kD, root exudate polypeptide in mediating resistance. Plant and Soil 196:283-288.

Bennet, R. J., and C. M. Breen. 1991. The aluminum signal: New dimensions to mechanisms of aluminum tolerance.

Plant and Soil 134:153-166.

Berzonsky, W. A. 1992. The genomic inheritance of aluminum tolerance in 'Atlas 66' wheat. Genome 35:689-693.

Blamey, F. P. C. , D. C. Edmeades, and D. M. Wheeler. 1990. Role of root cation-exchange capacity in differential aluminum tolerance of Lotus species. J. Plant Nutr. 13:729-744.

Blamey, F. P. C. , D. C. Edmeades, C. J. Asher, D. G. Edwards, and D. M Wheeler. 1991. Evaluation of solution culture techniques for studying aluminum toxicity in plants. In: *Plant-Soil Interactions at Low pH*. Wright, R. J. et al. (eds.). Dordrecht, The Netherlands: Kluwer Academic Publishers. pp. 905-912.

Borlaug, N. E. , and C. R. Dowswell. 1997. The acid lands: One of agriculture's last frontiers. In: *Plant-Soil Interactions at Low pH*. Moniz, A. C. et al. (eds.). Brazilian Soil Science Society. pp. 5-15.

Camargo, C. E. O. 1981. Wheat improvement. I. The heritability of tolerance to aluminum toxicity. Bragantia 40:33-45 (in Portuguese).

Camargo, C. E. O. 1984. Wheat improvement. VI. Heritability studies on aluminum tolerance using three concentrations of aluminum in nutrient solutions. Bragantia 44:49-64 (in Portuguese).

Campbell, L. G. , and H. N. Lafever. 1981. Heritability of aluminum tolerance in wheat. Cereal Res. Common. 9: 281-287.

Carver, B. F. , and J. D. Ownby. 1995. Acid Soil Tolerance in Wheat. Advances in Agronomy 54:117-173.

Carver, B. F. , W. P. Inskeep, N. P. Wilson, and R. L. Westerman. 1988. Seedling tolerance to aluminum toxicity in hard red winter wheat germplasm. Crop Sci. 28:463-467.

Conner, A. J. , and C. P. Meredith. 1985. Large scale selection of aluminum-resistant mutants from plant cell culture expression and inheritance in seedlings. Theor. Appl. Genet. 71:159-165.

De la Fuente, J. M. , V. Ramirez-Rodriguez, J. L. Cabrera-Ponce, and L. Herrera-Estrella. 1997. Aluminum Tolerance in Transgenic Plants by Alteration of Citrate Synthesis. Science 276:1566-1568.

Delhaize, E. , T. J. V. Higgins, and P. J. Randall. 1991. Aluminum tolerance in wheat: Analysis of polypeptides in the root apices of tolerant and sensitive genotypes. In: *Plant-Soil Interactions at Low pH*. Wright, R. J. et al. (eds.). Dordrecht, The Netherlands: Kluwer Academic Publishers. pp. 1071-1079.

Delhaize, E. , P. R. Ryan, and P. J. Randall. 1993. Aluminum Tolerance in Wheat (*Triticum aestivum* L.). II: Aluminum-Stimulated Excretion of Malic Acid from Root Apices. Plant Physiol. 103:695-702.

Eswaran, H. , P. Reich, and F. Beinroth. 1997. Global distribution of soils with acidity. In: *Plant-Soil Interactions at Low pH*. Moniz, A. C. et al. (eds.). Brazilian Soil Science Society. pp. 159-164.

FitzPatrick, E. A. 1986. An introduction to soil science. Longman Scientific &. Technical. pp. 2-55.

Foy, C. D. 1984. Physiological effects of hydrogen, aluminum, and manganese toxicities in acid soil. In: *Soil Acidity and Liming*. Adams, F. (ed.). American Society of Agronomy, Inc. , Madison, WI. pp. 57-97.

Foy, C. D. 1988. Plant adaptation to acid, aluminum-toxic soils. Commun. Soil Sci. Plant Anal. 19:959-987.

Foy, C. D. W. H. Armiger, L. W. Briggle, and D. A. Reid. 1965. Differential aluminum tolerance of wheat and barley varieties in acid soils. Agro. J. 57:413-417.

Foy, C. D. , R. L. Chaney, and M. C. White. 1978. The physiology of metal toxicity in plants. Ann. Rev. Plant Physiol. 29:511-566.

Gallego, F. G. , and Benito, C. 1997. Genetic control of aluminum tolerance in rye (*Secale cereale* L.). Theor. Appl. Genet. 95:393-399.

Goedert, W. J. , E. Lobato, and S. Lourenco. 1997. Nutrient use efficiency in Brazilian acid soils: Nutrient management and plant efficiency. In: *Plant-Soil Interactions at Low pH*. Moniz, A. C. et al. (eds.). Brazilian Soil Science Society. pp. 97-104.

Gustafson, J. P. , and K. Ross. 1990. Control of alien gene expression for aluminum tolerance in wheat. Genome 33: 9-12.

Haug, A. 1983. Molecular aspects of aluminum toxicity. CRC Crit. Rev. Plant. Sci. 1:345-373.

Hede, A. R. , B. Skovmand, and O. Stølen. 1996. Evaluation of Mexican wheat landraces for tolerance to aluminum. In: Abstracts, 5th International Wheat Conference. Ankara, Turkey: CIMMYT. p. 184.

Hede, A. R. , B. Skovmand, J.-M. Ribaut, D. González-de-León, and O. Stølen. 2001a. Evaluation of aluminum tolerance in a spring rye collection using two hydroponic screening techniques. Submitted to Plant Breeding.

Hede, A. R. , J.-M. Ribaut, B. Skovmand, D. González-de-León, and O. Stølen. 2001b. Genetic dissection and molecular mapping of aluminum tolerance in rye. In preparation.

Hede, A. R. , B. Skovmand, N. Bohorova, J.-M. Ribaut, D. González-de-León, and O. Stølen. 2001c. Expression of rye aluminum tolerance in primary triticale. In preparation.

Henderson, M. , and J. D. Ownby. 1991. The role of root cap mucilage secretion in aluminum tolerance in wheat. Current Topics in Plant Biochemistry and Physiology 10:134-141.

Horst, W. J. 1995. The role of the apoplast in aluminum toxicity and resistance of higher plants: A review. Z. Pflanzenernahr. Bodenk. 158:419-428.

Horst, W. J. , A. Wagner, and H. Marshner. 1982. Mucilage protects root meristems from aluminium injury. Z. Pflanzenphysiol. Bd. 105:435-444.

Horst. W. J. , A. K. Pschel, and N. Schmohl. 1997. Induction of callose formation is a sensitive marker for genotypic aluminium sensitivity in maize. Plant and Soil 192:23-30.

Hue, N. Y. , G. R. Craddock, and F. Adams. 1986. Effect of organic acids on aluminium toxicity in subsoils. Soil Sci. Society of America J. 50:28-34.

Jayasundara, H. P. S. , B. D. Thomson, and C. Tang. 1998. Responses of cool season grain legumes to soil abiotic stresses. Advances in Agronomy 63:77-151.

Johnson, J. P. , B. F. Carver, and V. C. Baligar. 1997. Productivity in Great Plains acid soils of wheat genotypes selected for aluminium tolerance. Plant and Soil 188:101-106.

Kerridge, P. C. , and W. E. Kronstad. 1968. Evidence of genetic resistance to aluminum toxicity in wheat (*Triticum aestivum* Vill. , Host.). Agron. J. 60:710-711.

Kochian, L. V. 1995. Cellular mechanisms of aluminum toxicity and resistance in plants. Ann. Rev. Plant Physiol. Plant Mol. Biol. 46:237-260.

Lafever, H. N. , and L. G. Campbell. 1978. Inheritance of aluminum tolerance in wheat. Can. J. Gen. Cytol. 20:355-364.

Lazof, D. B. , J. G. Goldsmidth, T. W. Rufty, and R. W. Linton. 1994. Rapid uptake of aluminum into cells of intact soybean root tips. Plant Physiol. 106:1107-1114.

Little, R. 1988. Plant soil interactions at low pH. In: *Problem Solving-The Genetic Approach*. Commun. Soil Sci. Plant Anal. 19:1239-1257.

Manyowa, N. M. , T. E. Miller, and B. P. Forster. 1988. Alien species as sources for aluminium tolerance genes for wheat, *Triticum aestivum*. Proc. 7th Int. Wheat Genet. Symp. pp. 851-857.

Marschner, H. 1991. Mechanisms of adaptation of plants to acid soils. Plant Soil 134:1-24.

Minella, E. , and M. E. Sorrells. 1992. Aluminum tolerance in barley: Genetic relationships among genotypes of diverse origin. Crop Sci. 32:593-598.

16 锌效率的基因型变异

I. Cakmak[①], H. -J. Braun[②]

锌是一种普通的微量营养元素,缺锌在小麦和其他谷类作物中非常普遍。据估计,世界上种植谷类作物的耕地中,有50%耕地的作物可利用锌含量低(Graham et al. ,1996)。在缺锌田间条件下,小麦生长会受到抑制,减产严重(Graham et al. ,1992;Cakmak et al. ,1996a)。土壤缺锌也会导致小麦籽粒中锌含量低下,从而降低其营养品质。世界上约有40%的人口存在微量营养不良现象(也称为隐形"饥饿"),这其中就包括缺锌(Bouis,1996;Graham et al. ,1996)。大量食用含锌低的谷物被认为是导致广泛缺锌,尤其是发展中国家人口缺锌的主要原因。

普通小麦和硬粒小麦缺锌的基因型变异范围非常大(Graham et al. ,1992;Cakmak et al. ,1997a,1998),这种大范围的基因型变异对解决持续性缺锌问题,培育锌高效新品种非常有利。与其他基因型相比,在缺锌条件下,锌高效品种长势更好,产量也更高。

培育锌高效小麦新品种需要考虑许多相关而复杂的问题。本章全面评述了这些问题,集中于以下方面:①缺锌的发生、分布、预测和矫正;②锌效率基因型变异范围;③锌高效相关基因表达的机制;④锌高效基因型筛选方法;⑤锌高效的遗传学基础;⑥籽粒中锌和植酸的生物利用度等。

本章中锌高效是指那些能在缺锌的土壤中健康生长,并有较高产量的基因型所具有的能力(Graham,1984)。

16.1 缺锌土壤的分布

缺锌遍布世界,发生于不同的气候区域,几乎包括所有国家(Sillanpää, 1982; Sillanpää et al. ,1985)。通常,作物缺锌发生于酸性和高渗滤低锌土壤,或石灰质含锌土壤条件下。在这类含钙较高的土壤中,绝大部分锌不能被植物所利用。缺锌多发于干旱、半干旱和地中海地区的高pH石灰质土壤地区。通过对298份(Sillanpää et al. ,1985)和1511份(Eyüpoglu et al. ,1994)土壤样品的分析,缺锌是土耳其,尤其是安纳托利亚中部分布最广的微营养缺乏类型,该地区的土壤盐碱度高,土壤有机质含量低(大多低于1.5%),年降雨量一般为300~400 mm(Cakmak et al. ,1996a)。有关土壤缺锌的报道还见于澳大利亚(Graham et al. ,1992)、印度(Takkar et al. ,1989)等多种土壤类型和作

---

① 土壤科学与植物营养系,亚达那,土耳其。

② CIMMYT冬小麦育种组,安卡拉,土耳其。

物上[①]。

16.2　导致植物缺锌的土壤和气候因素

土壤 pH 是决定植物能否从土壤中获取锌的决定因素。土壤 pH 升高能促进锌元素吸附于不同类型的土壤组分表面,如金属氧化物、泥土矿物质等,从而降低锌的溶解度,不利于植物吸收(Brümmer et al.,1988;Barrow,1993)。高 pH 导致锌从土壤表面的解析作用降低,同样限制了植物对锌的吸收(Dang et al.,1993)。土壤表面锌元素的解析速度对植物持续获取锌至关重要。

高 pH 土壤中锌的沉积也不利于植物根的吸收。在高 pH 条件下,锌元素常以 $ZnCO_3$、$Zn(OH)_2$ 和 Zn_2SiO_4 的形式沉淀(Ma et al.,1993)。因此,土壤溶液中锌的浓度很大程度上取决于土壤 pH。pH 为 5.0 时,土壤溶液中锌的浓度约为 10^{-4} mol/L,而当 pH 为 8.0 时,土壤溶液中锌的浓度约为 10^{-10} mol/L(Lindsay,1991)。Asher(1987)的研究表明,土壤溶液中锌浓度为 $8 \times 10^{-6} \sim 6 \times 10^{-8}$ mol/L 时能够满足多数作物的生长需求;然而,在大多数情况下,石灰质土壤溶液中锌的浓度不可能达到这一水平,因此增加了植物缺锌的风险。

撒石灰能提高酸性土壤的 pH,但也增加植物缺锌的风险。如果施加石灰将土壤 pH 由 5.2 提高到 6.8,那么植物体内的锌浓度将会降低 10 倍(Parker et al.,1986)。

导致植物缺锌的因素还包括有机质含量低、土壤含水量低、土壤温度低和高光强等(Moraghan et al.,1991;Marschner,1993)。锌元素从土壤溶液到植物根中的运输主要靠扩散(Wilkinson et al.,1968)。由于锌的扩散高度依赖于土壤湿度,因此在干旱、半干旱地区,植物就会有缺锌的风险,在这些地区植物生长季中很长时间内土壤缺水,尤其是表层土壤常常缺水。因此,在缺锌的石灰质土壤中,雨养条件下小麦减产比在灌溉条件下严重(表 16.1;Ekiz et al.,1998)。

表 16.1　雨养和灌溉条件下,在缺锌的石灰质土壤上施锌肥对小麦产量的影响

品种	雨养			灌溉		
	籽粒产量/(kg/hm²)		增产/%	籽粒产量/(kg/hm²)		增产/%
	−Zn	+Zn		−Zn	+Zn	
普通小麦						
Gerek 79	3100	4460	44	4070	5250	29
Bezostaja-1	1900	4150	118	3190	5080	59
硬粒小麦						
Kunduru 1149	330	2470	648	1550	3580	130
Cakmak 79	170	760	347	630	2870	355

注:+Zn 代表在施 7 kg 锌/hm²、14 kg 锌/hm² 和 21 kg 锌/hm² 条件下,小麦的平均产量,施锌肥量不同的处理间差异不显著(Ekiz et al.,1998)。

---

① 关于世界缺锌地区的信息参见 Welch 等(1991)和 Takkar 等(1993)。

锌扩散速度还受土壤有机质的影响。土壤中有足够有机质能够增加锌的溶解度和扩散速度(Sharma et al.,1988;Moraghan et al.,1991)。小麦田间试验表明,锌吸收与土壤有机质的含量成正比(Sillanpää,1982;Hamilton et al.,1993)。此外,表层土壤因平地、水土流失或整成梯田而被移走,均会加剧植株缺锌(Martens et al.,1991)。

施磷肥能诱导小麦缺锌。每公顷麦田施 160 kg 磷肥能显著降低小麦中的锌含量(Wagar et al.,1986)。大量使用磷肥能减少丛枝(vesicular-arbuscular,VA)菌根真菌在小麦根系上的定植,从而影响锌的吸收(Singh et al.,1986)。有关 VA 菌根真菌促进小麦根系吸收锌的报道非常多(Swamvinathan et al.,1979;Marschner,1993)。大量使用磷肥还能降低细胞水平锌元素的生理有效性(Cakmak et al.,1987)。

在土壤温度较低的情况下,小麦缺锌更甚。这种效应是根系生长、VA 菌根侵染、植物对锌的吸收和运输均降低的结果(Moraghan et al.,1991)。高光强是另一种导致小麦缺锌症状发展的环境因素,在硬粒小麦中尤为明显(Cakmak et al.,1996b);这种光效应源于缺锌诱导的叶片光氧化,而在低温条件下这种光效应更明显(Cakmak et al.,1995)。

16.3 通过土壤分析预测缺锌

正如 Sims 和 Johnson(1991)在综述中所描述的那样,有几种方法可以预测土壤中锌的有效性和植物对锌肥的反应。在这些测验方法中,二乙烯三胺五乙酸(diethylenetri-amine pentaacetic acid,DTPA)法在预测土壤中锌的有效性方面应用最广泛,尤其在石灰质土壤中应用最多(Lindsay et al.,1978)。当用 DTPA 提取法测验土壤中的锌含量范围在 $0.1\sim0.6$ mg/kg 时,籽粒产量和植物体内的锌含量均增加(Sillanpää,1982;Cakmak et al.,1996a)。安纳托利亚中部 6 个试验站点的田间试验结果表明,当石灰质土壤中以 DTPA 法提取的锌含量低于 0.4 mg/kg 时,小麦能对土壤中施锌肥(23 kg Zn/hm^2)作出反应,提高产量(Cakmak et al.,1996a)。印度的 20 个农田试验结果表明,当土壤 DTPA 法可提取之锌含量低于 0.6 mg/kg 时,按 5 kg Zn/hm^2 施加锌肥能提高小麦的产量(Dwivedi et al.,1992)。而来自加拿大 Saskatchewan 的研究结果表明,当石灰质土壤中 DTPA 法可提取的锌含量低于 0.5 mg/kg 时,施加锌肥对小麦和大麦的产量影响不明显(Singh et al.,1987)。

上述对比结果可能因土壤状况不同,或根诱导的锌溶解性和吸收等方面存在基因型差异。根据 Brennan(1996)的研究结果,在澳大利亚酸性土壤条件下,决定小麦生长的 DTPA 法测验的锌浓度为 0.25 mg/kg;如果施锌肥量低于 0.25 mg/kg 就不会达到小麦增产的效果。

16.4 改善缺锌的方法

16.4.1 土壤施锌

通过向土壤或植物叶片施锌肥,以及用含锌溶液处理种子可以有效改善土壤缺锌状况。无论是有机还是无机锌肥,都能改善土壤缺锌状况。由于 $ZnSO_4$ 在水中的溶解度大,常以晶体和颗粒状态存在,且较螯合态的锌,如 ZnEDTA 成本低,因此是使用最广的锌肥(Martens et al. ,1991;Mordvedt et al. ,1993)。大多数情况下,如果植物缺锌,可以 $ZnSO_4$ 形式施 4.5~34 kg Zn/hm^2 来改善土壤缺锌状况(Martens et al. ,1991)。

施锌肥量取决于土壤中 DTPA 法可提取锌的浓度和植物缺锌的严重程度。Ekiz 等(1998)研究发现,按 7 kg Zn/hm^2 的量撒施 $ZnSO_4$,能显著提高种植在严重缺锌的石灰质土壤中的小麦产量。在缺锌情况下,施用 $ZnSO_4$ 比施 ZnO 更能有效提高小麦植株的锌营养状况(Sharma et al. ,1988)。

16.4.2　叶面施锌

通过叶面喷施锌肥能有效改善植物的缺锌症状。正如 Martens 和 Westermann(1991)报道的那样,人们通常用 0.5~1.0 kg Zn/hm^2 的 $ZnSO_4$ 或 0.2 kg Zn/hm^2 的 ZnEDTA 来校正植物的缺锌症状。因小麦生长发育时期不同,按 400~450 g Zn/hm^2 的量叶面喷施 ZnEDTA 和 $ZnSO_4$ 改善田间生长小麦的缺锌状况,两者的效果相同,或前者略优于后者(Brennan,1991)。然而,通过土壤施锌比通过叶面施肥来校正植物缺锌症状更有效(Yilmaz et al. ,1997)。Yilmaz 等选取了 4 份小麦材料,在 DTPA-Zn 为0.1 mg/kg 的土壤中开展田间试验,来验证哪种施锌肥方式更有效(表 16.2)。研究结果表明,土壤施肥、土壤施肥加叶面施肥、种子处理加叶面施肥等处理增产最显著,而单独通过处理种子或叶面施肥,增产效果不太好。从长远看,单独土壤施锌肥是最经济最有效的方法。如果希望同时提高产量和籽粒的含锌量,土壤施肥加叶面施肥应当是最佳选择(Yilmaz et al. ,1997)。由于土壤施肥具有残留效应,因此无需每年施锌肥(Martens et al. ,1991)。

表 16.2　在缺锌的石灰石土壤条件下,不同施锌肥方法对普通小麦 Gerek-79、
Dagdas-94、Bezostaja-1 和硬粒小麦 Kunduru-1149 产量的影响

施肥方法	Gerek-79 /(kg/hm²)	Dagdas-94 /(kg/hm²)	Bezostaja-1 /(kg/hm²)	Kunduru-1149 /(kg/hm²)	平均 /(kg/hm²)	施 Zn 增产 /%
对照[†]	738	633	805	56	558	—
土壤[‡]	2700	2225	2340	903	2042	265
种子[§]	2052	1997	1958	772	1695	204
叶[#]	1472	1365	1555	617	1253	124
土壤+叶[††]	2712	1955	2330	818	1954	250
种子+叶[‡‡]	2768	2100	2380	987	2059	268

注:[†] 对照(不施锌肥)。[‡] 按 23 kg/hm² 施 $ZnSO_4$。[§] 1 L 30% $ZnSO_4$ 处理 10 kg 种子。[#] 在分蘖和茎秆延伸期用 450 L 的 $ZnSO_4$ 溶液 2×220 g Zn/hm^2 进行叶面喷施。[††] 综合方法 2 和 4。[‡‡] 综合方法 3 和 4。
资料来源:Yilmaz 等(1997)。

16.4.3　播种含锌量高的种子

越来越多的证据表明,播种含锌量高的种子是缓解缺锌土壤上小麦减产的切实可行的办法。来自人工气候室的试验结果表明,锌含量高的小麦种子(700 ng Zn/粒种子)比锌含量低的种子(250 ng Zn/粒种子)幼苗活力以及籽粒产量均高(Rengel et al.,1995a,1995b)。在土壤缺锌的地块中,与播种锌含量中等(800 ng Zn/粒种子)和高(1465 ng Zn/粒种子)的小麦种子相比,播种含锌量低(355 ng Zn/粒种子)的小麦种子,其产量显著较低(表16.3)。当锌含量差异较大的种子用于试验时,18%和116%如此巨大的产量差异掩盖了锌效率基因型差异。因此,在筛选锌效率基因型的试验中一定要使用相同来源或至少锌含量相似的种子。然而,种子锌含量高并不能比得上施锌肥对籽粒产量的作用(表16.3)。尽管如此,采用锌含量高的种子仍然是解决该问题的一个切实可行的方法,尤其是当农民不知道锌缺乏或不施用锌肥时。

表 16.3　在雨养条件及缺锌土壤中,设施锌肥(＋Zn 23kg/hm²)
和不施锌肥(－Zn)2 个生长季中种子锌含量对产量的影响

种子锌含量 ng/种子	1994～1995 年生长季/(kg/hm²)		1995～1996 年生长季/(kg/hm²)	
	－Zn	＋Zn	－Zn	＋Zn
355	480	2720	2490	3180
800	920	3170	2930	3180
1465	1040	2840	2950	3220

资料来源：Yilmaz 等(1998)。

16.5　锌的细胞学功能

植物缺锌,会削弱一系列关键的细胞功能和过程,最终导致生长发育严重萎缩(Brown et al.,1993)。植物缺锌症状最明显地出现在分生组织,分生组织是细胞分裂、延伸最活跃的部位。植物分生组织对锌的需求非常大,尤其是为保证蛋白质合成(Kitagishi et al.,1987;Cakmak et al.,1989)。

有 300 多种酶是锌依赖性的(Coleman,1992)。在这些酶中,锌发挥着催化、共催化以及酶结构方面的作用。过氧化物歧化酶(SOD)近年来特别受关注,SOD 的一个同工酶(CuZn-SOD)在保护植物细胞免受有毒的过氧根离子损伤方面发挥着作用,在缺锌的植物中,该酶的活性非常低(Cakmak et al.,1988b,1988c,1993)。测量 CuZn-SOD 活性可以用于筛选谷物锌高效基因型(见"内在利用")。

锌在 DNA 和 RNA 代谢、染色质结构、基因表达等方面起决定性作用(Vallee et al.,1993)。已经知道有几个含锌蛋白参与 DNA 复制和基因转录过程(Klug et al.,1987)。有关锌在调节基因表达方面的作用是目前最热的研究领域。

缺锌严重影响细胞膜的结构和功能的完整性(Welch et al. ,1982)。锌和细胞膜的磷脂及巯基基团结合能够起到稳定细胞膜、保护大分子复合物免受氧化损伤的作用(Marschner,1995;Cakmak et al. ,1988b,1988c;Welch et al. ,1993;Rengel,1995a)。当大分子复合物受到氧化损伤时,缺锌植物的细胞膜完整性将遭到破坏,增加了缺锌根细胞组织液的渗漏(Welch et al. ,1982)。在缺锌条件下,几种植物,包括小麦表现为几种有机物渗出加剧,如碳水化合物、氨基酸等(表 16.4;Cakmak et al. ,1988a)。由于含碳化合物渗漏的增加,缺锌植物更容易受根系病源菌的侵染,如赤霉病菌 *Fusarium graminearum*(Sparrow et al. ,1988)、全蚀病菌 *Gaeumannomyces graminis*(Brennan,1992)、丝核菌 *Rhizoctonia solani*(Thongbai et al. ,1993)等。

表 16.4　小麦锌营养状态对根系分泌氨基酸、糖和酚类物质的影响

锌供应状况	氨基酸	糖类	酚类物质
	$\mu g/(g$ 干根重 $\cdot$ 6 h$)$		
−Zn(缺锌)	48±3	615±61	80±6
+Zn(锌充足)	21±2	315±72	34±6

资料来源:Cakmak 和 Marschner(1988a)。

缺锌还会影响植物激素的代谢,尤其是吲哚乙酸(IAA)。当植物缺锌时,IAA 的含量降低,同时伴随着降低地上部的伸长(Skoog,1940;Cakmak et al. ,1989)。来自 Suge 等(1986)的研究表明,除 IAA 外,缺锌植物赤霉素类物质的合成量也会降低。

16.6　缺锌的诊断

16.6.1　缺锌症状

根据肉眼可见的症状诊断植物是否缺锌并不总是容易的。缺锌相关症状因气候和植物的种类不同而差异显著。在有些情况下,同时发生的其他营养缺乏,如植物缺磷(Webb et al. ,1988)、高光强导致的叶绿素损伤(Marschner et al. ,1989;Cakmak et al. ,1995)、病毒侵染(Bergmann,1992)等也会使缺锌症状的诊断更加复杂。

小麦缺锌的第一个典型症状就是植株矮化,叶子变小。随后,叶片上出现白棕色的斑块和坏死斑,特别是中老叶片上更甚(图 16.1;Cakmak et al. ,1996a,1996b)。随着症状的加剧,坏死斑会进一步扩散,叶片中部坏死呈烧焦状,多数情况下同一叶片的基部仍保持绿色。幼叶小且呈黄绿色,但没有坏死斑。Dang(1993)、Rengel 和 Graham(1995c)曾经报道过类似的肉眼可见的缺锌症状。

硬粒小麦和普通小麦在缺锌的发展时期和严重程度上存在明显差异(图 16.2),硬粒小麦幼苗伸长生长的降低、叶片坏死斑发生的速度都比普通小麦快而严重(Cakmak et al. ,1994,1997a;Rengel et al. ,1995c,1995d)。

图 16.1　小麦叶片上缺锌坏死斑的发展（见文后彩图）

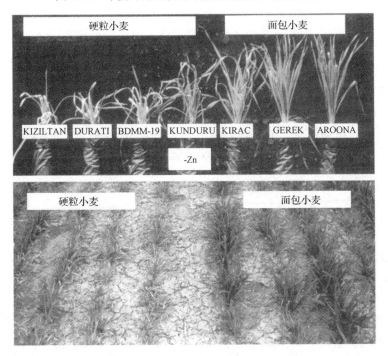

图 16.2　不同普通小麦和硬粒小麦品种在营养液（上）和缺锌的石灰质土壤
（下）的生长情况（见文后彩图）

16.6.2　植物的锌临界浓度

植物的锌临界浓度受植物发育时期和叶龄的影响(表 16.5)。大多数情况下,叶片和整株苗的临界锌浓度在不同谷物间,及同一谷物(如小麦)不同品种间都很不同。在缺锌条件下,不同小麦品种对锌缺乏的敏感性及因此而减产方面存在明显差异。然而,这种基因型差异与叶片或植株地上部锌的浓度不存在相关性(Graham et al. ,1992;Cakmak et al. ,1997a,1998)。因此,总锌浓度并不总是小麦缺锌诊断的可靠指标。很明显,在缺锌条件下,锌浓度相似的基因型在细胞水平对锌的利用可能是不同的。因此,测量含锌酶的活性将是一个比较好的锌营养状况诊断方法,如测量小麦叶片碳酸酐酶的活性(Rengel,1995b)和过氧化物歧化酶的活性(Cakmak et al. ,1997b)。

表 16.5　小麦不同组织和发育时期锌的临界浓度

叶	发育时期	Zn 浓度/(mg/kg 干重)	参考文献
最嫩的叶片	分蘖期	11	Reute and Robinson (1986)
最嫩的叶片	开花后期	7	Reuter and Robinson (1986)
最嫩的叶	开花期	16	Dong et al. (1993)
最嫩的叶	分蘖期	17	Riley et al. (1992)
最嫩的叶	乳熟期	7	Riley et al. (1992)
成熟叶	—	17	Rashid and Fox (1992)
全苗	分蘖期	10~15	Graham et al. (1992)
全苗	分蘖期	10~15	Cakmak et al. (1997a)
籽粒	成熟期	15	Viets et al. (1966)
籽粒	成熟期	15	Rashid and Fox (1992)

测量籽粒中锌含量是测验植物锌营养状况的推荐指标。近来测量的幼苗叶片锌浓度临界值为 17 mg/kg 干物质,而籽粒临界值为 15 mg/kg 干籽粒(Rashid et al. ,1992)。Viets(1966)提出,植物籽粒锌浓度临界值也是 15 mg/kg 干籽粒。但有人发现在缺锌条件下,籽粒中锌浓度并不总能反映植物锌营养状况(Graham et al. ,1993;Cakmak et al. ,1997a)。

16.7　锌高效基因型筛选

近来,创制锌高效基因型品种逐渐成为世人关注的焦点。种植锌高效品种具有许多优势,如减少化肥用量、提高幼苗的活力和抗病性、减少产量损失、提高产量、提高籽粒的营养品质等(Graham et al. ,1993;Bouis,1996;Graham et al. ,1996)。

筛选锌高效基因型通常是基于叶片的缺锌症状、幼苗干物质或籽粒产量的减少。锌效率可以根据缺锌条件下植株地上部干物质或籽粒产量与施锌肥条件下该干物质或产量的比值计算,即[Zn 效率 ＝(缺锌产量/施锌肥产量)× 100](Graham,1984)。在缺锌条件下,当品种间的产量非常相近时,对施锌肥反应不敏感的品种具有更高的锌利用效率。对施锌肥不敏感的品种通常是一些地方品种(Kalayci et al.，未发表)。

解释锌效率差异的机制有多种。根据文献报道，不只一种机制参与调节植物的锌利用效率(Graham et al.，1993；Cakmak et al.，1998)。更好地理解锌效率的形态、生理和遗传基础对于开发快速、可靠的筛选方法来鉴定培育锌高效品种是必需的(表16.6)。

表 16.6 用于锌高效基因型筛选的性状

性 状	生长条件[†]	参考文献
缺锌症状分级	N,G,F	Cakmak et al. (1997a,b)；Schlegel et al. (1997)
苗/根干重	N	Rengel and Graham (1995c)；Cakmak et al. (1996b)
细根直径≤0.02 mm	N,G	Dong et al. (1995)；Rengel and Wheal (1997a)
34 kDa 多肽合成	N	Rengel and Hawkesford (1997)
单株幼苗含锌量	F	Graham et al. (1992)；Cakmak et al. (1997a)
单株幼苗吸收锌量(含量)	G	Cakmak et al. (1997b,c)
单株幼苗吸收锌量(含量)	N	Cakmak et al. (1996b)
单根干重锌吸收	N	Cakmak et al. (1997b)；Rengel and Wheal (1997b)
转运到苗中的锌	N	Rengel and Graham (1995d)；Cakmak et al. (1996b)
转运到苗中的^{65}Zn	N	Cakmak et al. (1997b)
质膜 SH 基团	N	Rengel (1995b)
植物铁载体释放	N	Cakmak et al. (1994)；Walter et al. (1994)
碳酸酐酶	N	Rengel (1995a)
超氧化物歧化酶	G	Cakmak et al. (1998)

注：†N：营养液；G：温室；F：田间。

16.7.1 叶片症状

基因型的锌效率可以根据表型的表现，如叶片可见缺锌症状的严重程度来确定。缺锌症状可以作为锌高效基因型筛选的一个重要标准。根据缺锌症状的严重程度，如叶片上棕白色坏死斑大小，将缺锌症状从重到轻分为1~5级。事实上，已发现小麦、大麦、燕麦、黑麦等谷类作物的锌效率比值与缺锌症状的分级间具有很高的相关性(Cakmak et al.，1997b；Schlegel et al.，1998)。然而，仅根据叶面症状判断锌效率还需谨慎，建议最好将其他指标，如锌效率比值、总锌含量等一起作为评定的标准。缺锌症状分级既快速又简便，还可在无设备条件下开展大批量筛选。

16.7.2 苗和根的生长

在缺锌营养液中，与锌低效品种相比，锌高效小麦品种最大的特征是幼苗干物质产量高，有较好的苗根干物质比值(Rengel et al.，1995c；Cakmak et al.，1996b)。然而，我们发现，在缺锌石灰质土壤栽培条件下，锌高效基因型比锌低效品种的苗根干重比值低(Cakmak et al.，未发表)。

16.7.3　锌吸收的基因型差异

通常锌高效小麦品种表现为根的锌吸收效率高或锌利用效率高或两者兼具。植物吸收锌的效率受多种因素影响,如根表面积、VA 菌根真菌的侵染、根际土壤 pH 降低以及植物铁蛋白载体的锌流动复合物自根的释放,参与锌吸收、跨膜运输多肽的诱导等。

来自石灰质土壤的田间试验数据表明,锌效率与苗中锌吸收的总量正相关(Graham et al.,1992;Cakmak et al.,1997a)。每株植物中锌量 = 植物总干重(kg) × 锌含量(mg Zn/kg 干重)。在锌元素供应不足的营养液中生长的普通小麦缺锌症状较少,单株地上部分含锌量比硬粒小麦高 42%,或其全株含锌量比硬粒小麦高 29%,后者缺锌症状非常严重(Cakmak et al.,1996b)。除具备较高的锌积累能力外,锌高效基因型每单位植株干重的锌含量并不高(见 16.7.5“组织中锌的浓度”一节)。然而,当锌供给充足时,锌高效和缺锌品种在锌吸收总量方面没有差异(Cakmak et al.,1997a)。最近,Rengel 和 Wheal (1997b)的短期锌吸收实验清楚表明,锌效率差异与品种对锌吸收能力差异存在明显的相关性(表 16.7)。测验水培试验中单根干重可吸收的标记锌(^{65}Zn)也证明锌高效基因型的锌吸收能力增加(Cakmak et al.,1997b;Rengel et al.,1998)。

表 16.7　液体培养条件下不同锌效率品种的最大净锌吸收速率(I_{max})

品　种	锌吸收速率/$[\mu g/(g 根干重 \cdot h)]$
Excalibur(锌高效普通小麦品种)	0.36±0.04
Gatcher(锌中效普通小麦品种)	0.24±0.03
Durati(锌低效硬粒小麦品种)	0.10±0.02

资料来源:Rengel 和 Wheal(1997b)。

16.7.4　根茎之间锌的运转

在缺锌条件下,锌高效品种自根运至茎(shoot)的锌量要比锌低效品种多,但在锌供给充足时两者不存在差异(Rengel et al.,1995d;Cakmak et al.,1996b)。植物根向茎转运锌的能力可以用 mg Zn 地上部分/mg Zn 整株或者 μg Zn 地上部分/g 根干重来估算。

黑麦的锌效率很高,茎的生长和籽粒产量不受缺锌和施锌肥的影响(Cakmak et al.,1998)。黑麦的锌效率与其从土壤中吸收锌和向茎转运能力正相关,其转运速度远比其他谷类作物高(Cakmak et al.,1997a,1997b)。

上述研究表明,提高根吸收和向茎转运锌的能力是提高植物锌效率的关键。在锌高效基因型筛选研究中,建议大家测定茎或单株总吸收量。当用单株根干重代替单株干重时,锌吸收能力不总是评价植物锌效率的好参数(Rengel et al.,1995d)。

16.7.5　组织中锌的浓度

尽管锌高效植物具有较高的锌吸收能力,但并不意味着叶片或茎组织或籽粒中锌浓度(每单位干重的锌量)一定很高(Graham et al.,1992)。锌低效品种叶片和茎中的锌浓度可能比高效品种的高(Rengel et al.,1996;Cakmak et al.,1997a,1997b,1998)。锌高效品种有较强的锌吸收能力使干物质生长提高,也导致组织中的锌浓度降低至锌低效品种相近的水平("生长稀释效应";Marschner,1995)。在缺锌条件下,很多锌高效黑麦品种在抽穗期的组织内锌浓度(mg Zn/kg 组织)低于锌低效硬粒小麦。然而,由于在缺锌条件下黑麦地上部分干物质的产量比硬粒小麦高 4 倍,所以在锌高效黑麦品种中锌总量约为硬粒小麦的 4 倍(Cakmak et al.,1997a)。因此,我们并不推荐使用叶片、茎或器官中的锌含量作为标准来筛选锌高效小麦品种。

16.7.6　根形态特征

菌根真菌在锌吸收方面发挥着重要作用(Marschner,1993,1995)。然而,据我们所知,目前尚无关于菌根真菌在缺锌条件下侵染定植基因型差异的报道。我们近期的研究结果表明,在 0～30 cm 的表层土壤中(缺锌),开花期锌高效和锌低效小麦品种在菌根真菌定植方面不存在差异(未发表的研究结果)。

Dong(1995)和最近 Rengel 和 Wheal(1997a)的研究表明,锌高效小麦品种比锌低效品种具有更大的根表面积和更高比例的细根(直径小于 0.02 mm)(表 16.8)。显然,总根中细根所占的比例越大,根与土壤组分接触的就越充分,这将有助于锌的吸收。上述文献的作者在试验中用了相同的普通小麦和硬粒小麦材料。因此,在推荐将根表型特征作为锌高效基因型筛选标准用于育种项目之前,我们需要用更多的普通小麦、硬粒小麦品种和外来品种进行试验。

表 16.8　液体培养条件下 24 天苗龄不同锌效率品种的根长和平均根面积

品　　种	根长/(m/株)	平均根面积/(mm²/株)
Excalibur(锌高效普通小麦品种)	2.1	3350
Gatcher(锌中效普通小麦品种)	1.6	2300
Durati(锌低效硬粒小麦品种)	1.3	1950

资料来源:数据由 Rengel 和 Wheal(1997a)计算而来。

16.7.7　锌吸收的膜效应

锌高效基因型的强锌吸收能力与根细胞质膜中 34 kDa 多肽的从头诱导合成有关(Rengel et al.,1997)。这种多肽只在缺锌条件下的锌高效普通小麦中合成,而不在锌低效的硬粒小麦中合成。在缺锌条件下,锌吸收的增加和 34 kDa 多肽的合成存在一定的相关性。Rengel 和 Hawkesford(1997)提示,这种多肽可能是细胞膜上锌转运体的结构或调节单位,因此可能与锌吸收过程有关。可利用这种蛋白质筛选锌高效小麦。

锌高效植物的高锌吸收能力很可能归因于根细胞质膜上大量的巯基基团,特别是离子转运相关蛋白(Rengel,1995a;Rengel et al.,1997b)。保持质膜中离子转运蛋白或离子通道蛋白巯基基团较高水平对于锌的吸收至关重要(Kochian,1993;Welch,1995)。

16.7.8　植物铁载体

释放植物铁载体(phytosiderophores,PS)是禾本科植物在缺锌、缺铁条件下的一种

适应性反应。植物铁载体也被称作植物金属蛋白（Welch，1995），是禾本科植物在缺铁
（Takagi，1976；Marschner et al.，1986）、缺锌（Zhang et al.，1989）条件下由根分泌的一种
非源自蛋白质的氨基酸。植物根分泌的 PS 对石灰质土壤中锌的结合或流动非常有效
（Treeby et al.，1989），它们参与小麦根质外体中锌的流动，可能还与植物体内锌的溶解
度和长途运输有关（图 16.3；Welch，1995）。

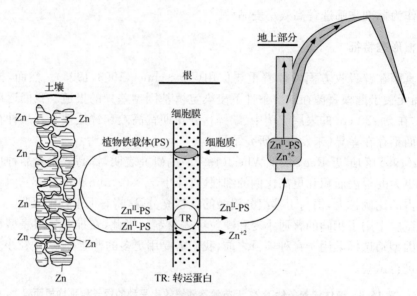

图 16.3　禾本科植物铁载体（PS）和锌吸收模型
(Von Wiren et al.，1996；Cakmak et al.，1998)

　　在缺 Fe 条件下，同类谷物中或不同谷物间，PS 的分泌速率不同。这种差异和谷类作
物对缺铁耐受性的基因型差异密切相关（Takagi et al.，1984；Marschner et al.，1986；Jol-
ley et al.，1989）。PS 的分泌效率与普通小麦和硬粒小麦在锌效率方面的差异密切相关
（表 16.9；图 16.4；Cakmak et al.，1994；Walter et al.，1994）。在缺锌条件下，锌高效小麦
PS 的分泌速度是锌低效硬粒小麦的 6～8 倍（表 16.9；Cakmak et al.，1996c）。在缺锌条
件下，锌高效品种根组织中 PS 的含量（主要是脱氧麦根酸）也较高（图 16.4）。提高 PS 的
合成，促进根系分泌 PS，一直被认为是帮助野草适应在严重缺锌的石灰质土壤中生长的
重要机制（Cakmak et al.，1996d）。

　　基于这些研究结果，筛选具高 PS 合成和分泌能力的基因型被认为是一个很有前景
的筛选方法。然而，PS 分泌速度并不总与普通小麦的锌利用效率差异正相关（Erenoglu
et al.，1996；Cakmak et al.，1997b）。另外，锌效率极高的黑麦在 PS 分泌速率方面并不
显著高于锌高效、锌低效普通小麦（表 16.9），小麦分泌的是 PS $2'$-脱氧麦根酸（DMA），而
黑麦分泌的是羟基麦根酸（HMA）（Mori，1994；Cakmak et al.，1996d）。

表 16.9 在不供锌条件下,缺锌对不同谷类作物液体培养 14 天后铁载体释放速率的影响

谷类作物	叶片缺锌症状[†]	植物铁载体释放 /[μmol/(48 株·3 h)]
黑麦		
Aslım	5	11.4±2.3
小黑麦		
Presto	5	8.0±3.3
普通小麦		
Dagdas-94	3	9.3±1.8
Gerek-79	3	9.2±1.1
BDME-10	2	8.1±1.8
Partizanka Niska	2	5.5±1.0
Bul-63-68-7	2	7.2±2.4
硬粒小麦		
Kızıltan-91	1	1.7±0.1
Kunduru-1149	1	1.2±0.1

注:† 在中安托利亚缺锌的石灰石土壤条件下,叶片缺锌症状。1=非常严重;2=严重;3=中度;4=较轻;5=非常轻或没有。

资料来源:Cakmak 等(1997b)。

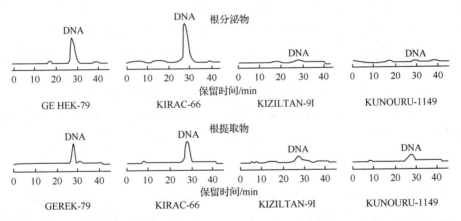

图 16.4 锌低效普通小麦 Gerek-79、Kırac-66 和硬粒小麦 Kızıltan-91、Kunduru-1149 的
根系分泌物和根提取物高效液相色谱分析结果(Cakmak et al.,1996b)

考虑到黑麦的锌利用效率异常高,与其他 PS 相比,在根际和植物体内,HMA 在锌的溶解和流动方面效率更高,但这一观点需要进一步求证。尽管植物分泌 PS 能力方面不存在显著差异,但锌高效和锌低效小麦吸收 PS-Zn 复合体或从 Zn-PS 复合体中吸收锌的能力可能不同(图 16.3)。最近有研究表明,两个玉米基因型的 PS 分泌速率没有差异,但它们对络合锌的 PS(Zn-DMA)的吸收和由根向茎的转运差异却非常大(Von Wiren et al.,1996)。

由于 PS 与铁的亲和性强于与锌的亲和性,而且土壤中铁的含量较锌高得多,因此一直有人质疑 PS 在提高锌吸收方面的重要性(Murakami et al.,1989;Ma et al.,1996)。然而,应该强调的是,许多证据表明在缺锌条件下,植物组织中锌含量的微小变化(1~2 mg Zn/kg 干重)对于改善植物的生长状况具有决定性的作用(Jones,1991;Cakmak et al.,1997a)。因此,即使 PS 对植物锌吸收的小贡献也能显著影响植物在缺锌条件下的生长。正如下面要讨论的那样,PS 还会影响植物在细胞水平对锌的利用。

总之,在评价植物的锌利用效率时,应当测量根系分泌物中的 PS,以及根从 Zn-PS 复合体中吸收锌或直接吸收 Zn-PS 复合体的能力。在水培条件下,很容易收集根系分泌物和测量分泌物中 PS 的含量。可以直接用高压液相色谱,或者用锌吸附树脂间接测量 PS 释放速度(具体方法见 Zhang et al.,1989;Cakmak et al.,1994,1996c;Walter et al.,1994)。

16.7.9　内在利用

前文曾提到,在缺锌条件下,锌高效和低效植物单位茎或叶干重锌的含量并没有差别。因此,对于植物锌效率的基因型差异和植物内在的锌利用差异有关的观点值得怀疑。锌高效品种含有更高比例的锌参与代谢反应和结合于关键的细胞化合物,如需要锌的酶。因此在缺锌情况下,尽管叶片中的锌浓度相同或相似,锌高效植物中需锌酶的活性较锌低效植物高,如碳酸酐酶(Rengel,1995b)和 SOD(Cakmak et al.,1997b)那样。这些结果也表明锌高效植物在细胞水平具有更高的锌利用效率。锌高效植物 SOD 活性高,可以保护植物免受有毒的氧自由基的伤害。尽管受时间和设备限制,但酶活性分析还是可以提供有价值的信息,以更好地了解植物高效用锌的机制以及筛选锌高效基因型。

锌高效植物高效用锌的原因目前并不清楚。锌高效品种可能拥有更多的螯合剂与锌结合,以及增加锌在细胞水平的生理可用性。植物组织中的螯合剂有 PS、尼克酰胺、含巯基氨基酸,包括组氨酸和甲硫氨酸(Stephan et al.,1994;Welch,1995;Cakmak et al.,1998)。这些螯合剂可能在锌从根向地上部运转过程中,以及从其他组织向顶端分生组织运转过程中起重要作用。仍需进一步研究螯合剂与锌效率表达间的关系。

16.7.10　盆栽和田间筛选应当考虑的事项

一般来说,在田间筛选低微量营养元素耐性比筛选微量营养元素毒性耐性更难,因为毒性事件通常每年都发生,而微量营养元素缺乏,包括锌元素,并不是由于微量营养元素的绝对量少,而是土壤中这种营养的可利用性差。

在同一个小区中锌含量分布不均衡,使田间筛选更加复杂。同样重要的是尽管一直在施锌肥,但土壤中很少的可利用锌用不了几年。这些因素影响着田块内的空间差异及年度间的变异性。在气候相对相似,大面积土地土壤状况比较均匀时,田间大规模筛选比较奏效,而且成本相对比较低。低锌条件下的产量试验是对一个品种锌效率鉴定的最后试验。然而,缺锌症状和作物产量同样都受多种因素影响,这些因素可能会造成较大的试验误差,或增加基因型×环境和基因型×环境×年际相互作用。

另者,采取盆栽的方法则快速、低成本,克服了土壤不均一的问题。最近我们选取 23

份小麦品种做盆栽试验表明,田间试验和温室试验的锌效率结果相近(图 16.5),大部分品种在同样缺锌的田间和温室两个环境中的表型相似。然而,当土壤既缺锌又有硼毒害时,两个环境中的实验结果差别较大(图 16.5)。温室试验条件为 Konya 土壤,表层土(0~30 cm)低硼毒性(约 9 mg 可溶性硼/kg 土壤),大田条件为深层土壤有硼毒害(20~30 mg 可溶性硼/kg 土壤,60~90 cm 深层土)。这些结果暗示,在进行盆栽筛选时,缺锌应当是唯一的限制因素,而不应该有其他营养胁迫(图 16.5)。然而,现实的生长条件不可能理想化,评级也不一定总与田间的产量结果一致。此外,盆栽的容器应当足够大以减少根相互缠结,根系缠结很可能影响实验结果(Graham et al.,1996)。温室试验可以作为初筛试验,用来减少田间试验基因型的数量。

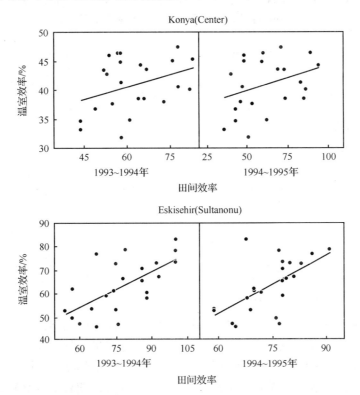

图 16.5　在两个地点的两种环境(温室和田间)条件下测得的锌效率值

在 Eskisehir,0~30 cm 土壤缺锌(DTPA-Zn:0.10 mg/kg 土壤),无硼毒性(可溶性硼低于 1 mg/kg 土壤);
在 Konya,0~30 cm 土壤既缺锌(DTPA-Zn:0.09 mg/kg 土壤),又有硼毒性(可溶性硼为 9 mg/kg 土壤)

16.8　普通小麦锌高效的遗传

在缺锌种植条件下,不同小麦基因型的产量潜能差异较大,育种家可以根据这一点来提高小麦的锌利用效率(Shukla et al.,1974;Graham et al.,1992;Cakmak et al.,1997a)。许多与小麦以及其他作物缺锌有关的研究主要集中在锌吸收的生理研究方面,或比较不同基因型在缺锌土壤中的相对锌利用效率,而与锌效率相关的遗传信息非常之少。

有几种由几个基因控制的机制很可能影响锌的吸收。相比之下，微量营养元素利用效率似乎是由单个主效基因控制的（Graham et al.，1996）。来自水稻的双列分析表明，控制锌效率的基因属加性效应，较小程度上是显性基因（Majumder et al.，1990）。在玉米中报道了 4 个影响穗叶中锌浓度的加性基因（El-Bendary et al.，1993）。然而，我们未见六倍体普通小麦锌效率遗传的报道。以 7 个锌效率不同的小麦品种的 F_1 代为材料，通过双列分析我们发现普通小麦的锌效率受显性基因控制（表 16.10，未发表）。虽然我们距完全揭示小麦锌效率遗传的差距还很大，但通过表型筛选已取得一定进展。

表 16.10　7 个普通小麦品种及其双列杂交得到的 16 个 F_1 代品系中
缺锌症状评分的平均值、最小值和最大值

亲　本	亲本缺锌症状分级 †			亲本品种						
				1	2	3	4	5	6	7
	平均 §	最小值	最大值	双列杂交 F_1 代缺锌症状分级 ‡						
1. Arapahoe	1.4	1.0	2.3	1.4#						
2. Sn64//SKE/2 * ANE/ 3/SX/4/BEZ/5/JUN	1.5	1.2	2.2	1.5††	1.5					
3. Dagdas	2.4	1.5	3.5	2.5	2.0	2.4				
4. F134/Nac	3.2	2.5	4.0	3.5	2.5	—	3.2			
5. F4105W-2-1	3.3	2.8	4.0	—	3.0	2.5	2.5	3.3		
6. Gun	3.4	2.0	4.0	—	3.5	3.0	3.5	4.5	3.4	
7. Katia	3.4	3.0	4.0	4.0	3.0	—	4.5	—	4.5	3.4

注：† 1 表示缺锌症状非常严重，5 表示没有症状；‡ 在 21 个可能的组合中只得到了 16 个组合；§ 8 个重复的平均值；# 表示只给出了各自亲本的平均值；†† 2 个重复的平均值。

虽然土壤缺锌在土耳其很普遍，但不到 10 年前才认识到这是限制小麦产量的重要因素。在安纳托利亚中部高原的 2 年产量试验表明，小麦产量和锌效率存在很高的相关性（Kalayci et al.，未发表）。自地方品种中衍生的普通小麦品种，如 Yayla 305、Sertak 52 和 Ak 702 等，对缺锌环境有很强的适应性（图 16.6）。然而，近期育成的品种，如 Gerek 79、ES 90-3 和 Kirgiz 比 Yayla 305 的产量分别提高了 6%、12% 和 15%。现在大面积种植的和（或）近期育成的品种，如 Gerek 79、Dagdas、Kirgiz 和 Gun 91，都是锌高效品种。然而，应当强调指出的是，在不缺锌条件下，现代品种具有更高的产量潜力（Kalayci et al.，未发表）。

除了土耳其冬小麦品种外，来自保加利亚、罗马尼亚的品种具有很强的缺锌耐受性，而来自美国大平原地区的品种大多对缺锌比较敏感。表 16.11 列出的是国际冬小麦改良项目（1994/1995 季）从 155 份亲本材料中分别选出的 10 份锌效率最高和 10 份最差的品种（Torun，1997）。来自美国大平原地区的小麦品种普遍锌效率低，可以解释为什么除了类似的气候因素外，其试验的几千份引进材料中只有一个品种 Bolal，是安托利亚中部高原育成的。这说明如果从类似环境条件下引入的品种在另一个地方缺乏适应性，那么原因很可能是微量营养元素紊乱。

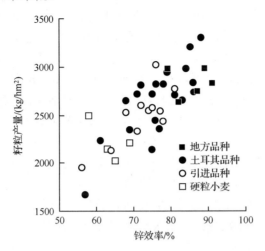

图 16.6　在土耳其 Eskisehir,40 个小麦品种两年的籽粒产量和锌效率
（Kalayci,未发表数据）

表 16.11　国际冬小麦改良项目 1994～1995 年度 10 个锌效率最高和 10 个最低品种的叶片
症状和幼苗单株总锌含量。这些材料是从 155 份亲本材料中筛选的,
种植在温室缺锌的石灰质土壤中

杂　交	材料来源	症状严重程度[†]	锌含量
F4549-W1-1	罗马尼亚	3	4.73
602-156-22	保加利亚	4	4.27
JUWELL/LLV32//2 * FL80	罗马尼亚	3	4.16
F134.71/NAC	墨西哥	4	3.97
AGRI/BJY//VEE	墨西哥-土耳其	2	3.94
KATIA1	保加利亚	4	3.75
KSK//INIA/LFN/3/CALIBASAN	土耳其	3	3.70
4206/3/911B8.10/K351//SAD1/MEXIPAK	保加利亚	4	3.69
SADOVA-1	保加利亚	4	3.69
DAGDAS	土耳其	4	3.50
1D13.1/MLT	墨西哥	2	1.84
F362 K 2.121	罗马尼亚	3	1.82
NE7060/VG3 N89L771	美国	1	1.82
NZT/BEZ//ALD/4/NAD//TMP/CI12406/3/	美国-墨西哥	1	1.77
ES 14	美国	3	1.76
63-122-77-2/NO66//LOV2/3/KVZ/HYS/4/	美国	1	1.72
KS82142	美国	3	1.66
PYN//TAM101/AMIGO	美国	1	1.63
SU92/CI13465//PGFN/3/PHO/4/YMH/TO	美国-墨西哥	1	1.63

注:† 症状的严重程度:1 表示非常严重;5 表示无症状。

资料来源: Torun(1997)。

在比较小麦和黑麦锌效率试验中发现,黑麦的锌效率比锌效率最高的普通小麦还高(Graham,1988;Cakmak et al.,1997a,1997b;Schlegel et al.,1997,1998)。大量的小麦/黑麦易位系、附加系和代换系促使研究人员集中精力研究黑麦染色体对小麦锌效率的影响。利用小麦/黑麦附加系,Graham(1988)发现位于黑麦 2R、3R 和 7/4R 染色体上能提高锌效率的多个位点。Cakmak 等(1997c)的研究表明,1R、2R 和 7R 与锌效率呈正相关,而位于 3R 的位点对锌吸收负相关。据目前已知的研究结果,黑麦的 1R、2R、7R 染色体携带提高锌效率的基因,其中位于 1RS、7RS 上的基因效应最明显(Cakmak et al.,1997c;Schlegel et al.,1997)。

黑麦控制锌效率的基因在小黑麦中的表达程度与在黑麦中相似(Cakmak et al.,1997c)。Schlegel 等(1997,1998)发现,在携带中间偃麦草(*Agropyron intermedium*)L1 染色体和 *Haynaldia villosa* V7 染色体(L1 和 V7 同属于第 7 同源群)的双倍体小麦中,锌利用效率有所提高。这暗示我们,在从外源材料中寻找锌高效基因源时,研究人员首先应从第 7 同源群染色体入手。

来自小麦/黑麦易位系的研究结果表明,锌效率的提高得益于 1R 短臂上特异位点的易位。这些易位系是锌高效的理想资源,因为它们广泛存在于许多小麦品种中。然而,携带 1B/1R 易位系的几个材料,如 Seri 82、BDME10,即 Ctk/Vee,却对缺锌比较敏感(Schlegel et al.,1997),说明上位性效应非常重要。5RL/4A 易位系能提高小麦对铜的利用效率,但对锌效率没有影响(Graham et al.,1992),说明锌和铜效率由独立的基因控制。

现在有关外源种锌效率的报道还很少。山羊草和四倍体小麦在锌效率方面基因型变异非常大,但没有哪个种的锌效率能够超过黑麦(Cakmak 等,未发表)。目前尚无硬粒小麦锌效率遗传性的报道。至今在所有试验的四倍体小麦中,包括硬粒小麦(*Triticum durum*)、野生二粒小麦(*T. dicoccoides*)和波兰小麦(*T. polonicum*),都比一粒小麦和普通小麦对缺锌敏感(Cakmak et al.,未发表)。这说明控制锌效率的基因可能位于一粒小麦的 A 基因组上,同时也说明在四倍体 B 基因组上存在抑制锌高效的基因。这些基因是否被普通小麦 D 基因组上的基因抑制,以及 D 基因组上是否有促进锌高效的基因目前还不得而知。

虽然普通小麦锌效率存在遗传变异,且可能由单基因控制,这应该促进锌效率改良工作,但真正要在锌高效方面取得突破性进展还需导入来自黑麦的基因。Schlegel 等(1997)指出这一途径的几项优点,即小麦/黑麦易位系在小麦育种上已广泛应用,且在遗传和减数分裂方面是稳定的(Rabinovich,1998);如果易位的黑麦染色体上的不利基因被除掉,锌高效基因就能够在小麦基因组上稳定存在,不会因为回交、杂交而发生重组,因为来自黑麦的染色体片段一般不与小麦染色体发生重组。小麦锌高效基因的分子标记能大大提高选择效率,但至今尚无锌高效标记的报道。提高小麦锌效率的真正突破很可能来自外来种基因的发现和克隆。目前将这些基因导入小麦的转化体系已经成熟。在籽粒锌含量方面的遗传变异相对比较低,有关小麦这一性状的遗传性鲜有报道。

16.9　植酸和锌的生物可利用性

锌效率的提高通常并不伴随籽粒锌含量的提高。事实上，锌低效的硬粒小麦籽粒中锌含量可能比锌高效的硬粒小麦更高（Graham et al. ,1992；Cakmak et al. ,1997a）。锌高效品种籽粒中锌含量低在一定程度上是由于高茎秆干物质量和高籽粒产量的稀释作用造成的。

小麦籽粒中纤维、植酸类物质含量丰富，这些组分能抑制人体细胞对锌的吸收和利用（Welch,1993）。植酸或植酸盐是谷物中磷的主要存在形式，其中有75%的总磷以植酸的形式储藏（Raboy et al. ,1991），尤其在胚芽和糊粉层（O'Dell et al. ,1972）。因为植酸有很强的锌结合和复合能力，它抑制了膳食中锌的生物可利用性（Welch,1993）。动物实验表明，向食物中添加植酸能降低锌的生物可利用性，同时抑制动物的生长，除去食物中的植酸或向食物中加入植酸酶不仅能提高锌的生物可利用度还能促进动物的生长（Lei et al. ,1993）。有研究表明，伊朗农村人群中高发的锌缺乏症主要是食用了含植酸量过高的谷类食物导致的（Halsted et al. ,1972；Prasad,1984）。

膳食中肌醇六磷酸与锌的摩尔比可以用于预测锌的生物可利用度以及缺锌症状发生的风险。动物实验表明，当这一比值超过20时，锌吸收将会降低，缺锌风险上升（Oberleas et al. ,1981；Solomons,1982）。因此，要提高籽粒中锌的可利用性，就应该：①提高籽粒中的锌含量；②降低植酸含量；③提高含巯基氨基酸含量，如甲硫氨酸、组氨酸和赖氨酸等（Welch,1993；Graham et al. ,1996）。当前，提高籽粒中锌的生物可利用率的短期途径主要是施锌肥，长期的途径则需要培育高锌含量及具有提高锌的生物可利用率启动子的新品种。

小麦和小黑麦籽粒中植酸含量变异范围很大（Raboy et al. ,1991；Feil et al. ,1997）。上述研究结果表明，培育低植酸品种是可行的，它或许可解决植酸导致的人类营养不良问题。然而，降低籽粒中植酸的含量可能有益，也可能对种子的质量和人类健康产生不利影响（参见 Raboy et al. ,1991；Feil et al. ,1997）。

16.10　结　　论

已知在植物中，尤其是小麦中普遍缺锌，因此培育锌高效小麦品种十分重要。小麦锌高效似乎与其多种形态和生理性状相联系。与锌高效表达相关的特殊性状是根表面积、自根系释放的流动锌 PS、吸收转运锌的质膜亲和性，以及细胞水平的锌利用率等。

在谷物和小麦近缘种内及种间锌效率遗传变异范围很大，育种家可以利用这一点来提高锌效率。普通小麦中控制锌高效的基因是显性的，但目前有关锌高效的分子标记尚未见报道。谷物中，黑麦的锌效率最高，然后是小黑麦、大麦、普通小麦和硬粒小麦。来自黑麦的基因能在小麦/黑麦附加系、易位系中稳定表达。因此，育种过程中应当努力将黑麦基因转移到小麦中。

成功的锌高效小麦育种离不开快速可靠的筛选方法。迄今为止,开发合适筛选方法的努力多集中在各种植物形态和生理性状上。评估叶片表面缺锌症状的严重程度,结合锌效率比值(缺锌产量/施锌肥产量)是在短期内对大量材料进行锌效率筛选的合理而又可靠的方法。

致谢

感谢西澳大利亚大学 Zed Rengel 博士对本章提出的宝贵意见及英文词句上的修改。感谢可靠性规划科学框架北约科学事务部及美国国际粮食政策研究所主持的 DANIDA 项目对本研究的资助。

(毛新国　译)

参 考 文 献

Asher, C. J. 1987. Effects of nutrient concentration in the rhizosphere on plant growth. Proc. XIIIth Congress Int. Soc. Soil Sci. Symposium Vol. 5, pp. 209-216.

Barrow, N. J. 1993. Mechanisms of reaction of zinc with soil and soil components. In: Zinc in Soils and Plants. A. D. Robson (ed.). Kluwer Academic Publishers, Dordrecht, The Netherlands. pp. 15-31. Bergmann, W. 1992. Nutritional Disorders of Plant Development: Visual and Analytical Diagnosis. Fischer Verlag, Jena.

Bouis, H. 1996. Enrichment of food staples through plant breeding: A new strategy for fighting micronutrient malnutrition. Nutrition Rev. 54:131-137.

Brennan, R. F. 1991. Effectiveness of zinc sulphate and zinc chelate as foliar sprays in alleviating zinc deficiency of wheat grown on zinc-deficient soils in Western Australia. Aust. J. Exp. Agric. 31:831-834.

Brennan, R. F. 1992. The effect of zinc fertilizer on take-all and the grain yield of wheat grown on zinc-deficient soils of the Esperance region, Western Australia. Fert. Res. 31:215-219.

Brennan, R. F. 1996. Availability of previous and current applications of zinc fertilizer using single superphosphate for the grain production of wheat on soils of South Western Australia. J. Plant Nutr. 1099-1115.

Brown, P. H., Cakmak, I., and Zhang, Q. 1993. Form and function of zinc in plants. In: Zinc in Soils and Plants. A. D. Robson (ed). Kluwer Academic Publishers, Dordrecht, The Netherlands. pp. 93-106.

Brümmer, G. W., Gerth, J., and Tiller, K. G. 1988. Reaction kinetics of the adsorption and desorption of nickel, zinc and cadmium by goethite. II. Adsorption and diffusion of metals. J. Soil Sci. 39:37-52.

Cakmak, I., and Marschner, H. 1987. Mechanism of phosphorus-induced zinc deficency in cotton. III. Changes in physiological availability of zinc in plants. Physiol. Plant. 70:13-20.

Cakmak, I., and Marschner, H. 1988a. Increase in membrane permeability and exudation of roots of zinc deficient plants. J. Plant Physiol. 132:356-361.

Cakmak, I., and Marschner, H. 1988b. Zinc dependent changes in ESR signals, NADPH oxidase and plasma membrane permeability in cotton roots. Physiol. Plant. 73:182-186.

Cakmak, I., and Marschner, H. 1988c. Enhanced superoxide radical production in roots of zinc-deficient plants. J. Exp. Bot. 39:1449-1460.

Cakmak, I., Marschner, H., and Bangert, F. 1989. Effect of zinc nutritional status on growth, protein metabolism and levels of indole-3-acetic acid and other phytohormones in bean (*Phaseolus vulgaris* L.). J. Exp. Bot. 40:405-412.

Cakmak, I., and Marschner, H. 1993. Effect of zinc nutritional status on activities of superoxide radical and hydrogen peroxide scavenging enzymes in bean leaves. Plant and Soil 155/156:127-130.

Cakmak, I., Gülüt, K. Y., Marschner, H., and Graham, R. D. 1994. Effect of zinc and iron deficiency on phytosiderophore release in wheat genotypes differing in zinc efficiency. J. Plant Nutr. 1-17.

Cakmak, I., Atli, M., Kaya, R., Evliya, H., and Marschner, H. 1995. Association of high light and zinc deficiency in cold induced leaf chlorosis in grapefruit and mandarin trees. J. Plant Physiol. 146:355-360.

Cakmak, I., Yilmaz, A., Kalayci, M., Ekiz, H., Torun, B., Erenoglu, B., and Braun, H. J. 1996a. Zinc deficiency as a critical problem in wheat production in Central Anatolia. Plant and Soil 180:165-172.

Cakmak, I., Sari, N., Marschner, H., Kalayci, M., Yilmaz, A., Eker, S., and Gülüt, K. Y. 1996b. Dry matter production and distribution of zinc in bread and durum wheat genotypes differing in zinc efficiency. Plant and Soil 180:173-181.

Cakmak, I., Sari, N., Marschner, H., Ekiz, H., Kalayci, M., Yilmaz, A., and Braun, H. J. 1996c. Phytosiderophore release in bread and durum wheat genotypes differing in zinc efficiency. Plant and Soil 180:183-189.

Cakmak, I., Öztürk, L., Karanlik, S. Marschner, H., and Ekiz, H. 1996d. Zinc-efficient wild grasses enhance release of phytosiderophores under zinc deficiency. J. Plant Nutr. 19:551-563.

Cakmak, I., Ekiz, H., Yilmaz, A., Torun, B., Köleli, N., Gültekin, I., Alkan, A., and Eker, S. 1997a. Differential response of rye, triticale, bread wheat and durum wheats to zinc deficiency in calcareous soils. Plant and Soil 188:1-10.

Cakmak, I., Oztürk, L., Eker, S., Torun, B., Kalfa, H. I., and Yilmaz, A. 1997b. Concentration of zinc and activity of copper/zinc superoxide dismutase in leaves of rye and wheat cultivars differing in sensitivity to zinc deficiency. J. Plant Physiol. 151:91-95.

Cakmak, I., Derici, R., Torun, B., Tolay, I., Braun, H. J., and Schlegel, R. 1997c. Role of rye chromosomes in improvement of zinc efficiency in wheat and triticale. Plant and Soil 196:249-253.

Cakmak, I., Torun, B., Erenoglu, B., Oztürk, L., Marschner, H., Kalayci, M., and Ekiz, H. 1998. Morphological and physiological differences in cereals in response to zinc deficiency. Euphytica 100 (1-3): 349-357.

Coleman, J. E. 1992. Zinc proteins: enzymes, storage proteins, transcription factors, and replication proteins. Annu. Rev. Biochem. 61:897-946.

Dang, Y. P., Edwards, D. G., Dalal, R. C., and Tiller, K. G. 1993. Identification of an index tissue to predict zinc status of wheat. Plant and Soil 154:161-167.

Dong, B., Rengel, Z. and Graham, R. D. 1995. Root morphology of wheat genotypes differing in zinc efficiency. J. Plant Nutr. 18:2761-2773.

Dwivedi, B. S., and Tiwari, K. N. 1992. Effect of native and fertilizer zinc on dry matter yield and zinc uptake by wheat (Triticum aestivum) in Udic Ustochrepts. Trop. Agric. 69:357-361.

Ekiz, H., Bagci, S. A., Kiral, A., Eker, S., Gültekin, I., Alkan, A., and Cakmak, I. 1998. Effects of zinc fertilization and irrigation on grain yield and zinc concentration of various cereals grown in zinc-deficient calcareous soils. J. Plant Nutr. 21(10):2245-2256.

El-Bendary, A. A., El-Fouly, M. M., Raksa, F. A., Omar, A. A., and Abou-Youssef, A. Y. 1993. Mode of inheritance of zinc accumulation in maize. J. Plant Nutr. 16:2043-2053.

Erenoglu, B., Cakmak, I., Marschner, H., Römheld, V., Eker, S., Daghan, H., Kalayci, M., and Ekiz, H. 1996. Phytosiderophores release does not relate well to zinc efficiency in different bread wheat genotypes. J. Plant Nutr. 19:1569-1580.

Eyüpoglu, F., Kurucu, N., and Sanisag, U. 1994. Status of plant available micronutrients in Turkish soils. In: Soil and Fertilizer Research Institute Annual Report. Report No. R-118. Ankara, Turkey (in Turkish). pp. 25-32.

Feil, B., and Fossati, D. 1997. Phytic acid in triticale grains as affected by cultivar and environment. Crop Sci. 37: 916-921.

Graham, R. D. 1984. Breeding for nutritional characteristics in cereals. In: Advances in Plant Nutrition. Vol. 1. P. B. Tinker and A. Läuchli (eds.). Praeger, NY. pp. 57-102.

Graham, R. D. 1988. Development of wheats with enhanced nutrient efficiency: Progress and potential. In: Wheat production constraints in tropical environments. A. R. Klatt (ed.). Mexico, D. F. : CIMMYT. pp. 305-320.

Graham, R. D. , and Webb, M. J. 1991. Micronutrients and plant disease resistance and tolerance in plants. In: Micronutrients in Agriculture. J. J. Mortvedt, F. R. Cox, L. M. Shuman, and R. M. Welch (eds.). SSSA Book Series No. 4. Madison, WI. pp. 329-370.

Graham, R. D. , Ascher, J. S. , and Hynes, S. C. 1992. Selecting zinc-efficient cereal genotypes for soils of low zinc status. Plant and Soil 146:241-250.

Graham, R. D. , and Rengel, Z. 1993. Genotypic variation in zinc uptake and utilization by plants. In: Zinc in Soils and Plants. A. D. Robson (ed.). Kluwer Academic Publishers, Dordrecht, The Netherlands. pp. 107-118.

Graham, R. D. , and Welch, R. M. 1996. Breeding for staple-food crops with high micronutrient density. Working Papers on Agricultural Strategies for Micronutrients, No. 3. International Food Policy Research Institute, Washington, D. C.

Halsted, J. A. , Ronaghy, H. A. and Abadi, P. 1972. Zinc deficiency in man: The Shiraz experiment. Am. J. Med. 53:277-284.

Hamilton, M. A. , Westermann, D. T. , and James, D. W. 1993. Factors affecting zinc uptake in cropping systems. Soil Sci. Am. J. 57:1310-1315.

Hause, W. A. , Van Campen, D. R. , and Welch, R. M. 1996. Influence of dietary sulfur-containing amino acids on the bioavailability to rats of zinc in corn kernels. Nutr. Res. 16:225-235.

Jolley, V. D. , and Brown, J. C. 1989. Iron efficient and inefficient oats. I. Differences in phytosiderophore release. J. Plant Nutr. 12:423-435.

Jones, J. B. Jr. 1991. Plant tissue analysis in micronutrients. In: Micronutrients in Agriculture. J. J. Mordvedt, F. R. Cox, L. M. Shuman, and R. M. Welch (eds.). SSSA Book Series No. 4. Madison, WI. pp. 477-521.

Kitagishi, K. , Obata, H. , and Kondo, T. 1987. Effect of zinc defciency on 80S ribosome content of meristematic tissues of rice plant. Soil Sci. Plant Nutr. 33:423-430.

Klug, A. , and Rhodes, D. 1987. "Zinc fingers": A novel protein motif for nucleic acid recognition. Trends Biochem. Sci. 12:464-469.

Kochian, L. V. 1993. Zinc absorption from hydroponic solutions by plant roots. In: Zinc in Soils and Plants. A. D. Robson (ed.). Kluwer Academic Publishers, Dordrecht, The Netherlands. pp. 45-57.

Lei, X. , Ku, P. K. , Miller, E. R. , Ullrey, D. E. , and Yokoyama, M. T. 1993. Supplemental microbial phytase improves bioavailability of dietary zinc to weanling pigs. J. Nutr. 123:1117-1123.

Lindsay, W. L. , and Norvell, W. A. 1978. Development of a DTPA soil test for zinc, iron, manganese and copper. Soil Sci. Soc. Am. J. 42:421-428.

Lindsay, W. L. 1991. Inorganic equilibria affecting micronutrients in soils. In: Micronutrients in Agriculture. J. J. Mordvedt, F. R. Cox, L. M. Shuman, and R. M. Welch (eds). SSSA Book Series No. 4. Madison, WI. pp. 89-112.

Ma, Q. Y. , and Lindsay, W. L. 1993. Measurement of free zinc activity in uncontaminated and contaminated soils using chelation. Soil Sci. Soc. Am. J. 57:963-967.

Ma, J. F. , and Nomoto, K. 1996. Effective regulation of iron acquisition in graminaceous plants. The role of mugineic acids as phytosiderophores. Physiol. Plant 97:609-617.

Majumder, N. D. , Rakshit, S. C. , and Borthakur, D. N. 1990. Genetic effects on uptake of selected nutrients in some rice (*Oryza sativa* L.) varieties in phosphorus deficient soil. Plant and Soil 123:117-120.

Marschner, H. , Römheld, V. , and Kissel, M. 1986. Different strategies in higher plants in mobilization and uptake of iron. J. Plant Nutr. 9:695-713.

Marschner, H. , and Cakmak, I. 1989. High light intensity enhances chlorosis and necrosis in leaves of zinc, potassium, and magnesium deficient bean (*Phaseolus vulgaris*). Plant and Soil 159:89-102.

Marschner, H. 1993. Zinc uptake from soils. In: Zinc in Soils and Plants. A. D. Robson (ed.). Kluwer Academic Publishers, Dordrecht, The Netherlands. pp. 59-77.

Marschner, H. 1995. Mineral Nutrition of Higher Plants. Academic Press, London.

Martens, D. C. , and Westermann, D. T. 1991. Fertilizer applications for correcting micronutrient deficiencies. In: Micronutrients in Agriculture. J. J. Mortvedt, F. R. Cox, L. M. Shuman, and R. M. Welch (eds.). Soil Sci. Soc. Am. Madison, WI. pp. 549-592.

Moraghan, J. T. , and Mascagni Jr, H. J. 1991. Environmental and soil factors affecting micronutrient deficiencies and toxicities. In: Micronutrients in Agriculture. J. J. Mordvedt, F. R. Cox, L. M. Shumann, and R. M. Welch (eds.). SSSA Book Series No. 4. Madison, WI. pp. 371-425.

Mordvedt, J. J. , and Gilkes, R. J. 1993. Zinc fertilizers. In: Zinc in Soils and Plants. A. D. Robson (ed.). Kluwer Academic Publishers, Dordrecht, The Netherlands. pp. 33-44.

Mori, S. 1994. Mechanisms of iron acquisition by graminaceous (strategy II) plants. In: Biochemistry of Metal Micronutrients in the Rhizosphere. J. A. Manthey, D. E. Crowley, and D. G. Luster (eds.). CRC Press Inc. , Boca Raton, FL. pp. 225-250.

Murakami, T. , Ise, K. , Hayakawa, M. , Kamei, S. , and Takagi, S. 1989. Stabilities of metal complexes of mugineic acids and their specific affinities for iron (III). Chem. Lett. pp. 2137-2140.

Oberleas, D. , and Harland, B. F. 1981. Phytate content of foods: Effect on dietary zinc bioavailability. J. Am. Diet. Assoc. 79:433-436.

O'Dell, B. L. , de Boland, A. R. , and Koirtyohann, S. 1972. Distribution of phytate and nutritionally important elements among the morphological components of cereal grains. J. Agric. Food Chem. 20:718-721.

Parker, M. B. , and Walker, M. E. 1986. Soil pH and manganese effects on manganese nutrition of peanut. Agron. J. 78:614-620.

Prasad, A. S. 1984. Discovery and importance of zinc in human nutrition. Fed. Proc. 43:2829-2834.

Rabinovich, S. V. 1998. Importance of wheat-rye translocations for breeding modern cultivars of *Triticum aestivum*. Euphytica 100(1-3):323-340.

Raboy, V. , Noaman, M. W. , Taylor, G. A. , and Pickett, S. G. 1991. Grain phytic acid and protein are highly correlated in winter wheat. Crop Sci. 31:631-635.

Rashid, A. , and Fox, R. L. 1992. Evaluating internal zinc requirements of grain crops by seed analysis. Agron. J. 84:469-474.

Rengel, Z. 1995a. Sulfhydryl groups in root-cell plasma membranes of wheat genotypes differing in zinc efficiency. Physiol. Plant. 95:604-612.

Rengel, Z. 1995b. Carbonic anhydrase activity in leaves of wheat genotypes differing in zinc efficiency. J. Plant Physiol. 147:251-256.

Rengel, Z. , and Graham, R. D. 1995a. Importance of seed zinc content for wheat growth on zinc-deficient soil. I. Vegetative growth. Plant and Soil 173:259-266.

Rengel, Z. , and Graham, R. D. 1995b. Importance of seed Zn content for wheat growth on Zn deficient soil. II. Grain Yield. Plant and Soil 173:267-274.

Rengel, Z. , and Graham, R. D. 1995c. Wheat genotypes differ in zinc efficiency when grown in the chelate-buffered nutrient solution. I. Growth. Plant and Soil 176:307-316.

Rengel, Z. , and Graham, R. D. 1995d. Wheat genotypes differing zinc efficiency when grown in the chelate-buffered nutrient solution. II. Plant and Soil 176:307-316.

Rengel, Z. , and Graham, R. D. 1996. Uptake of zinc from chelate-buffered nutrient solutions by wheat genotypes differing in zinc efficiency. J. Exp. Bot. 47:217-226.

Rengel, Z. , and Hawkesford, M. J. 1997. Biosynthesis of a 34-kDa polypeptide in the root-cell plasma membrane of a Zn-efficient wheat genotype increase upon Zn deficiency. Aust. J. Plant Physiol. 24:307-315.

Rengel, Z. , Marschner, H. , and Römheld, V. 1998. Uptake of zinc and iron by wheat genotypes differing in zinc efficiency. J. Plant Physiol. 154(4-5):433-438.

Rengel, Z. , and Wheal, M. S. 1997a. Herbicide chlorsulfuron decreases growth of fine roots and micronutrient uptake in wheat genotypes. J. Exp. Bot. 48:927-934.

Rengel, Z. , and Wheal, M. S. 1997b. Kinetic parameters of zinc uptake by wheat are affected by the herbicide chlorsulfuron. J. Exp. Bot. 48:935-941.

Reuter, D. J. , and Robinson, J. B. 1986. Plant Analysis: An Interpretation Manual. Inkata Press Ltd. , Melbourne, Australia.

Riley, M. M. , Gartrell, J. W. , Brennan, R. F. , Hambin, J. , and Coates, P. 1992. Zinc deficiency in wheat and lupins in Western Australia is affected by the source of phosphate fertilizers. Aust. J. Exp. Agric. 32:455-460.

Schlegel, R. , Cakmak, I. , Torun, B. , Eker, S. , Tolay, I. , Ekiz, H. , Kalayci, M. , and Braun, H. J. 1998. Screening for zinc efficiency among wheat relatives and their utilization for an alien gene transfer. Euphytica 100(1-3):281-286.

Schlegel, R. , Cakmak, I. , Torun, B. , Eker, S. , and Köleli, N. 1997. The effect of rye genetic information on zinc, copper, manganese and iron accumulation in wheat shoots. Cereal Res. Comm. 25:177-184.

Schlegel, R. , and Cakmak, I. 1997. Physical mapping of rye genes determining micronutritional efficiency in wheat. In: Plant Nutrition for Sustainable Food Production and Environment. T. Ando, K. Fujita, T. Mae, H. Matsumoto, S. Mori, and J. Sekiya (eds.). Developments in Plant and Soil Sciences, Vol. 78. Kluwer Academic Publishers, Dordrecht, The Netherlands. pp. 287-288.

Sharma, B. D. , Singh, Y. , and Singh, B. 1988. Effect of time of application on the effectiveness of zinc sulphate and zinc oxide as sources of zinc for wheat. Fert. Res. 17:147-151.

Sharma, K. N. , and Deb, D. L. 1988. Effect of organic manuring on zinc diffusion in soils of varying texture. J. Indian Soc. Soil. Sci. 36:219-224.

Shukla, U. C. , and Raj, H. 1974. Influence of genetic variability on zinc response in wheat (*Triticum* spp.) Soil Sci. Soc. Am. Proc. 38:477-479.

Sillanpää, M. 1982. Micronutrients and the nutrient status of soils: A global study. FAO Soils Bulletin 48. Food and Agriculture Organization of the United Nations, Rome. pp. 75-82.

Sillanpää, M. , and Vlek, P. L. G. 1985. Micronutrients and the agroecology of tropical and Mediterranean regions. Fert. Res. 7:151-167.

Sims, J. T. , and Johnson, G. V. 1991. Micronutrient soil tests. In: Micronutrients in Agriculture. J. J. Mordvedt, F. R. Cox, L. M. Shuman, and R. M. Welch (eds.). SSSA Book Series No. 4. Madison, WI. pp. 427-476.

Singh, J. P. , Karamanous, R. E. , and Stewart, J. W. B. 1986. Phosphorus-induced zinc deficiency in wheat on residual phosphorus plants. Agron. J. 78:668-675.

Singh, J. P. , Karamanos, R. E. , and Stewart, J. W. B. 1987. The zinc fertility of Saskatchewan soils. Can. J. Soil Sci. 67:103-116.

Skoog, F. 1940. Relationship between zinc and auxin in the growth of higher plants. Am. J. Bot. 27:939-950.

Solomons, N. W. 1982. Biological availability of zinc in humans. Am. J. Clin. Nutr. 35:1048-1075.

Sparrow, D. H. , and Graham, R. D. 1988. Susceptibility of zinc-deficient wheat plants to colonization by *Fusarium graminearum* Schw. Group I. Plant and Soil 112:261-266.

Stephan, U. W. , Schmidke, I. , and Pich, A. 1994. Phloem translocation of Fe, Cu, Mn and Zn in Ricinus seedlings in relation to the concentrations of nicotianamine, an endogenous chelator of divalent metal ions in different seedlings parts. Plant and Soil 165:181-188.

Suge, H. Takahashi, H. , Arita, S. , and Takaki, H. 1986. Gibberelin relationships in zinc deficient plants. Plant Cell Physiol. 27:1010-1012.

Swamvinathan, K., and Verma, B. C. 1979. Response of three crop species to vesicular arbuscular mycorrhizal infections in zinc deficient Indian soils. New Phytol. 82:481-487.

Takagi, S. 1976. Naturally occurring ironchelating compounds in oat and rice root washing. I. Activity measurement and preliminary characterization. Soil Sci. Plant Nutr. 22:423-433.

Takagi, S., Nomoto, K., and Takemoto, T. 1984. Physiological aspect of mugineic acid, a possible phytosiderophore of graminaceous plants. J. Plant Nutr. 7:469-477.

Takkar, P. N., Chibba, I. M., and Mehta, S. K. 1989. Twenty Years of Coordinated Research of Micronutrients in Soil and Plants (1967-1987). Indian Institute of Soil Science, Bhopal, IISS, Bull. I. Takkar, P. N., and Walker, C. D. 1993. The distribution and correction of zinc deficiency. In: Zinc in Soils and Plants. A. D. Robson (ed.). Kluwer Academic Publishers, Dordrecht, The Netherlands. pp. 151-166.

Thongbai, P., Hannam, R. J., Graham, R. D., and Webb, M. J. 1993. Interaction between zinc nutritional status of cereals and Rhizoctonia root rot severity. Plant and Soil 153:207-214.

Torun, B. 1997. Differences in zinc efficiency among and within cereals and wheats (in Turkish). PhD Dissertation. Cukurova University. Treeby, M., Marschner, H., and Römheld, V. 1989. Mobilization of iron and other mcronutrient cations from a calcareous soil by plant-borne, microbial and synthetic metal chelators. Plant and Soil 114: 217-226.

Vallee, B. L., and Falchuk, K. H. 1993. The biochemical basis of zinc physiology. Physiol. Rev. 73:79-118.

Viets, F. G. 1966. Zinc deficiency in the soil plant system. In: Zinc Metabolism. A. S. Prasad (eds.). C. C. Thomas, Springfield, IL. pp. 90-127.

von Wiren, N., Marschner, H., and Römheld, V. 1996. Roots of iron-efficient maize (Zea mays L.) take up also hytosiderophorechelated zinc. Plant Physiol. 111:1119-1125.

Wagar, B. I., Stewart, J. W. B., and Henry, J. L. 1986. Comparison of single large broadcast and small annual seed-placed phosphorus treatments on yield and phosphorus and zinc contents of wheat on chernozomic soils. Can. J. Soil Sci. 66:237-248.

Walter, A., Römheld, V., and Marschner, H. 1994. Is the release of phytosiderophores in zinc deficient wheat plants' response to impaired iron utilization? Physiol. Plant. 92:493-500.

Webb, M. J., and Loneragan, J. F. 1988. Effect of zinc deficiency on growth, phosphorus concentration, and phosphorus toxicity of wheat plants. Soil Sci. Soc. Am. J. 52:1676-1680.

Welch, R. M., Webb, M. J., and Loneragan, J. F. 1982. Zinc in membrane function and its role in phosphorus toxicity. In: Proceedings of the Ninth Plant Nutrition Colloquium. A. Scaife (ed.). Warwick, UK. Commonwealth Agricultural Bureau, Farnham Royal, Bucks. pp. 710-715.

Welch, R. M., Allaway, W. H., House, W. A., and Kubota, J. 1991. Geographic distribution of trace element problems. In: icronutrients in Agriculture. J. J. Mortvedt, F. R. Cox, L. M. Shuman, and R. M. Welch (eds.). SSSA Book Series No. 4. Madison, WI. pp. 31-57.

Welch, R. M., and Norvell, W. A. 1993. Growth and nutrient uptake by barley (Hordeum vulgare L. cv. Herta): Studies using an N-(2-hydroxyethyl) ethylenedinitrilotriaacetic acid-buffered nutrient solution technique. Plant Physiol. 101:627-631.

Welch, R. M. 1995. Micronutrient nutrition of plants. Crit. Rev. Plant. Sci. 14:49-82.

Wilkinson, H. F., Loneragan, J. F., and Quick, J. P. 1968. The movement of zinc to plant roots. Soil Sci. Soc. Amer. Proc. 32:831-833.

Yilmaz, A. Ekiz, H., Torun, B., Gültekin, I., Karanlik, S., Bagci, S. A., and Cakmak, I. 1997. Effect of different zinc application methods on grain yield and zinc concentration in wheat grown on zinc deficient calcareous soils in Central Anatolia. J. Plant Nutr. 20:461-471.

Yilmaz, A., Ekiz, H., Gültekin, I., Torun, B., Karanlik, S., and Cakmak, I. 1998. Effect of seed zinc content on grain yield and zinc concentration of wheat grown in zinc deficient calcareous soils. J. Plant Nutr. 21:2257-2264.

Zhang，F.，Römheld，V.，and Marschner，H. 1989. Effect of zinc deficiency in wheat on the release of zinc and iron mobilizing exudates. Z. Pflanzenernaehr. Bodenk. 152:205-210.

Zhang，F. S.，Römheld，V.，and Marschner，H. 1991. Diurnal rhythm of release of phytosiderophores and uptake rate of zinc in iron-deficient wheat. Soil Sci. Plant Nutr. 37:671-678.

17 氮和磷利用效率[①]

J. I. Ortiz-Monasterio[②], G. G. B. Manske[③], M. van Ginkel[②]

在小麦耕作体系中,提高作物养分利用效率通常有两种办法:一是采取更有效的管理措施(如养分的比率、施用时间、种类和配置);二是选育养分利用效率高的品种。虽然这两种方法都很重要,但这一章主要介绍通过育种提高养分利用效率的方法(特别是氮和磷的利用效率)。关于通过栽培管理措施提高小麦氮利用效率已经在别处(Ortiz-Monasterio,2001)做过详细介绍。

在描述提高养分利用效率(nutrient use efficiency)的方法之前,首先要明确什么是养分利用效率。Moll 等在 1982 年提出了一个定义,有助于阐明不同小麦品种氮利用效率的遗传差异(虽然这个概念是把氮利用效率作为一个例子提出的,但也适合于磷)。他们将小麦氮和磷利用效率定义为土壤和(或)肥料提供的每单位养分所收获的籽粒产量。它可分成两个组分,即吸收效率或植物从土壤里吸取养分的能力;以及利用效率(utilization efficiency),即植物把吸收的养分转化成籽粒产量的能力。因此,养分利用效率表示为:

养分利用效率=养分吸收效率×利用效率

$$Gw/Ns = Nt/Ns \times Gw/Nt \tag{17.1}$$

式中, Gw 为籽粒干重;Nt 为植物成熟时地上部分的总养分;Ns 为所提供的养分;单位均为 g/m^2。

Ortiz-Monasterio 等(1997a)建议把利用效率再分成两部分,即收获指数和养分的生物量生产效率(nutrient biomass production efficiency),表示为:

利用效率=收获指数×养分的生物量生产效率

$$Gw/Nt = Gw/Tw \times Tw/Nt \tag{17.2}$$

式中, Tw 为植物成熟时的地上部分总干重。

利用效率还可以表示为:

利用效率=收获指数×植物总养分含量的倒数

$$Gw/Nt = Gw/Tw \times 1/Nct \tag{17.3}$$

式中, Nct 为植物中总养分含量的百分数。

Moll 等(1982)提出的氮利用效率概念无论在低投入还是高投入情况下都能适用。然而,还有其他养分效率的分类体系,这些体系考虑了植物在养分胁迫和非胁迫情况下的

---

① 本章并未试图对文献做详尽的综述,而是基于 CIMMYT 小麦项目在氮和磷利用效率方面的研究经验展现更实用的信息。

② CIMMYT 小麦项目组,墨西哥。

③ 伯恩大学发展研究中心(ZEF),德国。

表现。例如,Gerloff(1977)根据品种对磷的反应把品种分成 4 组,它们是:①高效,应答;②低效,应答;③高效,无应答;④低效,无应答。高效指的是一个品种在低养分状况下比其他品种产量高,而应答指的是品种在高养分下表现为高产。这种根据效应和反应的分类能够鉴别适合一系列土壤养分条件的品种。

　　自 20 世纪 40 年代以来,CIMMYT 及其前辈一直都在为发展中国家提供小麦种质。CIMMYT 选育的小麦品种最早且最快被发展中国家灌溉区利用(如墨西哥的 Yaqui 河流域,印度的 Punjab 地区,巴基斯坦的 Punjab 地区)(Byerlee,1996)。这些地区的农民大量使用(有时是以亚适宜水平施用)肥料来补充土壤养分。然而在其他一些地区,农民因为没钱买肥料,或不愿投入,所以从不施肥。这就要求 CIMMYT 选育的小麦品种能够广泛适应于不同地区的土壤养分状况(低或高)。

　　本章将讨论如何研究不同养分状况下单项养分的利用效率(吸收与利用),这将有助于我们更好地认识选育高氮和磷利用效率品种的机会和局限性。

17.1　氮

　　20 世纪 60 年代,对高水肥利用和抗倒伏的半矮秆小麦品种的引入掀起了第一次绿色革命。随着产量的提高,氮肥的应用量迅速增加。由于半矮秆品种的引入,施用单位氮肥所生产的籽粒产量明显增加(图 17.1)。

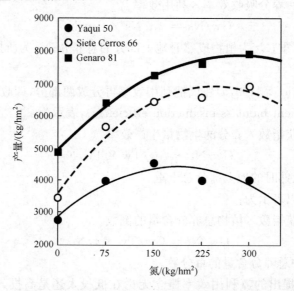

图 17.1　高秆(Yaqui 50)和半矮秆春小麦品种对氮肥增长水平的反应

　　我们报道了 1950~1985 年 CIMMYT 在中到高水平氮肥条件下选育的普通小麦品种的氮肥利用效率的变化。结果显示在所有的氮肥水平下,CIMMYT 近期选育的小麦品种的产量大大超过了以前的半矮秆和高秆小麦品种(Ortiz-Monasterio et al.,1997)。这说明在中、高氮肥条件下选育的小麦品种在低或高氮水平下也会表现较高的产量。按照 Gerloff 于 1977 年的分类,1950~1985 年 CIMMYT 选育的普通小麦品种不仅对氮肥

"应答"更强而且更"高效"。因此，CIMMYT选育的普通小麦品种需氮量并不比早先的高秆品种多，事实上，它们往往需要投入较少的氮肥却能获得同样的产量。此外，由于CIMMYT普通小麦品种对氮肥的响应性更好，因此其最佳经济效益比先前的高秆品种更高(Ortiz-Monasterio et al.，1997a)。

虽然CIMMYT目前选育的小麦品种兼顾了低氮和高氮环境，但我们还需要探索更有效的选择方法。为此，我们鉴定了CIMMYT小麦种质氮肥利用效率的两个组分，即氮吸收和氮利用效率的特性，发现这两个性状均存在遗传差异。

我们和其他人的研究都发现土壤里的氮肥水平在氮吸收和氮利用效率表达上起了重要的作用(Dhugga et al.，1989；Ortiz-Monasterio et al.，1997a)。然而，不同土壤氮肥水平对春小麦氮利用效率某给定成分表达的影响可能受基因型和(或)试验地的影响。Dhugga和Waines(1989)发现在高氮土壤里氮吸收效率的表达比较好，而在低氮条件下氮利用效率的表达比较高。与此相反，Ortiz-Monasterio等(1997)发现在低氮条件下氮吸收效率的表达较高，而高氮条件下氮利用效率的表达较高。尽管调查结果不一致，但现有资料表明，土壤氮水平可能与遗传变异共同对小麦在高投入和低投入条件下的品种改良发挥作用(Ortiz-Monasterio et al.，1997a；Van Ginkel et al.，2001)。

17.1.1 氮吸收与氮利用效率

鉴于上述情况，我们目前的重点是研究高氮吸收和高氮利用效率的高产小麦品种选育策略，问题是重点放在高氮吸收上还是高氮利用效率上呢？

利用效率具有生态要求，因为在相同养分水平下产量较高的植物或在较低养分水平下产量相同的植物均需要较少的投入。如前所述，利用效率可以被分解成收获指数与养分生产效率。在过去，如果我们分析这两者哪一个与肥料利用效率的关系更密切，那么应该是收获指数的提高，通过收获指数的提高大大改善了肥料的利用效率[式(17.2)]。但是Fischer(1981)和Calderini等(1995)认为通过进一步提高收获指数来提高产量的可能性是有限的。

通过提高养分利用效率来进一步提高产量有两种途径：①增加产量的同时保持或减少植物体内的养分含量；②减少植物体内总养分含量的同时增加或保持产量[式(17.2)]。CIMMYT选育的在多种氮水平下都能高产的小麦品种平均氮收获指数约为75%。换句话说，小麦成熟时植物体内75%的氮都集中在籽粒里。这意味着与收获指数不相关(假如收获指数不变)的高养分利用效率的小麦品种，其籽粒里的蛋白质含量将会下降。这将会影响籽粒的烘烤品质和营养价值，但可以通过提高蛋白质的质量来弥补蛋白质的含量。

面包烘烤品质在发达国家的小麦育种项目中一直是很受关注的问题，在发展中国家现在也高度重视。原来发展中国家的小麦育种项目是提高小麦产量来养活不断增长的人口，现在已经扩展到满足农民的要求，生产高品质的小麦，以增加市场竞争力。

对小麦籽粒营养价值关注的另一个原因是发展中国家人口的营养问题。小麦籽粒里营养成分的含量与蛋白质含量呈负相关。墨西哥和阿根廷的研究表明，纵观小麦育种的整个过程，籽粒里蛋白质的含量随着产量的提高一直在降低(Ortiz-Monasterio et al.，1997；Calderini et al.，1995)。蛋白氮的减少与较高的肥料利用效率相关。因此，在发达国家和发展中国家,小麦育种的挑战将是继续提高氮肥的利用效率,同时保持和提高小麦的烘烤品质和(或)营养成分含量。

在把养分的吸收效率作为一项策略应用于提高粮食产量的同时,一个左右为难的问题又产生了。对于那些连肥料都买不起的农民,只能在低投入条件下种植小麦,他们不需要高氮吸收效率的品种,因为此类品种的推广加速了土壤养分的消耗。相反,在高投入环境下,非常需要高吸收效率的小麦品种,不然的话残留在土壤里的氮(土壤中没有被作物吸收的氮)或者渗漏在土壤里经硝酸化后污染地下水资源,或者形成 N_2、N_2O、NO_x 或 NH_3 释放到大气中。

在许多发达国家硝态氮淋失一直都有详细记载(CAST,1985;Keeney,1986),这与为追求高产而施用氮肥过多有关,特别是砂壤土。直到最近,全球氮肥的使用在发达国家和发展中国家之间几乎是平分秋色,总量达到 80 Tg/a(FAO,1990)。然而,氮肥的使用在发展中国家一直在上升,据估计到 2025 年,全球氮肥的使用会增加 60%～90%,而其中 2/3 会发生在发展中国家(Galloway,1995)。

如今,全球发展中国家小麦生产体系的氮肥使用率相当高,如墨西哥和埃及的一些小麦种植区。墨西哥西北区是高投入的小麦生产区,当地农民的氮肥使用量平均为 250 kg/hm² ,研究人员已经发现了大量的氮肥渗漏(Riley et al. ,2000)和高排放的温室气体进入大气层(Matson et al. ,1998)。如果所用的品种和栽培管理体制仍然不改变的话,随着氮肥使用的增加,在许多工业化的国家普遍发生的氮渗漏和温室气体效应在发展中国家高投入的地区将变得越来越广泛。

17.1.2　提高氮肥利用效率的策略

前面提到,CIMMYT 在 1950～1985 年选育的普通小麦品种产量逐渐提高。我们研究发现这些小麦品种在发展中国家灌溉区的施氮水平(75～150 kg/hm²)下,籽粒产量的 50% 与高氮吸收效率有关,另外 50% 与高利用效率有关(Ortiz-Monasterio et al. ,1997)。这清楚地表明氮吸收和利用效率的提高在过去很重要,在将来仍然是十分重要的。

因此,研究在高养分和低养分条件下氮利用效率是很重要的,研究者必须鉴定和筛选在低养分胁迫下表现较好的基因型(高效型)和高投入条件下反应较好的基因型(应答型)(图 17.2)。

在 5 种氮肥水平下(低、中、高、高低交替、低高交替),我们发现在中或高氮肥条件下表现最高产的材料是在高氮和低氮条件下在 F_2～F_7 代中选择得到的;没有观察到高代品系在低氮环境下对氮的处理存在差异(Van Ginkel et al. ,2001)。因此,我们认为氮吸收效率和利用效率的相对重要性是随着不同的栽培耕作生产体系而变化的,鉴于 CIMMYT 的育种计划中广适性是主要的育种目标,我们将继续致力于氮吸收效率和氮利用效率的改善。

图 17.2　施氮与非施氮品种，Ciudad Obregon，索诺拉省，墨西哥（见文后彩图）
(Ortiz-Monasterio 拍摄)

17.2　磷

土壤里含有大量的磷，但作物可利用的却很少。Al-Abbas 和 Barber(1964)报道，土壤磷的含量要比作物吸收的磷高出 100 倍。当把磷的有效性和应答情况作为小麦的育种目标时，我们一直都在选择低磷条件下磷的有效性能够达到一般品种平均水平的高效型和对磷的施用产生反应的应答型。

与对氮的研究情况相似，CIMMYT 一直在中到高磷的土壤里选育品种。结果是，1950～1992 年，CIMMYT 选育的小麦品种在低磷和高磷水平下磷的利用效率一直都在提高(Ortiz-Monasterio et al. ，资料未发表)。根据 Gerloff(1977)的研究，在这期间 CIMMYT选育的小麦品种在磷的有效性和反应性上都提高了。

对于小麦的磷吸收和利用效率，哪一个更重要几乎没有报道。最近，CIMMYT 研究了春小麦在墨西哥中部高原的火山灰土壤雨养区和西北部低海拔变性土壤灌溉区对磷的吸收和利用的相对重要性。选用一套墨西哥品系研究了吸收和利用的特性。结果表明，在无铝毒的酸性火山灰土壤中，磷的吸收比利用更重要；相反，在碱性土壤中，利用效率更重要(Manske et al. ，2000a)。在这两种环境条件下，CIMMYT 的这些材料对于磷吸收和磷利用均具有遗传多样性。

该研究表明，与氮的情况相似，对这一套基因型来说，环境条件在磷吸收和磷利用效率的表达中起很重要的作用。然而，对于磷来说，并不是低磷、高磷影响了磷吸收和磷利用效率的表达，而是地点效应。但是在这一点上，我们并不清楚在地点效应中有多少来自土壤效应，有多少来自地面效应(辐射、温度等)(Manske，1997)。还要明确的是为什么相同基因型材料在一些环境中表现磷吸收效率的遗传多样性,而在另一些环境中则不表现。

在高或低养分条件下鉴定种质资源使我们能够了解在养分胁迫下表现较好的基因型以及对高养分反应较好的基因型(图 17.3)。初步数据表明,低磷条件下鉴定高世代遗传材料,对发现磷胁迫条件下优异的种质资源非常有用;而在高磷条件下鉴定高世代遗传材料,有时会导致基因型在低磷条件表现较好,但在高磷条件下表现中等。如果仅在高养分条件下进行试验,这样的材料可能被遗弃,因为仅有 10%~15% 的高代家系被选择,它们在高磷条件下表现中等(Trethowan et al.,未发表)。因此,在高和低两种营养条件下选择和评价材料是很重要的,一旦 CIMMYT 完成在低和高或者低高交替条件下选择种质资源,就有更确切的信息可被利用,正如对氮的研究结果那样。

　　　　　　　　(a)　　　　　　　　　　　　　　　　　　　(b)

图 17.3　在墨西哥 Michoacan 的 Patzcuaro 磷利用效率筛选小区(见文后彩图)

(a) 不施磷,(b) 施磷 80 kg/hm²。(a) P 高效基因型,(b) P 低效基因型

(Ortiz-Monasterio 拍摄)

在酸性土壤中,缺磷常常伴随着铝、锰毒性,特别是在 pH 低于 5.4 的土壤条件下。已有证据表明,控制耐铝和锰毒性的基因与耐低磷基因独立遗传并可发生重组(Polle et al.,1990)。因此建议,如果可能的话,筛选耐缺磷基因型应在没有铝和锰毒性的土壤条件下进行。一旦在田间筛选出磷高效的优异材料,就可以在田间或水培条件下鉴定这些材料对铝和锰毒性的耐性(具体方法见 Hede 和 Skovmand 撰写的章节)。

当我们确定了在营养液培养和田间鉴定条件下磷吸收的表现显著相关后,再利用营养液培养来鉴定磷吸收效率。这很重要,因为很少有作物通过总体流(蒸腾流动)来吸收磷。扩散很重要,但在溶液培养里难以模拟。一般认为,不应用营养液培养来筛选鉴定磷吸收,因为它与田间鉴定结果相关性很低,而且营养液培养不能很好地模拟土壤与植物的相互作用。

17.2.1　磷吸收与利用效率

磷利用效率是指植物中每单位磷所生产的籽粒产量,依赖于植物本身对磷的需求。增加收获指数、磷收获指数、降低籽粒里磷浓度都可以提高磷的利用效率(Jones et al.,1989;Batten,1992)。

CIMMYT 选育的大部分高产小麦品种在灌溉条件下的磷收获指数约为 80%。与氮相似,如果已知提高收获指数的余地小,则选育的高磷利用效率品种的籽粒磷含量将较低。由于籽粒里的磷含量较低,其从土壤中吸收的磷量则低,对这种品种的选择有助于土地的可持续利用(Schulthess et al. ,1997)。籽粒里磷含量的遗传差异在不同的环境里是相当一致的(Schulthess et al. ,1997)。澳大利亚是世界上最主要的小麦出口国,但土壤中有效磷很少。如果育种者能减少小麦籽粒里的磷含量,农民只需持续购买少量磷肥以补偿出口的籽粒中带走的磷。

但减少籽粒里的磷含量是有限度的。有证据表明小麦籽粒里的磷含量如果太少的话,会影响种子活力,特别是在缺磷的土壤里。对 CIMMYT 选育的历史上很重要的一组半矮秆普通小麦品种的研究表明,籽粒里的磷含量通过品种选育逐年显著下降(Manske,1997),阿根廷的研究人员也得到了相似的结果(Calderini et al. ,1995)。与氮相似,籽粒中磷含量降低与其磷利用效率相关。

植物所吸收的氮大部分来自总体流(即由于植物通过蒸腾失水时,向根部移动的土壤水分)。但植物对磷的吸收主要是通过根系吸收形成的梯度扩散。土壤溶液里的磷浓度($<0.05\ \mu g/ml$)与硝态氮($100\ \mu g/ml$)相比小得多,而且磷很少能通过毛细管水分运动移向根部。植物吸收的磷量受根土界面磷浓度的限制,这意味着小麦根系必须不断地生长,与新的土壤接触来吸取磷,所以根长是吸收表面积的主要决定因素。

具有大的根长密度(root length density)的小麦品种能够从土壤里吸收更多的磷(Manske et al. ,2000)。当磷浓度低的时候,根长密度与磷吸收或籽粒产量的相关系数通常为 0.50～0.60,但在磷供应充足的条件下,相关性会降低。在某些环境中,磷吸收比磷利用效率更重要。在磷吸收对磷利用效率起主要作用的地区,磷吸收效率是提高磷利用效率的巨大保障,因为全磷含量较高的土壤中速效磷含量往往较低。

17.2.2　提高磷利用效率的策略

可采用不同的方法提高磷的吸收(Polle et al. ,1990;Johansen et al. ,1995)。

17.2.2.1　增加根土接触面

这可通过改变根系形态来实现。在根重不变的情况下,增加比根长(即根的直径较小)能够增加根表面积;增加根毛也能增加根表面积。所以根的细度和分枝决定小麦对磷的吸收效率(Jones et al. ,1989)。这条途径似乎是有保障的,有证据表明小麦在根毛性状上存在较大的遗传变异。但是,鉴定根毛性状耗时费力,限制了它在育种项目中的应用,因为需要筛选大量的基因型。

17.2.2.2　增加根的有效面积

已经证明根与丛枝菌根真菌(AMF)共生增加了根的有效面积,从而增加了磷的吸收(Hayman et al. ,1971)。感染 AMF 提高了磷的吸入(每单位根长所吸收的磷);另外,关于小麦品种资源中囊状灌木菌(VAM)相关性状的遗传多样性的研究结果并不一致(Vlek et al. ,1996)。Vlek 等认为小麦品种与 VAM 的关联存在品种间差异。相反,CIMMYT 选育的春小麦品种与 VAM 关联的品种间差异却很小,而且差异与高的磷吸收并不高度相关(Manske et al. ,2000)。

17.2.2.3　通过改变根际状况增加养分的有效性

根系分泌物，从质子到复杂的有机分子，都能影响养分的有限性和吸收。已经报道，磷酸酶只能将较少的有效有机磷(通常占植物总供应磷的 40%～50%)转化成植物可吸收利用的无机磷(Randall,1995)。根系分泌的以及被根表面束缚的磷酸酶存在基因型差异(McLachlan,1980)。对火山灰土壤(andisol)的研究表明在不同小麦和小黑麦品种中酸性磷酸酶与磷吸收是相关联的(Portilla-Cruz et al. ,1998)。

与氮的情况相似，选育高磷利用效率品种的机会大多在于提高生物量生产效率(BPE)，而不是收获指数，因此可以在保持植物体内现有磷水平的基础上增加生物产量，或在植物保持一个较低的磷浓度的基础上维持现有的物质生产。利用效率是植物利用所吸收磷的效率，而磷的吸收利用是一种功能，它与磷如何有效地分配到功能位点以及在该位点上细胞对磷的需求有关(Loneragan,1978)。

17.3　养分吸收效率的计算

正如先前的定义一样，吸收效率是指作物从土壤里吸收养分的能力，即：

吸收效率 = 植株成熟时地上部的总养分(Nt)/提供的养分(Ns)。

在作物任何生长发育阶段都可以测量吸收效率，而在开花期和生理成熟期测量的结果特别有用。测量步骤如下。

首先收获给定区域的(最小 0.5 m²)生物量，或随机收获预先确定的有代表性的一定数目的植株(建议最少 50 株)。Bell 和 Fischer(1994)描述了在不同生长发育阶段取样的详细方法。

如果取样正好在开花前后，分析氮、磷吸收时不需要将籽粒与植株地上部的其余部分分开；如果在生理成熟期前后取样，进行氮的分析时，将籽粒与地上部的其余部分分开是很重要的，因为籽粒与非籽粒(叶、茎、谷壳)中营养成分浓度的百分数存在很大差异。在灌溉和施肥条件较好的春小麦中，我们已经发现在该阶段籽粒含大约 2% 的氮，而非籽粒部分含大约 0.8% 的氮，因此，最好使用加权平均值计算植物的总养分。

植株成熟时地上部的总养分(Nt) = 籽粒干重(g/m²) × 籽粒的养分浓度(%) ＋非籽粒部分干重(g/m²) × 非籽粒部分养分浓度(%)

养分吸收效率可通过植物体内全部养分除以肥料提供的养分(g/m²)而得到。如果采集的土壤样品里的可利用养分是已知的，那么就可以被加到肥料提供的营养成分里。

养分的吸收主要依赖于根部特性，特别是土壤里不能移动的养分，如磷。测量小麦根系性状的方法在 Manske 等编写的章节中作了详细介绍。

17.4　养分利用效率的计算

养分利用效率是指作物把吸收的养分转化成籽粒产量的能力，即：

$$利用效率＝Tw/Nt$$

式中，Tw 为植物成熟时的地上部分总干重；Nt 为植物成熟时地上部分的总养分。如果要计算吸收效率，还需要采集更多的信息。首先按照下列公式计算收获指数(HI)：

$$HI＝Gw/Tw$$

式中，Gw 为籽粒干重；Tw 为地上部分总干重。

测量时可收获一定面积或一定数量的植株，参见 Bell 和 Fischer(1994)。最后计算生物量生产效率(BPE)[①]：

$$BPE＝Gw/Nt$$

17.5　结　　论

CIMMYT 的普通小麦育种工作表明，在低、中、高氮水平下鉴定和评价遗传材料，能在中、高氮水平下表现遗传变异。换句话说，在适宜条件下对高产潜力小麦品种的选育已经鉴定出在低、中、高氮水平下有较高氮利用效率的品种资源。已经有证据表明，在低、高交替的氮水平下能够选育出对氮的吸收和反应更有效的品种资源。

很显然，养分利用效率和对养分的反应性受遗传控制。一些研究者把这两个性状作为不同的育种目标，但两者并非不兼容，CIMMYT 普通小麦育种的研究结果就是最好的证据。在最近几十年，CIMMYT 一直都在中到高氮磷水平下选育小麦品种，已选育出对氮和磷不仅具高反应性而且利用效率高的小麦品种。

为了更好地理解高氮、磷利用效率的机制，建议：

• 使用由 Moll 等(1982)提出的氮、磷利用效率的概念；

• 区分有效性和反应性，需要在低和高氮、磷条件下鉴定所有的种质资源；

• 确定目标环境中吸收效率和利用效率哪个更重要；

• 理解高吸收(更多的根、磷酸酶等)或高利用效率(生物量生产效率与收获指数)的机制，如果搞清了这些机制，就可将其作为选择标准；

• 一旦鉴定出控制这些性状的遗传标记，就可在实验室对这些性状进行标记辅助选择。

(孙黛珍　译)

参 考 文 献

Al-Abbas, A. H. , and Barber, S. A. 1964. A soil test for phosphorus based upon fractionation of soil phosphorus. I. Correlation of soil phosphorus fractions with plant-available phosphorus. Soil Science Society of America Proceedings 28:218-221.

Barber, S. A. 1984. Soil Nutrient Bioavailability. A Mechanistic Approach. John Wiley: New York. Barber, S. A. 1979. Growth requirement for nutrients in relation to demand at the root interface. In: The Soil-Root Interface. Harley,J. L. , and Scott-Russell, R. (eds.). London: Academic Press. pp. 5-20.

[①]　根据本章的式(17.2)，BPE＝Tw/Nt。译者注。

Batten, G. D. 1992. A review of phosphorus efficiency in wheat. Plant and Soil 146:163-168.

Bell, M. A. , and R. A. Fischer. 1994. Guide to Plant and Crops Sampling: Measurements and Observations for Agronomic and Physiological Research in Small Grain Cereals. Wheat Special Report No. 32. Mexico, D. F. : CIMMYT. Byerlee, D. 1996. Modern varieties, productivity, and sustainability: Recent experience and emerging challenges. World Development 24(4):697-718.

Calderini, D. F. , S. Torres-Leon, and G. A. Slafer. 1995. Consequences of Wheat Breeding on Nitrogen and Phosphorus Yield, Grain Nitrogen and Phosphorus Concentration and Associated Traits. Annals of Botany 76:315-322.

Council for Agricultural Science and Technology. 1985. Agricultural and ground-water quality. Report No. 103. CAST, Ames, IA. Dhugga, K. S. , and J. G. Waines. 1989. Analysis of nitrogen accumulation and use in bread and durum wheat. Crop Sci. 29:1232-1239.

Engels, C. , and H. Marschner. 1995. Plant uptake and utilization of nitrogen. In: Nitrogen Fertilization and the Environment. P. E. Bacon (ed.). Marcel Dekker: New York. pp. 41-83.

FAO Fertilizer Yearbook. 1990. United Nations Food and Agricultural Organization, Rome. Fischer, R. A. 1981. Optimizing the use of water and nitrogen through breeding of crops. Plant and Soil. 58:249-278.

Fischer, R. A. , and P. C. Wall. 1976. Wheat breeding in Mexico and yield increases. J. Aust. Inst. Agric. Sci. 42(3):139-148.

Galloway, J. N. , Schlesinger, W. H. , Levy, H. , Michaels, A. , and Schnoor, J. L. 1995. Nitrogen fixation-anthropogenic enhancement-environmental response. Global Biogeochemical Cycles 9:235-252.

Graham, R. D. 1984. Breeding for nutritional characteristics in cereals. In: Advances in Plant Nutrition. P. B. Tinker and A. Lauchli (eds.). New York: Praeger Publishers. pp. 57-102.

Gerloff, S. 1977. Plant efficiencies in the use of N, P and K. In: Plant adaptation to mineral stress in problem soils. M. J. Wright (ed.). Cornell Univ. Press: New York. pp. 161-174.

Haymann, D. S. , and Mosse, B. 1971. Plant growth response to vesicular arbuscular mycorrhiza. I. Growth of Endogone inoculated plants in phosphate deficient soils. New Phytol. 70:19-27.

Johansen, C. , Subbarao, G. V. , Lee, K. K. , and Sharma, K. K. 1995. Genetic manipulation of crop plants to enhance integrated nutrient management in cropping systems: The case of phosphorus. In: Genetic manipulation of crop plants to enhance integrated nutrient management in cropping systems. 1. Phosphorus: Proceedings of an FAO/ICRISAT Expert Consultancy Workshop. Johansen, C. , Lee, K. K. , Sharma, K. K. ,Subbarao, G. V. , and Kueneman, E. A. (eds.). Andhra Pradesh, India: International Crops Research Institute for the Semi-Arid Tropics. pp. 9-29.

Jones, G. P. D. , Blair, G. J. , and Jessop, R. S. 1989. Phosphorus efficiency in wheat-a useful selection criteria? Field Crops Res. 21:257-264.

Jones, G. P. D. , Jessop, R. S. , and Blair, G. J. 1992. Alternative methods for the selection of phosphorus efficiency in wheat. Field Crops Res. 30:29-40.

Keeney, D. R. 1982. Nitrogen management for maximum efficiency and minimum pollution. In: Nitrogen in agricultural soils. F. J. Stevenson (ed.). Agron. Monogr. 22. ASA, CSSA and SSSA, Madison, WI. pp. 605-649.

Loneragan, J. F. 1978. The physiology of plant tolerance to low P availability. In: Crop Tolerance to Suboptimal Land Conditions. G. A. Jung (ed.). Am. Soc. Agron. Spec. Publ. No. 32. Madison, WI. pp. 329-343.

McLachlan, K. D. 1980 Acid phosphatase activity of intact roots and phosphorus nutrition of plants. II. Variation among wheat roots. Aust. J. Agric. Res. 31:441-448.

Manske, G. G. B. 1997. Utilization of the genotypic variability of VAM-symbiosis and root length density in breeding phosphorus efficient wheat cultivars at CIMMYT. Final Report of Special Project No. 1-60127166, funded by BMZ, Germany.

Manske, G. G. B. , J. I. Ortiz-Monasterio R. , M. van Ginkel, R. M. Gonzalez, R. A. Fischer, S. Rajaram, and P. Vlek. 2000a. Importance of P-uptake efficiency vs. P-utilization for wheat yield in acid and calcareous soils in

Mexico. European J. Agronomy. 14(4):261-274.

Manske, G. G. B. , J. I. Ortiz-Monasterio, M. van Ginkel, R. M. Gonzalez, S. Rajaram, E. Molina, and P. L. G. Vlek. 2000b. Traits associated with improved P-uptake efficiency in CIMMYT's semidwarf spring bread wheat wheat grown on an acid andisol in Mexico. Plant and Soil 22(1):189-204.

Matson, P. A. , Naylor, R. , and Ortiz-Monasterio, I. 1998. Integration of environmental, agronomic and economic aspects of fertilizer management. Science 280:112-115.

Moll, R. H. , E. J. Kamprath, and W. A. Jackson. 1982. Analysis and interpretation of factors which contribute to efficiency of nitrogen utilization. Agron. J. 74:562-564.

Ortiz-Monasterio, J. I. 2001. Nitrogen Management in Irrigated Spring Wheat. B. Curtis (ed.). Wheat. FAO. Rome,Italy. (in press). Ortiz-Monasterio,I. ,K. D. Sayre, and O. Abdalla. 1992. Genetic Progress in CIMMYT's Durum Wheat Program in the Last 39 Years. Abstracts of the First International Crop Science Congress, 64. Ames, Iowa, July 14-22, 1992.

Ortiz-Monasterio R. , J. I. , K. D. Sayre, S. Rajaram, and M. McMahon. 1997a. Genetic progress in wheat yield and nitrogen use efficiency under four N rates. Crop Sci. 37(3):898-904.

Ortiz-Monasterio R. , J. I. , R. J. Peña, K. D. Sayre, and S. Rajaram. 1997b. CIMMYT's genetic progress in wheat grain quality under four N rates. Crop Sci. 37(3):892-898.

Polle, E. A. , and C. F. Konzak. 1990. Genetics and breeding of cereals for acid soils and nutrient efficiency. In: Crops as Enhancers of Nutrient Use. V. C. Baligar and R. R. Dunca (eds.). Academic Press. pp. 81-121.

Portilla-Cruz, I. , E. Molina Gayosso, G. Cruz-Flores, I. Ortiz-Monasterio, and G. G. B. Manske. 1998. Colonización micorrízica arbuscular, actividad fosfatásica y longitud radical como respuesta a estrés de fósforo en trigo y triticale cultivados en un andisol. Terra 16(1):55-61.

Randall, P. J. 1995. Genotypic differences in phosphate uptake. In: Genetic manipulation of crop plants to enhance integrated management in cropping systems. 1. Phosphorus: Proceedings of an FAO/ICRISAT Expert Consultancy Workshop. Johansen, C. , Lee, K. K. , Sharma, K. K. , Subbarao, G. V. , and Kueneman, E. A. (eds.). Andhra Pradesh, India: International Crops Research Institute for the Semi-Arid Tropics. pp. 31-47.

Riley, W. J. , I. Ortiz-Monasterio, and P. A. Matson. 2001. Nitrogen leaching and soil nitrate, and ammonium levels in an irrigated wheat system in northern Mexico. Nutrient Cycling in Agroecosystems (in press). Schulthess, U. , Feil, B. , and Jutzi, S. C. 1997.

Yield-independent variation in grain nitrogen and phosphorus concentration among Ethiopian wheats. Agron. J. 89: 497-506.

Van Ginkel, M. , I. Ortiz-Monasterio, R. Trethowan, and E. Hernandez. 2001. Methodology for selecting segregating populations for improved N-use efficiency in bread wheat. Euphytica 119(1-2):223-230.

Van Sanford, D. A. , and C. T. MacKown. 1986. Variation in nitrogen use efficiency among soft red winter wheat genotypes. Theor. Appl. Genet. 72:158-163.

Vlek, P. L. G. , Lüttger, A. B. , and Manske, G. G. B. 1996. The potential contribution of arbuscular mycorrhiza to the development of nutrient and water efficient wheat. In: The Ninth Regional Wheat Workshop for Eastern, Central and Southern Africa. Tanner, D. G. , Payne, T. S. , and Abdalla, O. S. (eds.). Addis Ababa, Ethiopia: CIMMYT. pp. 28-46.

18 测量根系遗传多样性的技术

G. G. B. Manske[①]**,J. I. Ortiz-Monasterio**[②]**,P. L. G. Vlek**[①]

生理学家、农艺学家和育种家都很少研究植物的根系,主要因为根系研究既耗时又费力。但是根系在培育具高吸收效率和适应性的新基因型方面起重要的作用,尤其是在边际环境下。

本章重点介绍田间根系研究的方法。大多数根系的研究不需要大型仪器设备。其重点是:①小麦根系研究范围;②根系性状的遗传多样性和遗传力;③根系研究的成功范例;④在遗传改良中有潜在用途的根系性状;⑤筛选方法和性状测量技术。

18.1 根系研究范围

根系研究可分为三个主要领域,即根系生态学、根系生理学以及与遗传改良有关的根系性状选择。根系生态学研究涉及影响根系生长的环境因子,它一般总与其他生态研究结合进行。重要生态因素包括土壤容重、土壤 pH、土壤水分和土壤中的养分有效性。根系生理学是构成植物生理学的一部分,涉及根系的生理学过程,如细胞分裂、养分和水分的摄入和由根到茎的运输机制。与遗传改良有关的根系性状包括结构、形态、数目、重量、容积和直径、根长密度、根毛密度、根茎比、泡囊-丛枝或丛枝菌根真菌[(V)AMF]感染和根系分泌物。

在下列领域的小麦研究中,根系性状的遗传差异是必需的:

- 养分吸收效率;
- 耐旱性;
- 对矿物毒素的耐性;
- 抗倒伏性;
- 模拟养分和水分摄入。

18.2 小麦根系形态学

禾谷类作物有两类根系,种子根(也称初生根)由萌发种子的下胚轴发育而来;不定根(也称节生根、次生根或根颈根)从主茎和分蘖的基部生出。Manske 和 Vlek(2002)详述

---

① 伯恩大学发展研究中心(ZEF),德国,gmanske@uni-bonn. de。
② CIMMYT 小麦项目组,墨西哥。

了小麦根系结构。种子根占禾谷类作物根系的 1%～14%，它在整个营养生长时期一直生长，并发挥作用。种子根进入土壤的时间比不定根早，而且扎得更深。理论上讲种子根的数目可高达 10 条，但不是所有的根原基都能发育。小麦一般从种子上正常长出 3～6条种子根，但是该性状在遗传上有差异（Robertson et al.，1979）。种子的大小和种子根的数量正相关，但并不是所有基因型都如此（O'Toole et al.，1987）。

不定根大多数位于土壤上层，其数目主要取决于植株的分蘖能力，所以不定根数与分蘖数呈正相关（Hockett，1986）。种子根与不定根的比例早期常随分蘖的程度而变，后期又因植株间的竞争而不同。

高输入小麦的特征是分蘖少，收获指数高，主要依靠种子根。相比之下，不定根对低输入小麦基因型是必要的，它可以发育为更大的根系系统，拓展到最大可能的土壤体积中。

CIMMYT 的研究结果表明，在缺磷的酸性土壤中半矮秆普通小麦分蘖的数目与其磷吸收效率和籽粒产量正相关（Manske et al.，2000a）。当磷供应充足时，磷的吸收不受分蘖数目的影响（表 18.1）（Manske et al.，1996；Egle et al.，1999）。

表 18.1   籽粒产量、磷吸收和根长密度的平均值[*]

	高 P[**]		低 P	
	半矮秆	高秆	半矮秆	高秆
产量（12%含水量）/（kg/hm²）	6240b	4598a	4539b	3169a
地上部含磷量/（kg P/hm²）	22.5b	19.2a	11.3b	9.5a
根长密度/（cm/cm³）	10.4b	8.7a	7.7b	6.6a

注：* 在石灰质旱成土水浇地中不施磷和施磷（0 kg P_2O_2/hm² 或 80 kg P_2O_2/hm²）条件下，8 个半矮秆和 8 个高秆巴西普通小麦的性状平均值。** 在各自的磷水平下，LSD P=0.05 显著差水平上，$a<b$。

资料来源：Manske，未发表。

根毛和泡囊-丛枝或丛枝菌根真菌[（V）AMF]的菌丝极大地扩大了根系的有效表面积。由根的表皮细胞细小突起发育而成的根毛的直径为 0.003～0.007 mm，长 3～13 mm，正常寿命只有几天，仅出现在根尖后的根延伸区。AMF 真菌菌丝比根毛细 10倍。小麦根系的平均半径为 0.07～0.15 mm。根长密度因植株的发育时期、土壤深度和环境因素的不同而不同，为 2～10 cm/cm³ 土壤。

一个小麦植株的完整根系大小因环境不同而异，根水平延伸的范围通常为 30～60 cm（Russell，1977）。土壤中根系深度可达到 100 cm 以上，有的甚至超过了 200 cm。但是，大约 70%的总根位于 0～30 cm 的表层土中（图 18.1）。这是因为根系在向养分和水分含量更高的区域生长（但避免中毒），这些区域的根系能够增加分支。

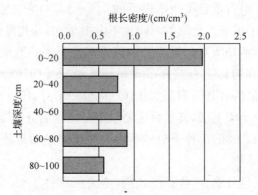

图 18.1　不同深度土层根长密度的分布

生长在土壤残留水分下的 12 个半矮秆普通小麦根长密度的平均值,墨西哥奥布雷贡

18.3　根系性状的遗传力及遗传多样性

目前,对小麦根系性状的遗传力和形态遗传模式的了解有限,但有证据表明它们受多基因控制。根系发育主要受加性基因控制,因此在育种中可以根据根系的数量和长度对目标材料进行筛选(Monyo et al.,1970)。超过 32% 的根茎比的表型变异由加性基因效应控制(Kazemi et al.,1979)。尽管加性变异在总变异中所占的比例不是特别高,但作者认为在小麦杂交早代直接选择可以获得根茎比较好的品系。有研究表明,总根长的遗传力(0.62)和根分支的遗传力(0.42)均属于中等(Monyo et al.,1970)。根长的狭义遗传力为 0.38~0.46。许多研究者发现种子根的数量是高度可遗传的(Tiwari et al.,1974;MacKey,1973)。

有报道表明,普通小麦(MacKey,1973)和硬粒小麦(Motzo et al.,1993)根系性状存在遗传多样性。不同小麦品种间根系分支存在很大的变异(O'Brien,1979)。许多小麦的地方品种和野生品种拥有较大的根系,但都容易倒伏,主要因为它们的植株比较高(Manske,1989;Vlek et al.,1996)。在不考虑矮秆基因或是地上部干物质的情况下,通过育种可以改良小麦的生根量(MacKey,1973;Gale et al.,1985)。McCaig 和 Morgan(1993)发现在矮秆基因和根干物质间并没有明显的关系。

通过对耐酸性土壤、耐低磷条件和耐铝毒性的选择,CIMMYT 成功培育了具有较高籽粒产量的优良半矮秆普通小麦。与特别高大的巴西小麦品种相比,它具有更高的磷吸收效率和更大根长密度(表 18.1)(Manske et al.,1996;Egle et al.,1999)。

18.4　根性状对小麦生长的影响

良好的根系是苗期长势良好和获得高产的先决条件,在边际环境中尤其如此(Manske et al.,2002)。在根际、根系和土壤之间存在复杂的相互作用,一般涉及 20%~30% 的表层土体积。植物对土壤利用的程度常因水分和养分可利用性的不同而异。植物通过改变根部的分支和延伸的速率,单位根长或根重的吸收速率,根茎间物质分配,根分泌物和 AMF 菌根真菌感染,以及降低对养分和水分的需求等来对养分和水分胁迫作出反应(图 18.2)。小麦根系生长具有很强的可塑性,小麦能根据土壤养分和水分状况调整根系生长(Cholick et al.,1977;Vlek et al.,1996)。根和茎中同化物的分配似乎与基因型关系密切(Sadhu et al.,1984)。

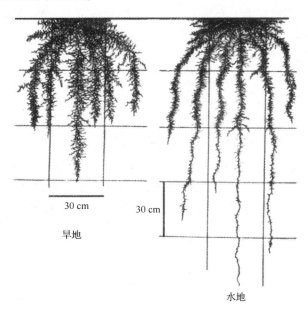

30 cm

旱地

30 cm

水地

图 18.2　在旱地和水浇地条件下的小麦根系

(Weaver,1926)

18.4.1　养分利用效率

　　根系的几何结构对改善养分吸收,以及使在可获得养分和水分区域内单位体积土壤中根量最大化至关重要。根长是决定根吸收表面积的一个主要因素。根长密度高的小麦基因型能吸收更多的磷(Manske et al.,2000a)。根的细度或分支也是决定小麦磷吸收效率的重要因素(Jones et al.,1989)。

　　低磷条件下,根长密度和磷吸收或籽粒产量的相关系数通常为 0.50~0.60,但在磷供应充足时,这种相关性变小。在高水肥条件下,小麦根长密度高的优势一般都会减少。如果不能通过提高磷和水分吸收(像在水分和养分供应充足时那样)来补偿巨大根系对碳水化合物的需求,根系本身也会限制产量。

　　在磷和水分供应充足的条件下,根毛通常是不发育的,但在养分不足的条件下根毛数量非常多(Foehse et al.,1983)。根毛的长度和密度能改变小麦根际的磷消耗状况(Gahoonia et al.,1996)。以石英砂为基质盆栽时发现,19 个普通小麦基因型间根毛密度的差异非常大。研究发现,在墨西哥西北部缺磷的石灰质旱成土条件下,开花期小麦根毛密度与磷吸收正相关。

　　AMF 菌根真菌对吸收土壤中的磷(Hayman et al.,1971)、铜(Gildon et al.,1983)和

锌等(Swaminathan et al. ,1979)相对结合态的养分是至关重要的。小麦筛选试验表明，AMF 菌根真菌的定植和效率都有相当大的遗传变异(Bertheau et al. ,1980；Manske，1990a；Kalpulnik et al. ,1991；Hetrick et al. ,1992)。AMF 菌根真菌的感染和植物受益于 AMF 菌根真菌的程度都是可遗传的(Manske,1990b；Vlek et al. ,1996)。

在植物学上，菌根是土传真菌和高等植物根系之间的一种共生体。内生菌根真菌是专性共生菌，目前还不能在人工介质上培养。从植物根部延伸到根际土壤中的菌丝的延伸范围远远超过根毛，这就是 AMF 菌根真菌之所以能够吸收根系之外土壤中结合态磷、锌和铜等元素而有益于植物的原因，尤其是对那些根系发育不良的植物。

土壤的类型影响 AMF 菌根真菌侵染效率。磷元素处于结合态，小麦地上部吸收的磷及单位根长吸收的磷与 AMF 菌根真菌侵染率在火山灰土壤中正相关，而在石灰质的旱成土中负相关。在石灰质土壤条件下，AMF 菌根真菌的作用仍受到质疑(Bolan，1991)。在两种土壤条件下，磷吸收与根长密度均呈正相关(表 18.2)。

表 18.2　种植于嵌入田间，分别装有墨西哥奥布雷贡的石灰质旱成土和帕次瓜罗湖的酸性火山灰土容器中的半矮秆普通小麦的磷吸收、根长密度、AMF 感染率和单位根长的磷吸收量之间的相关性

		石灰质旱成土			
		地上部含磷量	根长密度	AMF 感染率	单位根长含磷量
酸性火山灰土	地上部含磷量		0.71	−0.73	0.83
	根长密度	0.86			
	AMF 感染率				−0.67
	单位根长含磷量		0.82		

资料来源：Buddendiek(1998)。

在土壤中的磷难以利用的条件下，不同小麦基因型对磷的利用效率存在差异。现已确定，在根系中被分泌或束缚在根系表面的磷酸酶存在基因型差异(McLachlan,1980)。土壤中能被根系的磷酸酶利用的有机磷，一般占植物总磷供应的 40%～50%(Helal，1990)。CIMMYT 在营养液中筛选的 42 个普通小麦基因型的酸性磷酸酶活性与生长于田间缺磷的火山灰土壤中的基因型的磷吸收效率呈正相关。

18.4.2　耐旱性

与高水分吸收效率相关联的性状和与养分吸收效率关联的性状相类似。但是自然界中的土壤水分状况是不断变化的。所以，一个发育良好的根系能有效结合到达土壤深处残留水分的能力和适应表土迅速变化的水分状况的灵活性。小麦在具残留水的土壤中生长，需要把根伸入土壤深处(Jordan et al. ,1983；Mian et al. ,1993)。在雨养小麦中，干旱年份的根长密度要高得多(Hamblin et al. ,1990)。Hurd(1968)报道了小麦生根深度的品种差异。在 CIMMYT 进行的一项研究中，大多数耐旱的半矮秆普通小麦(Pastor、Synthetic 2、Sujata 和 Nesser)能在深层土中产生更多的根，而不耐旱的对照(Tevee 2、Pavon 和 CRC)在深层土壤中的根系较少(Manske et al. ,2000b)。

18.5 根参数及其检测方法

到目前为止,我们谈到的有关根系性状知识的进展,在很大程度上是因为使用了相对简单和费时的方法。最近开发出的新技术(表 18.3)尽管更精确、更快速,但也更昂贵,不适合对很多基因型进行田间研究。Böhm(1979)全面回顾了较早的技术。根系研究的方法被称为描述性的或量化的。许多描述性的方法以省时省力的方式估算了根系数量。这些方法是无损的测验,但只提供了田间小麦根系有限的信息。

表 18.3 根系研究方法

植物育种中根系 研究的简单方法	新的、复杂的方法,价格 昂贵,基因型多时不适用	只适用于根系生态 和生理的详细研究
土芯破开法	观测镜	沟剖面法
电容法	放射性示踪法	剖面墙法
测量根拉力、根角度的方法	非放射性示踪法	玻璃墙法
网袋、容器法		根管法
采样方法(水洗、根盒、根钻)		挖掘法
根系清洗技术		根分割技术
清洗后确定根参数: 　数量,质量,表面积 　体积,直径 　根长密度,根/茎比		
图像分析方法		
根毛,外生菌根		
营养液中的根系研究		

18.5.1 测量根系分布的描述性方法

18.5.1.1 土芯破开法

用根钻在大田中采集土壤-根系样本。Bi-partite 根钻(如 FA. Eijkelcamp)(直径 8 cm;长度 15 cm;容量 750 cm³)适合坚硬厚重的土壤。用带尼龙头(直径 70 mm;重 2.3 kg)的冲击钻将螺旋钻插入地面,再将整个钻筒插入土壤,然后顺时针方向旋转抽出。倒置根钻,转动曲轴手柄将土芯顶出钻筒[图 18.3(a)]。

水平破开土样[图 18.3(b)],通过考察中间两个破开面上根的数量来确定样本中根系的数量(根长密度或根团)。所有露出来的根无论长短都要计数。破开样本表面上可见根的数目表示为表面覆盖图。样本在多个地方破开可增加精确度。每个露出来的表面只有一个表面覆盖图,计算所有图的平均值结果更可靠。将两个破开面用喷雾器喷湿,使根更可见,计数则更方便(Köpke,1979)。

(a)　　　　　　　　　　　　　　　　　　(b)

图 18.3　(a)根钻；(b)破开 10 cm 长的土芯，对破开面上的根进行计数

　　为了描述根增加的程度和估计根长密度（每立方厘米土壤中根长的厘米数）的常数 C，露出的表面必须和一个由许多与根钻直径相同的圆周组成的参照进行比较。然后用常数 C 乘以横截面的根数来估计根长密度。土芯破开法大多用于禾本科作物的研究。Bland(1989)说明了该方法在小麦中的应用。

18.5.1.2　网袋法

　　根系生长和根系周转的动态可以在网袋中的无根土壤中进行研究（可以使用尼龙丝袜）。将网袋放置在大田中的小洞中，移走预设的间隔物。测量进入网袋的根，用作计算根生产率的指数(Fabiao et al.,1985)。这种方法的缺点是当把袋子放进土壤中时扰乱了土壤，这可能改变根的生长(Fitter,1982)。

18.5.1.3　电容法

　　根的体积和根长密度可通过电容法估测(Dalton,1995)。在土壤水分和植物根系表面之间的界面会形成等效并联电阻——电容电路，这个原位方法是基于对该电路电容的测量。这种方法不用经过如取样、清洗和计数等强劳动过程就可以很快地测量正在田间生长的根系表面积。但是，这种方法不能测量土壤中根系的空间分布。

　　Van Beem(1996)在玉米上开发了这一技术（图 18.4）。电容计的负极（BK 精密810A 仪设置在 200 nF 水平）与土壤表面以上 6 cm 处的玉米茎秆接触。正极接上铜接地棒，插入距离玉米基部 5 cm 处的土壤中 15 cm 深。在灌溉后土壤湿度达到最大时测量，开机后 5 s 读取电容读数。

　　在小麦上进行这些测量较复杂，因为每个植株有好几个分蘖。CIMMYT 开发了一个仪器测量行长 30 cm 内所有小麦的茎和根的电容，但是这个仪器在常规使用以前还需

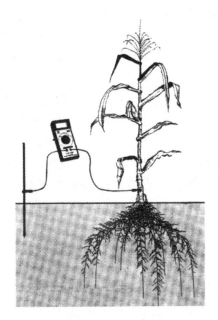

图 18.4　对玉米植株的根系大小进行电容法测量

（Van Beem,1996）

要进行更多的研究。

18.5.1.4　根系潜望镜

使用根系潜望镜（minirhizothron），透过一个插入土壤的玻璃或丙烯酸塑料管能观察到根系的生长。这个技术涉及照相机结合内窥镜或小型彩色摄像机,费用较高（Up-church et al. ,1983）。需要大型计算机系统和专门的软件定量分析大量的根部图像。该系统可提供小根毛的图像用于根系的分形分析。

一些作者把这个技术同简单的根的土芯计数方法进行了比较。两种方法得出的根长密度并不总是很好相关（Majdi et al. ,1992;Volkmar,1993;Box et al. ,1993）。通常,碰到管壁（土壤与障碍物的界面）的根数超过穿过同样面积土壤的根数。根系碰到垂直管壁后倾向于沿着管壁生长。

18.5.1.5　蜡层法

谷类作物的根穿透结实的土壤的能力帮助它们避免干旱胁迫。可以使用具有确定阻力的蜡-凡士林层来筛选根的穿透能力（Yu et al. ,1995）。

18.5.1.6　根角度法

深层生根与小麦在残留水分条件下生长时的耐旱性有关。根轴的向地性（gravitrop-ic）反应决定了谷类作物根系的形态和立体分布。根的斜向地性（plagiogravitropic）反应取决于根轴的生长角度,它受遗传和环境因素控制。

大田中小麦根系垂直分布的基因型特征,可通过生长在篮子中的小麦幼苗的种子根生长角度来评价。篮子可被埋在大田里或者在温室中作为盆栽的容器。小麦种子播深1 cm,胚的尖端在填满土的篮子中央。几周后,测定垂直轴与种子和篮子网眼连线间的角度,根从该网眼穿过(图 18.5)。

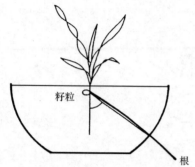

图 18.5　小麦植株在篮子中生长
以确定根系生长角度

根的生长角度和根长密度在 0～10 cm 的表层土壤中呈负相关,但在 10～30 cm 深度的土壤中呈正相关(Nakamoto et al.,1994;Oyanagi et al.,1993)。因此,这种方法可用于测定深层生根能力的遗传变异,这种变异对耐旱性是很重要的一个性状。但是,还需要更多根的田间数据的比较,才能使结果更可靠。

18.5.1.7　根的拉力

小麦根的性状如同矮秆、抗性及茎的弹性一样,也对抗倒伏性有贡献。根系的扩散角度(Pinthus,1967)、根团重(Thompson,1968)、根张力(Spahr,1960)和根拉力(Ortmann et al.,1968)都与抗倒伏性有关。简单的根拉力仪器已经在玉米上使用(Ortmann et al.,1968)。垂直拉力用张力计测量。这种方法要求大田土壤均一,以保证测量的可靠性,所以尽管使用简单,但还是很少用于田间研究。

18.5.2　定量方法

18.5.2.1　评价田间样本的根系参数

该方法已经广泛用于测量根长密度、根的深度和根的横向范围。将根系从土壤中分离出来,测定其鲜重、干重、AMF 感染,如果需要还可用于养分含量。从土壤中提取根系涉及取样,去除根系附带的土壤及其他有机碎片,储存根系,测定和计算一些根参数。用这种方法只能进行一个点的根的观察,不像挖掘,能够进行整个根系统精确的形态学描述。

18.5.2.2　根系的田间取样

根可以从确定体积的土壤中以整块和(或)土芯的形式提取出来。土芯-根样本用根钻采集,这一点前面已有描述(图 18.6)。通过将根盒(金属框架)砸入土壤中,或用大水浇都可以得到整块的土壤。如果土壤缺乏足够的结构,用根盒支持整块土壤是很重要的。

规定尺寸的金属盒很容易制作。根盒的底部和顶部都开口。在盒的上部加一条额外的金属薄片以加固上边缘,使其足够坚固以便被砸进土壤中(图 18.7)。带一个尼龙头(2 kg,70 mm)的坚实锤子更适合将根盒砸入土壤,也可用橡胶或木头的锤子,只要不是金属的。对于重壤土必须有合适的土壤水分含量(不能太干或太湿)才适于取样。沙土应该湿一些,否则取样时整块的土就会有一部分从底部散落下来。

根盒的大小根据作物和田间设计而定。谷类作物应该种成行,不要撒播,否则会导致

根钻

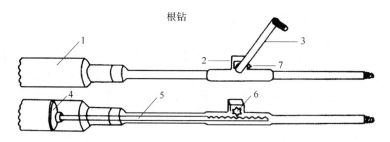

图 18.6 根钻

1. 圆筒钻体；2. 齿轮套管；3. 手摇曲柄；4. 压板；5. 包括架子的压板轴；6. 小齿轮；7. 润滑油嘴

图 18.7 带着麦苗的整块根-土壤样本和根盒

高度的根差异。盒子应该完全覆盖行宽，样本的区域包括行两边对称的两半。理想根盒的深度是 20～30 cm，长度应为 30～50 cm。通常总根系的 70%～80% 在 20 cm 的表土内。

用根钻进行小麦根系取样是另外一种选择(Kumar et al. , 1993)。其优点是土壤最低限度地被打乱，但是样本体积小。样本一般被随机采集，但每小区采集多少个样本能获得可靠的根系信息则很难确定。Böhm(1979)建议每小区钻 5 个孔。在小麦行内或行间取样点的位置也是非常重要的，各种方法都被使用过。Gajri 和 Prihar(1985)在植株的行和行间共取两个样点。Gregory 等(1978)在行间进行小麦根系取样。Gajri 等(1994)曾分析小麦行间根系水平分布来确定理想的根钻取样点。

挖掘根盒中的根/土壤样本比用根钻快得多(Vepraskas et al. , 1988)，根钻能够进行更深的取样。但是，当土壤深度增加时，空间变异就会增加。根盒和根钻能够进行如下结合。0～20 cm 土壤的取样用根盒，能得到最精确的表土中根的数据，根钻用于较深土壤取样。在 CIMMYT，1 m 的深度用 6 个钻孔就足够了。根长密度的变异系数大约为 27%，并且可以在小麦栽培品种间观察到显著的差异。

如果没有雨淋和高温，样本可以保存 2～3 周。可以使用塑料包装袋，但是袋上要留洞，袋口一定要开着，以保持通风和保证样本不发霉。

18.5.2.3　从土样中取出根系

Böhm(1979)评述了不同的漂洗程序和化学分散剂。尤其是在重壤土的情况下,样本应该整晚浸泡在饱和氯化钠或肥皂溶液中,以增加浮力和分散土壤聚集物。

最简单而且通常是最经济的从土样中提取根系的办法是用手洗。首先,将土壤-根样本悬浮在水中,倒入筛中滤去土质,收集剩下的根系进一步清洗。筛网的网孔不能太细(否则太费时)或太粗(否则细根被滤掉)。普通的塑料筛(网孔大小 10 mm)就足够用了。然后在喷散或喷雾的水中用手清洗根。这个技术可用在偏远的田间,即当大量的根-土壤样本不能被运到实验室时。根系甚至可以在灌水渠或河边清洗。在这种情况下,可以用篮子作为筛子清洗根系。

当人力缺少时,可以使用清洗机,但是经常耗时长,尤其在土壤体积大的时候。机器的清洗不可能比手工更干净,因此用镊子分离根上的碎屑仍然是必要的。Smucker 等(1982)设计了一个清洗根系的仪器,称为液压气动淘洗设备。这个设备有一个高动能的第一阶段,这个阶段喷射水冲走根上的土壤,和低动能的第二阶段,这个阶段将根放在一个淹没的筛中。这个程序很快(3~10 min 清洗一个土芯样本),根系回收比率很高,侧根不断裂。最大的优点是大大改善了样本处理的一致性。带 4~8 个管子、一次可以清洗几个样本的根清洗机在市场上有售,1~4 个人可同时使用一台机器。

18.5.2.4　除去根系中的有机物碎片

当根系混入有机物碎片时,必须以手工分离。区分活的和死的根系(碎屑)通常主观上依据颜色等标准,而客观上已经建立了测验活组织的方法。例如,Joslin 和 Henderson(1984)报道的四氮唑染色技术适合估计活体材料的比例,Ward 等(1978)用刚果红定量估测土芯中活的小麦根系的长度。尽管如此,许多工人仍然更喜欢通过手工分拣主观地分离大量根系样本。

18.5.2.5　储藏清洗好的根系

清洗好的根在进一步处理前可能要先被储藏。例如,用含 50％乙醇的小塑料袋在7℃冰箱中保存(冷冻会破坏根系结构)。

18.5.2.6　对清洗后根系参数的评估

总根长或根长密度以总根系(清洗过的)的具代表性亚样本进行测量,尤其是带细根的植物物种,如小麦。CIMMYT 开发了以下代表性亚样本的抽取方法:把清洗好的没有组织碎片的根系,用剪刀剪成 1~2 cm 的碎片,放在一小碗水中,混合好。将其倒进过滤网收集根系碎片,测定总鲜重,将亚样本称重并测量根长。

最简单的测量鲜重的方法是用吸水纸包裹根系。由于该方法的精确度受样本处理的影响,所以这个程序应该总是由同一个人操作。对于干重测定,先将干净的根放在烘箱中60~70℃烘(温度更高可能会粉碎根系)24 h。

18.5.2.7 测量根长、直径和表面积

单位土壤体积的根长（根长密度）是研究植株吸收水分和养分最好的参数之一（Nye et al.，1969；Claassen et al.，1974）。由 Newman(1966)发明、Tennant(1975)改良的样线-截取法对根系与画在塑料培养皿上的一个格子的垂直和水平线的交点的总数进行计数（图 18.8）。根长可以用如下等式计算：

$$R = \pi AN/2H$$

式中，R 为培养皿面积 A 中总的根长；N 为根系和总长 H 的随机水平格子线的交点的数目。对于不确定大小的一个格子，交点的总数可以用下面的等式转换为厘米：[①]

$$R = 11/14 \times N \times 格子单位$$

图 18.8 带格子线的塑料培养皿，格子单位为 1/2 英寸[①]（1.269 cm）

正像 Tennant(1975)提出的，11/14 在这个等式中能与格子单位合并得到一个长度转换因子。这个因子对 1 cm 为 0.786。如果 1/2 英寸(1.27 cm)为格子单位，每个交点计数代表 1 cm 的根长(1.27 × 0.786 = 1.00，确切为 0.998)，计算每个样本总根长为：

$$R = N \times 总样本的鲜重 / 所计算的亚样本的鲜重$$

格子的大小和用来计数的亚样本依据被测量的根的数量而定。根据 Köpke(1979)的报道，对于在一个根系样本中计算的交点数，为了让操作者保持不疲倦应不高于 400，为了精确度不受影响应（不低于 50）。对于小麦，200～300 个交点的精确度最高。亚样本的大小对于粗根应该是 0.1 g，细根为 0.05 g。依据田间的位置和土壤的一致性，根长密度的变异系数为 20%～35%。

18.5.2.8 图像分析

不需要繁琐地手工计数根系，而是用近几年进入市场的图像分析系统。图像分析系统是一个多用途的仪器，可测量叶面积、物体（种子）的数目、一个面积上的不同部分（叶片生病后的坏死斑），并且通过根分析，测量根长、直径和表面积。它通常包含一个计算机、

---

① 1 英寸≈2.54 cm，后同。

一个视频图像监测器和一个摄像机或扫描仪。

图像分析和样线-截取法的相关性,依赖校准工作和所使用的成像系统的类型。数字方法经常低估根长,因为它不能辨别细小的根(Farrell et al.,1993)。但是,这项技术进步迅速,最近的图像分析器系统改进了分辨率和照明系统,可以分辨细根和粗根,纠正重叠根的误差(Arsenault et al.,1995)。

1. 根半径

可通过根鲜重和总根长计算平均根半径。假设小麦根中包含几乎 90% 的水分,相对密度几乎为 1,平均根半径 $r=(根鲜重/总根长/\pi)-1/2$

2. 根冠比

用于研究植物地上和地下生长关系的常见参数是根冠比。根长与茎干重的比例要比根重与茎重比(不论鲜重还是干重)得到的信息更多。还能观察到根长和植物发育时期的关系。

3. 根毛密度

量化根毛是困难的(图 18.9),因为根长密度在相同的根系中变化相当大。一些根(通常指老根)没有根毛,另外一些根(通常指新根),有稠密的根毛。在 CIMMYT,采用一个评分方法来测定小麦根毛密度的遗传差异:对一个培养皿中几百条根和格子线的交点用一个显微镜随机评分(从 0=无根毛到 5=根毛非常密)。计算每个样本的平均根毛密度。虽然根毛的数目通常能被计数,但在小麦中不行,因为小麦根的根毛太多。用显微镜可以测量根毛的直径和长度。

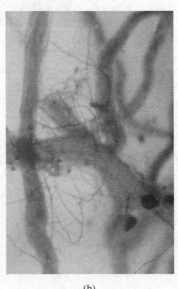

(a)　　　　　　　　　　　(b)

图 18.9　显微镜下:(a)根毛和(b)(V)AM 菌的外生菌丝和小麦根系

4. AMF 菌根真菌

内生菌根真菌的菌丝在根系产生菌丝、丛枝吸胞和(或)囊泡。另外,基质外菌丝从根外长进根际土壤[图 18.9(b)],所能达到根系周围的范围远远超过根毛可被利用的范围。

根系样本(通常是具代表性的亚样本)经过清洗和染色(Philipps et al.,1970),在显微镜下定量检查 AM 感染的数量。可使用改良的染色方法(Giovannetti et al.,1980),该法不需要使用苯酚对根系染色,苯酚是有毒和致癌的。

18.5.3 使用容器和网袋的研究

根系的特性可以用生长在容器中的小麦植株评价,但要谨慎地处理产生的数据,因为容器经常太小,限制了无限生长的根系,使其集中在容器的壁上。从埋在土壤里的网袋中获取的数据给出了一个更可靠的大田环境的情况。然而,直接从大田土壤中采集根系样本可能是一个更好的选择。

18.5.4 在营养液中的根系研究

生长在营养液中的根系不需要费时地冲洗和清理就可以观察和进行原位研究。可用这种方法在短时间内对大量植株同时进行研究。但是营养液中的生长条件与土壤和水中有很大的不同,这些研究的结果必须与田间试验的结果进行比较。Mian 等(1994)发现溶液培养中根系大的小麦基因型在田间可能也产生更大的根系。

酸性土壤中产生的铝毒通过阻止细胞分裂,抑制根系生长,从而降低了根系在土壤中的延伸生长和对养分及水分的吸收。在 CIMMYT,常规筛选了耐铝毒的小麦基因型(Kohli et al.,1988)。数百个小麦幼苗在 46 ppm[①] 铝元素的营养液中同时被筛选,不可挽回地损坏了敏感基因型的根系分生组织。经 4 天生长后,用 0.2% 的苏木精溶液染根,然后转移到无铝溶液中。根据超出苏木精染色细胞层的根系再生进行耐铝基因型的选择(Rajaram et al.,1990)。

18.6 结 论

育种家和生理学家应该清楚致力于小麦根系研究是一项很辛苦的工作。这也是大多数育种项目很大程度上避免根系研究的原因。但是,在一些情况下,评价根系性状是很有必要的(如改良营养吸收、耐旱性和其他适应性机制)。

研究根系的方法还可以间接用于不同的目的,如测定小麦中磷吸收效率的遗传差异。根角度和蜡层方法可以提供有关小麦耐旱性深生根的知识。在营养液中研究根的体积可以说明根系在田间如何生长。CIMMYT 日常用营养液培养小麦以筛选耐铝性。根系电容是间接研究田间根系规模很有前途的方法,但是这个方法在常规使用以前需要进一步改良。

由于在许多情况下不可避免地要对根系进行直接评价,所以这里提供了进行此类研究的技术。它们中的大多数都需耗费大量人力,但操作不复杂,容易应用于大田。实际上,手工进行田间的根系取样、冲洗和计数在劳动力廉价的地区十分有利。在其他情况下,手工劳动也可能是最好的选择,与许多新技术相比可能更便于使用。

---

① 1 ppm=10^{-6}。

　　根系清洗机和最新改良的图像分析系统在大多数的研究中是能够被应用并切合实际的。其最大优点是大大地改进了处理和测量样本的一致性并且降低了劳动力成本。但是，这些田间方法只能对少数的基因型进行根系研究，如鉴定亲本品系。在分离群体中通过根系分析间接筛选大量的小麦品系是唯一可行的，如应用营养液培养。更多深入的研究，如（V）AMF 感染、根几何结构、根形态学和微根管技术用于选择是不切实际的。

（逯腊虎　译）

参 考 文 献

Arsenault, J.-L., Pouleur, S., Messier, C., and Guay, R. 1995. WinRHIZO^{TM}, a root measuring system with a unique overlap correction method. Hort Sci. 30:906.

Bertheau, Y., Gianinazi-Pearson, V., and Gianinazi, S. 1980. Development and expression of endomycorrhizal associations in wheat. I. Evidence of varietal effects. Annales de l'Amélioration des Plantes 30:67-78.

Bland, W. L. 1989. Estimating root length density by the core-break method. Soil Sci. Soc. Am. J. 53:1595-1597.

Böhm, W. 1979. Methods of Studying Root Systems. Springer Verlag, New York.

Bolan, N. S. 1991. A critical review on the role of mycorrhizal fungi in the uptake of phosphorus by plants. Plant and Soil 134:189-207.

Box, J. E., and Ramseur, E. L. 1993. Minirhizothron wheat root data: Comparison to soil core root data. Agron. J. 85:1058-1060.

Buddendiek, R. 1998. The effect of (V)A mycorrhiza on the P efficiency of different wheat genotypes. Master Thesis, Institute of Agronomy in the Tropics (IAT), University of Göttingen, Germany.

Cholick, F. A., Welsh, J. R., and Cole, C. V. 1977. Rooting patterns of semidwarf and tall winter wheat cultivars under dryland field conditions. Crop Sci. 17:637-639.

Claassen, N., and Barber, S. A. 1974. A method for characterizing the relation between nutrient concentration and flux into roots of intact plants. Plant Physiol. 54:564-568.

Dalton, F. N. 1995. In-situ root extent measurements by electrical capacitance methods. Plant and Soil 173:157-165.

Egle, K., Manske, G. G. B., Römer, W., and Vlek, P. L. G. 1999. Improved phosphorus efficiency of three new wheat genotypes from CIMMYT in comparison with an older Mexican variety. J. Plant Nutri. Soil Sci. 162:353-358.

Fabiao, A., Persson, H. A., and Steen, E. 1985. Growth dynamics of superficial roots in Portugese plantations of Eucalyptus globulus Labill. studied with a mesh bag technique. Plant and Soil 83:233-242.

Farrell, R. E., Walley, F. L., Luckey, A. P., and Germida, J. J. 1993. Manual and digital lineintercept methods of measuring root length-a comparison. Agron. J. 85:1233-1237.

Fitter, A. H. 1982. Morphogenetic analysis of root systems: application of the technique and influence of soil fertility on root system development in two herbacaceous species. Plant, Cell Environm. 5:313-322.

Foehse, D., and Jungk, A. 1983. Influence of phosphate and nitrate supply on root hair formation of rape, spinach and tomato plants. Plant and Soil 74:359-368.

Gahoonia, T. S., and Nielsen, N. E. 1996. Variation in acqusition of soil phosphorus among wheat and barley genotypes. Plant and Soil 178:223-230.

Gajri, P. R., and Prihar, S. S. 1985. Rooting, water use and yield relations in wheat on loamy sand and sandy loam soils. Field Crops Res. 12:115-132.

Gajri, P. R., Arora, V. K., and Kumar, K. 1994. A procedure for determining average root length density in row crops by single-site augering. Plant and Soil 160:41-47.

Gale, M. D. , and Yousefian, S. 1985. Dwarfing genes in wheat. In: G. E. Russel. Progress in plant breeding, Vol. 1. Butterworth Scientific, London. pp. 1-35.

Gildon, A. , and Tinker, P. B. 1983. Interactions of vesicular-arbuscular mycorrhizal infection and heavy metals in plants. I. The effects of heavy metals on the development of vesicular-arbuscular mycorrhizas. New Phytol. 95: 247-261.

Giovannetti, M. , and Mosse, B. 1980. An evaluation of techniques for measuring vesicular-abuscular mycorrhizal infection in roots. New Phytol. 84:489-500.

Gregory, P. J. , McGowan, M. , Biscoe, P. V. , and Hunter, B. 1978. Water relations of winter wheat. 1. Growth of the root system. J. Agric. Sci. Camb. 91:91-102.

Hamblin, A. , Tennant, D. , and Perry, M. W. 1990. The cost of stress: dry matter partitioning changes with seasonal supply of water and nitrogen to dryland wheat. Plant and Soil 122:47-58.

Hayman, D. S. , and Mosse, B. 1971. Plant growth response to vesicular-arbuscular mycorrhiza. I. Growth of Endogone inoculated plants in phosphate deficient soils. New Phytol. 70:19-27.

Helal, H. M. 1990. Varietal differences in root phosphatase activity as related to the utilization of organic phosphates. Plant and Soil 123:161-163.

Hetrick, B. D. A. , Wilson, G. W. T. , and Cox, T. S. 1992. Mycorrhizal dependence of modern wheat varieties, landraces and ancestors. Can. J. Bot 70:2032-2040.

Hockett, E. A. 1986. Relationship of adventitious roots and agronomic characteristics in barley. Can. J. Plant Sci 66: 257-266.

Hurd, E. A. 1968. Growth of roots of seven varieties of spring wheat at high and low moisture levels. Agron. J. 60: 201-205.

Jones, G. P. D. , Blair, G. J. , and Jessop, R. S. 1989. Phosphorus efficiency in wheat-a useful selection criterion. Field Crops Res. 21:257-264.

Jordan, W. R, Dugas, W. A. , and Shouse, P. J. 1983. Water Management 7:281-289.

Joslin, J. D. , and Henderson, G. S. 1984. The determination of precentages of living tissue in woody fine root samples using triphenyltetrazolium chloride. For. Sci. 30:965-970.

Kapulnik, Y. , and Kushnir, U. 1991. Growth dependency of wild, primitive and modern cultivated wheat lines on vesiculararbuscular mycorrhiza fungi. Euphytica 56:27-36.

Kazemi, H. , Chapman, S. R. , and McNeal, F. H. 1979. Components of genetic variance for root/shoot ratio in spring wheat. Proc. 5th Intern. Wheat Genet. Symp. , New Delhi. pp. 597-605.

Kohli, M. M. , and Rajaram, S. 1988. Wheat breeding for acid soils: Review of Brazilian/CIMMYT Collaboration 1974-1986. Mexico, D. F. : CIMMYT.

Köpke, U. 1979. in Vergleich von Feldmethoden zur Bestimmung des Wurzelwachstums bei landwirtschaftlichn Kulturpflanzen. Diss. Agric. Göttingen.

Kumar, K. , Prihar, S. S. , and Gajri, P. R. 1993. Determination of root distribution of wheat by auger sampling. Plant and Soil 149:245-253.

MacKey, J. 1973. The wheat root. Proc. 4th Int. Wheat Genet. Symp. , Columbia, MO. pp. 827-842.

Majdi, H. , Smucker, A. J. M. , and Persson, H. 1992. A comparison between minirhizothron and monolith sampling methods for measuring root growth of maize (*Zea mays* L.). Plant and Soil 147:127-134.

Manske, G. G. B. 1990a. Genetical analysis of the efficiency of VA mycorrhiza with spring wheat. I. Genotypical differences and reciprocal cross between an efficient and non-efficient variety. In: Genetic Aspects of Plant Mineral Nutrition. N. El Bassam et al. (eds.). pp. 397-405.

Manske, G. G. B. 1990b. Genetical Analysis of the efficiency of VA mycorrhiza with spring wheat. Agriculture Ecosystem 29:273-280.

Manske, G. G. B. 1989. Die Effizienz einer Beimpfung mit dem VA-Mykorrhizapilz *Glomus manihotis* bei Sommerweizengenotypen und ihre Vererbung in F1- und R1-Generationen bei verschiedenen Phosphatdüngungsformen und Witterungsbedingungen. Dissertation Göttingen.

Manske, G. G. B. , J. I. Ortiz-Monasterio, S. Rajaram, and P. L. G. Vlek. 1996. Improved phosphorus use efficiency in semidwarf over tall wheats with and without P fertilization. Second International Crop Science Congress, New Delhi, India.

Manske, G. G. B. , Ortiz-Monasterio R. , J. I. , van Ginkel, M. , González, R. M. , Rajaram, S. Molina, E. , Vlek, P. L. G. 2000a. Traits associated with improved P-uptake efficiency in CIMMYT's semidwarf spring bread wheat grown on an acid Andisol in Mexico. Plant Soil 212:189-204.

Manske, G. G. B. , Tadesse, N. , van Ginkel, M. , Reynolds, M. P. , and Vlek, P. L. G. 2000b. Root morphology of wheat genotypes grown in residual moisture. In: Sustainable Land Use in Deserts. S. W. Breckle, M. Veste, and W. Wucherer (eds.). Springer-Verlag, Berlin.

Manske, G. G. B. , Ortiz-Monasterio, I. , van Ginkel, M. , González, R. M. , Fischer, R. A. , Rajaram, S. , and Vlek, P. L. G. 2001. Importance of P uptake efficiency vs. P utilization for wheat yield in acid and calcareous soils in Mexico. Eur. J. Agron. 14(4):261-274.

Manske, G. G. B. , and Vlek, P. L. G. 2002. Root architecture: Wheat as a model plant. In: Plant Roots: The Hidden Half. 3rd edition. Y. Waisel, A. Eshel, and U. Kafkafi (eds.). New York: Marcel Dekker Inc. pp. 249-259.

McCaig, T. N. , and Morgan, J. A. 1993. Root and shoot dry matter partitioning in near-isogenic wheat lines differing in height. Can. J. Plant Sci. 73:679-689.

McLachlan, K. D. 1980. Acid phosphatase activity of intact roots and phosphorus nutrition of plants. I. Assay conditions and phosphatase activity. Aust. J. Agric. Res. 31:429-440.

Mian, M. A. R. , Nafziger, E. D. , Kolb, F. L. , and Teyker, R. H. 1993. Root growth of wheat genotypes in hydroponic culture and in the greenhouse under different soil moisture regimes. Crop Sci. 33:129-138.

Mian, M. A. R. , Nafziger, E. D. , Kolb, F. L. , and Teyker, R. H. 1994. Root size and distribution of field-grown wheat genotypes. Crop Sci. 34:810-812.

Monyo, J. H. , and Whittington, W. J. 1970. Genetic analysis of root growth in wheat. Agric. Sci. Camb. 74: 329-338.

Motzo, R. , Atenne, G. , and Deidda, M. 1993. Genotypic variation in durum wheat root systems at different stages of development in a Mediterranean environment. Euphytica 66:197-206.

Nakamoto, T. , and Oyanagi, A. 1994. The direction of growth of seminal roots of *Triticum aestivum* L. and experimental modification thereof. Annals of Botany 73:363-367.

Newman, E. I. 1966. A method of estimating the total length of root in a sample. J. Appl. Ecol. 3:139-145.

Nye, P. H. , and Tinker, P. B. 1969. The concept of a root demand coefficient. J. Appl. Ecol. 6:293-300.

O'Brien, L. 1979. Genetic variability of root growth in wheat (*Triticum aestivum* L.). Aust. J. Agric. Res. 30: 587-595.

O'Toole, J. C. , and Bland, W. L. 1987. Genotypic variation in crop plant root systems. Advances in Agronomy 41: 91-145.

Ortmann, E. E. , Peters, D. C. , and Fitzgerald, P. J. 1968. Vertical-pull technique for evaluation tolerance of corn root systems to Northern and Western corn rootworms. J. Econ. Entomol. 61:373-375.

Oyanagi, A. , Nakamoto, T. , and Wada, M. 1993. Relationship between root growth angle of seedlings and vertical distribution of roots in the field in wheat cultivars. Jpn. J. Crop Sci. 62:565-570.

Philipps, J. M. , and Hayman, D. S. 1970. Improved procedures for clearing roots and staining parasitic and vesicular-arbuscular mycorrhizal fungi for rapid assessment of infection. Trans. Br. Mycol. Soc. 55:158-161.

Pinthus, M. J. 1967. Spread of the root system as an indicator for evaluating lodging resistance of wheat. Crop Sci. 7: 107-110.

Rajaram, S. , and Villegas, E. 1990. Breeding wheat (*Triticum aestivum*) for aluminum toxicity tolerance at CIM-

MYT. In: Genetic aspects of plant mineral nutrition. N. E. Bassam et al. (eds.). Dordrecht, The Netherlands: Kluwer Academic Publishers. pp. 489-495.

Robertson, B. M., Waines, J. G., and Gill, B. S. 1979. Genetic variability for seedling root numbers in wild and domesticated wheat. Crop Sci. 19:843-847.

Russell, R. S. 1977. Plant root systems: Their function and interaction with the soil. McGraw-Hill Book Company, UK.

Sadhu, D., and Bhaduri, P. N. 1984. Variable traits of roots and shoots of wheat. Z. Acker-und Pflanzenbau 153:216.

Smucker, A. J. M., McBurney, S. L., and Srivastava, A. K. 1982. Quantitative separation of roots from compacted soil profiles by the hydropneumatic eludration system. Agron. J. 74:500-503.

Spahr, K. 1960. Untersuchungen über die Standfestigkeit von Sommergerste Z. Acker-Pflanzenbau 110:299-331.

Swaminathan, K., and Verma, B. C. 1979. Response of three crop species to vesiculararbuscular mycorrhizal infection on zinc deficient Indian soils. New Phytol. 82:481-487.

Tennant, D. 1975. A test of a modified line intersect method of estimating root length. J. Ecol. 63:995-1001.

Thompson, D. L. 1968. Field evaluation of corn root clumps. Agron. J. 60:170-172.

Tiwari, D. K., Nema, D. P., and Tiwari, J. P. 1974. Rooting pattern as a selection parameter of wheat varieties under moisture stress. Madras Agric. J. 61:334-339.

Upchurch, D. R., and Ritchie, J. R. 1983. Root observations using a video camera for root observations in mini-rhizothrons. Agron. J. 75:1009-1015.

Van Beem, J. 1996. Breeding for nitrogen use efficiency in low-input agriculture: alternate selection criteria, inheritance and root morphology. Dissertation, Cornell University, USA.

Vepraskas, M. J., and Hoyt, D. 1988. Comparison of the trench profile and core methods for evaluation of root distribution in tillage studies. Agron. J. 80:166-177.

Vlek, P. L. G., Lüttger, A. B., and Manske, G. G. B. 1996. The potential contribution of arbuscular mycorrhiza to the development of nutrient and water efficient wheat. In: The Ninth Regional Wheat Workshop for Eastern, Central and Southern Africa. Tanner, D. G., Payne, T. S., and Abdalla, O. S. (eds.). Addis Ababa, Ethiopia: CIMMYT. pp. 28-46.

Volkmar, K. M. 1993. A comparison of minirhizotron techniques for estimating root length density in soils of different bulk densities. Plant and Soil 157:239-245.

Ward, K. J., Klepper, B., Rickman, R. W., and Allmaras, R. R. 1978. Quantitative estimation of living wheat-root lengths in soil cores. Agronomy J. 70:675-677.

Weaver, J. E. 1926. Root development of field crops. New York-London: McGraw-Hill Book Co. pp. 291.

Wilson, J. B. 1988. Shoot competition and root competition. J. Appl. Ecol. 25:279-296.

Yu, L.-X., Ray, J. D., O'Toole, J. C., and Nguyen, H. T. 1995. Use of wax-petrolatum layers for screening rice root penetration. Crop Sci. 35:684-687.

19 微量营养元素

J. S. Ascher-Ellis[1]，**R. D. Graham**[1]，**G. J. Hollamby**[1]，**J. Paull**[1]，
P. Davies[2]，**C. Huang**[1]，**M. A. Pallotta**[1]，**N. Howes**[2]，
H. Khabaz-Saberi[1]，**S. P. Jefferies**[1]，**M. Moussavi-Nik**[1]

尽管从遗传的角度来看，提高作物对贫瘠土壤的适应性是可以实现的，但目前将现代育种技术应用于这方面的实践还非常的少。由于使用肥料能够解决土壤贫瘠问题，致使许多育种家把主要精力集中在提高作物适应性及作物的高产、抗病和品质改良等方面。

有些营养问题不易解决，但选育适应性强的品种可以解决这一问题。最明显的是营养毒性问题，除去土壤营养毒性的成本要比施用化肥的成本高得多，因此品种选育就显得更为实用，也更有必要。此外，肥料对微量营养元素缺乏（如土壤高 pH 导致的缺铁、缺锰）不是很有效，当农艺解决办法不能满足需求时，遗传改良手段就非常必要了。

周期性微量营养元素缺乏的土壤通常 pH 都比较高，但季节性干旱气候条件下的石灰质土壤，在任何气候条件下都可能含有深层沙土。施用微量营养化肥的效果非常明显，但前提是植物根系必须能够穿透贫瘠的土层获取地下水，这样作物才可能发挥其产量潜力。耐微量营养元素缺乏植物（即微量营养元素高效植物）通常能从贫瘠的土壤中获取更多的土壤缺乏的微量营养元素。植物要继续生长、要抗病、要获取深层土壤的水分，根系必须能从其所在土壤环境中找到微量营养元素。

本章我们将简要介绍耐贫瘠土壤的作物育种。在这里贫瘠土壤是指含有适量的限制性营养，不过通常不能为普通品种所利用；然后讨论控制微量营养性状的遗传学和能够在育种上应用的筛选技术。

19.1 养分利用效率的定义

养分利用效率（单一元素）是指在土壤营养元素缺乏的条件下，某基因型取得高产量的能力。这种农业方面的定义对在田间从事遗传材料筛选的育种家非常有意义。通常在贫瘠环境中的营养高效基因型在肥沃的土壤环境条件下也具高产潜力。营养高效可以通过下列一个或几个生理学机制来实现：

- 较好的根系几何形状；
- 低浓度养分条件下具有较快的比吸收率；
- 能对根系与土壤界面进行化学修饰以利于限制性营养的溶解；

---

①　植物科学系，Waite 校区，阿德莱德大学，南澳大利亚。

②　大田作物病理，南澳大利亚研究发展中心。

- 改善营养元素在体内的再分配；
- 细胞具有较高的养分利用率，或在功能上对营养元素的需求量(浓度)较低。

在田间，育种家不可能很容易地确定其中的运转机制，但如果他/她了解其中的机理选择工作将会更加精准。下面将介绍几个实例，但在很大程度上，植物营养高效是根据产量、营养元素的含量和某种营养元素缺乏的症状来推断的。

19.2 育种项目实例

植物育种有多种目的，任何一个新的育种目标，如微量养分利用效率，都使育种家的工作逐步升级，或偏离常规育种目标，如品质和抗性等。因此，一个新育种项目列上议事日程之前的情形十分重要。由于缺乏令人信服的论据，因而认为至今对植物适应微量营养元素缺乏的研究工作还很少。对于改善营养性状的育种工作，需说明以下几点：

- 具有像其他育种目标一样的迫切需求；
- 有合理的遗传潜力可以利用；
- 在农艺、经济和生态等方面具有可行性。

Graham(1984,1987,1988a,1988b)研究表明，小麦在微量养分效率方面具有很高的遗传多样性，并进一步指出几乎所有土壤，无论多么贫瘠，都储藏有足够的微量营养元素。问题通常是由于部分土壤的化学性质，它们不能被植物利用，但并不等于作物的适应性不强。这将我们带回到农艺方面的争论。

澳大利亚南部分布着 10 种土壤类型，12 年前 Ascher 和 Graham(1993)先将表层土壤移走，然后从墓穴大小的深坑中挖掘下层土壤，在对下层土壤做了不同的处理后，又将这些土壤复填到原来的坑中，随后又将表层土复位，最后将其交给农场主自己耕种。农场主在不干扰处理过的下层土壤的情况下，可以按照自己的方式进行处理和施肥，包括施用微量营养肥料。植物对微量元素的反应非常直接且很明显，但对土壤的物理干扰和施用石膏的反应不明显，这说明问题的关键在于土壤的化学性质。

需要提醒大家注意的是，在 5 个痕量营养元素缺乏的地点，这种反应一直持续到现在。最早施用的氮素早已不存在了，而后期的反应很可能与磷和痕量元素有关(图 19.1)。事实上随着时间的推移，微量营养元素处理后的残留相当大。以上事实说明，早年深入到土壤深处的根通道直到目前仍在被利用。盆栽试验表明，即使向下层土壤中施加氮肥、磷肥等，小麦根系在土壤下层的生长依旧非常弱。尽管我们使用非传统的造价很高的机械进行深层微量营养元素施肥试验，但我们认为培育根系发达、能够穿透磷和微量营养元素可用度非常低的下层土壤的小麦品种，是解决类似问题的最好途径。

与根系生理研究照片相关的争论已持续了 40 多年。从 Haynes 和 Robbins(1948)、Epstein(1972)、Pollard 等(1977)、Bowling 等(1978)、Graham(1981)、Welch 等(1982)、Nable 和 Loneragan(1984)、Loneragan 等(1987)和 Holloway(1991)等发表的论文来看，植物正常生长、膜功能、细胞的完整性均需要根系外部环境中有磷、锌、硼、钙、镁等元素的存在。根系外部环境缺磷和锌将直接导致细胞组分，如糖、氨基化合物、氨基酸等的渗漏(Graham et al.,1981)，这些物质渗漏能诱发病原微生物的趋化性。

图 19.1　Marion 湾墓穴大小的大麦种植小区,1992(见文后彩图)

地穴周围下层是没有干扰的土壤。在处理后的第 7 个季节,尽管在表层土壤正常施肥,小区中间的大麦对
下层土壤中的氮、磷和微量元素的反应还是非常明显(拍摄:J. Ascher-Ellis)

　　磷在韧皮部里是可以流动的,但其他元素却不能流动,或流动性非常差,这就意味着根尖很难从根系其他部分,如与肥料带接触的根系,得到足够的补充。此外,就锌元素而言,因为细胞膜外缺锌,体内锌浓度高并不能防止渗漏(Welch et al. ,1982)。因此,只有能使紧密结合于根际土壤颗粒的营养流动的小麦基因型的根系,才能穿透贫瘠、高 pH 的下层土壤;而那些距离肥料带较远,且细胞膜发生渗漏的根系受病原菌侵染的风险则很大。

　　最近的研究表明,痕量元素缺乏和植物对病原菌的易感性存在明显的关联(Graham et al. ,1991)。缺锰的小麦对全蚀病菌(*Gaeumannomyces graminis* var. *tritici*)(Graham et al. ,1984;Huber et al. ,1988)和禾谷白粉菌(*Erysiphe graminis*)更敏感(Graham,1990)。缺锌导致小麦对赤霉病菌(*Fusarium graminearum*)(Sparrow et al. ,1988)和秃斑病致病因子丝核菌(*Rhizoctonia solani*)(Thongbai et al. ,1993a,1993b)的抗性降低。在贫瘠的土地条件下种植营养高效品种有望得到更好的营养状况,同时其抗病性也更好,这一点已被 Wilhelm 等(1990)、Pedler(1994)和 Rengel 等(1993)的锰高效/全蚀病菌体系,以及 Grewal 等(1996)的锌高效/赤霉病体系所证实。总之,上述研究结果揭示了澳大利亚南部微量营养元素缺乏地区之所以成为全球根系病害最严重地区的原因。

　　在季节性湿润气候带,由于肥效损失,在贫瘠土壤种植小麦的产量受表层土壤干燥的影响比较严重。由于施肥和营养循环的作用,微量营养元素主要存在于表层土壤中。重金属的滤去可以忽略不计(Jones et al. ,1967)。在春季,经历一两周的干燥天气后,表层土壤已经很干燥,位于营养区的根系大多已经失去活力,植物必须依赖更深的根系或营养的再运转。对于韧皮部微量营养元素不流动和低效基因型,很容易产生营养元素短缺。

在田间,孕穗早期的土壤干燥容易导致缺铜,进而严重不育;类似的结果在 Ascher 和 Graham 的盆栽试验中得到验证(表 19.5;Graham,1990)。上述研究表明,在高盆栽容器中,如果土壤干燥导致额外施加于表层土壤中足量的铜不能被利用,而下层土壤又缺铜,那么最终将导致小麦缺铜。然而,这类问题可以通过种植铜高效基因型(如小黑麦)得到解决(Grundon et al.,1981)。

种植微量养分高效作物品种,可以增加籽粒中有限营养成分的含量,具两个方面优点:①食用这种谷物能改善人的营养(尤其是铁和锌);②在微量养分匮乏的田间重播种子时,其幼苗活力较好。最终的优点在于小麦种质资源中存在着营养高效基因型,如果能将该性状导入至现代品种,将解决一般不被农民或他们的顾问所认知的无显著缺素症状的养分缺乏问题。

19.3 种子高营养元素储量

种子中养分的储量必须能满足从幼苗生长到根系能从生长介质中获取养分这一阶段所需的营养。在植物定植之前,营养元素一部分来自籽粒储藏的养分;另一部分则来自土壤。在养分可利用度低的土壤条件下,种子中高养分含量至关重要,因为大的根系对于可提供作物所需营养的土壤才是需要的。种子的低营养状况影响作物在养分利用率低的条件下生长(Marcar et al.,1986;Asher,1987;Rengel et al.,1995a,1995b;Moussavi-Nik,1997)。种子的营养状态不仅影响种子活力,还影响幼苗的活力。Ascher 等(1993)报道称,如果种子营养低于一定的阈值,幼苗就不能正常生长。种子营养是决定植物对病原菌敏感程度的重要因素(Graham,1983;Graham et al.,1991;Pedler,1994;Streeter,1998);当种子营养低于一定的阈值时,在贫瘠土壤中种植的幼苗抗病性就会降低。有关种子营养状态与微量营养元素利用效率筛选过程混淆的重要问题将在后续部分介绍。

19.4 籽粒的矿物质品质

籽粒中矿物质含量不仅与下一代幼苗的活力息息相关,同时也与人类和动物营养关系密切。尤其是微量营养元素,世界上有半数人存在微量营养元素缺乏问题,谷物作为膳食的主要组分,提供了膳食中的绝大部分矿物质。人类营养中最受关注的是铁和锌,其次是维生素原 A、碘、钙、硒、铜等矿物质(Graham et al.,1996)。

锌元素之所以特别引人关注是因为地球上有一半的土壤、植物、动物和人类缺锌。表层土壤干旱和下层土壤的肥力不足均可导致整个食物链缺锌,向土壤中施锌肥可以改善这一问题(Graham et al.,1996)。有关小麦锌高效育种已经在本章的其他部分介绍,该性状可能受 3～4 个基因控制。

如果能够将锌高效转化为种子的高锌含量,那么生产者和消费者将会获得共赢。此外,我们将了解在贫瘠土壤种植锌高效品种实现高产和获得富锌种子的机制。然而,有时由于锌高效品种生物量较高,稀释了植物体内的锌,最终导致种子中锌浓度不高(Graham et al.,1992)。有研究表明,在灌浆期,一些基因(不调控锌效率的农艺性状基因)调控锌从营养体向种子的运输。由于重金属营养阳离子,如铁、锌、铜、钴、镍、锰等,在高 pH 的韧皮部组织液中不溶,这些基因可能编码天然的螯合物,它们与这些重金属阳离子结合,然后将其转运到籽粒中。在番茄中分离了一个编码尼古酰胺合成的基因,它在番茄铁离子运输过程中起非常重要的作用。在尼古酰胺缺陷隐性突变体 Chloranova 中,该性状由单一位点控制(Ripperger et al. ,1982)。

与 CIMMYT 密切合作的 Ortiz-Monasterio 对小麦籽粒锌、铁遗传变异做了深入研究。籽粒中锌和铁浓度从低到高分为 3~5 级,而在现代高产品种中将其分为 1.5~3 级或许更有优势(Graham et al. ,1997)。虽然高铁、锌含量不是连锁的,但人们已经发现铁、锌效率都高的基因型,其中一些是高产的高代品系。

针对农家品种资源分布的研究表明,铁含量加倍能显著改善人的缺铁症状(Bouis,1994),富铁品种提供的铁可以被人利用。来自缺铁小鼠的实验表明,富铁豆类和水稻中的铁也能和低铁或普通含铁食品中的铁一样被利用(Welch et al. ,1999)。而有关人对铁的利用实验正在进行。鉴于豆类含有较高的吸收抑制因子,如植酸、单宁酸等,因此人们预测小麦的实验结果至少应与豆类的实验结果相当。

19.5　微量养分性状的遗传学

Weiss(1943)是最早从事微量养分效率因子遗传研究的科学家,其研究结果表明,大豆铁效率受单一显性基因控制,该基因能降低根系表面的电荷。自此开创性研究之后,已经发现多个控制大豆铁效率的微效加性基因(Fehr,1982)。通常微量养分效率受一个主效基因和几个微效基因控制。Epstein(1972)指出,与玉米和番茄的铁高效、芹菜的镁高效一样,番茄和芹菜的硼高效受单一基因控制。近期研究表明,番茄的铁高效受单个主效基因和多个微效基因控制,该主效基因编码一种转运胺和尼克酰胺的蛋白质(Brown et al. ,1982;Ripperger et al. ,1982)。

19.5.1　铜效率

黑麦的铜高效似乎是一个受 5R 长臂上单个位点控制的显性性状(Graham,1984)。通过 5RL 的部分易位,已经将黑麦的铜高效基因转到小麦中。携带铜高效基因($Ce-1$)的 5RL 片段易位到小麦 4Aβ(现在称为 4Bβ)染色体上,$Ce-1$ 能使紧紧吸附在土壤颗粒表面的铜离子流动和被吸收(Graham,1984)。目前有多种易位系,但 5RL/4A 似乎是农艺性状最好的类型(图 19.2),它已被成功导入能很好适应南澳大利亚环境的品种(Graham et al. ,1987)。如果不是用铜低效黑麦进行杂交,5RL 在小黑麦中也能提高铜利用效率。小黑麦一般具农艺上有用的铜效率,其铜利用效率介于小麦和黑麦之间,因此被广泛种植于南澳大利亚缺铜的沙土或煤泥土地区(Graham,1987),而在澳大利亚昆士兰地区,小黑麦可抵御表层土壤干燥导致的黏土缺铜影响(Grundon,1980)。携带 5R 的黑麦表现铜高效,但与锌和锰高效没有明显联系。因此这些元素利用效率可能受独立、相对特异的基因控制,而与根系的几何形状和大小似乎没有关系(Holloway,1996)。

黑麦比小麦有更长、更好的根系,而小黑麦通常却没有这一特征,但它们对这3种元素的利用更有效(Graham,1984;Graham et al.,1987;Harry,1982;Cooper et al.,1988)。以黑麦附加系为材料,发现6R染色体在3种元素利用方面稍具贡献,很可能与根系的几何特点有关,但不是主效基因的作用。锰高效基因位于2R染色体上,这方面的证据来源于一个缺2R的Armadillo型小黑麦品种Coorong,它在缺锰土壤中表现非常差。相比较而言,黑麦锌高效则没有像小麦/黑麦附加系那样清晰,控制锌高效的基因可能分散在4~5个染色体上,如2R、3R、7/4R,以及很小程度上还有前面提到的5RL和6R(表19.6;Graham,1988a)。此外,Cakmak等(1997)认为锌高效与1R有关。

19.5.2 锌效率

关于附加系的研究表明,黑麦对铜、锌、锰的高效利用属于独立的性状,分别位于不同的染色体上(Graham,1984)。和大豆的铁利用效率一样(Weiss,1943),黑麦的铜、锰利用效率和大麦的锰利用效率也受单一主效基因控制(Graham,1984;McCarthy et al.,1988)。芹菜的硼和镁利用效率(Pope et al.,1953a,1953b)和番茄的硼利用效率(Wall et al.,1962)均由单一显性位点控制。

图19.2 在缺铜土壤上,铜高效的5R/4A易位系植株(右侧)明显比铜低效对照2R/4A易位系植株(左侧)生长和结实情况好

然而,对锌利用效率的遗传了解甚少。正如黑麦有多条染色体参与锌高效调控那样,水稻中有几个位点和少数基因参与控制锌高效。在对3703个水稻系大规模单一性状的筛选中,发现388个系具有耐低锌或具有类似反应的特性(Ponnamperuma,1976;IRRI,1979)。近期的双等位分析发现,水稻锌利用效率主要受加性基因控制,同时还受部分显性基因控制(Majumder et al.,1990)。

不同的大豆品种对施锌肥的反应不同(Rao et al.,1977;Rose et al.,1981;Saxena et al.,1992)。这可能与其不同的锌吸收效率有关;通过对锌高效和锌低效基因型杂交F_3后代分析,发现大豆锌高效性状受少数几个基因控制(Hartwig et al.,1991)。

小麦不同的锌效率机制似乎说明该性状属于加性性状(和水稻类似,Majumder et al.,1990),因此在育种过程中应当非常重视遗传信息的聚合(Rengel et al.,1992)。可以采用Yeo和Flowers(1986)的方法,将多个不同水平表达的锌高效机制(包括分子、生理、结构、发育等水平,见Rengel,1992)聚合到一个区域适应性强的品种中。在这种育种项目中,基因型具有控制锌高效的某个特殊机制的基因可能非常重要,即使它们在表型上不表现锌高效。使用当地品种具有优点,因为这样不仅可以加速锌高效品种的培育,还不会破坏已经获得的广适应性(图 19.3)。

图 19.3　在 Horsham 缺锌土壤中,缺锌耐性不同的大麦品系小区的生长情况,1998(见文后彩图)
每个对比小区中有一个在播种时施锌肥颗粒,后期进行叶面喷施(拍摄:J. Ascher-Ellis)

　　硬粒小麦 Durati 在澳大利亚新南威尔士的重黑黏土地区对缺锌非常敏感,在轻沙土上的表现也很差,因此它是一个很宝贵的指示品种。Kamilaroi 是 Durati(Durati × Leeds)的衍生后代,它不仅继承了 Leeds 高产、优质、抗病等特点,还在新南威尔士的重黑黏土上表现出很高的锌利用效率。然而,在南澳大利亚轻沙土上,Kamilaroi 在锌效率方面的表现比 Durati 更差。重黑黏土中锌高效是一种非常复杂的现象,涉及土壤残存的磷、锰,这加重了土壤的低锌状态。因此,在这种土壤条件下,锌效率不再是简单的"根系寻找能力",而是如何更好地辨别锌和锰、磷。正是由于南澳大利亚土壤中磷和锰含量相对比较低,才使得我们有机会认识到存在不同的锌效率类型。

　　除了在缺锌土壤上的产量潜能存在多样性之外,植物组织和籽粒中锌浓度可能也受遗传控制(Graham et al.,1992)。携带 5RL 的 Excalibur 和 Warigal 叶片中的锌浓度和分蘖期锌吸收比其他株系高(共测验 30 个系)。然而,Excalibur 籽粒含锌量较低,这种情况与其高产性状有关,而其籽粒锌产量(g/hm²)很高。有一个非常明显的趋势,与籽粒含氮量相似,随产量增加籽粒锌浓度降低。这种结果是我们不希望看到的,因为如果种子锌含量低,下一代种植在缺锌土壤的幼苗活力就弱;另外,由于小麦是很多人的主食,锌含量低将不利于人的微量营养元素健康(Welch et al.,1983;Graham et al.,1996)。然而,Warigal 是一个在缺锌条件下锌产量和锌含量都高的品种。通过育种改善籽粒锌含量是很有可能的。需要说明的是,在上述条件下,籽粒锌含量对施肥反应非常明显。

19.5.3　锰效率

小麦在锰利用效率方面存在很高的多样性,尤其是六倍体小麦和硬粒小麦,如果能够利用黑麦的锰高效基因,这种现状还能得到进一步改善。

对 Weeah(高效)× Galleon(低效)杂交组合(Graham,1988b),以及类似的组合 Weeah(高效)× WI2585(低效,McCarthy et al.,1988)等的研究结果表明,大麦锰高效似乎是简单遗传的。这一主效基因最近被定位到 4H 群体上(见稍后部分)。然而,另一个系 WA73S276 和 Weeah 具有共同的亲本,却比 Weeah 具有更高的锰利用效率,说明还有其他位点参与控制锰利用效率。然而,Waite 研究所一个大麦育种项目中使用的重要亲本 CI3576(来自亚历山大)对锰缺乏异常敏感,但在育种中应用频率非常高。目前,我们还不能确定这究竟是一个半显性锰低效性状,还是与其他性状紧密连锁的效应。

小麦中也有少量品种对缺锰异常敏感,其遗传基础目前还不清楚。然而近期的研究结果表明,硬粒小麦的锰高效性状受 2 个加性基因控制(Khabaz-Saberi et al.,1998)(图 19.4)。它们似乎位于两个基因组的同源区域,根据我们在大麦(单基因)、黑麦(单基因)和硬粒小麦(双基因)中的经验,可以很有把握地推测普通小麦中至少存在 3 个主效位点参与控制锰高效。参与锰高效调控的微效基因几乎可以肯定存在于所有物种中,但在南澳的育种项目中,仍需在主效基因研究方面取得更大进展。

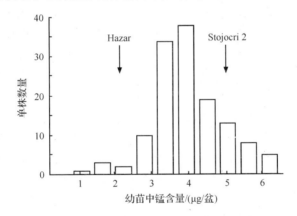

图 19.4　在缺锰的 Wangary 土壤种植 4 周的硬粒小麦 Stojocri 2×Hazar 杂交
F₂代群体单株幼苗锰含量分布(Khabaz-Saberi et al.,1998)

锌高效和锰高效排序在一定程度上呈负相关(Graham,1990)。锌高效品种 Excalibur 的锰利用效率很低,Bayonet、Millewa 和 Takari 锌效率高,但锰效率非常低,其他品种,如 Aroona、Machete 锌锰效率都高,而 Durati、Kamilaroi、Songlen、Gatcher 锌锰效率都低。Durati 和 Kamilaroi 的锌、铜、硼效率都很低。事实上,很多参试的硬粒小麦在微量营养元素利用效率方面表现都很低。小麦锌利用效率正如前面所述的黑麦一样,似乎与其铜效率性状相互独立。

19.5.4　硼效率与毒性耐性

缺硼和硼毒性是包括小麦在内的许多作物中普遍存在的营养不平衡问题。缺硼主要发生在湿润气候带的高渗漏土壤环境,而硼毒性则主要由于降水量偏少,渗漏作用小,导致硼在表层土壤中富集。缺硼和硼毒性会影响小麦的不同生理过程和不同组织。缺硼主要影响花粉的发育和授粉,而硼毒性将会影响不同发育时期的所有组织。在缺硼(Rerkasem et al.,1997)和硼毒性(Moody et al.,1988)方面,已经在小麦中发现了较高水平的遗传变异。由于两种不平衡在不同发育时期表达,人们研制出比对法来筛选所需的基因型(图 19.5)。

图 19.5　小麦和大麦叶片上的硼中毒症状
（见文后彩图）
大麦对硼毒性更敏感,症状也更明显,可以选择
像 Stirling 那样一个敏感品种作指示系
（拍摄：J. Coppi）

可通过辨别植物的症状,分析植物和土壤的缺硼和硼毒性状况,在这方面已取得成功。如上所述,缺硼主要影响花粉的发育和功能,因此在没有叶面症状的情况下植物可能会不育。小麦硼中毒的症状包括局部区域变色,从叶尖开始,沿着老叶边缘出现坏死。但小麦硼中毒的症状不易和其他胁迫症状相区分。大麦硼中毒症状则非常明显,包括在叶尖和叶边缘坏死斑上出现黑色的斑点。如果怀疑硼中毒,可以在种植小麦的试验田中种植几小片大麦,这是一种最经济快速诊断是否存在硼中毒问题的方法。

用最幼嫩的叶片(YEB)进行组织分析,既可以指示植物的硼状况,也可以用于在高硼含量的土壤条件下比较不同的基因型,但在低硼条件下不足以区分硼高效和硼低效。幼嫩叶片中硼含量低于 2 mg/kg 时,说明植物硼效率低,当幼嫩叶片中硼含量高于 20 mg/kg,成熟籽粒中硼含量达 3 mg/kg 时,表明植物可能发生了硼中毒。

从土壤中提取硼的方法有多种,但所提取的量因采用的方法和土壤类型而异。最常用的方法是用热水和热 $CaCl_2$(0.01 mol/L)提取。由于硼提取量因提取时间、土壤类型和所用方法而异,因此硼提取量的绝对值只能为我们提供有关土壤中有多少硼可供植物利用的大致信息。如果热水法提取硼的浓度低于 0.5 mg/kg,那么可能存在缺硼问题;如果硼浓度超过 15 mg/kg,有可能发生硼中毒。在降水偏少的环境下,下层土壤中硼的浓度通常比较低,因此取样时土壤剖面应取到 1 m 深处。

在营养匮乏的条件下,诊断营养问题的另一种方法是添加营养物质和在试验中设置探针基因型。许多澳大利亚的小麦品种具有高浓度硼反应特征,其中 Halberd、Frame 和 Spear 是耐硼品种,而 Hartog 对硼异常敏感。在泰国发现的比较好的缺硼探针基因型有

SW41(低效)和 Fang 60(高效)。

在严重缺硼时,硼低效品种的营养生长正常,它们旗叶和穗中硼浓度与结实率高的硼高效品种相似,但可能完全不育。由于目前还没有发现幼苗和营养生长反应与结实率存在相关性,因此很有必要在缺硼条件下的生殖生长时期筛选硼高效品种。

利用沙土进行盆栽和田间种植都能诱导缺硼。在两种试验条件下,都可以设置一个硼供应充足的对照(可以按 1 kg 硼/hm² 的比例施用硼,如硼砂),或已很好地鉴定过的品种,如 SW41 和 Fang 60 做对照。小麦对硼的反应可以用结实率指数来描述,用主穗上10 个中间小穗第一枝梗和第二枝梗小花的籽粒数来计算,表示为潜在籽粒(20 粒种子)的百分率。之所以只计算第一枝梗和第二枝梗小花上籽粒的数量,而不是采用主穗上所有籽粒数量是为了尽量减少其他因素对高阶小花不育的影响,如水胁迫、其他营养不平衡等。

19.6　筛　选　技　术

毫无疑问,最理想的方法是了解其中的作用机制,通过基因表达产物来筛选所需性状。小麦铁高效筛选指标有植物铁载体(Marschner et al. ,1986)、膜上的结合亲和性(K_m)、根几何学形状以及可能控制根际营养可利用性的单根渗出物等。如果铁效率是小麦中一个比较受关注的问题,在正常缺铁条件下筛选释放脱氧麦根酸能力比较强的品种是一个比较好的办法(Marschner et al. ,1986)。这种方法的最大优点是无需测量与众多因素相互作用结果的产量,而是直接测验筛选对象中高效等位基因的表达强度。

19.6.1　田间测验

以产量为依据进行基因型筛选的结果常常不准确,而且困难重重,因为基因组中几乎所有的基因对产量都有直接或间接的贡献。如果选择压力足够大(营养缺乏很严重,而且是主要限制因素),可以根据产量筛选高效基因型,但总是存在强烈的互作干扰筛选的可能性。Graham 等(1992)在两个地点对两个大麦品系进行鉴定,发现两地的试验结果不一致。在温暖的土壤条件下,Schooner 熟期较晚,所以它能充分利用后期(10 月)的降雨,因而能受益于土壤中改善的锌可利用度。在这种情况下,我们认为 Lameroo 在另外一个试验点的结果比较可靠,它能够反映该品种真正的锌利用效率。中熟的收获结果也支持这种解释。

19.6.1.1　地点选择

田间试验最困难的是选择一个缺锌,且土壤条件均一,能够有效区分不同品种锌利用效率的地块。目前还没有适合的提取技术,土壤分析很难预测痕量元素匮缺。田间历史记录是非常重要的资源,但在开展试验之前分析小麦组织也许是选择地点最可靠的工具。然而痕量元素缺乏对环境条件(如温度、光强和降雨等)的依赖性很强,因此密切关注前茬作物组织中痕量元素的浓度并不能保证在特定年份的试验中一定会发生微量营养元素缺乏问题。

重要的是施用足量基肥于各小区,保证其他营养成分不缺,避免营养不平衡和其他营养缺乏与基因型之间相互作用。最难避免的相互作用之一是我们缺锌试验中硼中毒的干扰。缺锌敏感基因型表现出很多硼中毒的症状。

19.6.1.2　双水平评估

针对特定的限制因子,一般采用正负小区对的办法来校正基因型在缺素土壤中相对于其自身潜力的表现。对应的效率指数为 $100 \times GY^-/GY^+$ 或者 $100 \times vegY^-/vegY^+$,此处 GY 是籽粒产量,vegY 是植株营养体产量。

上述参数是我们所谓的微量营养元素利用效率。然而,考虑到不同的目的,我们不能仅依靠这个单一商值。一个 GY^- 较高的品系,当它具有较高的产量潜力,同时对锌反应非常显著时可能比较引人关注(如 Excalibur;Graham et al.,1992)。GY^+ 值高的品系同样也非常重要,其产量潜力的双保险方法是将营养和基因型结合,这样可以超过单个因素作用时的产量(Graham,1988a)。我们认为 $100 \times GY^-/GY^+$ 可作为育种中亲本筛选的最好依据,而对生产者而言,当下层土壤贫瘠或表层土壤干燥,或者他们不愿意施用微量营养元素或不知道缺微量营养元素时,GY^- 可能是他们最直接感兴趣的指标。

很显然,绘制施肥量与产量的曲线比设置正负对照处理能更好地描述一个基因型的特点。然而,这种研究只适用于小样品量分析,而不适于大量样品分析。尤其是田间试验,试验地面积越大意味着空间变异越大,与微量营养元素相关的一系列问题也越大,这种变异在本质上甚至超过了大量元素变异(表 19.8;Graham,1990)。此外,在其他处理内或处理间,任何两个给定比值之间的严格比较(无论是正负对,还是其他对)都会随距离增加和因随机调整量扩散。因此在选择地点时,应照顾到育种目标区域养分缺乏的程度。配对小区系统的最大优点在于,越接近的两个处理,得到的 $100 \times GY^-/GY^+$ 测验结果越准确,而极小差值才允许进行大量材料间比较。

这是我们在澳大利亚使用最多的系统,但它的正确性依赖于相关位点的选择和对参与基因的数量和性质的认识。Paull(1990)发现一些基因涉及硼毒抗性,他建立了一个模型来计算在不同选择压力下显性基因的差异表达。在研究中,他在三个胁迫水平下,选择或放弃在四基因系统中所有可能的分离子。

在养分缺乏研究中,就像图 19.6 所示的那样,人们会经常讨论基因型对产量-肥料比率反应的优缺点。基因型 A 因为在最低供肥的情况下产量潜力大而被选取。但对微量营养元素而言,通常一次施肥的量是作物几年内吸收量的 $10 \sim 100$ 倍(铁、锰除外)。因此,达到产量潜力的最低营养值不能用配对小区系统测定;拟证明这不是临界点,我们需要的只是达到产量高峰的一个安全点和无营养供给的一个点,对于育种项目的目标区域有意义的缺素程度提供后一结果(图 19.6 中的 y)。通过这种方式,我们过去一直在矫正我们的配对小区法,直至我们对参与的基因和作用机制有了较好的理解为止,现在看来这种方法最适合于我们的研究目的。

19.6.1.3　使用配对小区系统

以锌为例,在一个包含 36 个基因型的典型试验中,设置边界小区,4 个重复,采用裂

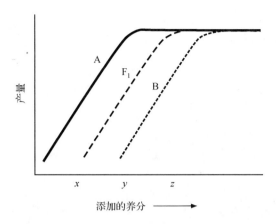

图 19.6　两个亲本及其 F_1 代对微量营养元素的反应模型

单一胁迫条件下对筛选的遗传解释：在 z 处，A 是显性的；在 y 处是部分显性的；

在 x 处，B 是显性的（敏感亲本）(Paull, 1990)

区随机区组设计。试验主区采用成对种植，每对小区中随机选取一个施用锌肥。种子条播和施肥机使用盒式系统，能将种子送到锥形的播种器中，而锌颗粒则通过盒子随种子一起播下，肥料箱中只有基肥（包括所有必需的其他养分，在我们的种植环境中包括氮、磷、硫、铜、镁、钼、钴等），而且不用更换。颗粒状锌肥是商用含氧硫酸锌（约 30% 锌），需量是商业用量的几倍（$11 \sim 14$ g/4.5 m² 小区），因为其效率不如包被在大量营养元素颗粒上锌肥的效果。土壤施锌肥的同时，在分蘖期补充叶面喷施硫酸锌（相当于 200 g 锌/hm²）（针对锰的研究，通常需要用含氧硫酸锰颗粒，然后还需按 1 kg 锰/hm² 的量喷施 $1 \sim 2$ 次叶面肥；针对铜的研究，我们用的是硫酸铜颗粒，按 0.2 kg 铜/hm² 量喷施叶面肥）。

中季收获通常收割 0.5 m² 的一个扇形，可以在一定程度上避免生长季节结束前发生的意外事件导致的信息丢失问题（如干旱、冰雹、暴雨、牲畜危害等），为避免上述损失，可以用小区收割机来收割后计算籽粒产量。

由于我们所研究的土壤空间变异巨大，因此需要采用现代的空间统计分析方法，现已证明该方法比较有效，即对于基因型×锌的互作有较高 F 值。通常，这种试验比简单裂区随机区组试验得到的 F 值要高。

空间变量分析过程是可重复的，能够测验未处理的变异，它与田间计划小区和亚区的位置有关。我们已经测验到与拖拉机碾压、坡度种植、播种和收获方向、风向、播种深度等相关的变异。在试验中尽量消除这些方面的误差将会增加处理间差异的显著性 (Gilmour et al., 1997)。

除了对籽粒产量和中季收获的生物量进行分析外，籽粒和组织的化学成分也是值得关注的指标，通过计算锌的总吸收量可以得到该指标。大多数高效基因型能够吸收更多的锌，而且在营养组织和籽粒中常保持较高浓度的锌，但有时籽粒中锌浓度又和营养组织不一致。铜和锰也存在类似现象。锌的吸收（产量×锌浓度）经常表现基因型间的变异大于产量变异（与产量相比，浓度变异一般相对很小，但通常非常显著）。吸收在某种程度上反映了养分利用效率性状从种植到收获表达的总和（图 19.7）。

图 19.7　配对小区在锌高效小麦育种材料筛选中的应用(Horsham,1998～1999)(见文后彩图)

针对同一个品种,施锌和不施锌小区设在相邻的位置,采用随机方式设置其中的施锌小区。参试品种共 30 个,
试验设 4 次重复,采用完全随机区组设计,对随后的试验数据进行空间变量分析(Graham et al. ,1992)

(拍摄:J. Lewis)

19.6.1.4　单水平评估

在单水平分析研究中,不设置提供限制营养的对照小区,取而代之的是一个对照基因型。在我们的锰项目中,一个典型的实验设计包括 196 个小区,而只有 72 份大麦品系设置了完全重复试验。剩下的 52 个小区是一个对照品种,该对照在规则排列中每隔 4 个小区设置一个。

本实验的目的是在缺锰地区鉴定与对照品种相当或更好的品系,其结果可用空间分析技术(ASREML),以及比较测试小区产量和一系列对照基因型产量的方法分析。更简单的是,小区产量可以和邻近对照产量的算术平均数进行比较。现已证明,对照小区产量的排列在确定位置变异和肥力趋势方面非常奏效。因此,如果期望参试品种的表型变异范围较大,测试品种在矩阵中仅出现 2 次,将可实现有效的选择。有许多位于分界线上的基因型,无论把它们放在高效还是低效类群都不太合适,但这些通常都不重要。通过对高效和低效类群中的遗传关系分析,进一步肯定了简单设计的选择效率(Graham et al. ,1983)(图 19.8)。

19.6.1.5　测量

苗期和生长季节中期的效率评估观测值应当支持田间测产的结果。非典型气候因素会影响单一生长时期的测定结果(如后期降雨对晚熟品种有利)。通过肉眼观察可以直接

图 19.8　单一小区在锰高效大麦育种材料筛选中的应用(Wangary,1981)(见文后彩图)

实验不施锰肥,但每隔三个材料种一次锰高效对照品种,其间每品种一个小区,共 72 个参试品系(Graham et al.,
1983),设 2 次重复。从中间向左的一条地自下而上是高效、低效、低效、高效 4 个小区,在这些小区的左边是一条
锰高效对照,其他 3 个小区的部分画面可在最左边和最右边看到(拍摄:J. Lewis)

得到萎黄病、幼苗活力和延迟成熟(抽穗日期)等参数。在生长季中期用样方取样(或取
1 m行长)不仅能确定生物量,同时也可为后续分析提供材料。总吸收(干物质产量×浓
度)是一个非常重要的养分利用效率参数,它将根系活力和利用效率与地上部的需要整合
在一起。人们已经认识到临界浓度的基因型差异(Ulrich et al.,1966),但根据我们的经
验,对于确定营养效率,与总吸收量相比这种差异相对较小。

19.6.1.6　植物样品的收集和分析

一项可靠的测验技术,感应耦合等离子体(ICP)光谱技术,已用于对整株植物和最嫩
的展开叶片(YEB)的测验,便于评估田间的试验结果(Zarcinas et al.,1987)。尽量使植
物材料不被污染[如灰尘、土壤颗粒、电镀产品(如门和工具)、香烟和纸袋等]非常重要。
我们建议在收集 YEB 和整株样品时,戴上塑料手套。当整株采样时,应从距地面 1 cm 处
收割,尽量减少土壤的污染。然后放在合适的纸袋中,在 80℃干燥过夜。

经验告诉我们,锰利用效率变异为 $10\% \sim 42\%$,缺锰小区籽粒产量为 $0.1\sim$
$0.8\ t/hm^2$。Durati、Takari 和 Millewa 的锰利用效率非常低尽管使用锰肥的效率非常
低,施用了锰肥(土壤+叶面)后植物依旧表现为锰低效(幼叶 12 mg/kg Mn),其产量可
能只有产量潜力的一半(Graham,1990)。虽然上述情况并不是一个非常严重的问题,但
该结果直接导致高效率品系较低效率品系更容易被授权,从而使该特征变异的范围比实
际测量值更大。

在缺锰的土地上,Aroona、Machete 和 Millewa 对全蚀病真菌的抗性与它们在营养生

长阶段的锰效率相一致。Macheta 从分蘖期的第 19 位改进到籽粒成熟期的第 7 位,而 GJ*Wq 从第 2 位降至第 21 位。在生长季中仅少数品系显著改变了它们的位次,说明分 蘖时选到 5 个最好的品系,而在成熟期只能选到这 5 个中的 3 个,这是田间选择的最适时 期(图 19.9)。

图 19.9　亲本和锰高效育种品系筛选中的配对小区(Wangary,1981)(见文后彩图)
在播种时随种子一起施用锰肥氧代硫酸锰颗粒,如果需要时在季节中期经叶面喷施 1～2 次硫酸锰
(拍摄:R. Graham)

19.6.2　在控制环境下的筛选

19.6.2.1　土壤培养

　　盆栽土培比水培更容易建立和维持,与田间试验相比劳动强度也不是太大。田间和 盆栽试验对土壤的要求都是一致的,但即使在一个非常不典型的环境下,盆栽试验人员通 过混合能够得到比较均一的土壤。土壤的一致性非常重要。养分胁迫通常和土壤低温相 关,在温室条件下不控制土壤温度是非常不切实际的。例如,在温室条件下很难创造一个 缺锰的条件,即使用大田非常缺锰的土壤,和用低温恒温池或控温房间将温度控制在 15℃以下。Fox(1978)的研究结果是一个关于基因型×气候×养分相互作用的极好例 子,它无法对养分利用效率试验正确诠释。

当筛选养分效率时,盆栽容器的大小也是一重要的考虑因素。当在温室对尽可能多的品系分析时,可用小钵,对于锰效率的筛选每钵不少于 0.5 kg 土壤,以满足 2 棵幼苗生长 28 天所需要的养分。对于 28 天以后的每周生长,钵的大小应当相应加倍(Huang et al.,1996)。

我们已经做了很多盆栽试验,通常是对营养生长期研究。但我们偶尔发现盆栽试验结果和田间产量试验结果根本没法比较,说明生长季中期或后期的影响可能非常重要。例如,Marcar 和 Graham(1987)、Rerkasem 等(1990)以及我们最近的锌高效小麦筛选结果(Graham et al.,未发表)表明田间筛选非常重要。在筛选锰高效大麦试验中,只有两个主要基因位点中的一个在盆栽试验中被测验到,这两个位点各控制性状的一半。而田间筛选的基因位点似乎更多。除了上述情况之外,利用盆栽方法筛选铜、锌和锰高效的结果似乎令人满意(Graham et al.,1979;Grewal et al.,1997;Rengel et al.,1995a;Huang et al.,1996)。当采用盆栽法筛选锰高效基因型时,存放、温度、湿度对锰的可利用性和筛选技术都很重要(Longnecker et al.,1991;Webb et al.,1993a;Huang et al.,1996)。锰高效机制很难解析,但经验筛选已足以有效开发主要关键基因的分子标记(见后续部分)。

以盆栽试验筛选硼中毒和低效基因型一直是有效的。土壤中硼含量高导致老叶尖部出现黄色的坏死斑,植物活力降低,分蘖减少、根系伸长能力弱、各种组织中硼浓度增高。耐硼毒性品种组织中硼浓度保持在较低水平,中毒症状不明显,且幼苗活力和根系生长均优于敏感型材料。这种在反应方面的差异已经用于开发高效基因型的筛选系统,辅助培育出耐硼小麦品种(Moody et al.,1988),并鉴定了位于 4A 和 7B 染色体上控制耐硼性的主要基因(Moody et al.,1988)。

小麦对高浓度硼的反应在苗期和发育后期间有很强的相关性。这使我们能够研制出几种快速鉴定耐硼基因型的方法,其中有一种方法需要在温室中培养幼苗。添加硼酸到肥沃的黏壤土中,使可摄取的硼浓度在 50～80 mg/kg 范围内彻底混匀。在植物定植之前充分灌溉,然后不再频繁浇水。在后期,耐硼品种的根系将扎入深层土壤中获取水分,因此这些植物也就能够继续生长。硼敏感基因型在含硼较高的土壤中根系不再生长,因此植株比较矮小。耐硼基因型植株上会出现不太严重的中毒症状。

19.6.2.2　液体培养

简单的液体培养方法很少用于营养效率因子的筛选,这些营养效率因子作用于植物根系和土壤的界面。作用于根表面的效率因子可以用于在溶液培养中筛选吸附等温线参数、木质部荷载、短程或长距离运输、养分利用效率等(如吸收单位营养的碳固定效率)。因此研究微量营养元素效率因子的内部调整(如番茄中硼的转运;Wall et al.,1962)需用土培技术。

在某些情况下,能在液体培养条件下成功地观察到在土壤中实现的特殊适应性。三价铁还原为二价铁需要打开 Fe^{3+} 的配合键,释放出可被吸收的铁离子,Brown 和 Ambler(1973)在溶液中用强铁离子螯合剂来观察根系的还原能力。Clark 等(1982)用高磷酸盐、硝酸盐和碳酸钙等诱导铁胁迫的营养液培养了高粱敏感基因型。

研究铁和锰效率可以在含有不溶的氢氧化铁、二氧化锰等悬浮溶液中进行,两种化合物均需要还原才能够溶解,这一过程可以由根系的质子分泌来推动完成(Brown,1978;Romheld et al.,1981;Uren,1982)。这些不溶的高价氧化物和氢氧化物还可以沉淀在色谱分析纸上(Uren,1982),而根系会沿着润湿的纸表面生长,这是一种处于土培和水培之间折中的培养方式。根系作用下深色氧化物的还原和溶解可通过测验根系任意一侧的耗尽区来实现。筛选高效基因型,需要在沉淀过程中设置高质量的对照和测验条件,同时差异必须量化。

有时会发现萎黄组织中铁的浓度要高于绿色组织(Brown,1956),甚至在缺铁植物的根中铁离子的浓度比地上部分的浓度高出 100 倍(Brown,1978)。上述结果说明植物内部可能存在某种高效机制,可以采用水培的方法来测验。

流动培养系统为液体培养增加了新的内容。利用这种方法可以确定作物维持最大生长速度所需某种养分的最低浓度。这是一种明显受遗传控制的性状(Asher,1981)。这种系统对常规筛选而言造价太高,但能提供生理机制方面的信息,有助于快速筛选测验。

液体培养技术已广泛用于植物矿物质毒素的抗性筛选及其相关机制和遗传学基础的阐明。例如,耐铝性筛选就成功使用了这种方法(Furlani et al.,1982;Foy et al.,1978;Reid,1976)。

螯合缓冲营养液培养方法相对较新,它在筛选微量营养元素相关性状方面具有一定的潜力(Webb et al.,1993b;Huang et al.,1994a,1994b;Rengel et al.,1996)。然而由于离子在溶液中的活性会发生变化,因此这种方法仍需要进一步改进,同时结果分析时也需谨慎。

19.6.2.3　耐硼性

硼对植物根系生长的影响已经用于开发一种快速、客观的试验以鉴定耐硼毒性的基因型(Chantachume et al.,1994)。在 2~4℃条件下,种子在培养皿中吸胀 2 天,然后在 18~20℃条件下放置 1 天。将大的方形滤纸或吸水纸放置在含有 5~10 $\mu mol/L$ 硼酸、0.0025 $\mu mol/L$ 硫酸锌、0.5 $\mu mol/L$ 硝酸钙以及基础养分的溶液中,然后沥水 1 min。按胚朝下的方式将种子摆成一行放在上层滤纸 1/3 的位置。将滤纸卷成圆柱形,用铝箔纸包好后胚乳向下立起来,在 15℃条件下培养 12 天。待滤纸解开后,测定最大根长。耐硼品种比硼敏感品种的根系长,每个滤纸中都要有耐硼和硼敏感对照,同时还要设置没有硼处理的对照,以便比较相对根长。

Campbell 等(1998)改进了这一方法,种子被放在盛有硼溶液的“午餐盒”上方的细筛上,并对溶液通气。仍基于根的生长鉴定耐性和敏感的基因型。这种方法不需要滤纸和铝箔纸,因此费用相对低廉,工作量也不大,但与其他方法筛选鉴定结果的相关性不是很好。尽管如此,对充分鉴定的基因型的分级,不同方法的鉴定结果一致性很好,同时与田间下层土壤硼浓度很高条件下测得的苗和籽粒的硼浓度也很一致(图 19.10)。

19.6.3　微量营养元素高效筛选中种子质量的重要性

种子中矿物质含量高与早期幼苗活力具有很高的相关性。植物生长在正常养分条件下时,这种早期的种子营养优势直到成熟期仍能观察到,如增产、大粒、单株籽粒多等(Longnecker et al.,1991;Rengel et al.,1995a,1995b)。种子养分含量取决于土壤类型、营养的可用性及物种,在较小程度上与品种和季节有关。Longnecker 和 Uren(1990)的研究结果表明,季节效应对大麦和羽扇豆种子中锰含量的影响没有地点选择的影响大。

现已证明小麦具有在微量营养元素供应不足的情况下生长的遗传潜力。由于施加微量营养肥料能降低小麦发病率(Graham, 1983; Graham et al. ,1991),加之种子的营养差异也受遗传控制,所以与两者相关因素的叠加可能混淆基因型的表现。

种子养分含量同样会影响小麦对疾病的敏感性,如 McCay-Buis 等(1995)的研究表明,如果种子中锰的含量高(1.83～2.28 μg/种子),那么长出的小麦植株活力比较强,植株感染全蚀病的概率就比较小,同时比锰含量低(1.26～1.86 μg/种子)的种子长出的植株生产更多的籽粒。Cooke(准备中的论文)的研究表明,从含锌量高(0.66～0.74 μg/种子)的种子长出的小麦幼苗受丝核菌侵染的伤害小于从含锌量低(0.24～0.26 μg/种子)的种子长出的幼苗(图 19.11)。

为了在盆栽试验中评估不同硬粒小麦的锰利用效率,Khabaz-Saberi 等(2000)建立了种子

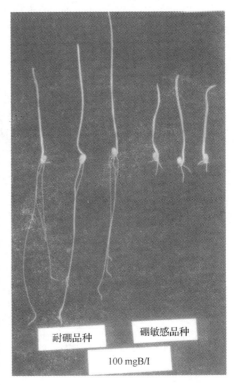

图 19.10　以水培法对小麦苗期耐硼性的快速筛选(拍摄:ETU,阿德莱德大学)
硼浓度:100 mg/L,以硼酸
计算(Campbell et al. ,1998)

锰含量与向 Wangary 土壤施加锰肥的相关关系。这种关系在锰高效品种 Stojocri 2 和锰低效品种 Hazar 之间不同。

在比较不同小麦基因型的干物质量、籽粒产量、籽粒品质、抗病性和养分利用效率时,参试品种种子的质量应当相似,尽量避免其他因素的影响。然而,种子大小和种子内的营养分布受遗传控制(Moussavi-Nik,1997)。这就意味着从相同地点(土壤类型)和季节收集的不同基因型的小麦种子其营养含量可能存在较大差异。在一系列包含 11 个小麦基因型的精细试验中,各基因型的种子采自南澳大利亚的 8 个地点,并种植在两种气候条件下的 8 个地点。

Moussavi-Nik(1997)证明,高比例的处理变异源于基因型效应差异,而种子来源效应所能解释的变异范围为 0～44%,而且在 16 个试验中 9 个是显著的。一般来说,基因型和种子来源相互作用的效应对处理变异的贡献小于种子来源主效应。

在整个环境试验中,不管其产量是高还是低,种质资源或基因型×种子资源效应普遍存在。从所有地方选择的种子应当含有要研究的全部元素的足够营养含量。从上述 8 个地点选取的用于种子资源效应评估的种子在所有痕量元素含量上都是充分的。尽管如此,我们还发现了 4 个增加锌含量与增加籽粒产量的显著关联和 1 个籽粒钠含量降低籽粒产量的关联。

图 19.11　锌低效小麦品种 Gatcher 在缺锌土壤中的幼苗活力,说明种子锌含量
对其定植至关重要(Rengel and Graham,1995a)

19.7　育种家的方法

对痕量元素利用效率机制和遗传学特性的认识使改良品系的培育和选择趋于简单化,因为对亲本的选择和筛选方法比以前更有针对性和更客观。然而,没有相关信息也不能阻止育种家在已知微量元素缺乏的目标区域开展育种活动。当遗传学仍在被研究时,就会显著加速育种的进程。

痕量元素高效利用潜在亲本的来源可以根据文献、育种家的评价,尤其是在痕量元素缺乏地区农民仍在种植的品种来确定,尽管作物评价试验指出这些农民种植的品种已经被新的、高产品种所取代。由于痕量元素利用效率是总育种项目中一个目标,因此应将其并入育种工作中,并与抗性、产量、适应性、品质育种的策略和方法相吻合。一旦确定潜在亲本,在做过杂交组合之后,该策略的一个重要部分就是建立系谱、进行选择,这样能提高痕量元素高效基因的频率。

由于种子中微量元素的含量会影响苗的活力和后期产量,因此在试验中必须考虑种子的来源。从缺锰地区收获种子的锰含量低,适于进行锰高效基因型的筛选;然而这样的种子在普通育种工作中可能是不适用的。因此所用种子的锰含量要尽量与实际相同,且越低越好(尽可能不用来自试验站的种子,那里的土壤肥力要高于普通农场)。所有比较试验应使用同一圃场的种子。为减少种子锰含量对选择的影响,锰高效筛选圃的土壤应严重缺锰。在南澳大利亚,用于锰高效筛选的地方通常是高钙质化土壤,锰元素以牢固的结合态形式存在,因此很难被锰低效的植物利用。

图 19.12 中详细描述了在南澳大利亚的小麦育种项目中选择锰高效的流程,它可以

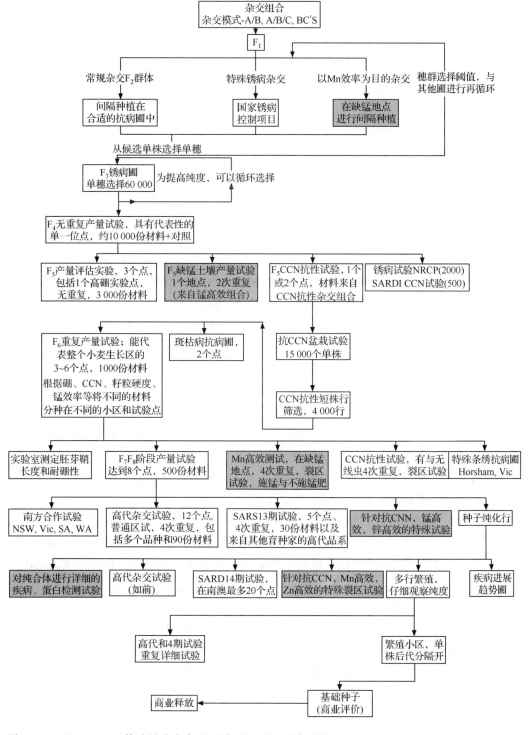

图 19.12　Roseworthy 修改的小麦育种系谱,主要描述如何将抗禾谷类包囊线虫和锰高效整合在一起
灰色框重点突出了锰高效试验

作为任何微量营养元素高效利用性状筛选的模型。请注意，这与对根系疾病，如包囊线虫病抗性的联合筛选没有区别，分别在特别选择的田块中进行了大量筛选工作。

19.7.1　早代筛选

如果在早代群体中分离锰高效植株，试验需在土壤严重缺锰的圃场中进行。用精量播种机将 F_2 和（或）F_3 群体种在一长行中，种子间距为 10 cm，行间距为 30 cm，以便对单个植株进行观察。

在这种土壤中，即使植物可利用锰浓度有很小的波动，对植物生长也会产生很大的影响。为了能够指示锰浓度的变化，在选择圃场时就要有所考虑，同时需要按正常的间距在整个圃场范围内种植指示行，每隔 7 行或 8 行设置一对指示行。Yarralinka 被认为是锰利用效率很高的品种，而 Millewa 锰利用效率非常低，两者可以配对种植。只要比较这两个对照品种之间植株的生长状况，就可以确定缺锰非常严重的区域，也就可以从邻近行中选出锰高效的单株。如果两对照行的长势非常相似，说明缺锰不是该区域的限制因素，或可能还有其他限制因素存在，那么在这种情况下选择锰高效基因型就不会有效。

长行优于短行是因为长行一般可以穿过锰浓度有差异的区域，因此几乎在每一行中总有可以选择的区间。单株或单穗选择后可以按育种惯例筛选其他特性。不管从每个组合中筛选出来的是混收的，还是单株传代的，这个群体的锰高效基因均会加强。这种选择方式还可以重复。

19.7.2　高代筛选

当缺锰问题是影响适应性评价的重要因素之一时，应当在不同地点、不同土壤和农民的田里对高代品系进行产量评估。这样锰高效将作为整个基因型与环境互作效应的一部分进行测量。如果某一地区逆境胁迫因子是限制产量的主要因素，育种家应当在胁迫压力下测试和筛选抗逆型的品种，而不是高产品种。这种地点通常在试验站不容易找到，因为试验站选址通常以高产作为标准，因此并没有逆境胁迫。

直接测量锰利用效率（对此育种家应知道需要进一步选择或杂交），评价品系将在已知缺锰的地点进行具重复的裂区试验，基因型为主区，不同的锰肥水平为副区。氮肥和磷肥按正常推荐的量施用，同时设置施锰肥和不施锰肥的处理（副区）。在施锰肥的副区，初次剂量在苗期以含氧硫酸锰的形式施到土壤中，如果需要，再次施肥可在分蘖期和茎秆延伸时在叶面喷施硫酸锰。

对照品种包括 Yarralinka 和 Millewa 以及在该地区种植的商业化品种。成对的对照品种表现能显示植物的反应和试验成功与否。产量信息可以用 ASREML 软件进行空间分析，施肥和没施肥处理的平均产量可以进行对比分析（图 19.13）。

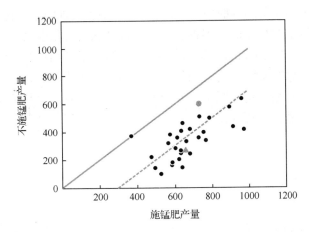

图 19.13　在 Marion 湾缺锰钙质沙土条件下，各基因型不施锰肥相对于施锰肥的产量回归

19.8　使用分子标记筛选微量营养元素高效基因型

19.8.1　分子标记简化了微量营养元素高效基因型筛选

从分离群体中筛选微量营养元素高效的株系是可取的，但无论是在田间、温室还是在生长箱中都非常难操作。其主要原因是需要一个能够将基因型表型差异最大化的特殊生长条件。这在田间不总是能实现的，而且田间筛选成本高，在某些干旱季节可能不成功。即使在可以控制日长、光照强度、温度的温室和生长箱中，性状表型的差异还受其他因素的影响，如种子养分含量（Uren et al.，1988）、用于盆栽土壤的储存时间和条件等（Webb et al.，1993a）。

另外一个难以克服的困难是杂合体的分化，尽管它们的表型可能介于纯合体之间。尽管该性状受单一基因控制，而且是显性（依赖于环境）、半显性或隐性表达，就如大麦的锰高效一样（Pallotta et al.，1999），但我们的研究表明实际操作仍然是非常困难的。受多基因控制的性状就更困难了，如六倍体普通小麦，需要对其进行大规模的后代测定。

在杂交组合的早代材料中鉴定微量营养元素高效基因型实际上是不可能的，因为每一个单株代表一个不同的基因型。此外，需要在微量营养元素可获得性低和充足两种条件下测试基因型，以弥补由于不依赖养分效应的基因分离导致的遗传变异。

在对难以进行表型鉴定的性状进行选择的可靠性分析时，可以采用分子标记辅助选择（MAS）方法，如微量营养元素利用效率。我们小组已经在大麦中鉴定了几个与控制锰高效的主效基因（*Mel1*）连锁的 RFLP 标记（Pallotta et al.，1999），并已用于材料的早代筛选，促进了将目标性状回交转育至优异育种品系中的速度。

大麦中第二个锰高效的主效位点 *Mel2* 已经被定位。现在正进行硬粒小麦 Stojocri 控制锰高效性状的遗传分析和作图。结果表明，该性状是半显性的，正如我们以前在大麦研究中发现的，其 F_2 代的分离符合双基因模型（Khabaz-Saberi et al.，1998）。有关锰和锌高效的遗传变异在六倍体小麦中已有报道（Graham，1988b；Graham et al.，1992；Grewal et al. ,1997)。在锌和锰受限制的环境条件下,高效小麦品种的产量优势很明显。在这两个物种中,定位控制这些性状的基因将有助于对该性状的有效改良。

分子标记辅助选择在主流育种项目加速回交进程中特别有用。如果整个育种项目所选择的轮回亲本性状很明确,那么在后续回交后代中就可以采用 MAS 的方法跟踪所关注的性状,无需进行表型分析。图 19.14 和图 19.15 是针对回交和杂交的两个育种策略。MAS 可以显著加快品种培育的速度。

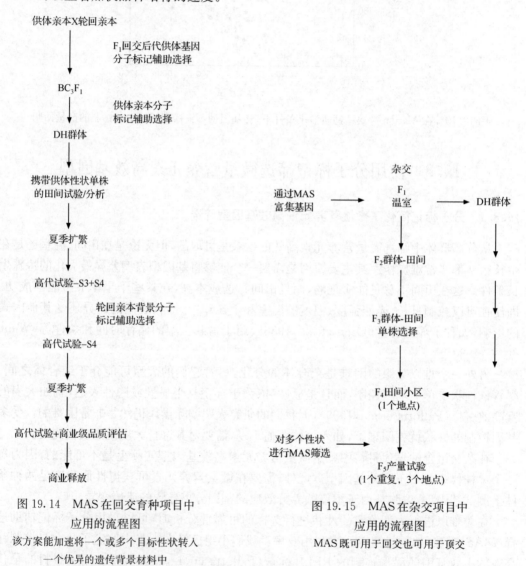

图 19.14　MAS 在回交育种项目中
　　　　应用的流程图
该方案能加速将一个或多个目标性状转入
　　一个优异的遗传背景材料中

图 19.15　MAS 在杂交项目中
　　　　应用的流程图
MAS 既可用于回交也可用于顶交

19.8.2　加倍单倍体在微量营养元素高效利用品种筛选中的作用

当与加倍单倍体(DH)技术结合时,MAS 特别有用。如果分子标记技术尚不可用,DH 群体在筛选微量营养元素高效品系筛选方面为我们提供了另一个改进的途径。

　　DH 群体使传统方法的早代筛选更准确,因为所有 DH 群体后代在遗传背景上是一致的,没有分离,可以重复,非常可取。然而,需要采取措施在籽粒大小、籽粒在穗上的位置、同一植株不同穗成熟的条件等方面减少变异。小心地控制 DH 植株成熟的条件,选择同样大小的种子非常必要。如果分子标记可以利用,尤其是当某一性状的标记是共显性的时,DH 群体还有比重组自交系群体更多的优势,因为前者无需进行后代测定。DH 群体和 MAS 结合为微量营养元素高效基因型早代筛选提供了有力的工具。

　　MAS 可以用于对创制 DH 群体的 F_2 代植株进行预筛选,它能够增加携带目标基因的 DH 系比例。如图 19.16 所示,微量营养元素吸收效率由单基因控制,利用与养分高效利用基因连续的分子标记可以检测 F_2 代指定的供体种。对 F_2 代供体植株的筛选可仅限于纯合体(纯合子筛选),也可包含杂合体的筛选(等位基因富集)。表 19.1 比较分析了纯合体筛选、等位基因富集和无 MAS 的筛选策略,当选择由 1 个、2 个、5 个或 10 个自由分离的基因位点控制的性状时,表 19.1 中列出了携带目标基因的 F_2 代和由 F_2 代衍生的DH 株系的比例。

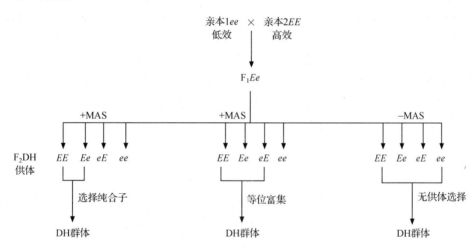

图 19.16　对 F_2 代供体植株实施和不实施 MAS 选择

表 19.1　DH 群体和分子标记辅助选择技术相结合的筛选策略

基因位点数目	纯合子筛选		等位基因富集		无供体筛选
	F_2s	DHs	F_2s	DHs	DHs
	目标基因在每个位点纯合的概率	目标基因在每个位点纯合的概率	目标基因在每个位点纯合/杂合的概率	目标基因在每个位点纯合的概率	目标基因在每个位点纯合的概率
	$(1/4)^n$	$(1)^n$	$(3/4)^n$	$(2/3)^n$	$(1/2)^n$
1	0.25	1	0.75	0.67	0.50
2	6.25×10^{-2}	1	0.56	0.45	0.25
5	9.77×10^{-4}	1	0.24	0.14	3.13×10^{-2}
10	9.54×10^{-7}	1	5.6×10^{-2}	1.7×10^{-2}	9.77×10^{-4}

　　当仅以纯合体作为 DH 群体供体(纯合体筛选),或以纯合体或杂合体用作 DH 供体植株(等位基因富集)或不对供体进行筛选时,获得 F_2 代纯合供体植株的概率或在 n 个位点杂合等位基因的概率,以及 DH 群体中纯合等位基因的比例。

从表 19.1 可以看出,在不考虑控制目标性状基因位点数量的情况下,经过纯合体筛选,100% 的 DH 都携有目标等位基因。而供体 F_2 代植株每个位点都是纯合的概率随位点数量的增加呈指数形式降低,选择 5 个纯合的目标等位基因的概率是 $9.77×10^{-4}$,还不到千分之一。这完全不及用无供体植株的筛选,后者的概率是 $3.13×10^{-2}$,大约是源自未经选择 F_2 代群体的 DH 的 3%,可望携带了全部 5 个有利等位基因。

通过等位基因富集,携带 5 个等位基因中的至少一个优势等位变异的 F_2 代供体比例是 24%。通过这种方法得到的 DH 群体中,有 14% 的单株携带了全部 5 个目标等位基因。也就是说,4 个单株中有一个可以选作创制 DH 群体的供体,在这 14% 的植株中 5 个基因位点的每一个都携带我们想要的等位基因。很明显,尤其是当有大量基因需要筛选时,结合使用了 DH 和 MAS 技术的等位基因富集选择比对纯合体的选择更有效。

19.8.3　用于阐明分子标记的加倍单倍体

加倍单倍体在微量营养元素遗传和作图研究方面也非常有用。由于所有的 DH 系代表的是单一减数分裂的结果,而 F_2 代综合了双亲的减数分裂。因此 DH 系能够准确地反映重组的结果,无需进行统计推断。

大麦和小麦的 DH 群体已被广泛用于许多遗传性状的作图。除上述的大麦锰高效基因外,一个源于两个锌高效品系杂交(Trident × 88ZWK043)的普通小麦 DH 群体在盆栽锌利用效率生物试验中表现出超亲分离,分离数据表明在这个组合中锌高效性状受几个基因控制。

19.9　结　　论

在每个研究的作物中,对每一种逆境胁迫的耐性都存在基因型变异。在优异种质中可利用的耐性水平具农艺价值,也证明大多数情况下所做的育种努力都是正确的,并不像那些不成功的农学方法。遗传包括简单的质量性状与数量性状的遗传,基因型和土壤类型以及气候、季节均影响性状的表达。通常这些性状在育种中是可以控制的,而且基因型与环境的互作不会阻止这一努力。

当流动的养分被结合在土壤中时,由于植物对缺素具十分复杂的诱导应答系统,使筛选耐瘠薄性状要比筛选耐毒性性状更困难。我们的目的是使该体系高表达。很难建立快速筛选营养高效的方法(如盆栽幼苗选择试验),并且这些方法反映田间筛选效果的能力有限,按此观点,在育种实践中应用分子标记辅助选择技术是重要的,而且已成功鉴定了一些主效基因位点使之成为可能。

（毛新国　译）

参 考 文 献

Ascher, J. S. , and Graham, R. D. 1993. Agronomic value of seed with high nutrient content. In: Wheat in Heat-Stressed Environments: Irrigated, Dry Areas and Rice-Wheat Farming Systems. D. A. Saunders and G. P. Hettel (eds.). Dinajpur, Bangladesh. UNDP/ ARC/BARI/CIMMYT. pp. 297 308.

Asher, C. J. 1981. Limiting external concentrations of trace elements for plant growth: Use of flowing solution culture techniques. J. Plant Nutr. 3:163-180.

Asher, C. J. 1987. Crop nutrition during the establishment phase: Role of seed reserves. In: Crop Establishment Problems in Queensland: Recognition, Research and Resolution. I. M Wood, W. H. Hazard, and F. From (eds.). Aust. Inst. Agric. Sci. Occasional Publication No. 20.

Bouis, H. E. 1994. The effect of income on demand for food in poor countries: Are our databases giving us reliable estimates? J. Dev. Economics 44:199-226.

Bowling, D. J. F. , Graham, R. D. , and Dunlop, J. 1978. The relationship between the cell electrical potential difference and salt uptake in the roots of *Helianthus annuus*. J. Exp. Bot. 29:35-140.

Brown, J. C. 1956. Iron chlorosis. Annu. Rev. Plant Physiol. 7:171-190.

Brown, J. C. 1978. Mechanism of iron uptake by plants. Plant Cell Environ. 1:249-257.

Brown, J. C. , and Ambler, J. E. 1973. "Reductants" released by roots of iron-deficient soybeans. Agron. J. 65:311-314.

Brown, J. C. , and Wann, E. V. 1982. Breeding for iron efficiency: Use of indicator plants. J. of Plant Nutr. 5:623-635.

Cakmak, I. , Derici, R. , Torun, B. , Tolay, I. , Braun, H. J. , and Schlegel, R. 1997. Role of rye chromosomes in improvement of zinc efficiency in wheat and triticale. In: Plant Nutrition for Sustainable Food Production and Environment. T. Tando, K. Fujita, T. Mae, H. Matsumoto, S. Mori, and J. Seikiya (eds.). Kluwer Academic Publishers, Dordrecht, The Netherlands.

Campbell, T. A. , Rathjen, A. J. , Paull, J. G. , and Islam, A. K. M. R. 1998. Method for screening bread wheat for tolerance to boron. Euphytica 100:131-135.

Chantachume, Y. 1995. Genetic studies on the tolerance of wheat to high concentration of boron. Ph. D. thesis. The University of Adelaide, Adelaide, South Australia.

Chantachume, Y. , Rathjen, A. J. , Paull, J. P. , and Shepherd, K. W. 1994. Genetic studies on boron tolerance of wheat (*Triticum aestivum* L.). In: Genetics and Molecular Biology of Plant Nutrition, Abstracts of the Fifth International Symposium, Davis, CA. p. 141.

Clark, R. B. Yusuf, Y. , Ross, W. M. , and Maranville, J. W. 1982. Screening for sorghum genotypic differences to iron deficiency. J. Plant Nutr. 5:587-604.

Cooper, K. V. , Graham, R. D. , and Longnecker, N. E. 1988. Triticale: A cereal for manganese deficient soils. In: International Symposium on Manganese in Soils and Plants: Contributed Papers. M. J. Webb, R. O. Nable, R. D. Graham, and R. J. Hannam (eds.). Manganese Symposium, Adelaide. pp 113-116.

Epstein, E. 1972. Mineral Nutrition of Plants: Principles and Perspectives. Wiley & Sons, New York.

Fehr, W. R. 1982. Control of iron deficiency chlorosis in soybeans by plant breeding. J. Plant Nutr. 5:611-621.

Fox, R. H. 1978. Selection for phosphorus efficiency in corn. Commun. Soil Sci. Plant Anal. 9:13-37.

Foy, C. D. , Chaney, R. L. , and White, M. C. 1978. The physiology of metal toxicity in plants. Annu. Rev. Plant Physiol. 29:511-566.

Furlani, P. R. , Clark, R. B. Ross, W. M. , and Maranville, J. W. 1982. Variation and genetic control of aluminum tolerance in sorghum genotypes. In: Genetic Specificity in Mineral Nutrition of Plants. M. R. Saric (ed.). Scientific Assemblies (Serbian Acad. Sci. , Belgrade) 13:363-370.

Gilmour, R. M. , Cullis, B. R. , and Verbyla, A. P. 1997. Accounting for natural and extraneous variation in the analysis of field experiments. J. Agric. Biol. Environ. Stat. 2:269-293.

Graham, J. H. , Leonard, R. T. , and Menge, J. A. 1981. Membrane-mediated decrease in root exudation responsible for phosphorus inhibition of vascular-arbuscular mycorrhiza formation. Plant Physiol. 68:548-552.

Graham, R. D. 1983. Effects of nutritional stress on susceptibility to disease with particular reference to trace elements. Adv. Bot. Res. 10:221-276.

Graham, R. D. 1984. Breeding for nutritional characteristics in cereals. Adv. Plant Nutr. 1:57-102.

Graham, R. D. 1987. Triticale, a cereal for micronutrient-deficient soils. International Triticale Newsletter No. 1. University of New England, Armidale.

Graham, R. D. 1988a. Development of wheats with enhanced nutrient efficiency: Progress and potential. In: Wheat Production Constraints in Tropical Environments. A. R. Klatt (ed.). Mexico, D. F. : CIMMYT. pp. 305-320.

Graham, R. D. 1988b. Genotypic differences in tolerance to manganese deficiency. Chapter 17. In: Manganese in Soils and Plants. R. D. Graham, R. J. Hannam, and N. C. Uren (eds.). Kluwer Academic Publishers, Dordrecht, The Netherlands. pp. 261-276.

Graham, R. D. 1990. Breeding wheats for tolerance to micronutrient deficient soil: Present status and priorities. In: Wheat for the Nontraditional Warm Areas. D. A. Saunders (ed.). Mexico, D. F. : CIMMYT. pp. 315-332.

Graham, R. D. , and Pearce, D. T. 1979. The sensitivity of hexaploid and octoploid triticales and their parent species to copper deficiency. Aust. J. Agric. Res. 30:791-799.

Graham, R. D. , Anderson, G. D. , and Asher, J. S. 1981. Absorption of copper by wheat, rye and some hybrid genotypes. J. Plant. Nutr. 3:679-686.

Graham, R. D. , Davies, W. J. , Sparrow, D. H. B. , and Ascher, J. S. 1983. Tolerance of barley and other cereals to manganese-deficient calcareous soils of South Australia. In: Genetic Aspects of Plant Nutrition. M. R. Saric and B. C. Loughman (eds.). Martinus Nijhoff/Dr W Junk, The Hague. pp. 339-345.

Graham, R. D. , and Rovira, A. D. 1984. A role for manganese in the resistance of wheat plants to take-all. Plant Soil 78:441-444.

Graham, R. D. , Ascher, J. S. , Ellis, P. A. E. , and Shepherd, K. W. 1987. Transfer to wheat of the copper efficiency factor carried on rye chromosome arm 5RL. Plant Soil 99:107-114.

Graham, R. D. , and Webb, M. J. 1991. Micronutrients and resistance and tolerance to disease. Chapter 10. In: Micronutrients in Agriculture. 2nd ed. J. J. Mortvedt et al. (eds.). Soil Science Society of America, Madison, WI. pp. 329-370.

Graham R. D. , Ascher J. S. , and Hynes S. C. 1992. Selecting zinc-efficient cereal genotypes for soils of low zinc status. Plant Soil 146:241-250.

Graham, R. D. , and Ascher, J. S. 1993. Nutritional limitations of subsoils. In: Plant Nutrition from Genetic Engineering to Field Practice. N. J. Barrow (ed.). Kluwer Acad. Publ. , Dordrecht, The Netherlands. pp. 739-742.

Graham, R. D. , and Welch, R. M. 1996. Breeding for staple-food crops with high micronutrient density. In: International Workshop on Food Policy and Agricultural Technology to Improve Diet Quality and Nutrition. Agricultural Strategies for Micronutrients, Working Paper No. 3. Washington, D. C. : International Food Policy Research Institute. 82 pp.

Graham, R. D. , Senadhira, D. , and Ortiz-Monasterio, I. 1997. A strategy for breeding staple-food crops with high micronutrient density. In: Plant Nutrition-For Sustainable Food Production and Environment. T. Ando et al. (eds.). Kluwer Academic Publishers, Japan. pp. 933-937.

Grewal, H. S. , and Graham, R. D. 1997. Seed zinc content influences early vegetative growth and zinc uptake in oilseed rape (*Brassica napus* and *Brassica juncea*) genotypes on zinc-deficient soil. Plant Soil 192:191-197.

Grewal, H. S. , Graham, R. D. , and Rengel, Z. 1996. Genotypic variation in zinc efficiency and resistance to crown rot disease (*Fusarium graminearum* Schw. Group 1) in wheat. Plant Soil 186:219-226.

Grundon, N. J. 1980. Effectiveness of soil dressings and foliar sprays of copper sulphate in correcting copper deficiency of wheat (*Triticum aestivum* L.) in Queensland. Aust. J. Exp. Agric. Anim. Husb. 20:717-723.

Grundon, N. J. , and Best, E. K. 1981. Tolerance of some winter and summer crops to copper deficiency. In: Copper in Soils and Plants. J. F. Loneragan, A. D. Robson, and R. D. Graham (eds.). Academic Press, Sydney. p 360.

Harry, S. P. 1982. Tolerance of wheat, rye and triticale to copper and zinc deficiency in soils of low and high pH. M. Ag. Sc. thesis, University of Adelaide, Adelaide, South Australia. Hartwig, E. E., Jones, W. F., and Kilen, T. C. 1991. Identification and inheritance of inefficient zinc absorption in soybean. Crop Sci. 31:61-63.

Haynes, J. L., and Robbins, W. R. 1948. Calcium and boron as essential factors in the root environment. J. Amer. Soc. Agron. 40:795-803.

Holloway, R. E. 1991. Factors affecting the growth of wheat roots in the subsoil of Upper Eyre Peninsula. M. Ag. Sc. thesis. University of Adelaide, Adelaide, South Australia.

Holloway, R. E. 1996. Zn as a subsoil nutrient for cereal. Ph. D. thesis, University of Adelaide, Adelaide, South Australia, Huang, C., Webb, M. J., and Graham, R. D. 1994a. Effect of pH on Mn absorption among barley genotypes in a chelate-buffered nutrient solution. Plant Soil 155/156:437-440.

Huang, C., Webb, M. J., and Graham, R. D. 1994b. Mn efficiency is expressed in barley growing in soil system but not in solution culture. J. Plant Nutr. 17:83-95.

Huang, C., Webb, M. J., and Graham, R. D. 1996. Pot size affects expression of Mn efficiency in barley. Plant Soil 178:205-208.

Huber, D. M., and Wilhelm, N. S. 1988. The role of manganese in resistance to plant diseases. Chapter 11. In: Manganese in Soils and Plants. Graham, R. D., Hannam, R. J., and Uren, N. C. (eds.). Kluwer Academic Publishers, Dordrecht, The Netherlands. pp. 155-173.

IRRI. 1979. Annual Report, International Rice Research Institute, Los Banos, The Philippines. Jones, G. B., and Belling, G. B. 1967. The movement of copper, molybdenum and selenium in soils as indicated by radioactive tracers. Aust. J. Agric. Res. 18:733-740.

Khabaz-Saberi, H., Graham, R. D., and Rathjen, A. J. 1998. Inheritance of Mn efficiency in durum wheat. J. Plant Nutr. 22:11-21.

Khabaz-Saberi, H., Graham, R. D., Ascher, J. S., and Rathjen, A. J. 2000. Quantification of the confounding effect of seed Mn content in screening for Mn efficiency in durum wheat. J. Plant Nutr. 23 (7):855-866.

Loneragan, J. F., Kirk, G. J., and Webb, M. J. 1987. Translocation and function of zinc in roots. J. Plant Nutr. 10:1247-1254.

Longnecker, N. E., and Uren, N. C. 1990. Factors influencing variability in manganese content of seeds, with emphasis on barley (*Hordeum vulgare*) and white lupins (*Lupinus albus*). Aust. J. Agric. Res. 41:29-37.

Longnecker, N. E., Marcar, N. E., and Graham, R. D. 1991. Increased manganese content of barley seeds can increase grain yield in manganese-deficient conditions. Aust. J. Agric. Res. 42:1065-1074.

Majumder, N. D., Rakshit, S. C., and Borthakur, D. N. 1990. Genetic effects on uptake of selected nutrients in some rice (*Oryza sativa* L.) varieties in phosphorus-deficient soil. Plant Soil 123:117-120.

Marcar, N. E., and Graham, R. D. 1986. Effect of seed manganese content on the growth of wheat (*Triticum aestivum*) under manganese deficiency. Plant Soil 96:165-173.

Marcar, N. E., and Graham, R. D. 1987. Tolerance of wheat, barley, triticale and rye to manganese deficiency during seedling growth. Aust. J. Agric. Res. 38:501-511.

Marschner, H., Romheld, V., and Kissel, M. 1986. Different strategies in higher plants in mobilization and uptake of iron. J. Plant Nutr. 9:695-713.

McCarthy, K. W., Longnecker, N. E., Sparrow, D. H. B., and Graham, R. D. 1988. Inheritance of manganese efficiency in barley (*Hordeum vulgare* L.). In: International Symposium on Manganese in Soils and Plants: Contributed Papers. M. J. Webb, R. O. Nable, R. D. Graham, and R. J. Hannam (eds.). Manganese Symposium, Adelaide. pp. 121-122.

McCay-Buis, T. S., Huber, D. M., Graham, R. D., Phillips, J. D., and Miskin, K. E. 1995. Manganese seed content and take-all of cereals. J. Plant Nutr. 18:1711-1721.

Moody, D. B., Rathjen, A. J., Cartwright, B., Paull, J. G., and Lewis, J. 1988. Genetic diversity and geographical distribution of tolerance to high levels of soil boron. In: *Proc. 7th Int. Wheat Genetics Symp.* 13-19 *July* 1988. T. E. Miller and R. M. D. Koebner (eds.). Cambridge Laboratory, IPSR. Cambridge. pp. 859-865.

Moussavi-Nik, M. 1997. Seed quality and crop establishment in wheat. Ph. D. Thesis. University of Adelaide, Adelaide, South Australia. Nable, R. O., and Loneragan, J. F. 1984. Translocation of manganese in subterranean clover (*Trifolium subterraneum* L. cv. Seaton Park). II. Effects of leaf senescence and of restricting supply of manganese to part of a split root system. Aust. J. Plant Physiol. 11:113-118.

Pallotta, M. A., Khabaz-Saberi, H., Lewis, J., Graham, R. D., and Barker, S. J. 1999. Breeding for tolerance to nutritional stress: Molecular mapping of loci for manganese efficiency in barley and durum wheat. In: Proceedings of the 11th Australian Plant Breeding Conference, Adelaide. P. Langridge, A. Barr, G. Auricht, G. Collins, A. Granger, D. Handford, and J. Paull (eds.). 2:144-145.

Paull, J. G. 1990. Genetic studies on the tolerance of wheat to high concentrations of boron. Ph. D. thesis, University of Adelaide, Adelaide, South Australia. Pedler, J. F. 1994. Resistance to take-all disease by Mn-efficient wheat cultivars. Ph. D. Thesis, University of Adelaide, Adelaide, South Australia. 210 p.

Pollard, A. S., Parr, A. J., and Loughman, B. C. 1977. Boron in relation to membrane function in higher plants. J. Exp. Bot. 28:831-839.

Ponnamperuma, F. N. 1976. Screening rice for tolerance to mineral stresses. In: Plant Adaptation to Mineral Stress in Problem Soils. M. J. Wright (ed.). Cornell Univ. Agric. Exp. Stn., Ithaca, New York. pp. 341-353.

Pope, D. T., and Munger, H. M. 1953a. Heredity and nutrition in relation to magnesium deficiency chlorosis in celery. Proc. Am. Soc. Hort. Sci. 61:472-480.

Pope, D. T., and Munger, H. M. 1953b. The inheritance of susceptibility to boron deficiency in celery. Proc. Am. Soc. Hort. Sci. 61:481-486.

Rao, V. S., Gangwar, M. S., and Rathore, V. S. 1977. Genotypic variation in distribution of total and labelled zinc and availability of zinc (A and L values) to soybeans grown in mollisol. J. Agric. Sci. 8:417-420.

Reid, D. A. 1976. Screening barley for aluminum tolerance. In: Plant Adaptation to Mineral Stress in Problem Soils. M. J. Wright (ed.). Ithaca, Cornell Univ. Agric. Exp. Sta. pp. 269-275.

Rengel, Z. 1992. Role of calcium in aluminium toxicity. New Phytol. 121:499-513.

Rengel, Z., and Graham, R. D. 1995a. Importance of seed Zn content for wheat growth on Zn deficient soil. I. Vegetative growth. Plant Soil 173:259-266.

Rengel, Z., and Graham, R. D. 1995b. Importance of seed Zn content for wheat growth on Zn deficient soil. II. Grain yield. Plant Soil 173:267-274.

Rengel, Z., and Graham, R. D. 1995c. Wheat genotypes differ in Zn efficiency when grown in chelate-buffered nutrient solution. I. Growth. Plant Soil 176:307-316.

Rengel, Z., and Graham, R. D. 1995d. Wheat genotypes differ in Zn efficiency when grown in chelate-buffered nutrient solution. II. Nutrient uptake. Plant Soil 176:317-324.

Rengel, Z., and Graham, R. D. 1996. Uptake of zinc from chelate-buffered nutrient solutions by wheat genotypes differing in Zn efficiency. J. Exp. Bot. 47:217-226.

Rengel, Z., and Jurkic, V. 1992. Genotypic differences in wheat Al tolerance. Euphytica 62:111-117.

Rengel, Z., Graham, R. D., and Pedler, J. F. 1993. Manganese nutrition and accumulation of phenolics and lignin as related to differential tolerance of wheat genotypes to the take-all fungus. Plant Soil 151:255-263.

Rerkasem, B., Bell, R. W., and Loneragan, J. F. 1990. Effects of seed and soil boron on early seedling growth of black and green gram (*Vigna mungo* and *V. radiata*). In: Plant Nutrition-Physiology and Applications. M. L. van Beusichem (ed.). Kluwer Academic Publishers, Dordrecht, The Netherlands. pp. 281-285.

Rerkasem, B., and Jamjod, S. 1997. Genetic variation in plant response to low boron and implications for plant breeding. In: Boron in Soils and Plants: Reviews. B. Dell, P. H. Brown, and R. W. Bell (eds.) Kluwer Academic

Publisher, Dordrecht, The Netherlands. pp. 169-180.

Ripperger, H. , and Schreiber, K. 1982. Nicotianamine and analogous amino acids, endogenous iron carriers in higher plants. Heterocycles 17:47-461.

Romheld, V. , and Marschner, H. 1981. Iron deficiency stress induced morphological and physiological changes in root tips of sunflower phytosiderophore in roots of grasses. Physiol. Plant. 53:354-360.

Rose, I. A. , Felton, W. L. , and Banke, L. W. 1981. Response of four soybean varieties to foliar zinc fertilizer. Aust. J. Exp. Agric. Anim. Husb. 21:236-240.

Saxena, S. C. , and Chandel, A. S. 1992. Effect of zinc fertilization on different varieties of soybean (*Glycine max*). Indian J. Agric. Sci. 62:695-697.

Sparrow, D. H. , and Graham, R. D. 1988. Susceptibility of zinc-deficient wheat plants to colonization by *Fusarium graminearum* Schw. Group 1. Plant Soil 112:261-266.

Streeter, T. L. 1998. Role of Zn nutritional status on infection of *Medicago* species by *Rhizoctania solani*. Ph. D. thesis. The University of Adelaide, Adelaide, South Australia.

Thongbai, P. , Graham R. D. , Neate, S. M. , and Webb, M. J. 1993a. Interaction between zinc nutritional status of cereals and *Rhizoctonia* root rot. II. Effect of zinc on disease severity of wheat under controlled conditions. Plant Soil 153:215-222.

Thongbai, P. , Hannam, R. J. , Graham, R. D. , and Webb, M. J. 1993b. Interaction between zinc nutritional status of cereals and *Rhizoctonia* root rot severity. I. Field observations. Plant Soil 153:207-214.

Ulrich, A. , and Ohki, K. 1966. Potassium. In: Diagnostic Criteria for Plants and Soils. H. D. Chapman (ed.). Riverside, Univ. California Press. pp. 362-393.

Uren, N. C. 1982. Chemical reduction at the root surface. J. Plant Nutr. 5:515-520.

Uren, N. C. , Asher, C. J. , and Longnecker, N. E. 1988. Techniques for research on manganese in soil-plant systems. In: Manganese in Soils and Plants. R. D. Graham, R. J. Hannam, and N. C. Uren (eds.). Martinus Nijhoff Publishers, Dordrecht, The Netherlands. pp. 309-328.

Wall, J. R. , and Andrus, C. F. 1962. The inheritance and physiology of boron response in the tomato. Am. J. Bot. 49:758-762.

Webb, M. J. , Dinkelaker, B. E. , and Graham, R. D. 1993a. The dynamic nature of Mn availability during storage of a calcareous soil: Its importance for plant growth experiments. Soil Biol. Fert. 15:9-15.

Webb, M. J. , Norvell, W. A. , Welch, R. M. , and Graham, R. D. 1993b. Using a chelatebuffered nutrient solution to establish critical tissue levels and the solution activity of Mn^{2+} required by barley (*Hordeum vulgare* L.). Plant Soil 153:195-205.

Weiss, M. G. 1943. Inheritance and physiology of efficiency in iron utilization in soybeans. Genetics 28:253-268.

Welch, R. M. , Webb, M. J. , and Loneragan, J. F. 1982. Zinc in membrane function and its role in phosphorus toxicity. In: Plant Nutrition. Proceedings of the Ninth Int. Plant Nutrition Colloquium. A. Scaife (ed.). Commonwealth Agricultural Bureaux, Slough. pp. 710-715.

Welch, R. M. , and House, W. A. 1983. Factors affecting the bioavailability of mineral nutrients in plant foods. In: Crops as Sources of Nutrients for Humans. R. M. Welch and W. H. Gabelman (eds.). Am. Soc. Agron. , Madison, WI. pp 37-54.

Welch, R. M. , House, W. A. , Beebe, S. , Senadhira, D. , Gregorio, G. , and Cheng, Z. 1999. Testing iron and zinc bioavailability in genetically enriched bean (*Phaseolus vulgaris* L.) and rice (*Oryza sativa* L.) using a rat model. In: Improving Human Nutrition through Agriculture: The Role of International Agricultural Research. IRRI/ IFPRI Workshop, Los Banos, Philippines. pp. 2-16.

Wilhelm, N. S. , Graham, R. D. , and Rovira, A. D. 1990. Control of Mn status and infection rate by genotype of both host and pathogen in the wheat-take all interaction. Plant Soil 123:267-75.

Yeo, A. R. , and Flowers T. J. 1986. Salinity resistance in rice (*Oryza sativa* L.) and a pyramiding approach to breeding varieties for saline soils. Aust. J. Plant Physiol. 13:161-173.

Zarcinas, B. A. , Cartwright, B. , and Spouncer, L. R. 1987. Nitric acid digestion and multilement analysis of plant material by inductively coupled plasma spectrometry. Commun. Soil Sci. Plant Anal. 18:131-136.

彩　图

图 7.1　由根部全蚀病和渍害引起的作物生长期田间干旱,主要可通过管理
措施来限制这些不利因素的影响,从而提高产量

图 7.2　较强的幼苗活力(如图中左侧的植株)
可降低土壤水分经土表蒸发的损失
及限制杂草生长

图 7.3　在不利条件下,具有长胚芽鞘的 GA
敏感半矮秆小麦较具有 *Rht1* 和 *Rht2* 等位
基因的 GA 不敏感半矮秆小麦定植好

图 9.2 穗行区内不同程度冬季损伤

图 9.3 小区中不同程度冬季损伤

图 9.5 暖冬后叶片损伤和褪色情况

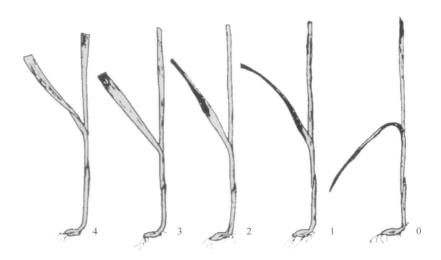

图 9.8 幼苗冻伤等级

Larsson(1986)

图 9.9 箱子培养的植株经人工冷冻处理后不同冻伤程度

图 9.10 人工冷冻处理后植株不同恢复程度

图 11.1 孟加拉国麦田中不均匀的渍害

图 11.2　下部叶片的萎黄现象

图 11.3　渍涝减少小麦有效分蘖的数量

图 16.1　小麦叶片上缺锌坏死斑的发展

图 16.2　不同普通小麦和硬粒小麦品种在营养液(上)和缺锌的石灰质土壤(下)的生长情况

图 17.2　施氮与非施氮品种,Ciudad Obregon,索诺拉省,墨西哥
(Ortiz-Monasterio 拍摄)

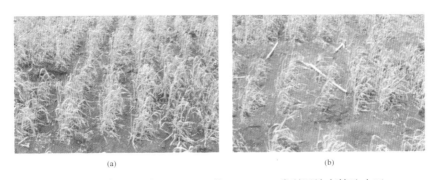

图 17.3　在墨西哥 Michoacan 的 Patzcuaro 磷利用效率筛选小区
(a) 不施磷,(b) 施磷 80 kg/hm²。(a) P 高效基因型,(b) P 低效基因型。
(Ortiz-Monasterio 拍摄)

图 19.1 Marion 湾墓穴大小的大麦种植小区，1992

地穴周围下层是没有干扰的土壤。在处理后的第 7 个季节，尽管在表层土壤正常施肥，小区中间的大麦对下层土壤中的氮、磷和微量元素的反应还是非常明显(拍摄:J. Ascher-Ellis)

图 19.3 在 Horsham 缺锌土壤中，缺锌耐性不同的大麦品系小区的生长情况，1998

每个对比小区中有一个在播种时施锌肥颗粒，后期进行叶面喷施(拍摄:J. Ascher-Ellis)

图 19.5　小麦和大麦叶片上的硼中毒症状

大麦对硼毒性更敏感,症状也更明显,可以选择像 Stirling 那样一个敏感品种作指示系

（拍摄：J. Coppi）

图 19.7　配对小区在锌高效小麦育种材料筛选中的应用（Horsham,1998～1999）

针对同一个品种,施锌和不施锌小区设在相邻的位置,采用随机方式设置其中的施锌小区。参试品种共 30 个,
试验设 4 次重复,采用完全随机区组设计,对随后的试验数据进行空间变量分析（Graham et al. ,1992）

（拍摄：J. Lewis）

图 19.8　单一小区在锰高效大麦育种材料筛选中的应用(Wangary,1981)
实验不施锰肥,但每隔三个材料种一次锰高效对照品种,其间每品种一个小区,共 72 个参试品系(Graham et al.,1983),设 2 次重复。从中间向左的一条地自下而上是高效、低效、低效、高效 4 个小区,在这些小区的左边是一条锰高效对照,其他 3 个小区的部分画面可在最左边和最右边看到(拍摄:J.Lewis)

图 19.9　亲本和锰高效育种品系筛选中的配对小区(Wangary,1981)
在播种时随种子一起施用锰肥氧代硫酸锰颗粒,如果需要时在季节中期经叶面喷施 1～2 次硫酸锰
(拍摄:R.Graham)